环境污染源头控制与生态修复系列丛书

电子垃圾污染生物修复技术及原理

尹　华　唐少宇　彭　辉　陈烁娜　著

科学出版社
北　京

内 容 简 介

本书是一部关于电子垃圾污染区域土壤、水体持久性有机污染物/重金属生物修复技术及其原理研究的著作。在简单介绍了电子垃圾污染环境现状及危害、水/土环境有机物和重金属污染生物修复原理的基础上，系统总结作者及其研究团队十多年来对电子垃圾拆解区水体、底泥及土壤中的多溴联苯醚、多环芳烃等典型持久性有机污染物的生物降解，对重金属的生物吸附，以及对持久性有机污染物-重金属复合污染的生物修复等方面的研究成果。这些研究成果为有效控制与修复电子垃圾拆解区域水体与土壤的严重污染提供科学依据与技术手段。

本书可供环境科学与工程、环境化学、环境微生物学、水处理工程、污染控制化学等学科的科研人员，环境保护、资源、农业及水利等部门的工程技术与管理人员，以及高等院校相关专业的师生参考。

图书在版编目(CIP)数据

电子垃圾污染生物修复技术及原理/尹华等著. —北京：科学出版社，2017.3
(环境污染源头控制与生态修复系列丛书)
ISBN 978-7-03-052234-4

Ⅰ.①电… Ⅱ.①尹… Ⅲ.①电子产品-重金属污染-生态恢复-研究 Ⅳ.①X76

中国版本图书馆 CIP 数据核字(2017)第 055046 号

责任编辑：耿建业 万群霞 孙晋慧 / 责任校对：桂伟利
责任印制：徐晓晨 / 封面设计：耕者工作室

科学出版社出版
北京东黄城根北街 16 号
邮政编码：100717
http://www.sciencep.com
北京厚诚则铭印刷科技有限公司 印刷
科学出版社发行 各地新华书店经销
*
2017 年 3 月第 一 版 开本：720×1000 1/16
2019 年 5 月第三次印刷 印张：18 1/2
字数：375 000
定价：128.00 元
(如有印装质量问题，我社负责调换)

序

随着信息技术的发展与电子产品更新换代速度的加快，全球越来越多的废旧电子和电器设备被淘汰，形成巨量的电子垃圾。电子垃圾成分复杂，除了含具有回收价值的基础工业材料和贵重金属外，也含有大量持久性有机污染物。我国电子垃圾污染不仅来自于本国，还有进口的电子垃圾。而目前我国对电子垃圾的拆解回收所采用的工艺均较为原始，拆解过程中电子垃圾本身含有和不当处置所产生的大量持久性有毒化学污染物（如重金属、多环芳烃、溴代阻燃剂等）释放到环境中，对拆解地及周边生态系统和居民健康带来了严重的威胁。例如，在我国某一著名的电子垃圾拆解重镇，其水体、底泥、土壤中多溴联苯醚（PBDEs）、多环芳烃（PAHs）等持久性有机污染物（POPs）和铜、锌等重金属污染严重，人体血浆、母乳中 PBDEs 的含量居世界最高（高出正常值 50～200 倍），儿童重金属中毒的比例也相当高。因此，电子垃圾已成为我国面临的又一严峻的环境问题。面对电子垃圾回收及拆解过程中所造成的 POPs -重金属复合污染及其生态与健康风险不断加剧的严峻形势，开展电子垃圾拆解区水土污染治理及典型污染物的消除技术研究迫在眉睫。在研究典型区域水土环境中主要污染物多元复合体系的微界面过程及其交互作用的基础上，探索这类复合污染物的降解、安全转化与调控措施，对于我国履行《斯德哥尔摩公约》和保障区域社会经济的可持续发展具有重要的现实意义。

华南理工大学环境与能源学院的尹华教授及其研究团队，以电子垃圾拆解区水体、沉积物和土壤持久性有机污染物（PAHs、PBDEs 等）和重金属为研究对象，借助于多学科知识及多种研究手段，对电子垃圾 POPs-重金属复合污染生物修复开展了系统的研究。通过对电子垃圾拆解污染重镇环境中 POPs 和重金属污染现状的深入调研，他们发现该区域已存在较为严重的 POPs-重金属复合污染，其中芘、苯并[α]芘、十溴联苯醚、四溴联苯醚、Cd、Cu、Ni、Zn 污染尤其严重；通过对受污染环境样品的筛选、分离和富集，他们获得了一批对重金属和 POPs 有高效吸附/降解作用的微生物和植物，并以此为基础开展了水环境微界面上 PAHs/PBDEs 降解/重金属吸附转化复合菌之间的交互作用、各污染物在土壤-植物环境微界面迁移转化规律等的研究，为复合污染的生物修复奠定了坚实的基础；通过对 POPs 和重金属在沉积物、土壤、水及微生物/植物中的分布特征、环境行为、归趋及降解/转化产物等环境化学分析，结合基因和蛋白质组学等分子生物学技术，他们阐述了复合污染生物修复机理。这些研究成果为电子垃圾拆解区水/土环境POPs-重金属复合污染的生物修复提供了科学依据及技术支持。

该书以电子垃圾拆解区水/土环境 POPs 和重金属污染微生物和植物修复原理为基础，介绍了对水体、底泥、土壤中的典型有机污染物 PBDEs、PAHs 和重金属污染生物修复进行的大量基础性研究工作，尤其是运用植物、微生物、植物-微生物联合等方式对典型 POPs-重金属复合污染进行的修复研究该书作了重点介绍。该书还展示了电子垃圾拆解区水土环境典型 POPs 和重金属污染微生物修复、植物修复、植物-微生物联合修复及生物修复机理研究的多种技术方法，报道了通过多种实验研究手段获得的丰富而翔实的实验数据，以及基于大量实验结果的分析和系统科学认证取得的一系列科学结论。愿该书的出版为推动我国电子垃圾污染生物修复技术的发展作出积极贡献！

2016 年 8 月

前　言

随着高新科技的迅猛发展，电子技术的更新换代不断加快，由此产生的电子垃圾不断增大。电子垃圾成分复杂，富含铜、锌、铅、汞、铬、镉等多种重金属，以及各种塑料、溴代阻燃剂、调色剂、表面涂层等。由于电子垃圾的不恰当处理处置，其所含有的重金属和持久性有机污染物（POPs），如多溴联苯醚（PBDEs）、多环芳烃（PAHs）、多氯联苯（PCBs）等大量进入环境，由此产生的重金属和 POPs 复合污染所诱发的环境和社会健康问题已经引起了国际社会广泛关注。

利用微生物/植物吸收、降解和转化有毒有害物质的生物修复技术是治理大面积污染区域的一种有价值的方法。与其他修复技术相比，生物修复具有显著的优点：生物材料来源丰富、品种多、成本低廉、设备简单易操作、投资小、运行费用低、有较好的选择性。通过多年的研究，生物修复技术已应用于石油污染土壤修复、富营养化水体修复、矿山复垦、地下水修复、城市污泥处理、湖泊和河涌底泥修复等诸多领域。

针对水/土环境中 POPs 与重金属的污染，尽管 PBDEs、PAHs 等 POPs 属于难降解污染物，但一些微生物、植物及其联合作用能够通过不同的代谢机制将其降解、脱毒。在重金属生物修复方面，微生物吸附剂、吸附基因工程菌、超富集植物等均有不少报道。然而，当涉及电子垃圾处理带来的重金属与 PBDEs、PAHs 等 POPs 构成的复合污染时，由于污染物与污染物之间，污染物与沉积物、悬浮物和土壤之间，以及污染物与微生物和植物之间的交互作用非常复杂，生物修复效果难以体现。鉴于此，近十几年来，笔者在国家自然科学基金、广东省自然科学基金和广东省科技计划项目等的资助下，以电子垃圾污染水体、沉积物和土壤为研究对象，对环境中 PAHs、PBDEs-重金属复合污染的生物修复进行了较深入的基础性研究，取得了一系列的研究成果。本书对这些研究成果进行了全面的介绍和总结。

全书共 6 章，第 1 章介绍电子垃圾的来源、污染现状及危害等；第 2 章介绍生物修复的原理及其在持久性有机污染物和重金属污染治理中的应用；第 3 章重点介绍电子垃圾污染土壤植物修复研究；第 4 章着重介绍电子垃圾污染水体微生物修复研究；第 5 章介绍电子垃圾污染水体中典型持久性有机污染物-重金属复合污染的微生物修复及其原理；第 6 章介绍电子垃圾污染土壤中典型持久性有机污染物-重金属复合污染的植物修复及微生物强化植物修复原理。

本书的研究成果是国家自然科学基金-广东联合基金重点项目“电子垃圾拆解区水土环境 POPs-重金属复合污染生物修复机理研究”(U0933002)资助的主要成果之一，也包含了国家自然科学基金-广东联合基金重点项目“珠江三角洲电子垃圾污染水体中典型重金属、溴代阻燃剂及其高毒性代谢副产物的复合效应及修复”(U1501234)，国家自然科学基金面上项目“基于微界面过程的水体多溴联苯醚与重金属复合污染微生物降解/转化机制研究”(50978122)和“水体重金属-PAHs 复合污染共脱毒微生物强化修复效应研究”(50778081)，以及广东省自然科学基金重点项目“生物表面活性剂作用下水/沉积物体系中多溴联苯醚-重金属复合污染微生物降解/转化机制”(S2013020012808)等项目资助的部分成果，特此感谢！

本书的撰写是建立在笔者及研究团队多年研究成果积累的基础上的。书中的研究成果和本书的总结出版是在课题组彭辉、叶锦韶、何宝燕、张娜、龙焰、刘则华老师和数届博士及硕士研究生唐少宇、陈烁娜、史广宇、熊士昌、白洁琼、吕俊、王芳芳、刘京、李跃鹏、邓军、强婧、陈智林、江虹、邱云云、彭元、李丽华、蔡瀚、赵宇、常晶晶、刘芷辰、廖丽萍、卫昆、杨雷峰等的大力支持和共同努力下完成的，他们的学位论文及与笔者共同发表的科研论文是本书写作的基础。全书由尹华、唐少宇、彭辉和陈烁娜统稿和审校，参与本书资料收集和整理工作的还有封觅、周素、尹东高、杨萍萍、曹雅娟、刘鑫彤等博士和硕士研究生，在此对他们一并致以诚挚的感谢！此外，在本书的撰写过程中还参阅了大量的相关专著和文献，已将主要参考书目列于书后，在此向各位著者表示衷心的感谢！

限于作者学术水平，书中难免存在疏漏和不妥之处，恳请同行专家、学者和广大读者批评指正。

最后，衷心感谢彭平安院士在百忙之中为本书作序！

尹　华

2016 年 10 月于广州

目　录

序
前言
第1章　电子垃圾的来源及污染 …… 1
1.1　电子垃圾污染现状 …… 1
1.2　电子垃圾的来源 …… 2
1.3　电子垃圾的分类 …… 3
1.4　电子垃圾中的有害物质 …… 4
1.4.1　电子垃圾中有害物质的种类 …… 4
1.4.2　主要有害物质对人类健康的影响 …… 5
1.5　电子垃圾的环境影响 …… 5
1.5.1　大气污染 …… 6
1.5.2　水体污染 …… 7
1.5.3　土壤污染 …… 8
第2章　生物修复技术原理及其在污染治理中的应用 …… 10
2.1　生物修复技术的发展 …… 10
2.2　重金属污染的生物修复及原理 …… 10
2.2.1　土壤重金属污染的微生物修复 …… 10
2.2.2　土壤重金属污染的植物修复 …… 15
2.2.3　水体重金属污染的微生物修复 …… 25
2.2.4　水体重金属污染的植物修复 …… 32
2.3　有机物污染的生物修复及原理 …… 34
2.3.1　土壤有机物污染的微生物修复 …… 34
2.3.2　土壤有机物污染的植物修复 …… 49
2.3.3　水体 POPs 污染的微生物修复 …… 55
2.3.4　水体 POPs 污染的植物修复 …… 57
2.4　生物修复技术在污染治理中的应用 …… 58
2.4.1　土壤石油污染的生物修复 …… 58
2.4.2　富营养化海域的生物修复 …… 61
2.4.3　矿区重金属污染的生物修复 …… 63
2.4.4　电子垃圾污染环境的生物修复 …… 64

第3章　电子垃圾污染土壤修复技术 …… 66
3.1　电子垃圾污染土壤现状 …… 66
3.2　电子垃圾污染土壤非生物修复技术 …… 66
3.2.1　土壤重金属污染的非生物修复 …… 66
3.2.2　土壤有机物污染的非生物修复 …… 69
3.3　电子垃圾拆解区土壤中典型重金属污染植物修复及机理 …… 71
3.3.1　紫花苜蓿修复镉污染土壤 …… 71
3.3.2　杂交狼尾草修复锌污染土壤 …… 81
3.4　电子垃圾拆解区土壤中典型 POPs 污染植物修复及机理 …… 85
3.4.1　紫花苜蓿修复土壤芘污染 …… 85
3.4.2　植物修复土壤多溴联苯醚污染 …… 97
3.5　表面活性剂和微生物强化龙葵修复土壤 BDE-209/Cd 复合污染 …… 106
3.5.1　强化修复 …… 106
3.5.2　盆栽设计 …… 107
3.5.3　表面活性剂和微生物强化修复效果 …… 108
第4章　电子垃圾污染水体修复技术 …… 121
4.1　电子垃圾污染水体现状 …… 121
4.2　电子垃圾污染水体非生物修复技术 …… 121
4.2.1　水体重金属污染的非生物修复 …… 121
4.2.2　水体有机物污染的非生物修复 …… 123
4.3　电子垃圾拆解区水体中典型重金属的微生物修复 …… 125
4.3.1　嗜麦芽窄食单胞菌对水体中 Cu、Cd 的吸附 …… 125
4.3.2　嗜麦芽窄食单胞菌对水体中锌的吸附 …… 134
4.4　电子垃圾拆解区典型 POPs 污染水体微生物修复 …… 137
4.4.1　铜绿假单胞菌对水体中 BDE-209 的降解 …… 137
4.4.2　氧化节杆菌对水体中 BaP 的降解 …… 155
4.4.3　短短芽孢杆菌对水体中芘的降解 …… 164
第5章　电子垃圾拆解区水体中典型 POPs/重金属复合污染微生物修复 …… 172
5.1　水体 POPs/重金属复合污染概况 …… 172
5.2　铜绿假单胞菌对水中 BDE-209/Cd 复合污染修复 …… 172
5.2.1　研究现状 …… 172
5.2.2　材料 …… 173
5.2.3　污染物对 *P. aeruginosa* 生长的影响 …… 173
5.2.4　*P. aeruginosa* 对 BDE-209/Cd^{2+} 吸附/降解作用 …… 174

5.2.5 污染物对 *P. aeruginosa* 细胞特性的影响 …… 181
5.2.6 污染物对 *P. aeruginosa* 细胞生命活动的影响 …… 183
5.2.7 菌体微观形态观察 …… 189
5.2.8 Cd^{2+} 对 BDE-209 降解产物的影响 …… 190
5.3 嗜麦芽窄食单胞菌对苯并[α]芘/铜复合污染的修复 …… 193
5.3.1 研究现状 …… 193
5.3.2 材料 …… 194
5.3.3 污染物对菌体生长的影响 …… 194
5.3.4 *S. maltophilia* 对 Cu 和 BaP 的吸附/降解作用 …… 197
5.3.5 污染物对 *S. maltophilia* 细胞特性的影响 …… 199
5.3.6 菌体微观形态观察 …… 205
5.3.7 Cu^{2+} 对 BaP 降解产物的影响 …… 208
5.4 白腐菌对水/沉积物体系十溴联苯醚/重金属复合污染的修复 …… 212
5.4.1 研究现状 …… 212
5.4.2 材料 …… 212
5.4.3 白腐菌对水中 BDE-209 的降解特性 …… 213
5.4.4 重金属对白腐菌降解 BDE-209 的影响 …… 216
5.4.5 重金属对 BDE-209 在水/沉积物界面分配的影响 …… 222
5.4.6 重金属对白腐菌降解水/沉积物体系中 BDE-209 的影响 …… 230
第 6 章 电子垃圾拆解区土壤中典型 POPs/重金属复合污染植物修复 …… 232
6.1 土壤 POPs/重金属复合污染概况 …… 232
6.2 杂交狼尾草对土壤中十溴联苯醚/锌复合污染的修复 …… 233
6.2.1 研究现状 …… 233
6.2.2 盆栽设计 …… 234
6.2.3 污染物对杂交狼尾草生长的影响 …… 234
6.2.4 污染物胁迫下杂交狼尾草的生理响应 …… 236
6.2.5 污染物在杂交狼尾草中的分布 …… 240
6.2.6 短短芽孢杆菌和杂交狼尾草对土壤中 BDE-209/Zn 复合污染的联合修复 …… 243
6.2.7 BDE-209 降解产物 …… 251
6.3 紫花苜蓿对土壤中芘/镉复合污染的修复 …… 257
6.3.1 研究现状 …… 257
6.3.2 盆栽设计 …… 257
6.3.3 污染物对紫花苜蓿生长的影响 …… 258

6.3.4　污染物胁迫下紫花苜蓿的生理响应 …… 260
6.3.5　污染物在紫花苜蓿中的分布 …… 262
6.3.6　微生物强化紫花苜蓿对土壤中芘/镉的去除 …… 264
参考文献 …… 270

第1章　电子垃圾的来源及污染

1.1　电子垃圾污染现状

随着信息技术的发展与电子产品更新换代速度的加快，全球越来越多的废旧电子和电器设备被淘汰，形成巨量的电子垃圾。据报道，全世界每年有2000万～5000万t废旧电子产品被丢弃，并且正以每年3%～5%的速度增长，电子垃圾已成为继工业时代化工、冶金、造纸、印染等废弃物污染后新的一类重要环境污染物。据2010年联合国环境规划署发布的报告，我国已成为世界第二大电子垃圾生产国，每年产生超过230万t电子垃圾，仅次于美国的300万t。到2020年，我国的废旧计算机将比2007年翻一到两番，废弃手机将增长7倍。我国电子垃圾污染不仅来自于本国，还有进口的电子垃圾，全球的电子垃圾中80%被运到亚洲，其中90%在我国处理与丢弃。我国电子垃圾污染已经成为重要的环境问题，国内外环境工作者对电子垃圾拆解造成的区域环境污染及其导致的健康风险问题高度关注，从2000年至今，国际学术期刊上关于电子垃圾的论文呈显著增长趋势，*Science*、*Environmental Health and Perspective*、*Environmental Science and Technology*等国际学术期刊都对电子垃圾处置不当所造成的污染表示担忧（Ogunseitan et al.，2009；Ni and Zeng，2009）。

电子垃圾成分复杂，富含铜（Cu）、锌（Zn）、铅（Pb）、汞（Hg）、铬（Cr）、镉（Cd）等多种重金属，以及各种塑料、溴代阻燃剂、调色剂、表面涂层等（Leung et al.，2007；李英明等，2008）。由于电子垃圾的不恰当处理处置，其所含有的重金属和持久性有机污染物（persistent organic pollutants，POPs），如多溴联苯醚（poly brominated diphenyl ethers，PBDEs）、多环芳烃（polycyclic aromatic hydrocarbons，PAHs）、多氯联苯（poly chlorinated biphenyls，PCBs）、二噁英（Dioxin）等大量进入环境（Wong et al.，2007；Yu et al.，2006）。POPs因具有远距离大气迁移性而成为全球性污染物，因此，包括我国在内的150多个国家和地区共同签署了旨在全球统一行动控制和消减POPs的《斯德哥尔摩公约》，其于2004年在我国生效。

目前，我国电子垃圾拆解主要分布在沿海地区，其中广东贵屿和浙江台州已经成为国际上重要的电子电器垃圾拆解基地。全国最大的电子垃圾集散地同时也是全世界最大的电子垃圾城——广东省贵屿镇，每年可处理逾百万吨来自美国、日本、韩国等地的电子垃圾。该镇地处潮阳、普宁、揭阳三地交界，位于练江中游北岸,面积 $52km^2$,现有人口 13 万。几十年来,电子垃圾的回收及综合利用已经成为当地人谋生的主要手段,其作为该镇的支柱产业,已形成了从回收、拆解到加工、销售的完整的电子垃圾产业链。但当地村民处理电子垃圾的手段极为原始,人们称之为"19 世纪的工艺处理 21 世纪的垃圾"。当地工人大多采用焚烧、破碎、水洗(用王水等强酸腐蚀)等原始手工工艺处理电子垃圾来提炼重金属,这些工艺成本低廉且效益可观,余下的电子垃圾被随意丢弃,直接污染空气、水、土壤(图 1-1)。电子垃圾拆解业的发展为当地居民带来了财富,却也给该镇造成了严重的环境污染。贵屿的水源污染状况十分严重,由于有毒物质、废液被填埋或渗入地下,绝大部分地表水和浅层地下水已不能饮用,只能作工业用水,居民饮水必须从 30 千米以外的地方运送。污染侵蚀过的土壤已经不能再种庄稼,大量有害气体和悬浮物致使空气质量变差,造成了严重的空气污染。对该地区河岸沉积物的抽样化验显示,对环境和身体健康危害极大的重金属中,Pb、Cr 等的含量都超过危险污染标准数百倍,甚至上千倍,而水中的污染物含量也超过了饮用水标准数千倍(谢文平等,2012)。当地居民身体健康受到严重的威胁,与其他非电子垃圾拆解地区相比,皮肤损伤、头痛、眩晕、恶心、胃病、十二指肠溃疡等病症在当地居民中发生率高(傅建捷等,2011)。

图 1-1　随处可见的电子垃圾(广东贵屿镇)

1.2　电子垃圾的来源

电子垃圾是随着电子产品的出现而产生的。电子废弃物的来源主要有两大类:一类来源于人们的生活;另一类来源于电子产品的生产过程。前者可进一步划分为两部分:一是家庭和小商家;二是大公司、研究机构和政府。

(1) 家庭和小商家。随着电子设备更新换代的速度越来越快,电子设备尤其是手机和计算机，经常被家庭和小商家丢弃。当今的电子行业不断向市场推出新产品，几乎每隔 1 年就会进行全面的更新换代。由于手机和计算机不属于法定的有害废弃物的范畴，家庭用户和小商家可以合法地将其扔到废物箱里，进行填埋或焚烧处理。此外，回收机构向消费者收取处理费，也是废旧手机和计算机无法得到妥善回收的一个重要原因。

(2) 大公司、研究机构和政府。这些大型机构经常对员工的电子设备进行更新换代。例如，微软全球有近 5 万名员工，约每 3 年就将计算机全部更新换代一次。这些大型机构丢弃的电子废弃物走向了回收处理和出口市场。

另一类是来源于电子产品生产过程的电子废弃物。从生产线上下来的商品不能满足质量标准而被废弃时，最初设备制造商就产生了电子废弃物。

1.3　电子垃圾的分类

电子垃圾主要由废弃的家用电器、通信工具、电池类等产品组成，涵盖了生活各个领域废弃电子电器设备及工业制造产生的电子电器废品或者报废品。每种电器的组成差别很大。按照回收材料的类别可以分为电路板、金属部件、塑料、玻璃等几大类，具体见表 1-1。

表 1-1　电子废弃物的分类

分类方法	类属	主要贡献因子	备注
按产生的领域	家庭	电话、微波炉、电视机、洗衣机、冰箱、空调、有线电视设备、家用音频视频设备等	前三种的普及程度最高，所占比例也高
	办公室	复印机、电话、计算机、打印机、传真机等	废弃计算机所占比例最高
	工业制造	集成电路生产过程中的废品、报废的电子仪表等自动控制设备、废弃电缆等	相当部分不直接进入城市生活垃圾处理系统
	其他	手机、网络硬件、笔记本电脑、汽车音响、电子玩具等	废弃手机数量增长最快
按回收材料	电路板	电子设备中的集成电路板	主要是电视机和计算机硬件电路板
	金属部件	金属壳座、紧固件、支架等	以 Fe、Cu 类为主
	塑料	显示器壳座、音响设备外壳等	包括小型塑料部件
	玻璃	阴极射线管、荧光屏、荧光灯管	含有 Pb、Hg 等严格控制的有毒有害物质
	其他	冰箱中的制冷剂、液晶显示器中的有毒物质等	需要进行特殊处理

1.4 电子垃圾中的有害物质

1.4.1 电子垃圾中有害物质的种类

电子垃圾与一般的固体废弃物相比，有两个显著的特征：一是体积普遍庞大，如电视机、冰箱、洗衣机、计算机等；二是大部分电子产品含有多种对人体健康和周围环境有害的物质。电子垃圾中的有害物质如下。

1. 金属与金属化合物

金属与金属化合物主要有：①Pb 主要用于印刷电路板或阴极射线管(cathode ray tube,CRT)中；②Cd 主要存在于电阻器、红外线发生器和半导体等中，也作为塑料固化剂，在旧 CRT 中使用；③据估计全世界每年耗用的 Hg 有 22%用在电子电器产品中，主要被用于显示器的照明装置中，也被用在旧计算机的主机开关和继电器里，还用于温度计、传感器、阻滞器、转换器、医疗设备、电灯、手机及电池中；④六价铬化合物常被用作金属外壳防蚀剂及坚化和美化处理；⑤Cu 主要用作导线的内芯、计算机电路板；⑥Zn 被用于计算机显示器、弹簧、继电器和连接器中。

2. 聚氯乙烯塑料

聚氯乙烯(polyvinyl chloride,PVC)塑料由于具有防火特性，被广泛应用于包裹线路和计算机外壳，26%的电子产品塑料含有 PVC。PVC 燃烧过程中会产生大量的多环芳烃、含氯污染物等，甚至可能产生致癌物质——二噁英。PVC 中还包含有机锡、铅和含镉固化剂及酞酸盐等有毒物质。

3. 溴代阻燃剂

溴代阻燃剂(bromide flame retardants,BFRs)被用在电子产品的塑料及电路板中，用以阻止燃烧和发烟，含量较高，为 5%～30%不等。目前多溴联苯醚、六溴环十二烷(HBCD)、四溴双酚 A(TBBPA)这三类 BFRs 使用最多。所有含 BFRs 的产品被焚化时都会形成强致癌物。

4. 多环芳烃

多环芳烃电子产品生产过程中产生大量的 PAHs，PAHs 是最早被发现和研究的环境致癌物，在环境中普遍存在，是一类持久性有机污染物。

5. 酞酸酯

酞酸酯主要用作增塑剂。

1.4.2 主要有害物质对人类健康的影响

电子垃圾回收处理中产生的有毒污染物主要是重金属(如 Cd、Pb、Cr、Hg 等)和持久性有机污染物(如 PAHs、PBDEs、PCBs 和呋喃等)。长期以来,由于这些有毒有害物质的污染越来越严重,对人类身体健康构成很大威胁,许多学者对这些污染物的毒性进行了研究。

1. 重金属

Pb 在环境中富集,对动植物和微生物有严重的慢性毒害,其毒性主要是损害神经系统、血液系统、肾脏和干扰内分泌系统,其进入孕妇体内会影响胎儿发育,造成畸形,并且高血铅影响儿童智力发育;Hg 进入水体后,在微生物的作用下可转化成甲基汞,通过食物链在生物体内富集,可导致神经系统慢性损伤;Cd 的化合物被列为有毒物质是由于其可能对人体产生不可逆的损害,它可在体内富集,尤其在肾脏中,Cd 化合物可通过呼吸或食物进入人体,由于它的半衰期长而容易富集到导致中毒的量;Cr 可引起各种毒性作用,如导致人体严重的过敏反应和 DNA 损伤,Cr 的毒性与其存在的价态有关,六价铬容易透过细胞膜而被吸收并在体内蓄积,其毒性比三价铬高 100 倍。

2. 持久性有机污染物

PBDEs、PCBs、PAHs 和呋喃等持久稳定的有机化合物已成为各国普遍的污染物,并且可通过呼吸、饮用水和食物链在动物体内富集,因而在许多地区的动物及人体内发现此类污染物。PBDEs 是一类毒性物质,有证据表明,它干扰甲状腺激素的分泌,并可导致新生哺乳动物神经的损害,尤其是怀孕妇女、胎儿和婴幼儿对此类污染物敏感。呋喃的化合物可引起免疫缺陷和神经系统病变、干扰内分泌、降低肺部功能和改变血浆激素水平并具有致癌性;PCBs 与甲状腺激素、免疫功能、神经系统的改变有关,PCBs 暴露可导致肝脏功能改变、皮肤疾病及增加患癌症的风险;PAHs 可通过酶的感应过程改变繁殖率,影响细胞分裂、导致癌变,是一类“三致”(指致癌、致畸、致突变)污染物。

1.5 电子垃圾的环境影响

目前,虽然已经研究开发了塑料的机械处理、化学回收处理和热回收处理等技术,但由于电子垃圾中塑料成分复杂、回收成本高,电子垃圾的回收处理仍主要针对重金属,塑料成分则采用焚烧或填埋的方法处置。在回收处理和处置电子垃圾过程中,物料损失是不可避免的,除 Au、Ag、Pd、Pt 和 Cu 的回收效率在 90%以上,其他金属的回收效率，如 Ni、Sn、Zn、Pb 分别为 80%、70%、60%、5%，Hg、Cd、Ba、Cr、Be 等未被回收，导致许多重金属进入环境；塑料及其添加剂等成分则形成许多有机污染物，最常见的是 PBDEs、PCBs、PAHs 等持久性有机化合物。因此，电子垃圾如果得不到恰当的处理和处置，将对环境造成严重的污染。在我国的广东、浙江等地，电子垃圾的回收处理工厂主要是一些小规模、家庭作坊式的私营企业，他们采用简单的手工拆卸、露天焚烧或直接酸洗等落后的处理技术，获得容易提取的金属后，残余物被直接丢弃到田地、河流或水渠中，从而导致重金属和持久性有机物污染环境。这些污染物通过多种途径在生态系统中传递，最终可能对人类健康产生威胁。

1.5.1 大气污染

一些易挥发的污染物在拆解过程中直接进入大气，部分不易挥发的污染物在大气中则以气溶胶和悬浮颗粒物等形式存在，对陆生动物造成潜在的暴露风险。电子垃圾拆解地大气污染特征表现为污染物种类复杂，通过与其他地区大气污染物水平比较，电子垃圾拆解区域大气中的 POPs 和重金属均处于较高水平。

科研人员研究了贵屿大气中总悬浮颗粒物(total suspended particulate，TSP)和粒径小于 2.5 μm 的颗粒物(PM 2.5)中的 22 种 PBDEs 单体、17 种 PCDD/Fs 单体、16 种美国国家环境保护局优先控制的 PAHs 及包括 Pb、Cd、Cu 在内的重金属元素的含量。结果发现，TSP 和 PM 2.5 中 PBDEs 总量分别达到了 21.5 ng · m^{-3} 和 16.6 ng · m^{-3}，且毒性较高的一溴至五溴代 BDE 占总量的 79.4%～95.6%，该浓度比当时所报道的其他区域大气中 PBDEs 浓度高两个数量级左右。同时该区域大气中也检出了高浓度的 PCDD/Fs 及 PAHs。其中指示 PAHs 苯并[α]芘(benzopyrene，BaP)达到 15.4 ng · m^{-3}，是广州的 20 倍。在该区域采集的 TSP 和 PM 2.5 中，Cd、Cr、Cu 和 Pb 含量分别达到 7.3 ng · m^{-3}、1161 ng · m^{-3}、483 ng · m^{-3} 和 444 ng · m^{-3}，表明大气颗粒物中存在较为严重的重金属污染(Chen et al.，2009)。

电子垃圾在拆解过程中不但对当地环境造成了严重的污染，还能通过大气传输对周边乡镇甚至更远的区域产生影响。Li 等(2007a)通过大气主动采样器采样测定了贵屿电子垃圾拆解地大气中的 PCDD/Fs 和 PBDD/Fs 含量，发现其分别达到了 64.9～2365 pg · m^{-3} 和 8.12～461 pg · m^{-3}，是其相邻乡镇陈店镇的 12～18 倍，且两地污染物污染特征具有较好的相关性。这种垃圾拆解对于周边地区环境的影响，从 PCB 等其他持久性有毒污染物(persistent toxic substances，PTS)也可观察到。

1.5.2 水体污染

1. 重金属

广东贵屿和浙江台州等电子垃圾拆解地地表水、地下水及底泥中重金属污染严重，严重危害水生生态系统及人类的健康。Cu、Pb、Cd和Zn是电子垃圾拆解区最严重的污染物，其中贵屿地表水中的Pb含量高于我国地表水标准8倍，底泥中Cd和Cu的浓度分别达到10.3 μg·g^{-1}和4540 μg·g^{-1}(Wang et al.,2006)。练江和贵屿河30个采样点中，50%以上的水样中Pb、Hg和Cd含量超出我国二级水质标准，这些重金属主要来自于电子垃圾酸处理的过程(Guo et al.,2009)。由于这两条河流在当地还起着灌溉和水产养殖的功能，河水中的重金属污染有可能通过农业活动转移到土壤中，进一步进入农作物中，影响农作物的产量和质量，同时通过饮食威胁到贵屿生态系统中动物安全及居民健康(Chen et al.,2011)。

2. 持久性有机污染物

持久性有机污染物通过大气沉降、废水排放、雨水淋溶与冲刷进入水体，最终沉积到沉积物中，在沉积物中逐渐富集。进入水体的有机污染物，经过复杂的物理化学和生物作用，最后能在沉积物中长期存在的，主要是一些持久性有机污染物。PBDEs、PCBs、PCDD/Fs和PAHs都有较强的疏水性，进入水体后，易被水体中的颗粒物吸附。它们与颗粒的作用不仅是发生表面吸附，而且会通过溶解扩散作用进入颗粒内部有机碳中。被表面吸附的有机物具有一定的交换性和可浸出性，成为可逆吸附的部分，而进入颗粒内部有机碳的部分则大多不可逆吸附，难以浸出，随颗粒物的下沉进入沉积物中。

Luksemburg等(2002)首次报道了贵屿电子垃圾拆解地水体底泥中的PCDD/Fs的污染状况，其中电子垃圾焚烧废渣堆放处的河流底泥中二噁英毒性当量达到35200 pg·g^{-1}(干重)。Wang等(2005)发现取自贵屿不同点的土壤及底泥中的PBDEs浓度范围(0.26～824 ng·g^{-1})和单体分布差异都较大，这也显示了电子垃圾拆解区域污染源的复杂性。Leung等(2006)对贵屿底泥PCBs和PBDEs进行了测定，在练江的一个底泥样品中测得PCBs浓度高达743 ng·g^{-1}，而PBDEs的浓度也达到了32.3 ng·g^{-1}。除该点以外，其他底泥中PCBs浓度平均为8.3 ng·g^{-1}，而在离电子垃圾拆解点约15km的一个水库的底泥及下游16km处和平镇底泥样品中PCBs浓度则低于检测限。

1.5.3 土壤污染

1. 重金属

贵屿土壤已经受到重金属的严重污染，其中Cd、Cu和Pb浓度分别为0.1 μg·g^{-1}、32.6 μg·g^{-1}和53.8 μg·g^{-1}。土壤中的重金属通过土壤-植物系统向植物体内富集转化，从而对人类健康造成极大的威胁。Guo等(2009)报道了贵屿一些农作物中重金属的浓度，其中大米中Ni的浓度在0.289～1.52 μg·g^{-1}，莴苣中Pb含量在0.223～0.667 μg·g^{-1}，花椰菜和黄瓜中Cd的含量分别达到0.133 μg·g^{-1}和0.112 μg·g^{-1}(干重)。当前关于贵屿重金属污染的研究都表明，该地区各种环境介质都已被严重污染，并且重金属污染已经影响到拆解地近距离乡镇及下游区域的环境安全。台州电子垃圾拆解地的重金属污染也很严重。台州路桥土壤中的重金属污染特征研究表明，Cd、Cu、Pb和Zn是当地最突出的重金属污染。Zhang等(2009)对台州路桥等8个点的稻田土中重金属的生态毒性进行了测定，其中有一个采样点的Cd浓度高达6.37 μg·g^{-1}，并且该点Cu的浓度也达到了256 μg·g^{-1}。进一步利用通过顺序提取得到的提取液对水稻根部细胞及微生物毒性进行研究，结果显示其中几个采样点的提取液对细胞有明显的毒性，并对微生物产生抑制作用。对台州电子垃圾拆解地大米、水稻稻壳及对应的水稻田土样中的重金属污染的研究显示，稻壳中重金属浓度高于大米中的浓度(Co除外)，电子垃圾拆解区域大米样品中Pb浓度的几何平均值(GM)达到0.69 μg·g^{-1}，是国家无公害食品标准所规定的3.5倍；大米样品中的Cd和Pb浓度高于市售大米和其他大米中的报道值。Tang等(2010)对台州温岭土壤中的重金属污染进行了分析，研究结果显示，该电子垃圾拆解区土壤中的Hg、Cu、Cd、Pb和Zn含量大部分超过了我国环境保护部颁发的二级土壤标准，其中Hg的最高浓度达到654.1 μg·g^{-1}。

电子垃圾拆解对土壤的理化性质产生一定影响，土壤pH降低，酸化比较严重。土壤的酸化导致重金属的活性增加，使得能被生物利用的重金属比例增加，从而造成更为严重的生态风险。

2. 持久性有机污染物

土壤是环境中多种辛醇-水系数高、难降解的有机污染物的主要汇，在一定的环境条件下又可能成为重要的二次源。Leung等(2007)研究了贵屿一个村庄的表层土及垃圾焚烧残余中的PBDEs和PCDD/Fs的空间分布，他们发现，在塑料芯片和电缆线焚烧区域中，PBDEs含量最高(33～97 μg·g^{-1})，是离该点10 km左右对照点浓度的930倍。在酸溶区域和打印机废件堆放区域的土壤中PBDEs含量分别为2.72～4.25 μg·g^{-1}和0.59～2.89 μg·g^{-1}，十溴联苯醚(BDE-209)是该区域 PBDEs 最主要的单体，占 PBDEs 总量的 35%～82%。他们在研究中发现，附近电子垃圾焚烧点稻田土中 PBDEs 和 PCDD/Fs 的含量分别为 48.2 $ng \cdot g^{-1}$ 和 2730 $pg \cdot g^{-1}$（干重）。

近年来我国学者围绕电子垃圾污染处理处置，分别在 PBDEs、PAHs、PCBs 等 POPs 的污染来源、环境行为、污染水平及趋势，POPs 的生物降解与修复，以及重金属的生物修复等方面做了大量的基础性工作，并已取得了一系列富有成效的理论及实践成果。

本书第 2 章主要总结水体和土壤中 POPs 和重金属生物修复技术及其原理，第 3 章和第 4 章着重介绍了笔者课题组从 2004 年起对电子垃圾拆解区水体、底泥、土壤中的典型有机污染物 PBDEs、PAHs 和重金属污染及其生物修复进行的大量基础性研究工作。针对水土环境中 POPs 与重金属的污染，人们已就其单独在环境中存在时的污染水平、分布、特征、生态毒理等进行了不少研究。研究表明，尽管 PBDEs、PAHs 等 POPs 属于难降解污染物，但已发现一些微生物、植物及其联合作用能够通过不同的代谢机制将其降解、脱毒。在重金属生物修复方面，微生物吸附剂、吸附基因工程菌、超富集植物等均有不少报道。然而，当涉及电子垃圾处理带来的重金属与 PBDEs、PAHs 等 POPs 构成的复合污染时，污染物与污染物之间，污染物与沉积物、悬浮物和土壤之间，以及污染物与微生物和植物之间的微界面过程和交互作用均不清楚，生物修复的效应难以体现。从广东省汕尾地区贵屿镇等地的水体、沉积物、土壤中分离、富集获得一批对 PBDEs、PAHs 和重金属有良好降解、吸附和解毒功能的菌株，并以此为基础开展 PBDEs、PAHs 与重金属复合污染的生物强化修复的研究工作，取得一系列的研究成果。本书第 5 章和第 6 章着重介绍笔者课题组通过植物、微生物、植物-微生物联合等方式对电子垃圾拆解区典型 POPs/重金属复合污染进行的修复研究。

第 2 章　生物修复技术原理及其在污染治理中的应用

2.1　生物修复技术的发展

生物修复是指在一定的条件下，利用环境中的各种生物——植物、动物和微生物吸收、降解和转化环境中的污染物，使污染物的浓度降低到可接受的水平，或将有毒有害污染物转化为无害的物质，达到清除环境污染的目的。早在 100 多年前就有利用好氧微生物处理污水与废水的记载，但真正使用生物修复技术处理环境污染物至今不到 30 年。1989 年，美国首次应用生物修复技术成功处理阿拉斯加海滩 The Exxon Valdez 号巨型油轮触礁溢油污染，标志着生物修复的研究开始成为环境科学的热点与前沿。1991 年第一届原位生物修复（*in-situ* bioremediation）国际会议在美国圣迭戈召开，标志着以生物修复为核心的环境生物技术作为环境科学研究中一个富有挑战性的前沿领域进入了一个全新的发展时期。美国能源部制定了 20 世纪 90 年代土壤和地下水的生物修复计划，并组织了一个由联邦政府、学术和实业界人员组成的“生物修复行动委员会”（Bioremediation Action Committee）来负责生物修复技术的研究和具体应用实施。2002 年 10 月，*Science* 专门刊登环境微生物技术的研究特辑，生物修复成为 21 世纪初环境生物技术的主攻方向之一。欧洲各国如德国、丹麦、荷兰对生物修复技术非常重视，欧洲从事该项技术的研究机构和商业公司有近百个，他们的研究证明，利用微生物分解有毒有害物质的生物修复技术是治理大面积污染区域的一种有价值的方法。通过多年的研究，生物修复技术已应用于石油污染土壤修复、富营养化水体修复、矿山复垦、地下水修复、城市污泥处理、湖泊和河道底泥修复等诸多领域。

生物修复，一般分为植物修复、动物修复和微生物修复三种类型。根据生物修复的污染物种类，它可分为有机污染生物修复、重金属污染生物修复等。根据生物修复的主体，它可以分为污染土壤生物修复和污染水体生物修复两大类。

2.2　重金属污染的生物修复及原理

2.2.1　土壤重金属污染的微生物修复

微生物修复是指利用天然存在的或人工培养的功能微生物群，在适宜环境条件下，促进或强化微生物代谢功能，从而达到降低有毒污染物在环境中的存在水平或将有毒污染物降解成无毒物质的生物过程，它已成为污染土壤生物修复技术的重要组成部分。土壤重金属污染的微生物修复主要是指利用微生物对土壤中重金属的吸附、积累、转化及溶解等作用达到去除土壤中重金属的目的。

1. 土壤重金属污染的微生物效应

土壤重金属污染会对土壤中的微生物产生多方面的影响，这些影响主要包括：重金属污染对土壤微生物生物量的影响；重金属污染对土壤微生物群落结构的影响；重金属污染对微生物生理生化的影响；重金属污染对微生物遗传的影响。

(1) 重金属污染对土壤微生物生物量的影响。

重金属污染通常会对微生物数量有两种截然不同的效应：第一种是非耐受重金属的微生物种数量出现明显降低甚至是灭绝；第二种是耐受重金属的微生物种数量出现明显上升，甚至成为优势种。重金属对微生物产生的毒性效应取决于重金属在土壤中的浓度，一般情况下，低浓度的某些重金属对微生物的生长具有促进作用，但随着重金属浓度的不断提高，高浓度的重金属通常会抑制微生物的生长，因此微生物的数量和重金属的浓度一般呈负相关关系，两者的相关显著性与土壤类型、重金属种类及微生物类群有关(Wang et al.，2007)。

土壤的类型会影响重金属对微生物的毒性效应，例如，向黏土和砂土中分别添加 200 $\mu g \cdot g^{-1}$ Cu^{2+}，结果发现黏土中细菌的生长均被 200 $\mu g \cdot g^{-1}$ Cu^{2+} 抑制，而 200 $\mu g \cdot g^{-1}$ Cu^{2+} 却能刺激砂土中细菌的生长；不同种类的重金属对微生物所产生的毒性效应也有所差异，有学者对被含重金属的污泥污染的土壤进行研究，当土壤中 Cu、Zn 的浓度为欧盟标准的 2.5 倍时，会使微生物生物量下降 40%，而当土壤中 Ni 的浓度达到欧盟标准的 2～3 倍时，微生物生物量却没有明显变化；不同种类的微生物对重金属的敏感程度不同，总体来说，原核生物(细菌、放线菌)比真核生物(真菌)对重金属更敏感。细菌比放线菌又更敏感，而革兰氏阳性菌对重金属的敏感性又强于革兰氏阴性菌(王奥等，2011)。

(2) 重金属污染对土壤微生物群落结构的影响。

土壤微生物种群结构是表征土壤生态系统群落结构和稳定性的重要参数之一，它能较早地预测土壤养分及环境质量的变化过程，被认为是最有潜力的敏感性生物指标之一。重金属污染对微生物群落结构的影响与重金属的浓度、重金属的形态、重金属的污染时间等有关(Zhang et al.，2016)。

重金属浓度对微生物多样性的影响并不是简单的线性关系，例如，低浓度的 Cd 可以同时促进真菌、细菌和放线菌种群生长，随着浓度的提高，土壤真菌种群生长仍然得到促进，但是放线菌和细菌种群的生长则受到抑制，若 Cd 的浓度进一步升高，则真菌种群生长也会受到抑制(韩桂琪等，2012)。不同化学形态的重金属对土壤微生物群落结构影响明显不同，碳酸盐结合态的 Pb 和 Ni 对放线菌的生长繁殖具有刺激作用,碳酸盐结合态的 Zn 对细菌的生长繁殖具有刺激作用;铁锰氧化物结合态和有机结合态的 Zn 与有机结合态 Cu 对细菌、放线菌的生长繁殖具有刺激作用(程东祥等,2009)。土壤微生物的种群结构和数量随受重金属污染时间的不同也会发生变化,例如,污染初期 Cd 对土壤微生物种群毒害作用非常明显,土壤微生物多样性下降,重金属 Cd 污染时间越长,细菌、放线菌、真菌三大菌总数越少(段学军和黄春晓,2008)。

(3) 重金属污染对微生物生理生化的影响。

重金属的存在可以使微生物的新陈代谢过程及与代谢有关的酶活性发生改变(Hagmann et al. ,2015)。重金属污染对微生物生理生化的影响与重金属的浓度、种类、价态及形态等有关。不同浓度的重金属对微生物代谢影响不同,例如,在一定范围内低浓度的 Cd 可以提高微生物的活性,加快微生物的呼吸代谢,但是当 Cd 浓度超过一定值时,土壤中的 Cd 就会降低微生物的活性。不同价态和形态的重金属对微生物生理生化影响也存在差异,对于 Cr 元素而言,Cr^{6+} 会强烈抑制土壤中微生物的脱氢酶活性,抑制率可以高达 40%~60%,与此相反的是 Cr^{3+} 却能刺激土壤中脱氢酶的分泌,提高脱氢酶的活性。而针对 Cd 的研究表明,交换态的 Cd 对砂姜黑土的土壤酶活性有抑制作用,而残留态的作用相对较小,有机态则对过氧化氢酶的活性有一定的促进作用(杨红飞等,2007)。

(4) 重金属污染对微生物遗传的影响。

微生物为了适应日益严重的重金属污染,在长期的进化过程中会改变其自身结构,调节生理状况,或者通过形成能在自然环境中广泛传播的质粒完善其遗传基因(Jung et al. ,2016)。在重金属的胁迫环境中,现已发现多种菌株的细胞内均存在抗重金属基因,如芽孢杆菌(*Bacillus*)和产碱菌(*Alcaligenes*)均含有抗 Cd 的基因;丁香假单胞菌(*Pseudomonas syringae*)和大肠杆菌(*Escherichia coli*)均含抗 Cu 的基因;罗尔斯通氏菌(*Ralstonia metallidurans*)含有抗 Pb 的基因。具有抗重金属基因的微生物细胞能分泌出相关的物质,增强细胞膜的通透性,将重金属沉积或排除在细胞外(施晓东和常学秀,2003)。

2. 微生物对土壤重金属污染的修复机制

微生物对土壤重金属修复作用机制包括:微生物对重金属的生物吸附;微生物对重金属的胞外沉淀和胞内积累;微生物对重金属的生物转化;微生物对重金属的溶解(Bai et al. ,2014)。

(1) 微生物对重金属的生物吸附。

土壤环境中的重金属通过与微生物细胞表面的结合,从环境转移至细胞表面的过程称为微生物对重金属的吸附。微生物对重金属的吸附过程通常不需要消耗异化作用所产生的能量,无论是活的还是死的微生物细胞甚至是细胞分泌的代谢产物都可以吸附土壤中的重金属。微生物吸附重金属的主要机制包括离子交换、吸附、螯合、透过细胞壁及细胞膜的扩散等。细胞壁、胞外聚合物和细胞膜是微生物吸附重金属的主要位点。

微生物细胞壁可以直接吸附或是吸收重金属离子。杨峰等(2007)对酵母融合菌的细胞壁、细胞内容物及完整细胞对Cr的吸附能力进行了研究,结果发现,虽然每个结构对Cr均有一定的吸附能力,但是细胞壁对Cr吸附和去除的贡献率明显高于完整细胞和细胞内容物,表明酵母融合菌吸附重金属的主要部位是细胞壁。肽聚糖、脂多糖、磷壁酸是细菌细胞壁的主要组成组分,也是细胞壁吸附重金属的主要组分。对于革兰氏阴性细菌而言,脂多糖分子中的核心低聚糖和氮乙酰葡萄糖残基上的磷酸基及2-酮-3-脱氧辛酸残基上的羧基是革兰氏阴性细菌吸附重金属的主要位点。对于革兰氏阳性细菌而言,细胞壁肽聚糖、磷壁酸上的羧基和糖醛酸上的磷酸基是其吸附重金属的主要位点。

微生物对重金属离子所具有的亲和吸附性能除了与其细胞壁的结构有关外,还取决于其分泌的胞外聚合物(extracellular polymeric substance,EPS)。EPS是微生物分泌的代谢产物,其主要成分是多糖和多肽,其他成分包括蛋白质、核酸、营养盐类、多聚糖、脂多糖、糖蛋白、可溶性氨基酸等(Yue et al.,2015)。由于EPS分子之间广泛存在着静电力、范德瓦耳斯力和氢键等作用力,胞外聚合物的存在有利于土壤中微生物生物膜的相互聚集及其在固态基底上的附着。动胶菌、蓝细菌、硫酸盐还原菌及某些藻类等土壤中绝大多数的微生物都可以分泌胞外聚合物,这些富含COO^-、$H_2PO_4^-$、OH^-等阴离子基团的胞外聚合物能与重金属阳离子形成单配位、双配位和多配位的螯合物,也可以与土壤溶液中可溶的Cd^{2+}、Hg^+、Cu^{2+}、Zn^{2+}形成不溶的沉淀物,从而使有毒的重金属离子固定于微生物细胞表面。因此,这些带负电荷的胞外聚合物成为天然的微生物重金属吸附剂,去除胞外聚合物的微生物对重金属的吸附能力会出现大幅度下降,同时,不分泌胞外聚合物的微生物对重金属的敏感性也会有所增加。

(2) 微生物对重金属的胞外沉淀和胞内积累。

胞外沉淀是指存在于细胞外界环境中的物质在细胞的生命活动的影响下在细胞周围发生凝结的过程。土壤中的重金属可以与微生物在其新陈代谢过程中分泌的多种物质进行结合,重金属与这些物质结合后会转变为稳定难溶的化合物在微生物细胞表面沉淀聚集。胞外沉淀所形成的沉淀物主要包括金属磷酸盐沉淀和金属硫化物沉淀。土壤中的某些微生物可以将有机磷分解为无机磷酸盐,重金属能与所形成的磷酸盐结合为金属磷酸盐沉淀。土壤中的硫酸盐在硫酸盐还原菌的作用下可以被还原为硫化物,重金属会与硫化物结合生成难溶的金属硫化物沉淀积累在细菌细胞的表面。例如,土壤中的硫酸盐还原菌可以将Zn、Pb、Ni、Cu和Cd转化为ZnS、PbS、NiS、CuS和CdS等极其难溶的硫化物沉淀,从而实现对多种重金属的有效固定(张玉刚等,2008)。

微生物除了能通过胞外沉淀作用将重金属聚集在其细胞外,还可以通过吸收、吸附、吞食等方式在其整个生命活跃期内将周围环境中的重金属在细胞内进行积累,Cd^{2+}、Cu^{2+}和Zn^{2+}是最常见的被积累的重金属。微生物生物积累过程的第一步是存在于微生物细胞外的可溶性重金属经细胞膜的转运作用进入细胞质内,进入细胞质内的重金属通过"区域化作用"或是与细胞质内的某些特异性蛋白结合而被分配和隔离至细胞内的特定部位,从而避免了重金属与细胞质内的重要细胞器或细胞组分发生接触,产生毒性效应。微生物能够在其体内合成多种与重金属具有极强结合能力的胞内蛋白,例如,Zn、Cd、Cu和Hg等重金属进入细胞后与金属硫蛋白结合成无毒或低毒的络合物,重金属的生物有效性有所降低。

(3) 微生物对重金属的生物转化。

在长期受重金属污染的土壤中生存着一些具有特殊功能的微生物,这些微生物不但对重金属离子具有抗性,同时又能够使重金属发生形态转化。微生物对重金属的转化作用包括生物氧化、生物还原、生物甲基化及去甲基化(He and Chen,2014)。

氧化态的重金属可以充当酶促反应过程中的电子受体,在微生物酶的作用下被直接转化为还原态,例如,Fe^{3+}在金属还原细菌的作用下可以被还原为Fe^{2+},Mn^{4+}可以被还原为Mn^{2+},还原态的重金属可以作为新的还原剂参与其他金属的化学还原过程。利用微生物的还原作用将在土壤中可迁移性和生物毒性都较强的Cr^{6+}转变为可迁移性和生物毒性都较弱的Cr^{3+}是治理土壤铬污染的基本思路。微生物可以通过两种途径还原Cr^{6+}:第一种途径是利用存在于某些微生物(如恶臭假单胞菌)体内的还原酶将Cr^{6+}通过酶促反应直接还原为Cr^{3+};第二种途径是首先通过生物还原将土壤中的Fe^{3+}还原为Fe^{2+},再利用Fe^{2+}将高水溶性和高毒性的Cr^{6+}还原为水溶性和毒性都较低的Cr^{3+},在Cr^{6+}被还原的同时又会生成Fe^{3+},Fe^{3+}通过生物还原作用可以继续生成Fe^{2+},因此该转化反应可以持续地循环进行(陈亚刚等,2009)。

微生物不但可以还原土壤中的多种重金属,还能氧化土壤中的重金属,例如,硫杆菌(*Thiobacillus*)铁杆菌属(*Ferrobacillus*)的某些自养型细菌可以使Cu、As和Fe等发生氧化,而假单胞菌属(*Pseudomonas*)可以氧化As、Fe和Mn。微生物可以通过直接和间接氧化两种途径实现对重金属的氧化。直接氧化是指利用微生物体内的酶直接对重金属进行催化氧化,或是通过某种特殊的键合作用对重金属进行氧化,自然界中的化能自养亚砷酸盐氧化菌(chemoautotrophic arsenite oxidizer,CAO)和异养亚砷酸盐氧化菌(heterotrophic arsenite oxidizer,HAO)体内含有水溶性的亚砷酸盐脱氢酶,通过直接氧化途径可以将As^{3+}氧化为As^{5+}。间接氧化是指微生物在其生命代谢活动中分泌某些具有氧化性的物质使其自身生存环境的氧化还原电位发生改变,从而间接地使重金属从还原态转变为氧化态,如有机化能自养菌共生生金菌(*Metallogenium symbioticum*)在新陈代谢过程中能够释放具有强氧化性的 H_2O_2 而将 Mn^{2+} 氧化(杨宏等,2008)。

(4) 微生物对重金属的溶解。

土壤微生物在其各种生命代谢活动中可以直接或间接地溶解环境中的重金属(杨卓等,2009)。微生物通过其代谢活动分泌的甲酸、乙酸、丙酸和丁酸等小分子的有机酸,氨基酸及其他具有溶解作用的代谢产物,可以在一定程度上将土壤中的重金属或金属矿物溶解。有关研究表明,当环境中营养物质充分时,微生物的存在可以促进土壤中 Cd 的溶解,并且溶解出来的 Cd 通常以与小分子有机酸结合的形态存在。微生物在酸性环境中还能有效溶解 Al、Fe、Mg、Ca、Cu、U 等元素,溶解出来的重金属元素仍然会与土壤中的有机酸以金属-有机酸络合物的形式结合在一起,所形成的络合物的相对分子质量范围一般在 2000～2900,由微生物分泌的与重金属进行络合的常见有机酸配体包括乙二酸、阿魏酸、柠檬酸、异柠檬酸、琥珀酸、羟基苯等。

2.2.2　土壤重金属污染的植物修复

1. 植物修复重金属污染的方式

植物修复重金属污染的方式主要包括植物提取、植物挥发和植物稳定。

(1) 植物提取。

植物提取是指重金属经植物根系吸收后,继而被转移、储存到植物茎叶,然后通过收割植物的茎叶从而达到去除土壤重金属的目的。植物提取分为两种方法:一种方法是利用一些对重金属具有较强富集能力的特殊超积累植物,吸收一种或多种重金属。另一种方法是利用生物量大的植物,这种植物虽然对某种重金属没有吸收的专一性,在植物的枝叶中重金属的含量不高,但它有大的生物量,因此也能吸收大量重金属。

植物按吸收重金属的方式可分为超积累植物和诱导超量积累植物两大类,前者具有较强的吸收重金属并运送至地上部积累的能力,后者本身不具备超量积累重金属的特性,但能以一些方法诱导出超量积累能力(Mahar et al.,2016)。

超积累植物是指那些能够超量积累重金属的植物,也称超累积植物或超富集植物。这一概念由 Brooks 等在 1977 年首先提出,当时用以命名茎中 Ni 含量(干重)大于 $1000\,mg \cdot kg^{-1}$ 的植物。超积累植物是一些古老的物种,是在长期环境胁迫下诱导、驯化的一种适应突变体,其生长缓慢,生物量小。超积累植物应同时具备三个特征。①植物地上部分(茎和叶)重金属含量是普通植物在同一生长条件下的 100 倍,由于不同元素在土壤和植物中的自然浓度不同,其临界含量分别如下:Zn 为 $1000\,mg \cdot kg^{-1}$;Cd 为 $100\,mg \cdot kg^{-1}$;Au 为 $1\,mg \cdot kg^{-1}$;Pb、Cu、Ni、Co、Cr

均为 1000 mg · kg^{-1}。②植物地上部分某种重金属含量大于根部重金属含量，通常用转运系数(translocation factor，即植物地上部某种元素含量/植物根部该种元素含量)来表征某种重金属元素或化合物从植物根部到植物地上部的转移能力，对某种重金属或化合物转运系数越大的植物越有利于植物提取修复。③植物的生长没有出现明显的受害症状且地上部富集系数(bioaccumulation factor，即植物体内某种元素浓度/土壤中该种元素浓度)大于 1。当然，理想的超积累植物还应具有生长速率快、生长周期短、地上部生物量大、能同时富集两种或两种以上重金属的特点(周启星等，2004)。目前，我国发现的超累积重金属的各种植物见表 2-1。

表 2-1　超累积重金属植物

重金属	植物种类
As	蜈蚣草(*Pteris vittata*)、蹄盖蕨(*Athyzium yorkorcense*)、剑叶凤尾蕨(*Pteris ensiformis*)
Pb	芥菜(*Brassica juncea*)
Zn	东南景天(*Sedum fredii Hance*)、遏蓝菜(*Thalspi careulesences*)、芥菜(*Brassica juncea*)
Cd	宝山堇菜(*Viola baoshanensis*)、龙葵(*Solanum nigrum*)、蒲公英(*Taraxacum mongolicum*)、遏蓝菜(*Thalspi careulesences*)、芥菜(*Brassica juncea*)等
Cr	李氏禾(*Leersia hexandra*)、芥菜(*Brassica juncea*)等
Ni	庭荠属(*Alyssum Linn*)、芥菜(*Brassica juncea*)等
Cu	鸭跖草(*Commelina communis*)、海州香薷(*Elsholtzia splendens*)、芥菜(*Brassica juncea*)

诱导超量积累植物修复主要是针对一些农作物，向土壤中加入人工合成的螯合剂后可增加某些农作物对重金属的吸收。螯合剂诱导的基本原理是通过螯合剂或移动剂的媒介作用打破重金属等污染物在土壤液相和固相之间的分配平衡，使污染物更多以液相的形式存在。螯合剂的主要作用体现在增加土壤中重金属的溶解度，提高重金属根际扩散能力和促进重金属自根系向地上部转运(Vigliotta et al.，2016)。近年来有多项田间试验证明这种化学与植物综合修复技术可行。一些人工合成的螯合剂如乙二胺四乙酸(EDTA)、二乙烯三胺五乙酸(DTPA)、环己二胺四乙酸(CDTA)、乙二醇二乙醚二胺四乙酸(EGTA)及柠檬酸可以明显促进印度芥菜对 Cd 和 Pb 的吸收。如经 10 mmol · kg^{-1}的 EGTA 处理后的印度芥菜地上部 Cd 含量提高至 2800 mg · kg^{-1}，是处理前的 10 倍，而地上部 Pb 含量最高达 15 g · kg^{-1}，显著促进了 Pb 由印度芥菜根系向地上部运输。

(2) 植物挥发。

植物挥发是利用植物根系分泌的一些特殊物质使土壤中的某些重金属转化为易挥发形态，或者利用植物将某些重金属吸收到体内后将其转化为气态物质释放到环境空气中(Yao et al.，2012)。例如，烟草能使毒性较大的 Hg^{2+} 转化为气态的单质汞。虽然现在还未发现能直接挥发 Hg 的自然生长的植物，但有研究利用转基因植物挥发Hg，即将耐Hg毒的细菌体内的Hg还原酶基因转移到拟南芥属的植物中，获得的转基因植物能耐受并吸收土壤中的Hg，并将Hg还原成零价态后挥发进入大气。可以说，植物挥发为土壤中Hg等元素的去除提供了一种潜在的可能性。植物挥发技术不须对植物进行产后处理，但它会使重金属从土壤转移至环境空气中，对人类健康和生态系统具有一定的污染风险。

（3）植物稳定。

植物稳定指利用耐重金属毒性植物的根际作用使土壤中的重金属转化为相对无害物质的一种方法。耐性植物通过根系吸收、分解、沉淀、螯合、氧化还原等多种过程可使重金属惰性化，降低土壤中有毒重金属的移动性。植物在植物稳定中主要有两种功能：一是利用植物在污染土壤上的生长减少污染土壤的风蚀和水蚀，以防止重金属向下淋移而污染地下水或向四周扩散，从而进一步污染周围环境；二是植物通过根表面的吸附、根吸收、体内富集，或者是根际区的沉淀积累等机制加强土壤中重金属的固定。适用于植物稳定修复的理想植物，应是一类能忍耐高含量重金属、根系发达的多年生常绿植物。应用植物稳定修复污染土壤时应尽量防止昆虫、草食动物及牛、羊等牲畜在这些地方觅食后可能对食物链带来的污染（杨秀敏等，2008）。

植物稳定适用于相对不易移动的物质，表面积大、土壤质地黏重、有机质含量越高越好。目前这项技术已在矿区污染修复中使用。与植物挥发相比，前者是将重金属迁出土壤，而植物稳定并没有将环境中的重金属离子去除，只是暂时将其固定，使其对环境中的生物不产生毒害作用，没有彻底解决环境中的重金属污染问题，如果环境条件发生改变，重金属的生物有效性可能会发生变化。

2. 超积累植物耐受重金属的机理

重金属的存在通常会干扰植物细胞的正常代谢过程，抑制植物的生长发育，对植物具有明显的毒害作用，但在重金属含量较高的环境中，超积累植物却能不受重金属的阻碍，正常生长。超积累植物能够过量吸收重金属而不表现毒害效应的原因可能是，在长期的进化过程中，这些植物形成了一系列抵抗重金属毒害的防御机制，如将重金属主动运输至液泡，将重金属与特殊的蛋白质或有机酸结合等。通过多种防御机制的保护，超积累植物可以在高浓度重金属环境中维持自身正常的生命代谢（Kavamura and Esposito，2010）。这种对重金属超强的忍耐性也正是超积累植物与普通植物之间的主要区别。超积累植物忍耐重金属的机理主要表现在以下几个方面。

（1）细胞区间隔离作用。

在细胞和亚细胞水平上，细胞壁对重金属的吸附被认为是细胞区间隔离作用的重要过程。重金属进入植物细胞的第一道屏障就是细胞壁，重金属穿过细胞壁时会有一部分在此形成沉淀，因此细胞壁起到了阻止过多的重金属进入原生质，减轻重金属对植物毒害的作用。例如，禾秆蹄盖蕨（*Athyrium yokoscense*）的根所吸收的重金属中有 70%～90%累积在根尖细胞壁上，其中大部分以离子形式存在或结合到纤维素、木质素等构成细胞壁结构的物质上。

通过液泡将重金属区室化是植物抵抗重金属毒害的另一重要机制，进入植物细胞内的重金属离子会被植物屏蔽进入液泡内。在这一屏蔽过程中发挥主要作用的是液泡膜上的重金属离子、氢离子反向转运蛋白和依赖于腺苷三磷酸（ATP）的质子泵（王学东等，2008）。在 Cd^{2+} 诱导下，植物细胞中可以分离出两种植物螯合肽与 Cd 的复合物，植物细胞原生质内的重金属就是以这两种复合物作为载体被运送至液泡内。

一些重金属超积累植物为避免重金属对叶肉细胞造成直接伤害，还可以把重金属储存在叶片表皮毛中，如镉超积累植物芥菜（*Brassica junceal*）的叶片表皮毛中的 Cd 含量就是其叶片组织中的 43 倍。

(2) 重金属结合肽的解毒作用。

植物中存在一些对重金属具有高亲和力的大分子物质，重金属可以与这些大分子物质结合成络合物，通过这样的作用植物体内自由重金属离子的浓度会下降，重金属对植物产生的毒性也会相应减轻（王学东等，2008）。1985 年，有学者首次分离纯化得到与镉结合的大分子物质，并将其正式命名为植物螯合肽（phytochelatin，PC）。植物螯合肽是一种只在植物体内形成的富含巯基的多肽，植物受重金属诱导形成 PC 后，PC 上的巯基可以与过量的重金属发生络合反应，进而阻止重金属以自由离子的形式在细胞内循环，减轻了重金属对植物细胞的伤害。PC 的络合反应是高等植物抗 Cd 污染的普遍机制。植物细胞有 90%的 Cd 以 PC-Cd 结合态存在，根系中吸收的 Cd 有 60%与 PC 发生结合。硝酸还原酶、脲酶、过氧化物酶等一系列对金属敏感的酶对 PC-Cd 的耐性是它们对自由 Cd^{2+} 的数十至数千倍。因此，植物体内的 PC 通过与 Cd 络合，保护了代谢酶的活性，保证了植物细胞正常代谢的顺利进行。除 Cd 以外，Pb 和 Cu 的相应的 PC 络合物也已被分离出，其对重金属的解毒作用也已被证明。有学者在马肾中也提取到一种与重金属结合的蛋白，并命名为金属硫蛋白（metallothionein，MT）。金属硫蛋白是一类由基因编码富含半胱氨酸的低相对分子质量多肽，重金属主要是与 MT 半胱氨酸残基上的巯基结合，形成无毒或低毒的络合物。目前在藻类、动物和高等植物中都发现了 MT，但在高等植物中分离到最多的一种重金属结合肽还是植物螯合肽。

(3) 细胞活性氧防御酶系的诱导。

重金属胁迫会破坏植物细胞内自由基产生和消除之间的平衡，导致细胞内大量的活性氧自由基的积累，高浓度的活性氧会使酶失活，破坏脱氧核糖核酸

(DNA)结构，而且活性氧自由基还会引发细胞膜中不饱和脂肪酸的过氧化反应，从而对细胞膜的结构和功能造成损害(Hameed et al.,2016)。许多植物对高浓度Cd的典型反应症状之一是体内积累H_2O_2，因为H_2O_2能自由穿越膜系统，致使细胞内各个区域受损，这预示抗氧化防卫反应可能在植物耐受Cd等重金属方面起关键作用。超积累植物体内可以积累大量重金属，并且不影响其正常生长发育，其中抗氧化防卫体系必然在清除活性氧、保护细胞免受伤害中扮演重要角色。

植物体内重要的抗氧化酶是超氧化物歧化酶(superoxide dismutase，SOD)、过氧化物酶(peroxidase，POD)和过氧化氢酶(catalase，CAT)，这三种酶的协同作用，共同组成了一个高效的活性氧清除系统，通常在一定范围内，具有潜在危害的O^{2-}和H_2O_2在SOD和CAT的共同作用下可以转化为无害的H_2O和O_2，具有毒性的、高活性的氧化剂羟基自由基(·OH)的形成也会受到抑制(Wójcik et al.,2005)。超积累植物体内的抗氧化酶活性通常比其他植物更高。例如，超积累植物天蓝遏蓝菜(*T. caerulescens*)体内的SOD活性比非超积累植物烟草根部的高2倍，而CAT活性高300倍以上，当这两种植物同时受高浓度Cd胁迫时，*T. caerulescens*体内的H_2O_2浓度没有出现明显变化，而烟草体内的H_2O_2较无胁迫的植株高5倍(Boominathan and Doran，2003)。这表明超积累植物*T. caerulescens*体内存在着强大的抗氧化防卫体系，其在*T. caerulescens*对Cd耐性中发挥重要作用。

3. 超积累植物对土壤重金属污染的修复机理

重金属在土壤中通过质体流、离子扩散及随水体流动等过程向植物根部靠近，进而被吸收进入植物根部。进入根部后的重金属离子，一部分被根系储存，一部分被转运到茎叶中，另一部分流动性较大的重金属还可以通过木质部导管向上运输至叶片，经过这一系列的迁移过程重金属被最终固定在植物体内。虽然植物稳定只是将重金属转移在植物体内，并没有去除环境中的重金属离子，但此过程却达到了将可溶解、流动性强的重金属稳定下来的目的，防止了重金属对环境中的其他生物产生毒害，同时也避免了重金属进一步扩散迁移至更大范围的环境，造成更大程度污染的风险(Dhiman et al.,2016)。超积累植物对重金属的修复机理主要包括五个过程：①超积累植物对根际土壤中重金属的活化；②重金属跨根细胞膜运输；③重金属在根共质体内运输及分室化；④木质部的运输；⑤重金属在叶细胞中的运输及分室化。

(1) 超积累植物对根际土壤中重金属的活化。

超积累植物的根系可以直接分泌H^+活化土壤中的重金属，也可以在根际中积累所分泌的多种有机酸，包括苹果酸、草酸、柠檬酸、酒石酸和琥珀酸等，它们都能够活化土壤中Pb、Zn、Cd和Cu等重金属(朱永官，2003)。植物根系对根周围土壤中的阴阳离子吸收不平衡，根呼吸、微生物呼吸和土壤动物代谢产生的 CO_2 及根系分泌的有机酸和其他化学成分等都强烈地改变着根际的 pH。研究表明，pH 下降，氢离子增多，被胶体和黏土矿物颗粒吸附的 Cd^{2+} 与 H^+ 发生交换，Cd^{2+} 被解吸下来，从而使介质溶液中 Cd^{2+} 的浓度增加，提高了 Cd 的有效性。pH 的降低在有利于吸附态重金属释放的同时还可导致碳酸盐和氢氧化物结合态重金属的溶解、释放。

植物根际还可以通过营造还原性的环境条件来活化土壤中的重金属。土壤中微生物的生命活动需要消耗一定的氧气，而微生物在根际土壤中的活动性明显高于非根际土壤，因此，就氧化还原电位而言，根际土壤明显低于非根际土壤。根际土壤中 Fe、Mn 等多价态的金属由于氧化还原电位的降低而被还原，其还原态的生物有效性更高，而且 Fe/Mn 水合氧化物的吸附作用会降低土壤中重金属的可移动性，当这些氧化物被还原时，其本身所吸附的重金属也可以释放出来。另外，土壤中高价金属离子也可以在根细胞质膜上的专一性金属还原酶作用下被还原，重金属的溶解性得以增加。

(2) 重金属跨根细胞膜运输。

植物根际对土壤中重金属离子的吸收是重金属进入植物体内的第一步，无论是超积累植物还是普通植物，绝大多数重金属离子都是在专一或通用的转运蛋白等离子载体的作用下运输至植物根细胞内的(Dinh et al.，2015)。超积累植物通常只能选择性吸收和积累其生长环境中的一种或多种特定的重金属，而对生长环境中存在的其他重金属没有积累效果。超积累植物在重金属吸收方面所表现出的很强的选择性可以归因于在金属跨根细胞膜进入根细胞共质体或跨木质部薄壁细胞的质膜装载进入木质部导管时是由专一性转运蛋白或通道蛋白调控的。虽然超积累植物天蓝遏蓝菜(*Thlaspi caerulescens*)和非超积累植物菥蓂(*Thlaspi arvense*)对 Zn^{2+} 具有相似的亲和性，但是两者对 Zn^{2+} 的最大吸收速率(v_{max})存在明显差异，前者是后者的 4.5 倍。造成这种现象的原因就在于天蓝遏蓝菜在单位鲜重的根系细胞膜上分布着更多的 Zn^{2+} 转运蛋白，也正因如此，该植株对 Zn 具有超积累特性。

(3) 重金属在根共质体内运输及分室化。

进入根系后的重金属可以储存在植物的根部或被运输至地上部分。重金属离子从根系表面进入根系内部可通过质外体或共质体途径，但是由于重金属离子不能自由通过有凯氏带存在的内皮层，只能在转入共质体后才能进入木质部导管，因此重金属由根部转运到地上部的限制性步骤是其在内皮层的共质体内的运输。进入根细胞质后的重金属主要与植物螯合肽、有机酸、氨基酸等物质结合，之后再在液泡膜上转运蛋白的作用下被转入液泡中。例如，Zrcl 和 Cotl 蛋白是 Zn 区室化的相关蛋白，可以把 Zn 运输到液泡中。但是重金属被区隔在液泡中不利于超积累植物将重金属从其根部向地上部分转移，因而在超积累植物的液泡膜上有可能存在一些特异性的跨膜金属转运蛋白，跨膜转运蛋白在共质体运输中起到关键作用，因为在这些特殊运载体的作用下临时储存在液泡中的金属可以被装载到木质部导管，促进重金属向地上部的运输(刘戈宇等，2010)。

(4) 木质部运输。

植物通过木质部运输重金属包括重金属离子从木质部薄壁细胞装载到导管、重金属在导管中的运输两个主要过程(张玉秀等，2008)。重金属离子在木质部的装载过程和相关机制尚未明确，但有研究表明，木质部薄壁细胞膜上 H^+-ATPase 产生的负性跨膜电势是木质部装载过程的主要能量来源，重金属阳离子-质子反向运输体、阳离子-ATPase 和离子通道都可能与阳离子在木质部的装载过程密切相关。普通植物的木质部细胞的细胞壁往往有较高的阳离子交换量，重金属离子的向上运输会因此受到阻碍。但对于超积累植物而言，其木质部内存在大量可以与重金属离子进行络合的氨基酸和有机酸，重金属离子主要以与有机酸结合的形式在超积累植物木质部中运输。例如，在木质部中，柠檬酸铁是 Fe 的主要存在形态，Zn 则主要以与柠檬酸或苹果酸结合的形式存在，Cd 同样是以有机酸结合式在印度芥菜木质部中进行运输，并且在蒸腾流的作用下，这种复合体向上运输的速率会很高。

(5) 重金属在叶细胞中运输及分室化。

重金属在叶细胞中运输主要是跨叶片细胞质膜的运输。叶片细胞液泡是重金属储藏的主要部位。无论从细胞还是组织水平上看，重金属在超积累植物的叶片中都呈现区隔化分布的特征。重金属分布点位从细胞水平上看主要是在质外体和液泡中。从组织水平上看，表皮细胞、亚表皮细胞和表皮毛是重金属的主要分布点位。研究认为，在叶脉、叶肉细胞及表皮细胞之间的各类界面上，不同运载蛋白的选择性导致了金属离子和其他可溶物的非对称分布。重金属在不同的分布点位可能具有不同的形态特征。例如，利用电子探针和 X 射线微分析法发现 Zn 在 *T. caerulescens* 叶片中主要以晶粒形态储存于表层细胞及亚表层细胞的液泡中。在 *T. caerulescens* 的地上部位，Zn 有多种结合形态，其中 Zn-柠檬酸结合态、草酸结合态、组氨酸结合态、细胞壁结合态、游离的水合阳离子态分别占总量的 38%、9%、16%、12%、25%。而 Cd 在 *T. caerulescens* 成熟及衰老的叶片中主要以 Cd-有机酸复合物的形态存在。

4. 影响植物修复土壤重金属污染的因素

植物对重金属的积累效果与许多因素有关，主要包括重金属浓度、形态、土壤 pH、电导率、营养物质状况、迁移速率等，有时土壤中磷、铅等微量元素及生物活性也会影响植物的积累效果。在用植物修复重金属污染土壤过程中，为了使植物有效地吸取并积累或稳定土壤中的重金属，应该适当地控制和调节可控因素，使修复效果达到最优（Ali et al.，2013）。

（1）土壤因素。

进入土壤后的重金属，通过一系列的物理化学及生物作用会与矿物质或有机物结合。土壤中重金属的植物可利用性与土壤吸附和解吸重金属的能力有关，土壤颗粒对重金属的吸附能力强，重金属从土壤颗粒表面转移至植物根部的量就少，反之亦然。

土壤的黏粒含量、土壤 pH、土壤中的有机质含量等都会影响土壤对重金属的吸附能力。土壤中的黏土矿物表面带有较多的负电荷，其颗粒表面的阳离子交换量很高，通过离子交换作用黏土矿物颗粒可以大量吸附土壤溶液中的重金属离子，因此黏土矿物含量高的土壤其重金属的植物可利用性低。土壤的 pH 也会影响重金属离子在土壤颗粒表面的吸附与解吸。大部分重金属离子在 pH 较低时，会由于水中氢离子的置换解吸作用而从土壤颗粒表面解吸出来，重金属离子的溶解性增强，生物有效性增加。有些重金属离子在 pH 增加时其溶解性也会增大，例如，在 pH 为 5～7 时，铜的活性最小，而当 pH>7.5 时，铜的溶出量反而增大，这可能是由于形成了铜的羟基络合物而增大了溶解度。向土壤中施加硫酸铵等化肥或是投加土壤酸化剂都有利于土壤微酸性环境的维持，从而增加土壤中重金属的植物可利用性，促进植物对重金属的吸收。土壤中的有机质，尤其是腐殖质也会对重金属产生强烈的吸附和络合效应，降低重金属的可溶性和生物有效性。此外，有机质在其分解过程中会改变土壤微环境中的氧化还原电位，从而促使重金属发生化学形态的改变，同时，有机质分解过程中还会形成各种有机酸，重金属容易和这些有机酸发生化学反应而转变成络合态或难溶态的化合物，因此，土壤中的有机质也会影响重金属的存在形态和植物的可利用性（曾跃春等，2009）。

（2）金属离子的拮抗与协同作用。

多种重金属复合污染的效应通常表现为拮抗作用和协同作用，前者是指多种污染物复合污染的效应小于各污染物单独污染效应之和，后者是指多种污染物复合污染的效应大于各污染物单独污染效应之和（Rajkumar et al.，2012）。超积累植物对重金属的吸收是有选择性的，而土壤重金属污染大多是复合污染，如 Cd-Pb 复合污染、As-Zn 复合污染、Cu-Zn 复合污染等。诸多重金属污染在植物富集方面都表现出拮抗或协同的效应。例如，由于 Cd 和 Zn 通常是伴随而生的，具有相似的化学性质和地球化学行为，因而 Zn 具有拮抗 Cd 被植物吸收的特性。已有试验证明，土壤中适宜的 Cd/Zn 比可以抑制或增加植物对 Cd 的吸收，因此，可以通过向 Cd 污染土壤中加入适量的 Zn ，调节 Cd/Zn 比，来减少或增加 Cd 在植物体内的富集。

(3) 重金属的形态。

超积累植物对重金属离子的吸附量也和重金属的形态密切相关。土壤重金属从植物根部向地上部位的转移量也受重金属形态的影响。土壤污染物中常见的重金属形态有可交换态、铁锰氧化物结合态、碳酸盐结合态、硫化物结合态、有机结合态、残渣态等。

可交换态重金属在土壤溶液中可以自由迁移,其植物可利用性最强,对土壤环境的变化比较敏感。土壤颗粒表面可以通过离子交换作用吸附可交换态的重金属,土壤溶液中重金属的浓度及重金属在土壤溶液和颗粒表面的分配系数都会影响土壤颗粒对可交换态重金属的吸附量。铁锰氧化物由于具有巨大的比表面积,可以吸附大量的重金属离子,当环境条件适宜发生絮凝沉淀时,重金属离子可以在铁锰氧化物的载带下与铁锰氧化物发生共沉淀,又由于重金属与铁锰氧化物一般会以较强的离子键进行结合,铁锰氧化物结合态的重金属不易释放,生物可利用性低,土壤中铁锰氧化物结合态所占比例较大时,植物对重金属的吸附量不高。碳酸盐结合态的重金属对土壤溶液的 pH 比较敏感,当土壤溶液的 pH 下降时,碳酸盐易溶解,重金属易重新释放到环境中被植物加以利用。当 pH 升高时,游离态的重金属会与碳酸盐形成共沉淀,植物难以吸收利用(Zhang and Zhang ,2014)。重金属还可以以有机结合态和硫化物结合态存在,前者是以重金属离子为中心离子,以有机质活性基团为配位体进行结合,后者则是硫离子与重金属生成难溶于水的硫化物沉淀。当土壤环境的氧化还原电位升高,有机物结合态和硫化物结合态的重金属会由于有机物分子发生降解及硫化物被氧化等而被释放出来,从而被植物吸收利用。残渣态的金属来源于土壤中的硅酸盐、原生和次生矿物,它们通常定格在这些矿物的晶格中,在一般的自然条件下能长期稳定地存在于土壤中,不易从晶格中释放出来,不易被植物吸收。

(4) 植物因素。

不同类型的超积累植物富集重金属的类型和富集量有所不同,如蜈蚣草对 As 的富集量最大,高山萤属类植物对 Cu、Co 的富集效果明显,十字花科的庭荠属植物和禾本科的李氏禾等对 Ni 富集效果明显。有一些植物只能富集特定种类的重金属,对其他的重金属不具有耐受性,一旦非富集类型的重金属过多地积累在植物的体内,植物就会表现出重金属中毒的症状。因此,根据不同污染状况的土壤选择不同类型的超积累植物进行修复,对处于特殊环境中的修复植物进行一定的人为养护是十分必要的。

即使是同一种类的超积累植物,不同器官对同一种重金属的积累量也是不同的。例如,虽然蜈蚣草可以大量富集 As,但是 As 在蜈蚣草不同器官组织中的含量由多到少的顺序为羽片＞叶柄＞根系,这种分布规律表明,蜈蚣草对 As 有极强的耐受力和积累能力,As 较易从蜈蚣草的根部向其地上部进行转移和积累。处于不同生长阶段的植物其吸收积累重金属的能力也不同。分蘖期水稻的叶片、茎干和根部对重金属的积累量最大,但重金属在其根部的积累量会随时间的推移越来越少;重金属在其茎干部的积累量在拔节期降至最小,拔节期后茎干部的积累量又会有所上升;而重金属在叶片上的含量在拔节期迅速下降后逐渐趋于稳定。除此之外,有研究者发现植物对重金属的吸收也会受到植物根系发育的影响。他们对Zn、Cd超积累植物遏蓝菜在受Zn污染土壤中根系的分布特性和伸长规律进行的研究表明:遏蓝菜具有较发达的根系和稠密的根毛,能主动向土壤中的Zn富集区伸展,通过根毛直接接触土壤颗粒获取重金属,在高Zn土壤中,根系密集分布,在整个生长期间茎基部有大量的不定根繁殖(邓金川等,2005)。

5. 微生物强化植物修复土壤重金属污染

修复植物的生物量和重金属的生物有效性是影响植物修复效果的两个关键因素。土壤中植物与根际微生物的共存对重金属的植物修复具有重要意义。重金属长期污染的土壤中生存着许多对重金属具有耐性和抗性的微生物,这些微生物通过其生命活动中的多种作用可以提高土壤中重金属的生物有效性,增加重金属向植物体内的转移量,同时又能促进植物生长,提高植物的生物量,增强植物对重金属的耐受性,有利于植物对重金属的积累,因此利用微生物强化植物修复具有成本低、环境和谐、绿色净化、不产生二次污染等优点,日益成为重金属植物修复领域的关注重点(Ma et al.,2015)。

(1) 微生物增加土壤重金属的生物有效性。

重金属在土壤环境中的存在形态主要有离子交换态、碳酸盐结合态、铁锰氧化物结合态、有机物结合态和残渣态等多种形态,通常将土壤中能被生物直接吸收利用或是能对生物活性产生影响的那部分重金属,称为有效态。土壤中大量活跃的微生物会在其代谢活动中向环境释放质子、有机酸、铁载体等物质,这些分泌物对植物根际土壤中的重金属有明显的活化作用(Ullah et al.,2015)。在酸性条件下,Fe、Cu、Cd、Zn等重金属可以以重金属-有机酸配合物的形式存在。另外,某些细菌分泌的细菌胞外酶——酸性磷酸酶也对重金属有很强的活化能力。磷酸酶是一种水解性酶,主要参与磷盐键的水解性裂解,其酶促作用能够加速土壤有机磷的脱磷速度,促进磷酸根离子的释放,提高土壤磷素的有效性。真菌外生菌丝通过磷酸转运蛋白吸收磷酸根离子之后,通常在其管状液泡或酸性小泡中将其合成为聚磷酸盐,实现外生菌丝中磷的高效运输。有研究表明,Ca、Mn等金属在菌丝内向寄主植物根的运输,主要以吸附在聚磷酸盐大分子上的形式进行,因此微生物分泌的磷酸酶对重金属的运输具有促进作用。

在植物根际中以微生物为媒介的腐殖化作用也能提高重金属的生物有效性。有学者认为,微生物可以利用植物物质作碳源和能源在细胞内合成高分子腐殖质物质，微生物死后再将它们释放到土壤中，在细胞外这部分高分子腐殖质再被降解为胡敏酸和黄腐酸。腐殖酸是土壤中最重要的天然螯合剂，在土壤有机酸中占有很高的比例，并且相当稳定，大多数金属离子与腐殖酸中具有低相对分子质量或中等相对分子质量的个别组分发生配合，可使其生物有效性增加。许多重金属元素在土壤中是以多种价态存在的，重金属的溶解性、可利用性和生物毒性等都与重金属的价态有关(周启星，2004)。通过微生物的氧化还原作用，重金属可以发生不同价态之间的转化。例如，硫杆菌和铁杆菌属的自养细菌能氧化 As^{3+}、Mo^{4+}、Cu^{+} 和 Fe^{2+} 等；有 H^{+} 存在时，解乳酸褐色小球菌(*Micrococcus lactyicus*)能使 As^{5+}、Se^{6+}、Cu^{2+}、Mo^{6+} 等还原。

(2) 微生物促进植物的生长。

国际上把土壤中有益的根际自生细菌统称为植物根际促生菌(plant growth promoting rhizobacteria，PGPR)，植物根际促生菌通常生存于根际土壤中或是附着于植物根表，甚至进入植物根内(Ma et al.，2011)。1978 年，Burr 等首次在马铃薯的根际中发现植物根际促生菌，目前国内外已报道的根际微生物包括荧光假单胞菌(*Pseudomonas fluorescens*)、芽孢杆菌(*Bacillus*)、根瘤菌(*Root nodule bacteria*)、沙雷氏菌属(*Serratia*)等 20 多个种属，其中最多的是假单胞菌属(*Pseudomonas*)，其次为芽孢杆菌属、农杆菌属(*Agrobacterium*)、埃文氏菌属(*Eriwinia*)、黄杆菌属(*Flavobacterium*)、巴斯德芽菌属(*Pasteuria*)、沙雷氏菌属 (*Serratia*)、肠杆菌属(*Enterobacter*)等。植物根际促生菌可以通过直接和间接两种促生机制促进植物的生长。直接的促生机制是指植物根际促生菌能合成生长激素等供给植物直接利用的化合物，或者通过分泌某些特殊的化学物质提高植物对其他营养物质的吸收。间接的促生机制主要是指通过对病原微生物的抑制和排挤，减轻致病微生物对植物造成的危害，从而间接促进植物的生长发育。微生物促进植物生长的几种机制包括：①产生植物激素；②产生铁载体；③产生 ACC 脱氨酶；④固氮、溶磷作用；⑤提高植物对病虫害的抗性。

2.2.3　水体重金属污染的微生物修复

微生物吸附法是水体中重金属污染应用最广泛的微生物修复技术，主要是利用具有生物活性或死亡的微生物体或非生物活性的生物质成分等作为吸附剂，来去除水体中的重金属离子。

1. 微生物吸附剂的特性

微生物吸附法处理重金属污染越来越受到青睐，主要是因为微生物吸附法与传统的化学、物理法相比，具有无法比拟的优点。

与传统的吸附剂相比，微生物吸附剂具有以下主要特征：①适应性广，能在不同范围的 pH 和温度条件下进行加工操作；②金属选择性高，能从溶液中吸附重金属离子而不受碱金属离子的干扰；③金属离子浓度影响小，在低浓度（$<10\ mg\cdot L^{-1}$）和高浓度（$>100\ mg\cdot L^{-1}$）下都具有良好的金属吸附能力；④对有机物耐受力好；⑤再生能力强、步骤简单，再生后吸附能力无明显降低；⑥节能、处理效率高。

利用微生物吸附法治理重金属废水时，不仅是具有活性的微生物菌剂，死体的微生物吸附剂同样也具有较好的吸附效果。而且不同微生物对同一种金属的吸附去除效率是不同的。一般情况下，每一种金属都有其特定的最优微生物吸附剂。表 2-2 显示了不同微生物对同一种重金属吸附量的显著差异（Wang et al.，2006）。

表 2-2　不同微生物对重金属吸附量的比较

金属离子	吸附量/（$mg\cdot g^{-1}$）（干重）
Zn^{2+}	泡叶藻（*Ascophyllum nodosum*）（25.6）＞产黄青霉（*Penicillium chrysogenum*）（19.2）＞墨角藻（*Fucus vesiculosus*）（17.3）＞龟裂链霉菌（*Streptomyces rimosus*）（6.63）＞酿酒酵母（*Saccharomyces cerevisiae*）（3.45）
Cu^{2+}	龟裂链霉菌（*Streptomyces rimosus*）（9.07）＞产黄青霉（8.62）＞墨角藻（7.37）＞酿酒酵母（4.93）＞泡叶藻（4.89）＞念珠菌（*Nostoc*）（4.80）＞栗酒裂殖酵母（*Schizosaccharomyces pombe*）（1.27）
Ni^{2+}	墨角藻（2.85）＞龟裂链霉菌（*Streptomyces rimosus*）（1.63）＞酿酒酵母（1.47）＞泡叶藻（1.11）
Pb^{2+}	黄孢原毛平革菌（*Phanerochaete chrysosporium*）（419.4）＞黑根霉（*Rhizopus nigricans*）（403.2）＞绛红小单孢菌（*Micromonospora purpurea*）（279.5）＞酿酒酵母（211.2）＞土曲霉（*Aspergillus terreus*）（201.1）＞伊纽小单孢菌（*Micromonospora inyoensis*）（159.2）＞棒状链球菌（*Streptomy cesclavuioligerus*）（140.2）
Cd^{2+}/Cu^{2+}	迟缓芽孢杆菌（*Bacillus lentus*）（≈30）＞米曲霉（*Aspergillus oryzae*）（10）＞酿酒酵母（＜5）

2. 微生物吸附剂吸附性能的影响因素

研究微生物吸附的影响因素，进而确定最佳的吸附条件是保证微生物吸附剂有优良稳定吸附效果的前提。影响微生物吸附剂吸附重金属能力的因素很多，主要包括 3 个方面：微生物细胞状态、金属性质和反应条件。其中，微生物细胞状态包括代谢能力、生理状态、细胞年龄、存在状态等；金属性质包括重金属的浓度、化学形态和价态等；反应条件包括 pH、温度、接触时间和金属浓度等。

1）微生物因素

（1）微生物的预处理。

微生物吸附剂的预处理是指在处理重金属废水之前，通过干燥、碱化、酸化或化学修饰等物理、化学方法处理微生物细胞。适当的预处理可有效提高微生物吸附剂对重金属的去除能力及吸附剂的稳定性。这是因为在酸、碱、无机盐或氨基酸等物质的作用下，微生物细胞表面的理化特性发生改变：①增加细胞表面有效基团；②改变细胞壁上关键酶的结构和催化性能；③通过几种不同基团间建立化学交联从而达到提高酶活性的目的；④对细胞壁表面基团进行修饰，提高微生物吸附剂的选择性；⑤改变微生物表面电荷，增加细胞有效吸附位点。

已有文献报道，干燥处理后的真菌凤尾菇(*Pleurotus sajor-caju*)对废水中Cd^{2+}的去除能力显著提高，且冷冻干燥的效果比高温干燥好。经过乙醇处理的废弃酵母细胞对废水中Cd^{2+}和Pb^{2+}的吸附量分别达15.63 mg·g^{-1}和17.49 mg·g^{-1}(干重)，分别比对照实验组增加了2倍和1倍(Goksungur et al.，2005)。

(2) 微生物菌龄。

通常来说，微生物吸附剂的吸附效率与菌龄密切相关。有研究认为细胞在生长对数期对重金属的吸附能力要强于生长稳定期的吸附能力。这一方面与菌体细胞的代谢有关，同时又与体系中的溶液环境变化相关。对数期细菌的细胞运动能力和表面胞外聚合物的数量和质量较好，细胞的运动能力不仅可以增加微生物与重金属的接触机会，而且运动细胞所产生的动能可以克服微生物与重金属之间的静电斥力；此外，胞外聚合物中的多糖、蛋白质及核酸等生物大分子通过含有的带电官能团，如羧基、磷酰基、氨基和羟基等都可以和金属阳离子相互作用。这是导致对数期菌体具有较高吸附容量的原因。

有研究者发现，死细胞对某些金属也具有与活细胞相似甚至更高的吸附量，而且不受体系中有毒物质的限制，也不需要营养物质供给，所以更具有开发吸附剂的潜力。不过也有研究表明，处于稳定期的细菌对重金属的吸附能力最优。但是一些细菌的芽孢、外霉素和抗生素等有害代谢产物大多在稳定期大量产生并积累，致使体系中营养物比例、溶液pH和氧化还原电位(E_h)等理化条件不利于微生物生长繁殖，因此，该阶段的细胞开始趋向衰亡，吸附能力减弱。

(3) 微生物吸附剂的选择性。

微生物吸附剂对重金属具有一定的选择性。这与吸附剂构造、功能团及重金属在溶液中的化学形态、大小、键能等因素有关。例如，小球藻、黑曲霉、褐藻等对金的选择吸附性强；假丝酵母、枯草杆菌、氰基菌对铬的选择吸附能力大等。同时，由于水体中重金属离子一般以水合金属离子$M(H_2O)_x^{n+}$、强碱、金属化合物、络合物及金属有机化合物等不同形态存在，这就更加促进了微生物吸附剂的吸附选择性。

(4) 微生物吸附剂的粒径。

吸附剂粒径对生物吸附量有明显的影响，主要是由于粒径决定了吸附剂比表面积的大小及有效吸附位点的多少。吸附剂粒径太大、太小都不利于吸附处理。

例如，利用曲霉(*Aspergillus* sp.)处理含铬废水，大径菌丝球(4～5 mm)的去除速率比小径菌丝球(1.5～2.0 mm)低，但采用的大径吸附剂对各种金属离子的单位吸附量均超过了小径吸附剂，这与金属在吸附剂中的内扩散及吸附剂内表面积的利用状况有关。另外，虽然较大粒径吸附剂有时表现出良好的吸附性能，但小颗粒的耐压能力优于大颗粒，故在实际操作过程中还必须综合考虑几方面的因素。因此，吸附剂的粒径在 1～3 mm 是比较适宜的。

微生物吸附剂固定化是指通过包埋、吸附、交联等物理化学作用将游离的细胞或蛋白酶定位于限定区域，改变吸附剂本身粒径、运动能力等性能，但仍保持其活性。固定化微生物吸附剂根据载体的不同其吸附容量也不一样，主要有如下两类：无机载体大多具有多孔结构，如较常用的活性炭具有发达的孔隙结构和比表面积，表面较粗糙，为微生物生长和繁殖提供了空间，有利于增加细胞密度和有效的吸附位点；微生物在有机等其他载体表面黏附生长，一般载体的大小决定了吸附剂的粒径及有效作用面积的大小。

(5) 微生物的存在状态。

微生物的存在状态(游离的或被固定在载体上)对其处理重金属废水的效果具有显著影响，且对不同的重金属种类其作用效果存在差异。例如，游离的酵母细胞对 Pb^{2+} 和 Zn^{2+} 的吸附量分别为 79.2 mg · g^{-1} 和 23.4 mg · g^{-1}(干重)，而当用明胶载体固定后，其吸附量分别为 41.9 mg · g^{-1} 和 35.3 mg · g^{-1}(干重)。采用固定化微生物细胞富集水体中的重金属，实际上起着生物离子交换树脂的作用。微生物吸附剂固定化可以大幅度提高参加反应的微生物浓度，增强耐环境冲击性。固定的微生物具有生物量高且稳定、不易流失、反应速率快、耐毒害能力强、产物容易分离、能实现连续操作等特点，使其在废水处理和受污染水环境的修复中更实用。

(6) 微生物的生理条件。

微生物吸附包括活细胞和死细胞的吸附，而细胞是否具有活性对其吸附重金属也有较大的影响。非活性微生物吸附剂主要通过物理化学机制来去除重金属离子，涉及离子交换、表面络合、静电吸附等，主要受细胞表面组分和性质影响，其表面吸附决定了它吸附速度快、可逆的特点，而活性微生物吸附剂的吸附特点则是速度较慢且可逆性差，因为其吸附过程包含了表面吸附和胞内积累两个阶段，虽然第一阶段速度很快，但是第二阶段是一个主动运输的过程，被吸附在细胞表面的重金属离子缓慢地转移进入细胞内部积累，该过程与细胞的生理代谢活动相关。微生物的活性不仅影响吸附速度，还影响吸附量的大小。例如，对于 Zn^{2+}，活性啤酒酵母的吸附能力(15.0 mg · g^{-1})低于非活性的(30.5 mg · g^{-1})；对于 Cu^{2+} 恰恰相反，非活性啤酒酵母的吸附能力(4.3 mg · g^{-1})低于活性的(12.7 mg · g^{-1})。但活性与非活性生物吸附剂在吸附量上的差异还没有得到合理的解释。

2）重金属因素

废水中重金属的浓度、化学形态和价态等都会影响微生物吸附剂的吸附效果。某些重金属的价态和化学形态不同，其毒性也有很大的差异，如重金属铬，三价铬可以参与细胞的糖代谢过程，而六价铬毒性很强；甲基汞比金属汞和二价汞毒性更大，易溶于脂类中且在生物体内不易被分解；而有机锡的生物毒性也明显强于游离态的锡和金属锡。溶液中重金属浓度的影响一般以重金属离子浓度与吸附剂用量的比值 C_0/M 来表示。在一定范围内，C_0/M 值越大则单位吸附剂的吸附量越大，至吸附饱和。同时 C_0/M 的选取要兼顾重金属的有效去除与吸附剂的充分利用，适当提高 C_0/M 有利于吸附剂的有效利用。

王建龙和陈灿(2010)选用啤酒工业废弃的酿酒酵母为生物吸附剂，进行了10种金属离子 Ag^+、Cs^+、Zn^{2+}、Pb^{2+}、Ni^{2+}、Cu^{2+}、Co^{2+}、Sr^{2+}、Cd^{2+}、Cr^{3+} 的生物吸附实验，利用金属离子毒性评价和预测领域中的定量结构活性关系(QSAR)方法，探讨重金属离子性质对生物吸附容量的影响。离子性质与吸附量之间的线性拟合分析结果表明，共价指数 X_m^2r 与最大吸附量 q_{max} 具有良好的线性关系，共价指数越高，离子吸附量越大，金属离子与吸附剂表面官能团共价结合所占比例越大，键结合越牢固。

3）环境因素

(1) pH。

吸附液pH是影响吸附的一个重要因素，它对金属离子的化学特性、细胞壁表面官能团(—COOH、$—NH_2$、═NH、—SH、—OH)的活性和金属离子间的竞争均有显著影响。众多研究表明：只有在适宜的pH范围内，吸附才是行之有效的。当pH过低时，大量存在的 H^+ 会使吸附剂质子化，即 H_3O^+ 会占据大量的吸附活性位点，阻止阳离子与吸附活性点的接触，因此质子化程度越高，吸附剂对重金属离子的斥力越大，从而导致吸附量下降；当pH过高，达到重金属离子的 K_{sp} 值后，很多金属离子会生成氢氧化物沉淀而从溶液中析出，因此不利于与吸附剂接触，难以达到吸附去除效果，此时微生物吸附法对重金属的去除只起到部分作用。

对大多数金属离子而言，一般认为生物吸附的最佳pH范围为5～9，但对于不同的微生物吸附剂和不同的重金属离子，它们在吸附过程中所要求的最佳pH也不同。例如，Liu and Shen (2004)研究了氧化硫硫杆菌(*Thiobacillus thiooxidans*)对 Zn^{2+} 的吸附，当pH为6.0时，吸附量达到最大值(95.2 mg·g^{-1})，pH为4.0时，吸附量为54.1 mg·g^{-1}，而在pH为2.0时，吸附量仅为37.7 mg·g^{-1}。表2-3和表2-4分别以 Pb^{2+}、Cd^{2+} 为例，列出了不同微生物最大吸附量时的pH(蔡佳亮等，2008)。

表 2-3 不同微生物吸附剂对 Pb^{2+} 吸附的最佳 pH

生物吸附剂	最佳 pH	最大吸附量(干重)
假单胞菌	5.5	$110\,mg \cdot g^{-1}$
芽孢杆菌	4.0	$0.0236\,mmol \cdot g^{-1}$
啤酒酵母	5.0	$0.0228\,mmol \cdot g^{-1}$
毛霉	6.0	$769\,mg \cdot g^{-1}$
毛木耳	6.0	$2.1699\,mg \cdot g^{-1}$

表 2-4 不同微生物吸附剂对 Cd^{2+} 吸附的最佳 pH

生物吸附剂	最佳 pH	最大吸附量(干重)
假单胞菌	6.0	$58\,mg \cdot g^{-1}$
毛霉	6.0	$20.31\,mg \cdot g^{-1}$
马尾藻	4.5	$0.90\,mmol \cdot g^{-1}$
团扇藻	5.0	$0.53\,mmol \cdot g^{-1}$
石莼，酸预处理	6.0	$43.0\,mg \cdot g^{-1}$
石莼，碱预处理	8.0	$90.7\,mg \cdot g^{-1}$

(2) 温度。

温度也是影响微生物吸附效果的重要因素之一。但总的来说，温度对微生物吸附量的影响不如 pH 明显。温度主要是通过影响微生物吸附剂的生理代谢活动、细胞酶活性、基团吸附热动力和吸附热容等因素，进而影响吸附效果。每种细菌都有其适宜的生长温度，在这个温度下，细胞内各物质的氧化还原反应、合成反应及分解反应等进行得最快，细胞对金属离子的细胞内扩散和酶促反应效率最高。

Fosso-Kankeu 等(2010)研究不同微生物对多种重金属的吸附特性，结果表明，高温条件更有利于 *Bacillus subtilis* 和 *Bacillaceae bacterium* 对重金属的吸附，其中当温度为 45℃时，*B. subtilis* 对 Ag^{+} 的去除效果最好，与 37℃时相比，其对 Ag^{+} 的吸附率提高了 32%。另外大量研究报道指出，微生物吸附有机物的最佳温度通常较低(16～36℃)，而且随着温度的降低，吸附能力会有所提高，这是因为过高的温度会破坏生物吸附剂的活性位点，而且多数有机物的吸附是一个放热过程，或由于温度上升细胞表面活性会下降。对农药的微生物吸附研究也发现，在一定的温度范围内，温度越低，微生物对林丹、二嗪农、马拉息昂等农药的吸附容量越大。

(3) 吸附时间。

吸附时间是影响重金属吸附的最主要因素。大多数学者认为，活性生物材料吸附重金属分为两个阶段：第一个阶段为快速吸附阶段，通常在几十分钟内即达到最终吸附量的 70%左右；第二个阶段为慢速阶段，这一阶段常常需要几十小时才能达到最终饱和吸附量。前者是一种快速的表面吸附，后者是重金属离子向细胞内转移，受胞内代谢、细胞扩散过程的控制。适当地增加处理时间可有效去除重金属，但时间的增加意味着进行污水处理时池体需要相应加大，这在经济上是不划算的。因此吸附作用的时间跨度选取要适当。一般而言，生物吸附剂需要2～4 h或更长的时间才会达到较理想的去除效果，这也是影响生物吸附法实际应用的主要因素。

(4) 吸附液中共存的离子。

吸附液中存在的阳离子会与主要处理对象的重金属离子竞争吸附位点，从而对吸附产生干扰，如Ca^{2+}会严重干扰Ni^{2+}的吸附。但是阴离子会对吸附产生何种影响要视具体情况而定。

在重金属废水中，往往不止一种重金属离子，共存重金属通常以复合污染的形式出现。Bliss曾于1939年首次提出，两种毒物联合作用可划分为拮抗作用、协同作用及加和作用，而对重金属复合污染来说，同样存在着上述三类作用。Yan和Viraraghavan(2003)对毛霉(*M. rouxii*)分别暴露于Pb^{2+}、Cd^{2+}、Ni^{2+}、Zn^{2+}单一污染、双重复合污染、三重复合污染等不同状态下的吸附能力进行了比较分析。在复合污染中，Cd^{2+}、Ni^{2+}、Zn^{2+}均受到其他重金属离子的干扰，呈现吸附能力下降的现象，而Pb^{2+}则表现为与其他重金属离子产生协同效应，吸附能力提高。笔者课题组利用解脂假丝酵母吸附铬，考察不同浓度的NaCl、$MgCl_2$、$AlCl_3$、$NaNO_3$、Na_2SO_4和NaBr等电解质对吸附过程的盐效应，通过动力学实验表明，除了Al^{3+}表现出抑制作用，其他阳离子(Na^+、Mg^{2+})在浓度较低且阴离子相同的条件下对铬吸附均有促进作用，盐效应顺序为$Al^{3+}>Mg^{2+}>Na^+$，而当阳离子相同时，除了Cl^-起到促进作用，Br^-和NO_3^-均对吸附表现出抑制作用，盐效应顺序为：$Br^->SO_4^{2-}>NO_3^->Cl^-$(尹华等，2005)。目前，对于金属微生物吸附体系中多种离子间的竞争吸附还没有一个较好的数学模型来描述，仅有二维、三维图形表示一种或者两种竞争离子对一种目标离子吸附的影响，因此，探讨采用多参数模型对多种重金属离子间竞争吸附过程和机制进行描述是当前微生物吸附研究中的一个重要方向。

(5) 营养物质。

活体微生物吸附剂在处理重金属时，具有活跃的生理代谢作用。因此适当补充营养物质有助于吸附剂生理代谢活动的增强，从而更有利于对重金属离子的吸附富集。有研究表明，葡萄糖和磷酸盐的加入，可使金属的吸附量增加5～20倍；增加培养基的蛋白质、脂肪含量，可使发酵性酵母、产朊假丝酵母和食用菌对Fe、Zn、Se的吸附富集能力提高20倍；但高浓度盐类微量元素却会对酵母的生长与吸附产生抑制作用。这与酵母的生理代谢及阳离子对吸附的竞争有关。

2.2.4 水体重金属污染的植物修复

1. 植物修复含重金属离子水体的特性

水体重金属植物修复是利用水生植物来吸收、转移环境中的重金属,使其在水体中的含量减少或者吸收消耗重金属来促进自身的生长,从而使环境状况得到改善。利用植物去除水体中的有害金属离子,是近年来才逐渐发展起来的一项新兴环保型技术,它的修复方式主要是植物修复中的根系过滤技术(简称根滤)。水生植物进行根滤作用的媒介以水为主。根滤最初是用来处理大面积水体中低浓度的金属元素,如 Pb、Cd、Cu、Mn、Cr 等。植物羽状根系具有强烈的吸持作用,可以从污染水体中吸收、浓集和沉淀金属离子或有机污染物,植物根系可以吸附大量的 Pb、Cr 等。研究发现,水面漂浮植物凤眼莲有发达的纤维状根系和高生物量,能够在水中有效地去除 Cd、Cr、Se 和 Cu;水生植物浮萍、水葫芦等能够在水中长期吸收 Pb、Cu、Cd 等金属元素,并可以富集砷,利用它们治理重金属废水也是可行的办法。表 2-5 列出一些对重金属有去除效果的水生植物。

表 2-5 对重金属离子有去除效果的部分水生植物

重金属种类	植物种类
Cu	风车草、水龙、鸢尾、槐叶萍等
Zn	羽毛草、水龙、凤眼莲、水浮莲、狐尾藻等
Pb	细绿萍、金鱼藻、光叶眼子菜等
Cd	风车草、鸢尾、凤眼莲、水浮莲、菹草等
Hg	满江红、细绿萍、苦草等
Cr	凤眼莲、水浮莲、卡州萍等

2. 植物修复含重金属水体影响因素

影响水生植物去除重金属效果的因素有植物生活型、生物量、植物株龄、处理时间、重金属种类等。

(1) 植物生活型。

不同生活型的水生植物对重金属的蓄积能力是不同的。通常将水生植物分为四种类型:挺水植物、漂浮植物、浮叶植物和沉水植物。挺水植物:根茎生于底泥中,植物体上部挺出水面,如芦苇、香蒲等。漂浮植物:植物体漂浮于水面,具有特殊的适应漂浮生活的组织结构,如凤眼莲、浮萍等。浮叶植物:根茎生于底泥,叶漂浮于水面,如睡莲、荇菜等。沉水植物:植物体完全沉于水气界面以下,根扎于底泥或漂浮于水中,如狐尾藻、金鱼藻等。一般认为,蓄积能力为沉水植物>漂浮、浮叶植物>挺水植物,根系发达的水生植物>根系不发达的水生植物。另外,不同部位的蓄积作用也存在差异,一般蓄积能力顺序为根>茎>叶。

(2) 生物量。

水生植物对水体重金属的去除效率与生物量直接相关。生物量适当增加,去除效率相应提高。细绿萍的生物量为 8～12 g · L^{-1}时,水体中 Pb、Hg 的去除效率相对较高。这是因为植物生长密度过大时,其生长繁殖受到一定限制,从而影响对重金属离子的吸收;当生长密度过小时,虽然植株个体对重金属离子的吸收处于较高水平,但随着净化时间增加,单株重金属积累过高,无性繁殖受到抑制。

(3) 植物株龄。

植株个体的株龄与植物对重金属的蓄积能力密切相关。采用 3、6、9 周龄的睡莲蓄积 Cr^{6+},经比较发现 9 周龄的植株蓄积量最大,其次是 6 周龄,而 3 周龄的植株蓄积能力最弱(Choo et al. ,2006)。

(4) 处理时间。

水生植物蓄积重金属与修复净化时间密切相关。Sivaci 等(2008)利用狐尾藻和菹草修复含 Cd^{2+} 水体,实验结果表明,随着时间(24 h、48 h、72 h、96 h)的增加,其蓄积 Cd^{2+} 的量也相应增多;红睡莲蓄积 Cr^{6+}(1～200 μmol · L^{-1})的过程也表明,随着处理时间的增加,植株体 Cr^{6+} 含量明显增大(12 d>8 d>4 d)。但植物对重金属离子的蓄积量并不随处理时间的增加而一直增大。例如,细绿萍对铅的蓄积量从第 8 天开始降低,这是因为随着时间的推移,部分根组织坏死脱落并向水体中分解释放铅。因此,利用水生植物去除重金属时,应控制处理时间以达到最佳的去除效果。

(5) 重金属种类。

不同种类的重金属离子有各自独特的性质,导致水生植物蓄积能力各异。如篦齿眼子菜和马来眼子菜两种水生植物蓄积 Cd^{2+}、Pb^{2+}、Mn^{2+}、Zn^{2+} 和 Cu^{2+} 五种重金属能力大小如下:Cd^{2+}>Mn^{2+}>Pb^{2+}>Cu^{2+}>Zn^{2+}。

(6) 初始浓度。

重金属的初始浓度也是影响水生植物蓄积去除重金属的重要因素。在高浓度(致死阈值以下)的条件下,水生植物对重金属离子的吸收能力强于浓度低的情况。睡莲蓄积 1～200 μmol · L^{-1}的 Cr^{6+} 过程中,随着水体中 Cr^{6+} 浓度增大,根、叶和根茎蓄积 Cr^{6+} 的量增加;黑藻和苦草对 Hg^{2+} 的蓄积量也随水体中 Hg^{2+} 浓度的增加而增大。

(7) 温度。

适宜温度是水生植物正常生长繁殖的环境因素,因此也影响水生植物对重金属的蓄积效果。温度较高时,水生植物的生长代谢旺盛,此时其对重金属离子的蓄积能力增强。如凤眼莲在 5℃时停止生长,在 13℃时开始生长,在 25℃以上生长较快，此时的蓄积能力也较强，在 30℃时生长速率达到最大值，此时的蓄积去除能力最强。温度对水生植物蓄积重金属的影响也反映在季节变化上，夏、秋季节，许多喜温水生植物处于生长旺盛期，同时也表现出较高的蓄积效率，这是由于水生植物的蓄积能力与其自身的生长状况及新陈代谢有关。深秋和冬季，许多喜温水生植物已处于衰老和死亡阶段，蓄积能力下降明显。但对于耐寒植物来说，在寒冷季节其对重金属仍有较高的去除效率。

(8) pH。

pH 是水生植物蓄积重金属的一个重要指标。首先，在不同的酸碱条件下，重金属离子与 H^+ 和 OH^- 结合水平存在差异。例如，铜在偏碱性条件下，形成悬浊物，这就大大影响了水生植物对重金属离子的吸收能力。其次，不同的 pH 对植物的生长也有很大影响。梁俊美等(2008)的研究表明，pH 对水浮莲蓄积 Cu^{2+} 的能力有较大的影响，在 5 d 时间内，pH 为 6.0 时 Cu^{2+} 的去除效果最好，这表明在水质偏中性时，不但有利于水浮莲的生长和繁殖，而且在此条件下水浮莲对 Cu^{2+} 的吸收能力也处于较高水平。

(9) 其他离子。

水体中的其他离子对水生植物蓄积去除重金属也有很大影响。例如，向初始浓度均为 4 mg · L^{-1} 的含 Pb^{2+}、Cd^{2+}、Ni^{2+} 和 Zn^{2+} 水体中加入 NaCl 后，细绿萍对这几种重金属离子的去除效果都有所降低。Choo 等(2006)的研究也证实，当水体中只存在 Cr^{6+} 一种污染物时，睡莲对 Cr^{6+} 的蓄积去除能力远大于伴随存在 Cu^{2+} 的情况。除了离子对植物的抑制作用外，水体中的某些离子同样也可以促进水生植物对重金属的蓄积。如睡莲修复含 Cd^{2+} (50 mg · L^{-1}) 水体时，在含有 Ca^{2+} (500 mg · L^{-1}) 的条件下，睡莲根部、叶部蓄积 Cd^{2+} 的含量分别是单一 Cd^{2+} 水体的 1.48、3.46 倍。

2.3 有机物污染的生物修复及原理

2.3.1 土壤有机物污染的微生物修复

1. 原位修复和异位修复

有机物污染土壤的微生物修复技术按处置地点分类可分为原位微生物修复技术和异位微生物修复技术。

1) 原位微生物修复技术

原位微生物修复不需将污染土壤搬离现场，直接向污染土壤投放 N、P 等营养物质和供氧，促进土壤中土著微生物或特异功能微生物的代谢活性，从而达到降解污染物的目的。原位微生物修复技术主要有：生物通风法(bioventing)、生物强化法（enhanced-bioremediation）、土地耕作法(land farming)等。

（1）生物通风法。

生物通风法也称土壤曝气，是在土壤气相抽提技术的基础上发展起来的一种修复技术，其设计的基本思路是直接将空气或纯氧输送至地下土壤中，通过改变土壤的通气状况等环境条件，加强微生物对土壤中有机污染物的好氧降解，达到提高修复效果的目的。生物通风法通常要在污染的土壤上打两口井，一口是注射井，一口是抽提井，同时安装鼓风机和抽空机，利用鼓风机将空气或纯氧通过注射井强制注入土壤中，然后利用抽空机将挥发性的有机物和降解产物通过抽提井抽出土壤。在通入空气的同时也可以向土壤输送一定量的营养液，为土壤中降解菌的繁殖提供充足的营养，促进有机污染物的降解。有研究者对利用生物通风法修复石油污染土壤的效果进行的研究表明，通入的空气或纯氧可以在降解过程中充当电子受体，同时使土壤的 pH 维持在适宜降解菌生存的范围，增强了微生物的生物活性，提高了石油污染土壤的修复效率(杨茜等，2015)。但是生物通风法也存在一定的限制条件，例如，土壤微生物的种类和土壤结构等都会对生物通风法的应用效果产生影响。生物通风法比较适宜应用于渗透性较好的土壤，保证土壤中的空气可以自由流动，为微生物提供足够的氧气。另外，土壤中土著微生物虽然对本土环境具有良好的适应性，对挥发性有机污染物的降解潜力较大，但生长速度缓慢，代谢活性较低，当有机污染物的浓度较高时往往需要额外接种高效菌才能达到较好的修复效果。

（2）生物强化法。

生物强化法的基本思路是加强有机污染物降解过程中微生物的活性和提高微生物的降解能力。生物强化法可以分为土著菌培养法和投菌法两种方式，当修复多种污染物时，单一微生物的能力通常有限，另外污染物的生物降解通常是分步进行的，包括多种酶和多种微生物的作用，因此在污染物的实际修复中，必须考虑激发当地多样的土著菌。土著菌培养法就是定期向污染土壤投加 H_2O_2 和营养，以满足土著降解菌的需要，提高土著微生物的代谢活性，将污染物充分矿化成 CO_2 和 H_2O 的方法。目前，该方法在生物修复工程中实际应用较多，其原因在于：一方面土著微生物降解污染物的潜力巨大，另一方面接种的外源微生物在土壤中难以保持较高的活性及工程菌的应用受到较为严格的限制(张静等，2015)。

虽然土著微生物具有较大的降解潜力，但是土著微生物生长速度太慢、代谢活性不高，或者污染物的存在造成土壤微生物数量下降，因此在土壤修复过程中需要接种一些降解污染物的高效菌。接种的外来微生物可以是从自然界中定向筛选的微生物，也可以是基因工程菌(genetic engineering microorganisms，GEMs)。投菌法是直接向遭受污染的土壤接入外源的污染物降解菌，同时提供这些降解菌生长所需营养。采用外来微生物接种时，会受到土著微生物的竞争，需要用大量的接种微生物形成优势，以便迅速开始生物降解过程。这些接种在土壤中用来启动生物修复最初步骤的微生物被称为“先锋生物”，它们能催化限制降解的步骤。目前对外来微生物的关注点一方面集中在寻找天然存在的、有较好污染物降解动力学特性，并能攻击广谱化合物的微生物，另一方面，也在积极筛选在极端环境下生长的微生物。GEMs 的构建主要是采用细胞融合技术等遗传工程手段将多种降解基因转入同一微生物中，使之获得广谱的降解能力。GEMs 引入现场环境后，也会与土著微生物菌群发生激烈的竞争，同时 GEMs 必须有足够的存活时间，其目的基因才能稳定地表达出特定的基因产物——特异的酶，从而发挥高效降解的作用。如果在环境中 GEMs 最初没有得到足够的能源与碳源，就需要添加适当的基质促进其增殖并表达其产物。理想的选择性基质应有以下特点：对人和其他高等生物无毒、价廉、易于使用。

(3) 土地耕作法。

土地耕作法也称农耕法，即对表层污染土壤直接进行生物修复，是以就地污染土壤作为接种物和供生物生长基质的好氧生物过程。土壤耕作法可以用于原位生物修复，也可以用于异位生物修复。土地耕作使用的设备是农用机械，通过耕翻促进微生物对有害化合物的降解。土地耕作法相比填埋、焚烧、洗脱等其他修复方法，具有对土壤结构体破坏较小、实用有效等特点，同时应用范围较广、简单经济，因此在土壤渗透性较差、土壤污染程度较浅、污染物又易降解时可以选用，其最大缺陷是可能会造成污染物从污染地向其他地方迁移。土地耕作法一般只能适用于 30 cm 的耕层土壤。土地耕作修复的一般规程大致为：首先去除土壤中的大块石块和碎片，对污染土壤进行耕耙处理，使土壤质地相对均匀一致后施入添加剂，最终使 90%以上的土壤都混合有添加剂，添加剂主要是含氮磷的肥料等营养物质，一次施入量应限制在 45 kg · m^{-3}，以防止添加剂的流失，如需要大量的营养盐可以用缓释剂或多次施用。为了尽量增加土壤孔隙度，要勤翻土壤或加入膨松剂，防止压实土壤，对于黏土含量较高的土壤，一般要掺入 10%～30%的沙子、锯末或木片，也可用石膏减少黏土中的水分，除此之外，还要用石灰、明矾或磷酸等调整土壤的 pH 等。总之，整个修复过程应尽可能地为微生物降解提供一个良好的环境，使其有充足的营养、水分和适宜的 pH，保证污染物降解在土壤的各个层次上都能进行。

2) 异位微生物修复技术

异位微生物修复是把污染土壤挖出，进行集中生物降解的方法，主要包括预制床法 (prepared bed)、堆制法(composting bioremediation)及泥浆生物反应器法(bioslurry bioreactor)。

(1) 预制床法。

预制床修复是农耕法的延续，它可以使污染物的迁移量减至最低，在土壤受污染之初限制污染物的扩散和迁移，减少污染范围。预制床法的基本原理是在被污染的土壤中加入膨松剂后于预制床上堆成条状或圆柱状，通过人工补充营养、空气，并加以适度搅拌，保证其好氧修复条件以实现有机物的降解。预制床法的主要特点是需要将污染土壤移至一个特殊的预制床上，预制床的底部需要用聚乙烯或黏土等密度很大、渗透性很小的材料装填好。预制床简要操作规程如下：在预制床上铺上沙子和石子，再将污染土壤平铺（厚 15～30cm）于预制床上，并加入营养液和水，必要时加入表面活性剂，定期翻动供氧，以满足土壤微生物的生长需要，处理过程中流出的渗滤液及时回灌于土层，以彻底清除污染物。该方法在五氯苯酚、杂酚油、石油、农药等污染土壤修复中获得了一些成功的案例。例如，Eullis 等（1991）用具有滤液收集和水循环系统的预制床对斯德哥尔摩中部防腐油生产区的土壤进行治理，土壤中 PAHs 的浓度从 1024.4 $mg \cdot kg^{-1}$ 降至 324.1 $mg \cdot kg^{-1}$。

（2）堆制法。

土壤堆制法处理就是将受污染的土壤从污染地区挖掘起来，运输到一个经过处理的地点（布置防止渗漏底、通风管道等）堆放，形成上升的斜坡，并进行生物处理，防止污染物向地下水或更大的地域扩散。进行生物处理时利用的是传统的堆肥方法，即将污染土壤与有机废弃物质（如木屑、秸秆、树叶等）、粪便等混合起来，使用机械或压气系统充氧，同时加入石灰以调节 pH，经过一段时间依靠堆肥过程中微生物作用来降解土壤中有机污染物。堆制法包括风道式、好气静态式和机械式等 3 种，其中机械式（在密封容器中进行）易于控制，可以间歇或连续进行。堆制法是生物修复技术中的一种新型替代技术。有研究表明，堆制处理过程对污染土壤中多环芳烃的降解随着苯环数的增加而降低，当多环芳烃的初始浓度提高约 50 倍时，除荧蒽外，其他多环芳烃的降解随着污染浓度的提高而降低。

（3）泥浆生物反应器法。

泥浆生物反应器法是将污染土壤转移至生物反应器，加水混合成泥浆，调节适宜的 pH，同时加入一定量的营养物质和表面活性剂，底部鼓入空气充氧，满足微生物所需氧气的同时，使微生物与污染物充分接触，加速污染物的降解，降解完成后，过滤脱水。这种方法处理效果好、速度快，但仅仅适宜于小范围的污染治理。生物反应器一般设置在现场或特定的处理区，通常为卧鼓型和升降机型，有间隙式和连续式两种，但多为间隙式。Robert 等（1997）在生物反应器中使用白腐真菌处理多环芳烃污染土壤 36 天后，土壤中低相对分子质量多环芳烃的降解率为70%～100%，高相对分子质量多环芳烃的降解率为 50%～60%。泥浆生物反应器有利于增加土壤微生物与污染物的接触面积，可使营养物、电子受体和主要基质均匀分布，因此，生物反应器的修复效率较高。但泥浆生物反应器增加了物料处理、固液分离、水处理等操作单元，因此能量消耗较大，其处理成本比土地耕作法、堆制法要高。

2. 微生物降解有机污染物的机制

微生物主要通过生长代谢和共代谢两种途径降解有机污染物(Nzila,2013)。

1) 生长代谢

微生物利用有机污染物作为基质的生长代谢基本过程和其他化合物的代谢相似,主要包括如下过程:向基质接近、对基质的吸附、胞外酶的分泌、基质的跨膜运输和细胞内代谢。

(1) 向基质接近。

生物体要降解某种基质必须先与之接近。接近意味着微生物及其胞外酶处于这种物质的可扩散范围之内;或微生物处于细胞外消化产物的扩散距离之内。因此,对于微生物而言,混合良好的液体环境,如湖泊、河流、海洋等与基本不相混合的固体环境,如土壤、沉积物等之间有很大差别,后者存在运动扩散的障碍,如在土壤中,相差几厘米物质的运动扩散状况就会有很大的差别。

某些细菌和其他微生物表现出朝向基质的趋向性。许多丝状真菌表现为朝向基质生长,如担子菌垂幕菇属(*Hypholoma cinnabarinum*)和原毛平革菌属(*Phanerochaete chrysosporium* Burdsall)的某些种能够“探查”环境,找到没有接种过的木块,然后在其上定植。

(2) 对基质的吸附。

吸附作用对于保证化合物代谢是必不可少的。纤维素消化需要物理附着。在沥青降解菌的分离过程中发现细菌和固体基质之间有非常紧密的结合。

(3) 胞外酶的分泌。

不溶性的多聚体,不论是天然的(如木质素)还是人工合成的(如塑料)都难降解,不能降解的原因之一是分子太大。生物采取的办法就是分泌胞外酶将其水解成小相对分子质量的可溶性产物。胞外酶是指在细胞内合成后穿过细胞质膜的酶。它们有些镶嵌在质膜上,有些存在于周质空间,有些则完全脱离其生产者扩散到环境中。异养微生物,尤其是异养细菌是胞外酶的主要生产者。胞外酶主要通过水解作用分解多糖、蛋白质、核酸等天然高聚物,使其变为可以穿过细胞质膜的小分子物质而被吸收利用。胞外酶的合成受到抑制-诱导机制的调控,当环境中可被微生物直接利用的可溶性小分子有机物含量高时,胞外酶活性很低,只有当可溶性的小分子有机物含量下降到临界值时,胞外酶的合成抑制作用被解除,细菌细胞大量合成胞外酶。胞外酶被吸附、胞外酶变性、胞外酶蛋白生物降解及产物被与之竞争的生物所利用等原因都会使胞外酶丧失作用(Maier and Gentry,2015)。

(4) 基质的跨膜运输。

营养物质必须通过细胞膜才能进入细胞,细胞膜为磷脂双分子层,其中嵌合蛋白质分子。细胞膜控制着营养物进入和代谢产物的排出,一般认为,细胞膜以单纯扩散、促进扩散、主动运输和基团转位四种方式控制着物质的运输，其中以主动运输为重要方式(Li et al.，2014)。

单纯扩散又称被动运输，这种扩散方式不需要载体蛋白，不需要提供能量，扩散动力是细胞膜内外浓度梯度差，小分子、非电离分子尤其是亲脂性分子可以通过单纯扩散被动通过细胞膜这层疏水屏障，这种情况在自然界并不多见。促进扩散和单纯扩散类似，两者主要的区别在于促进扩散中基质需要依靠膜上的特异性蛋白作用才能透过细胞膜，这种方式只能在营养物浓度较高的情况下才能发生。主动运输作为微生物吸收基质的主要方式需要消耗能量(质子势、ATP)，基质的运输需要特异性蛋白作为载体，在与载体蛋白结合的过程中基质会发生构象变化。主动运输能实现基质的逆浓度梯度运输，因此可以为在低浓度基质环境中生活的微生物提供获取营养物的方式。无机离子、有机离子和一些糖类等都可以通过主动运输方式被微生物吸收利用。基团转位也是一种需要能量和载体蛋白的运输方式，基质在运输前后其分子结构会发生变化，基团转位主要用于葡萄糖、果糖、甘露糖、核苷酸等物质的运输。

(5) 细胞内代谢。

进入细胞的有机污染物可以通过周边代谢途径(peripheral metabolism pathway)降解。这些代谢的发生需要有机污染物诱导，代谢过程中涉及的某些相关酶类是由微生物的质粒编码产生的。有机污染物进入细胞代谢的初始代谢产物一般会集中到少数一些中央代谢途径(central metabolism pathway)之中，如芳香族化合物经过β-酮己二酸途径(β-ketoadipate pathway)代谢后所形成的芳香化合物会进入中央代谢途径。

有机污染物在微生物降解过程中除了会被完全矿化以外，还会产生溢流代谢物(overflow metabolites)，这些溢流代谢物可以成为其他微生物生长代谢的营养基质或是作为共代谢基质被其他微生物利用。大肠杆菌在利用最简单的能源物质葡萄糖进行生长的过程中会有溢流代谢物乙酸盐的积累，而微生物降解环境中存在的结构复杂的有机污染物所产生的溢流代谢物更是形式多样。除此之外，在有机污染物的微生物降解过程中还会有终死产物(dead-end products)、副反应产物(products of side reaction)和致死性产物(lethal metabolite)产生。终死产物本身具有持久性，如芳香化合物上的甲基氧化所产生的甲醇及多聚儿茶酚等。对于副反应产物而言，如果其他微生物可以利用它们，代谢所产生的副反应产物是有益的，否则副反应产物可能会对降解微生物造成危害，如微生物降解过程中产生的卤代酚就有很强的潜在生物积累性和毒性。致死性代谢物可以抑制三羧酸循环的进行，使得有机污染物的微生物降解受阻。致死性代谢物的典型例子是由氟取代的基质通过酶促反应形成的氟代乙酸盐，微生物可以发生突变，突变后的微生物能够抵抗致死代谢物或不形成致死代谢物，从而避免了代谢中致死性后果的发生

(Pagnout et al. ,2006)。

2) 共代谢

(1) 共代谢作用的含义。

Leadbetter 和 Foster 在 1959 年研究发现,虽然甲烷假单胞菌(*Pseudomonas methanica*)在以乙烷、丙烷和丁烷为唯一碳源的情况下无法生长,但是可以在有甲烷存在的情况下将乙烷、丙烷、丁烷氧化,这是对共代谢现象最早的报道,当时 Leadbetter 和 Foster 用共氧化(co-oxidation)来描述这种现象并将其定义为微生物在有生长基质存在的情况下伴随着对非生长基质进行氧化,其中甲烷对于微生物而言是生长基质,而乙烷、丙烷、丁烷等则是非生长基质。之后有学者进一步扩展了共代谢(co-metabolism)的含义,指出共代谢不仅局限于氧化作用,微生物在有生长基质存在的情况下对非生长基质进行的还原性的转化也应该属于共代谢的范畴。另外,当环境中的生长基质已经消耗殆尽,微生物处于内源呼吸阶段时对非生长基质的转化作用也应该归为共代谢。

现在一般认为共代谢作用通常包括以下三种情况:第一种是只有在初级能源物质存在时才能进行有机化合物的生物降解过程。初级能源物质是由外界供给或是微生物自身储存在细胞内的营养物质,在共代谢过程中,微生物生长繁殖所需的碳源和能源仍然是由初级能源物质提供的,微生物并不能从共代谢的有机污染物中获得碳源和能源。第二种是生长基质不存在的情况下,微生物的休眠细胞对非生长基质的转化,微生物在此时的生长主要是依靠存在于细胞内的能源物质,在缺乏外源生长基质的情况下,原本储存在细胞内的物质能充当能量来源,维持微生物细胞的活性。第三种是微生物通过种间协同作用来降解有机污染物,例如,需要在链霉菌、节杆菌的共同协作下农药二嗪农的嘧啶基环才能得以完全降解,两菌单独存在时无法降解。在有机污染物的降解过程中微生物的共代谢作用是广泛存在的,具有共代谢功能的微生物种类很多,既有真核类的青霉,又有原核类的细菌(罗玮,2012)。

(2) 共代谢作用的机理。

关于共代谢的作用机制,研究者提出了不少假设。到目前为止,很多理论假设还未得到证实。虽然如此,学者们对此还是有比较一致的认识。共代谢过程涉及许多因素及因素间的相互作用,导致这个过程变得复杂。下面从关键酶、竞争性抑制、毒性效应及能量调节等方面进行阐述。

①关键酶。

在生长基质存在的情况下有些生物难降解的污染物可以被微生物降解,其原因是微生物代谢生长基质等易生物降解的物质会产生一种专一性比较差的酶,在这种酶的作用下难降解的有机污染物也得到了转化,这种专一性较差的酶被称为关键酶,因为它是共代谢过程中的关键物质,决定了共代谢作用的产生以及共代谢进行的速率。关键酶是一种诱导酶，无论微生物处于何种环境条件之中，关键酶都需要在生长基质的诱导下产生，而且关键酶的含量和活性都与生长基质的浓度存在密切联系。虽然生长基质和非生长基质在关键酶的催化下都可以发生转化，但是两者的生理意义截然不同，微生物细胞在生长基质的转化过程中可以获得生长所需的碳源和能源，而非生长基质在关键酶作用下的转化不仅不能提供相应的能源物质，反而需要消耗一定的能量才能实现，并且转化过程中有可能产生对微生物细胞有毒害的中间产物。目前研究较多的关键酶是加氧酶，许多难降解的有机污染物在加氧酶的催化下都可以发生转化(Liao et al.，2015)。单加氧酶和双加氧酶等关键酶主要在好氧体系中发挥作用，而在厌氧体系中则以还原酶、水解酶等关键酶为主。

②竞争性抑制作用。

在生长基质的诱导下微生物可以产生进行共代谢的关键酶，关键酶对生长基质和非生长基质的转化过程也是酶促反应的过程，生长基质和非生长基质都需要与酶的活性中心位点进行结合，关键酶才能有效地发挥催化作用，然而关键酶的活性中心位点是有限的，因此当两者同时与关键酶结合时会存在对结合位点的竞争，这种竞争会不可避免地导致两者在转化过程中产生竞争性抑制现象。这种竞争抑制现象在当某一基质浓度远高于另一基质浓度时尤为明显。例如，当作为生长基质的甲苯浓度过高时，顺-1，2-二氯乙烯的降解速率会大大受到抑制；作为生长基质的甲烷浓度过高会降低三氯乙烯的共代谢速率；反之，如作为非生长基质的三氯乙烯浓度过高时，也会抑制作为生长基质的氨的代谢速率。

由于存在竞争抑制作用，为了使难降解的有机污染物的降解速率达到最大，需要将生长基质与非生长基质的浓度维持在适宜的浓度范围之内。在这个范围内，生长基质的浓度越高，共代谢的效果越好。例如，相关研究发现，作为生长基质的甲苯浓度要不低于 3400 $\mu g \cdot L^{-1}$才能使 250 $\mu g \cdot L^{-1}$的氯乙烯和 500 $\mu g \cdot L^{-1}$的顺-1，2-二氯乙烯完全降解。这是因为关键酶的合成依赖于微生物的生命代谢过程，而微生物的生长需要生长基质提供碳源、能源及还原氢来维持，故一定浓度的生长基质可以加快微生物的生长繁殖，从而提高关键酶的合成量，进而促进关键酶对非生长基质的共代谢转化。但当生长基质的浓度超过一定值时，虽然可以供给更多的碳源及能源给微生物利用，促进关键酶的合成，但由于会与作为非生长基质的有机污染物产生竞争抑制作用，反而会造成共代谢效率的降低(Hojae et al.，2009)。

③毒性效应与解毒作用。

环境中许多有机污染物只能通过微生物的共代谢作用得到降解，这些有机污染物不但不能作为微生物生长的营养物质，反而会对微生物的细胞产生毒性。例如，氯酚、4-氯酚等会对微生物的生长产生强烈的抑制作用，严重降低共代谢的效率。事实上，即使是微生物的生长基质，若其浓度超过一定值时对微生物的细胞也会具有毒性，例如，苯酚的浓度过高就会强烈抑制以苯酚作为生长基质的微生物的生长。这种毒性效应产生的原因是当有机物的浓度过高时，会对微生物细胞的呼吸链产生解偶联作用，造成分解代谢与合成代谢两者的脱离。对于共代谢体系而言，影响共代谢效果的最重要因素是有机物产生的毒性对微生物细胞合成关键酶的抑制作用。从细胞和酶两个水平上看，两者对共代谢过程产生的毒性效应是相互关联的，作为共代谢基础的关键酶由活的微生物细胞产生，微生物细胞的失活或死亡会直接造成关键酶合成量的降低甚至是关键酶合成的终止，进而导致共代谢效率的降低或者是共代谢作用的停止。有机污染物对关键酶的抑制也会使微生物细胞失活，阻碍共代谢过程的正常进行(Song et al.，2009)。

微生物在长期遭受毒害的环境中，会形成应对有害环境的解毒机制，通过解毒机制作用微生物能自行恢复到正常生长的状态。微生物主要通过在细胞内合成分解有毒有机污染物的酶来对有毒物进行解毒。遭受有机物的毒害而失活的微生物细胞在有充足能量供应的情况下，经历一段时间的延滞期后可以自我恢复为正常状态的细胞，延滞期的长短主要与微生物细胞失活的程度有关。产生这种现象的原因并不是微生物产生了新的细胞，而是微生物重新启动了关键酶等相关蛋白质的合成。因此，生长基质浓度的适当提高可以为微生物遭受有机物毒害作用后重新合成相关蛋白质提供更多的能量，有利于减轻有毒有机物对细胞及关键酶的毒性效应，缩短微生物自我恢复前的延滞期(Shi et al.，2013a)。

④能量及还原力供应。

共代谢反应体系的主体是微生物细胞，细胞在其生长代谢等活动中会与外界进行能量交换，微生物对营养物质的代谢过程伴随着能量的转换，微生物对基质的代谢与能量流动密不可分。在对微生物进行纯培养时，关键酶对生长基质的酶促反应为非生长基质在关键酶催化下所进行的截止式转化(dead-end transformation)提供了能量，除此之外，生长基质的代谢还是维持微生物生长繁殖，弥补热量散失的能量来源。事实上，生长基质代谢所提供的总的可利用能源中只有7%～13%被用于共代谢反应中非生长基质的转化。在共代谢体系中，作为非生长基质的有机污染物通常会对微生物的细胞产生一定的毒性，微生物在受到毒害抑制后需要进行自我修复，自我修复的过程也需要能量的供给，因此，共代谢系统的能量支出通常比非共代谢系统要高，能量的供应除了要满足关键酶的合成、非生长基质的降解以外，还要满足微生物细胞的自我修复。

除了能量供应以外，在共代谢作用中还原力NAD(P)H的补给也是必不可少的。还原力NAD(P)H是关键酶催化反应过程必需的电子载体，在共代谢体系中，电子供体的浓度越高，还原力NAD(P)H的含量也越高。还原力NAD(P)H的含量会影响有机污染物的降解效果，关键酶的活性在NAD(P)H/NAD(P)比值很小时通常也会很低，有机污染物降解的速率及效率也会因此下降。除此之外，在共代谢体系中，充足的还原力NAD(P)H还可以减轻有机污染物对微生物产生的毒害效应，提高微生物对有机污染物的降解能力。与能量供应类似，还原力NAD(P)H是不能在非生长基质的转化过程中产生的，同时非生长基质的转化又需要消耗一定的还原力NAD(P)H，这些还原力NAD(P)H来源于微生物对生长基质的代谢过程(Woodyer et al.,2006)。

3. 微生物降解有机污染物的主要反应类型

微生物降解和转化土壤中有机污染物，通常依靠以下基本反应模式来实现：

1) 氧化作用

(1) 醇的氧化，如醋化醋杆菌(*Acetobacter aceti*)将乙醇氧化为乙酸，氧化节杆菌(*Arthrobacter oxydans*)可将丙二醇氧化为乳酸；

(2) 醛的氧化，如铜绿假单胞菌（*Pseudomonas aeruginosa*)将乙醛氧化为乙酸；

(3) 甲基的氧化，如铜绿假单胞菌将甲苯氧化为苯甲酸，表面活性剂的甲基氧化主要是亲油基末端的甲基氧化为羧基的过程；

(4) 氧化去烷基化：如有机磷杀虫剂可进行此反应；

(5) 硫醚氧化：如三硫磷、扑草净等的氧化降解；

(6) 过氧化：艾氏剂和七氯可被微生物过氧化降解；

(7) 苯环羟基化：2,4-D和苯甲酸等化合物可通过微生物的氧化作用使苯环羟基化；

(8) 芳环裂解：苯酚系列的化合物可在微生物作用下使环裂解；

(9) 杂环裂解：五元环(杂环农药)和六元环(吡啶类)化合物的裂解；

(10) 环氧化：环氧化作用是生物降解的主要机制，如环戊二烯类杀虫剂的脱卤、水解、还原及羟基化作用等。

2) 还原作用

(1) 乙烯基的还原：如大肠杆菌(*Escherichia coli*)可将延胡索酸还原为琥珀酸；

(2) 醇的还原：如丙酸梭菌(*Clostridium propionicum*)可将乳酸还原为丙酸；

(3) 芳环羟基化：甲苯酸盐在厌氧条件下可以羟基化；也有醌类还原及双键、三键还原作用等。

3) 基团转移作用

(1) 脱羧作用：如戊糖丙酸杆菌(*Propionibacterium pentosaceum*)可使琥珀酸等羧酸脱羧为丙酸；

(2) 脱卤作用：是氯代芳烃、农药、五氯酚等的生物降解途径；

(3) 脱烃作用：常见于某些烃基连接在氮、氧或硫原子上的农药降解反应，还存在脱氢卤以及脱水反应等。

4) 水解作用

水解作用主要包括酯类、胺类、磷酸酯及卤代烃等水解类型。

5) 其他反应类型

其他反应类型包括酯化、缩合、氨化、乙酰化、双键断裂及卤素原子移动等。

4. 环境条件对微生物降解有机污染物的影响

1) 非生物因子对微生物降解有机物的影响

每个微生物菌株对影响生长和活动的环境条件(如温度、pH、盐分等)均有耐受范围。如某一环境中有几种起降解作用的微生物存在，就比在同一环境中只有一种起降解作用的微生物存在时的耐受范围宽。但如果环境条件超出所有定居微生物的耐受范围，降解作用就不会发生。

(1) 温度。

温度是影响微生物生长的最重要因素之一。温度对微生物的影响具体表现在：微生物的全部生长过程都取决于酶促反应，温度会影响酶活性，温度变化影响酶促反应速率，最终影响微生物对有机物降解以及细胞合成的速率。在最低生长温度和最适温度范围内，若反应温度升高，则反应速率增快，微生物增长速率也随之增加，处理效果相应提高。温度还会影响微生物细胞膜的流动性，温度高，细胞膜的流动性大，有利于营养物质的运输，温度低，流动性降低，不利于营养物质运输，因此，温度变化影响营养物质的吸收与代谢产物的分泌。另外，温度还会影响环境中物质的溶解度，从而影响微生物对有机物的利用程度。

在北方冬季，土壤冻结、湖面结冰，有机物分子不能降解。随着气候变暖，微生物开始活动，有机物降解迅速。一般来说，气温上升降解反应加快，气温下降降解反应减慢，但也会出现相反的情况，即气候转凉降解代谢反而加快，关键取决于代谢活动限制因子的综合影响。

(2) pH。

微生物的生化反应是在酶的催化作用下进行的，酶的基本成分是蛋白质，是具有离解基团的两性电解质。pH 对微生物生长繁殖的影响体现在酶的离解过程中，电离形式不同，催化性质也就不同；此外，酶的催化作用还决定了基质的电离状况，pH 对基质电离状况的影响也进而影响酶的催化作用。一般认为 pH 是影响微生物活性的最重要因素之一。

在极端酸性或碱性条件下微生物活性降低，在合适的 pH 下微生物活性增高，生物降解趋向加快，通常在 pH 4～9 的微生物生长得最好。一般细菌和放线菌更喜欢中性和弱碱性的环境，而酸性环境则有利于霉菌和酵母菌等真菌的生长。氧化亚铁硫杆菌等嗜酸细菌在强酸性条件下代谢活性更高。芽孢杆菌等细菌在强碱性环境中更能发挥其降解转化作用。如果在某一环境下有多种微生物可以代谢某种化合物，则比在这种环境下只有一种微生物进行代谢所适应的 pH 范围要宽。pH 还可能影响污染物降解转化的最终产物，例如，在 pH＝4.5 时，汞容易发生甲基化作用。对于含有有毒有机物的酸性土壤，通常可以通过加入石灰调节土壤的 pH 来进行污染修复。

(3) 水分。

微生物进行代谢活动需要有足够的水分，没有水分，微生物不能生活，也就无从降解有机物。在土壤中，湿度是一个重要的环境因素，不仅是由于微生物的生命活动需要水，还由于湿度会影响土壤中氧的水平，决定土壤环境的氧化还原电位，当水充满土壤微孔的 80％～90％时土壤就从好氧条件转变为厌氧条件。此外，水分还和化合物溶解度等密切相关，故对降解转化的影响更大。在渍水的状态下，可以加强水解脱氯、还原脱氯和硝基还原等反应。许多有机氯化合物在渍水的厌氧状态下可以发生降解，而在非渍水的土壤中则长期滞留。

(4) 电子受体。

在许多环境条件下有机物的降解需要电子受体的充分供应。有机物氧化分解的最终电子受体的种类和浓度极大地影响着污染物降解的速率、程度和方向。微生物氧化还原反应的最终电子受体可以分为溶解氧、有机物分解的中间产物和无机酸根(硫酸根、硝酸根、碳酸根等)三大类，第一种为有氧过程，后面两种为无氧过程。溶解氧的含量决定环境中降解菌的群落结构，从而直接影响有机污染物的降解速率，也决定着一些污染物的最终降解产物，如某些氯代脂肪族化合物在厌氧降解时会产生有毒的中间代谢产物，但在好氧的条件下这种情况很少见。

氧气对于烃类等有机物的降解是仅有的或优先的电子受体，即只有在好氧的条件下某些烃类才能发生转化，或只有在专性好氧菌的作用下才能使其发生迅速转化。在一般条件下，PAHs 的生物降解需要氧气的参与，细菌和真菌对 PAHs 的代谢都需要氧气。人们发现原油和其他烃类的降解速率在氧气的扩散受限制时就会受到影响，受 PAHs 污染的土壤和地下水中，水相中的氧气会迅速消耗，导致微生物的降解能力降低，甚至最终停止。为提高降解率，往往需要人为增加氧的浓度，通过强制通气、供纯氧或添加过氧化氢等方式增加氧气的供应量，保证微生物降解作用的持续发挥是常用的强化措施。PAHs 在一定程度上也可以发生厌氧降解，PAHs 能否发生厌氧降解与微生物和 PAHs 接触时间的长短有密切联系。在厌氧降解过程中，如果电子受体供应不足，可以添加有机物、硝酸盐、硫酸盐或者二氧化碳作为电子受体。

(5) 有毒物质。

在被降解的物质中有时存在对微生物具有抑制和杀害作用的化学物质。有毒物质对微生物的毒害作用,主要表现在使细菌细胞的正常结构遭到破坏及使菌体内的酶变质,并失去活性。有毒物质可分为:①重金属离子(铅、铜、铬、砷、铜、铁、锌等);②有机物类(酚、甲醛、甲醇、苯、氯苯等);③无机物类(硫化物、氰化钾、氯化钠、硫酸根、硝酸根等)。有毒物质对微生物产生毒害作用有一个量的概念,即达到一定浓度时显示出毒害作用,在允许浓度以内,微生物可以承受。

2) 营养物质对微生物降解有机物的影响

(1) 碳源。

碳源可以为微生物生长提供必要的营养和能源,对微生物而言尤为重要。虽然土壤、沉积物或水体中碳含量一般都很高,但是绝大多数的碳是以有机络合物的形式存在的,微生物对这种形式的碳利用率很低,甚至根本不能利用,因此碳源经常成为微生物生长的限制因子(Shi et al.,2013a)。若是环境中存在高浓度的有机污染物,则微生物的生长不会受到碳源的限制,但是如果有机污染物的浓度较低,微生物的生长仍然会受碳源的影响。

有机物的结构也会对微生物的降解效果产生影响。通常,结构简单的较复杂的易降解,相对分子质量小的较相对分子质量大的易降解,聚合物和复合物抗生物降解性较强。链烃结构化合物一般比环烃更易降解,不饱和烃比饱和烃易降解,直链烃比支链烃易降解,支链烷基越多越难降解。碳原子上的氢被烷基或芳基取代时会形成生物阻抗物质。官能团性质和数量对有机化合物的生物降解性影响很大。卤代作用能抗生物降解,卤素取代基越多,抗性越强。自一氯苯到六氯苯,随着氯离子的增多,降解难度相应增大。官能团的位置也影响化合物的降解性,有两个取代基的苯化合物,间位异构体往往最能抗微生物的攻击,降解最慢。

在利用共代谢作用降解有机污染物的过程中,微生物的生长需要一定量的生长基质,向环境中添加与有机污染物具有相似结构的物质通常对污染物的降解具有促进作用。例如,加入联苯以后可以促进 PCBs 的转化,因为 PCBs 和联苯的结构相似,属类似物共代谢。有些添加的营养基质与共代谢的污染物并不具有相似的结构,但是仍然可以促进共代谢降解的进行,这可能是由于营养基质的加入刺激了降解微生物的生长,增加了降解微生物的生物量。另外,有时营养基质的加入还会导致土壤环境中氧气的迅速耗竭,使原本发生的好氧降解转变为厌氧降解,从而影响有机污染物的降解效果。

(2) 氮和磷。

微生物的生长需要 N、P,如 1000 g 有机碳矿化,如果 30%的基质碳被同化,即形成 300 g 生物量碳,假设细胞的 C∶N 和 C∶P 分别为 10∶1 和 50∶1,那么就需要 30 g N 和 6 g P。这样的简略计算可以方便地预测基质全部分解所需要的 N、P 总量。

在对海洋原油泄漏事故和地下储油罐泄漏事故造成的海洋和地下水污染进行生物修复的过程中发现，不加N、P，原油在海洋中降解缓慢，而加入N、P以后降解加速，但是单独加入N或P却没有发现降解速率有增加的趋势。同样，在汽油污染的地下水样中加入N和P也会刺激细菌生长，最适的营养盐浓度与石油的种类和水体的种类有关。N、P加入土壤后可以促进石油及各种烃类的生物降解并增加细菌的数量。

钙和镁大量存在于内陆的水体中，反应性钙、铁和镁大量存在于土壤和沉积物中。这些阳离子会改变磷的有效性。同时，pH会影响水相中钙和镁的磷酸盐的性质，也会改变 $H_2PO_4^-$ 和 HPO_4^{2-} 的相对比例。

(3) 生长因子。

生长因子作为微生物核酸和酶的主要组成成分，主要包括氨基酸、维生素和碱基等有机物，虽然微生物对生长因子的需求量不高，但生长因子对于微生物的正常生长却是必不可少的。根据对生长因子的获得方式，微生物可以分为生长因子自养型微生物和生长因子异养型微生物两类。前者可以自行合成生长因子满足自身需求，而后者不具有自行合成生长因子的能力，需要从外界环境中摄取生长因子才能维持自身生长。此外，自然界中还存在一些微生物，其不但可以过量合成生长因子，还能大量分泌生长因子。在环境中，细菌、真菌或藻类的某些种类可以分泌生长因子，有些原生动物和高等动物也可以分泌生长因子。

生长因子通过决定降解菌的生长繁殖状况，从而影响降解菌对有机物的降解效果。对于同一种有机化合物，环境中通常存在多种可以将其降解的降解菌。当自身可以合成生长因子的原养型降解菌和不能合成生长因子的营养缺陷型降解菌共同存在时，由于原养型降解菌可以为营养缺陷型降解菌提供生长因子，因此生长因子不会成为有机物降解的限制因素。但是如果环境中存在的降解菌种类较少，并且全部都是营养缺陷型的降解菌时，若环境中缺乏生长因子，有机物的降解效率和程度都会受到影响。土壤和海水中不能合成生长因子的营养缺陷型细菌所占比例很高，大约有90%，海洋沉积物中也有75%～80%的细菌属于营养缺陷型，湖水中需要一种或几种B族维生素、氨基酸或其他生长因子才能生长的细菌所占比例也很高。除此之外，生长因子还会影响提供微生物生长和生物降解的碳源的阈值浓度。例如，混合氨基酸可以降低细菌增殖所需的最低葡萄糖浓度，单种氨基酸可以降低湖水中细菌对酚矿化的阈值。

(4) 多种基质作用。

实验室内的研究一般使用单个有机基质，但在自然环境或污染环境下经常是多种基质在一起。例如，在自然环境中，多种合成有机物、各种天然产物与水中溶解态碳或土壤和沉积物中的腐殖质结合在一起。它们的浓度可以很高，使微生物中毒，也可以很低，不能支持微生物生长。多种微生物和多种化合物共存时其中一种微生物对一种化合物的生物降解与单基质和单一微生物情况相比有很大不同。多基质作用表现在多种有机质可以被同时利用；或是一种基质可以促进第二种基质的降解速率；亦或是一种基质也可以减慢第二种基质的降解。

3）协同作用对微生物降解有机物的影响

通过多种微生物的相互合作，可以使许多原本难降解的有机物发生降解。这种微生物之间的合作称为协同作用，协同作用广泛存在于有机污染物的初始转化反应和后续的矿化反应之中。协同作用可以分为以下两种情况，第一种情况是单一菌种不能降解有机污染物，而混合菌种之间的协同可以降解有机物；第二种情况是虽然单一菌种可以实现有机物的降解，但是在混合菌种协同作用下的降解速率超过单个菌种的降解速率之和。例如，节杆菌属（*Arthrobacter*）和链霉菌属（*Streptomyces*）在一起才能矿化二嗪磷，假单胞菌和节杆菌混合后才可以降解除草剂 2,4,5-涕丙酸，两种混合菌在一起比单一菌株降解表面活性剂十二烷基-1-癸乙氧基化合物的速率要快。

协同作用的机制有多种，包括如下。

（1）提供生长因子。

一种或几种微生物可以向其他微生物提供维生素 B、氨基酸或其他生长因子。例如，黄单胞菌属（*Xanthomonm*）的生长及其对溴化十二烷基三甲基铵的降解都需要假单胞菌分泌的某种生长因子。分泌维生素 B_{12} 的菌对利用三氯乙酸生长和对其脱氯的细菌很必要。

（2）分解不完全降解物。

一种微生物可对某种有机物进行不完全降解，第二种微生物则使前者的产物矿化。纯培养条件下的微生物对许多合成有机物只能进行生物转化，很少矿化。然而，在自然界存在许多微生物共同降解有机物的例子。第一种微生物转化最初的化合物，如果没有第二种微生物，化合物的转化不完全，如果有第二种微生物，则可以使之完全分解。

（3）分解共代谢产物。

一种微生物只能共代谢有机物，形成不能代谢的产物，另一种微生物则可以分解这些产物。例如，节杆菌以假单胞菌共代谢 DDT 的产物 4-氯苯基乙酸作为生长基质生长；铜绿假单胞菌可以利用施氏假单胞菌共代谢对硫磷的产物 4-羟基硝基苯。

（4）分解有毒产物。

第一种微生物降解过程所产生的某种中间产物对其自身会产生毒害，而这种中间产物却可以作为另一种微生物的碳源和能源而被利用，因此另一种微生物的存在能解除中间产物的毒害作用。例如，鱼肝油青霉（*P. piscarium*）可以将 *N*-（3′,4′-二氯苯基）丙酰胺（敌稗）转化为能抑制敌稗降解的 3,4-二氯苯胺，但是白地霉(*Geotrichum camdidum*)可以使3,4-二氯苯胺转化为二聚物3,3′,4,4′-四氯偶氮苯,解除了3,4-二氯苯胺的抑制效应。代谢硝基化合物的物种经常产生对自身有毒的亚硝酸盐,但是许多细菌和真菌能够分解亚硝酸盐,使其转化为氨、氮氧化物、氮气和硝酸盐。类似的情况还有种间氢转移(interspecies hydrogen transfer),即一种细菌产生的氢或其他还原物质被另一种细菌使用,这是一种独特的协同作用类型,表明在厌氧条件下不同种群之间的相互依赖关系。

4) 捕食作用对微生物降解有机物的影响

环境中存在大量的具有捕食、寄生及裂解作用的微生物。这些微生物会对细菌和真菌的生物降解产生有益或有害的影响。在土壤、地表水、地下水和沉积物中发现的捕食和寄生的微生物有原生动物、噬菌体、真菌、病毒、蛭弧菌属(*Bdellovibrio*)、分枝杆菌(*Mycobacteria*)、集胞黏菌(*Acrasiales*)等,此外还发现可以分泌分解细菌、真菌细胞壁酶的微生物。

原生动物是目前为止人们研究和了解得比较多的一种。在原生动物大量生存繁殖的环境中,细菌的数目会出现明显下降,这是因为原生动物是典型的以细菌为食物的微生物,一个原生动物每天需要消耗10^3～10^4个细菌才能维持其生长繁殖。在有大量原生动物活动的环境中,原生动物对有机物降解的影响与原生动物对细菌的捕食速率和细菌的繁殖速率(有机污染物的降解速率)直接相关。若原生动物的捕食速率低,细菌的繁殖速率快,原生动物的存在不会对有机物的降解产生明显的影响;但若原生动物的捕食速率太高,远远超过了具有降解作用的微生物的繁殖速率,那么原生动物的活动会造成有机物降解效率的降低。有时原生动物也能够刺激微生物的活动,促进有机物的降解,如纤毛虫豆形虫(*Colpidium colpoda*)存在时可以加快混合细菌对原油的降解。原生动物捕食细菌后会向环境排泄含有大量氮磷元素的排泄物,这些氮磷元素又可以作为降解菌的氮源和磷源,促进降解菌的生长。因此,原生动物的活动加快了氮磷等无机营养的循环。另外,原生动物消化细菌的同时可以分泌生长因子,促进维生素、氨基酸营养缺陷型降解菌的生物降解作用。

2.3.2　土壤有机物污染的植物修复

1. 植物修复有机污染物的机制

1) 植物对有机污染物的直接吸收

植物从土壤中直接吸收有机污染物,经体内代谢转化为无毒或低毒的中间产物后储存在植物组织中,这是植物修复土壤有机污染的主要机制之一。植物根对有机物的直接吸收与有机物的相对亲水亲脂性密切相关。对于土壤环境中$\lg K_{ow}$=0.5～3(K_{ow}为正辛醇/水分配系数)的中等亲水性有机污染物而言,植物可通过从土壤中直接吸收有机物的机制清除该类有机物；而对于 $\lg K_{ow}>3.0$ 的疏水有机物而言，由于其极易强烈地吸附于植物的根表，因此难以被植物通过吸收途径运输至体内(张雪等，2016)。有机污染物能否直接被植物吸收还取决于土壤中污染物的浓度、植物的吸收效率及蒸腾速率。而植物的吸收效率反过来又取决于植物本身特性和污染物的物理化学特征。蒸腾速率也是影响植物吸收有机污染物的关键因素，蒸腾速率一般取决于植物叶片面积、植物种类、植物营养状况、土壤的含水率、外界环境的相对湿度及风速等。

有机污染物被植物吸收后，会有多种去向：植物能够将有机污染物转化为木质素等无毒性的中间代谢物储存在植物细胞中，也可以将其分解后通过木质化作用使其成为植物体的组成成分，亦或是将有机物最终代谢矿化为 CO_2 和 H_2O，达到去除土壤中有机污染物的目的。环境中大多数含氯溶剂、苯系化合物(BTEX)和短链的脂肪化合物都是通过这一途径去除的。

植物本身具有对进入体内的有毒有机物进行解毒的机制，以防止其对植物机体造成损害。植物对有机污染物进行解毒的方式主要包括氧化作用、水解作用和轭合作用。其中氧化作用主要包括 *N*-脱羟作用、环氧化作用、芳香族羟基化作用、硫氧化作用等，氧化作用是高等植物最常有的解毒方式。水解作用的主要对象是羧酸酯类有机物，羧酸酯类有机物经植物体中水解酶的催化可被水解成游离酸的形式。氧化和水解反应总体来说是将有毒有机物中表现毒性的官能团转化为无毒性的官能团，或者将有毒有机物的分子转变为易于发生轭合作用的结构。轭合作用是指有毒有机物及其代谢产物被共价轭合到植物体内的糖类、氨基酸、谷胱甘肽等化合物上，从而减少甚至防止其参与植物的生化代谢过程。植物体的几种解毒机制往往并不是单独发挥作用的，而是相互联系、相辅相成的。

事实上，被植物吸收进入体内的许多有机物是以一种很少能被生物利用的形式固定在植物组织中，普通的化学方法通常无法提取以这种形式存在的有机物。运用植物从土壤中直接吸收有机污染物的机理进行植物修复的方式有两种，一种是植物吸收有机物之后进行植株的收获，另一种是植物根系吸收经木质部转运有机物后，将有机物从叶表挥发出去(张晓琳等，2016)。

2) 植物释放的分泌物和酶对有机污染物的降解

植物根系分泌物可通过两种途径清除有机污染物，一是酶系统的直接降解，二是通过增加微生物的数量，提高微生物活性间接降解污染物。植物可释放一些物质到土壤中，以利于降解有毒化学物质，并可刺激根际微生物的活性。这些物质包括糖类、氨基酸、有机酸、脂肪酸、甾醇、生长素、核苷酸、黄烷酮及其他化合物，这些化合物能改变土壤的理化条件，它们与脱落的根冠细胞一起成为根际微生物重要的营养来源，从而加快根际微生物的生长和繁殖。例如，苹果属植物(*Malus fusca*)和拓树属植物(*Maclura pomifera*)根系能产生含有高浓度磷化物的分泌物，该物质能促进土壤中 PCB 降解菌的生长。有些土壤微生物不能将某些有机污染物作为生长营养加以利用，但根系分泌物在微生物降解有机污染物时起共代谢或协同作用，促进有机污染物的最终分解(罗永清等，2012)。

植物释放到根系土壤中的酶可以直接降解相关的有机物，有时降解速率会很快。植物死亡之后，这些酶被释放到环境中也能继续发挥分解有机污染物的作用。已有研究证明，能降解某些特定化合物的酶类并非来自土壤中的微生物，而是直接来源于植物根系。通常植物根系能直接分泌的酶包括脱卤酶、硝酸还原酶、过氧化物酶、漆酶和腈水解酶。硝酸还原酶和漆酶可以将 2,4,6-三硝基甲苯降解为无毒物质，脱卤酶可将四氯乙烯等氯化剂分解为 Cl^-、H_2O 和 CO_2。

3) 根际的矿化作用对有机污染物的去除

植物根系通过根系生长和分泌有机质等作用致使根际土壤的 pH、E_h 及微生物组成等都有别于非根系土壤，根际周围所具有的这种特殊的环境称为根际环境。根际环境是受植物根系影响的根-土界面的一个微区，也是植物-土壤-微生物与其环境条件相互作用的场所。在根际环境中，植物根毛、根冠和表皮细胞及根的脱落物和死亡的根系为微生物提供生长所需的氨基酸和碳水化合物，同时植物根系在旺盛的新陈代谢过程中会产生各种糖类、醇类、酶类和酸类等物质，植物根系每年释放的分泌物可达植物总光合作用的 10%～20%，它们与脱落的根冠细胞等一起为根区微生物提供重要的营养物质，促进了它们的生长和繁殖。植物根系巨大的比表面积更是微生物良好的栖居场所。与此同时，根际在土壤中的穿插生长，促使土壤的通气状况、温度条件及水分含量都向着更有利于土壤微生物生长的方向发展。另外，大气中的氧气经过植物叶、茎的传输被输送到根部，植物根部向根际土壤中释放氧气，营造根际富氧的微环境，加快好氧微生物的生长繁殖。

由于根际的特殊作用，根际区土壤和非根际区土壤的微生物数量和活性通常相差 5～20 倍，有时甚至高达 100 倍，其中，假单胞菌属(*Pseudomonadaceae*)、黄杆菌属(*Flavobacterium*)、产碱菌属(*Alcaligenes*)和土壤杆菌属(*Agrobacterium*)等土壤土著菌的根际效应都非常明显。植物根系和微生物的相互作用是互利互惠的。根分泌物和分解物养育了微生物，而微生物在根系的生命活动也会刺激根系的分泌作用。固氮菌与豆科植物就是植物和微生物互利共生的一个典型例子，与固氮菌共生的豆科植物的生物量、根系分泌物量及根际微生物量都有所增加(周启星等，2004)。

植物根系氧的渗透系数、氧浓度、氧化还原电位及土壤 pH、湿度等参数都与植物种类和根系性质有关。植物根系是直根还是从根、有瘤或者无瘤、根毛的多少、植物种类、植物年龄、植物根系接触有机污染物的时间及土壤的类型等都会影响根际微生物的群落组成，进而影响微生物对特定有毒物质的降解速率。现已证实植物根系具有促进根际微生物对有机污染物降解的作用。植物根际的菌根真菌与植物形成的共生体，有其独特的酶途径，能够降解不能被细菌单独转化的有机物。植物根际分泌物及死亡的根细胞增加根际土壤中的有机碳含量，这些增加的有机碳一方面可以作为供给微生物生长繁殖的营养基质，另一方面在有些有机污染物不能作为微生物生长营养的情况下，增加的有机碳可以成为微生物降解这些有机污染物的共代谢基质，刺激微生物对有机污染物的降解和矿化作用，促使有机污染物最终分解为CO_2、H_2O、N_2、Cl_2等小分子无机物。

2. 影响植物修复土壤有机物污染的主要因素

1）污染物的物理化学性质

土壤中有机污染物的生物可利用性是影响其植物修复效果的关键因素。有机物的生物可利用性和有机物的辛醇水分配系数（K_{ow}）、蒸气压（H）、分子结构、分子大小、半衰期及离解常数等物理化学性质有关。根系内表皮通常覆盖一层浸满软木脂的疏水性的硬组织带，有机污染物必须穿过这层不透水的硬组织带，之后才能进入根系内表皮，进而到达管胞和导管组织，最后经木质部进一步向上转移。有机物的K_{ow}越低、水溶性越强，越不易通过硬组织带进入内表皮。但是水溶性越大的有机物在进入内表皮后随植物体体液或蒸腾流向上迁移的能力越强。有研究者认为，植物能将$\lg K_{ow}<4$的大多数水溶性有机物通过根系吸收而转入体内，而土壤颗粒或植物根表皮会强烈吸附$\lg K_{ow}>4$的脂溶性有机物，导致该类有机物较难进行植物的吸收转运。有学者进一步指出，$\lg K_{ow}<1.0$的亲水性有机污染物不易主动通过植物的细胞膜或被根系吸收；$\lg K_{ow}=1.0\sim3.5$的中等性亲水有机污染物较易被植物吸收和转运；$\lg K_{ow}>3.5$的憎水性有机污染物由于容易发生吸附作用，也不易被根系吸收和向上转移。另外，对于蒸气压较大（$H>10^{-4}$），疏水性较强的有机物而言，较易以气态形式通过叶面角质层或气孔进入植物体内，因此，土壤中$H>10^{-4}$、半衰期小于10 d的有机污染物不宜采用植物修复（周际海等，2015）。

植物修复有机污染物的效率还与污染物的分子结构和相对分子质量有密切关系。相对分子质量小于500的有机污染物通常较易被植物吸收。非极性、相对分子质量较大的有机污染物由于易和根表面或土壤颗粒发生强烈吸附，较难被植物吸收转运。植物-微生物体系较易降解土壤中低相对分子质量的短链有机物。污染物的分子结构不同，其对植物所产生的毒害效应及程度也会不同，植物修复的效果也会因此有所差异，如氯代苯酚对植物的危害随苯环上氯原子个数增加而加大，在氯原子个数相同时，邻位取代毒性最大。

2）植物种类

植物种类也是影响植物修复有机污染物效果的重要因素，寻找、筛选出对于土壤有机污染物有明显修复效果的特定植物是当前植物修复工作的重点。植物对有机污染物的吸收方式主要有主动吸收与被动吸收两种，其中被动吸收可看作污染物在土壤固相-土壤水相、土壤水相-植物水相、植物水相-植物有机相之间一系列分配过程的组合，其动力主要来自于植物的蒸腾拉力。蒸腾作用强度随植物种类的不同而有所差异，这会直接影响不同植物对有机污染物的吸收转运能力。

植物的组织成分不同会导致其积累代谢有机污染物的能力的差异。脂质含量高的植物通常具有较强的吸收亲脂性有机污染物的能力，如不同农作物对艾氏剂的吸收能力大小顺序为：花生＞大豆＞燕麦＞玉米；蔬菜类对农药的吸收能力顺序为：根菜类＞叶菜类＞果菜类。

同种植物之间对有机污染物的富集能力也会有所区别。例如，夏南瓜对 $\lg K_{ow} > 6$ 的 PCDD/PCDF 的富集能力明显大于南瓜和黄瓜等同族植物，而且它们对有机物的吸收方式不同，根部吸收后再进行地上转移是夏南瓜和南瓜的主要吸收方式，而从空气中吸收是黄瓜的主要吸收方式。

植物不同部位对有机污染物的富集能力也不同。大多数植物根系富集污染物的能力大于茎叶和籽实，农药被植物根系吸收后，植物体内农药含量由多到少的顺序为：根＞茎＞叶＞果实。植物吸收有机污染物的能力还会因其在不同生长季节生命代谢活动强度不同而存在差异，如水稻分蘖期以后，其根、茎叶中 1,2,4-三氯苯等污染物的浓度大幅度增加。

植物根系类型对有机污染物的吸收也具有显著的影响。须根的比表面积往往比主根更大，且须根通常生长于土壤表层，而有机污染物在表层土壤的分布含量一般会高于下层土壤，因此须根吸收的有机污染物的量会高于主根。也正因如此，须根发达的禾本植物所吸收和富集的有机污染物通常比木本植物要多。而且，植物根系类型不同，根系分泌物、酶、菌根菌等的数量和种类都不同，这也会直接导致根际对污染物降解能力有所区别(彭胜巍和周启星，2008)。

3) 土壤性质

土壤的性质包括土壤颗粒组成、土壤酸碱性、土壤中有机质和矿物质含量、土壤中水分含量等，土壤的这些特性直接关系到有机物在土壤中的分布特点和存在形态。土壤颗粒的许多物理、化学性质都与土壤颗粒的比表面积有关。比表面积大的土壤颗粒对有机污染物的吸附能力强，降低有机污染物的生物可利用性，使有机物难以被植物吸收和积累。

土壤酸碱性也会影响土壤颗粒对有机物的吸附能力。有机污染物在土壤中的吸附点位主要是土壤中的腐殖质。土壤中部分以螺旋态存在的腐殖质在碱性条件下会转变为线形态，线形态的腐殖质具有更丰富的吸附位点，对有机物的吸附量更大，因此，在碱性环境中，有机物的生物可利用性更低。与此相反，在 $pH < 6$ 的酸性土壤中，被土壤颗粒吸附的有机污染物可重新释放到土壤水中被植物吸收。

土壤中有机质和矿物质含量也是影响有机污染物生物可利用性的两个重要因

素。土壤中有机质的碳链结构所构成的憎水微环境，对有机污染物质的吸附起着非常重要的作用。有机化合物通过在这些憎水微环境与水界面上的分配而被吸附在土壤表面。疏水性的有机污染物在土壤中的吸附系数往往与土壤中有机碳的含量相关，而对于疏水性较差的极性有机污染物，往往通过与土壤矿物表面发生静电作用以及形成氢键等方式产生一定量的吸附。因此，有机质含量高的土壤对疏水性有机物的吸附能力较强，土壤中疏水性有机物的生物可利用性低，而矿物质含量高的土壤容易大量吸附离子型有机污染物，土壤中离子型有机物不易被植物吸收。有研究者针对土壤质地对植物吸收疏水性有机物狄氏剂的影响进行研究，发现生长在有机质含量高的黏土中的植物体内狄氏剂含量明显低于有机质含量低的砂土和黏土（丛鑫等，2008）。

植物通常主要是从土壤水溶液中吸收有机污染物，土壤颗粒对有机物的表面吸附作用会受到土壤水分的抑制，因此，在一定范围内土壤中水分含量的增加能增强有机物的生物有效性；但土壤水分过多时，土壤处于严重的渍水状态，有机污染物的降解效率会因根际氧含量的下降而降低。而且渍水土壤本身性质的变化也会对植物的生长状况造成不良影响，从而减弱植物修复的效率。

4）共存物质

在自然界中，单个污染物质构成的环境污染虽时有发生，但事实上绝对意义上的单一污染是不存在的，污染多具伴生性和综合性，即多种污染物形成的复合污染。土壤环境最普遍的污染形式是有机污染物-重金属复合污染。污水处理厂的污泥、城市生活垃圾及工业废水等造成的土壤污染大都为有机污染物-重金属复合污染。

有机污染物和重金属在土壤中会产生多种交互作用，包括吸附行为的交互作用、化学过程的交互作用以及微生物过程的交互作用。对于以分子形态存在的有机物，重金属的存在通常不会对其在土壤上的吸附产生明显的影响。重金属通常通过与土壤颗粒上的羧基、羟基、氨基等官能团的络合作用而吸附于土壤颗粒表面，而一些极性的离子态的有机污染物也可以通过与黏土矿物形成氢键或静电作用吸附在土壤颗粒表面，因此，重金属与极性的离子态有机物之间会存在竞争吸附。有机污染物与重金属共存时两者之间有可能发生络合沉淀、氧化还原等反应，这些化学反应会影响有机物在土壤中的物理、化学行为，从而影响有机物的生物可利用性。重金属还可能通过影响酶的活性从而间接影响有机污染物的降解。重金属的存在往往会对植物和根际微生物产生一定的毒害，导致土壤中酶活性降低，呼吸作用减小，氮的矿化速率变慢，从而造成有机污染物降解时间延长（吕俊等，2013）。

5）气象条件

风、湿度和温度等气象条件也会影响土壤有机污染物的植物修复。风和湿度会影响污染物的挥发及植物的蒸腾作用。温度会影响土壤中污染物的挥发、植物气孔开合程度，从而影响植物对污染物的叶面吸收作用。另外，由于污染物的土壤吸附和植物角质层分配过程均属放热过程，因此环境温度还会对土壤和植物对污染物的吸附和分配能力产生影响。

2.3.3　水体POPs污染的微生物修复

微生物是生态系统中最重要的分解者，为物质的地球化学循环过程做出了重要贡献，而微生物对有机污染物降解能力是完成这一过程的关键。微生物降解水体中有机污染物的原理和机制与2.3.1小节"土壤有机物污染的微生物修复"基本相同。研究发现，微生物对进入环境中的有毒、有害的持久性有机污染物也具有一定的降解能力。因此，微生物逐步被广泛应用于受持久性有机污染物污染水体的生物修复研究中，其作用机制和影响因素一直是科研工作者关注和讨论的焦点。

1. 微生物降解POPs的特性

电子垃圾拆解地水体中POPs的微生物降解已有大量研究报道，这些POPs包括PBDEs、PAHs、PCBs等含卤素或不含卤素化合物。PBDEs、PAHs、PCBs等包含多种同系物，结构组成多样，结构组成不同的物质的理化性质、生物可利用性必然存在差异。

PBDEs结构中由于醚键的存在增加了其热力学、动力学稳定性，且其强疏水性使得生物可利用性较低，这些因素均抑制了微生物对PBDEs的降解。PBDEs的降解分为好氧微生物降解与厌氧微生物降解。相比厌氧微生物降解，好氧微生物降解速率快得多。综合目前关于PBDEs好氧微生物降解的研究报道来看，PBDEs的降解速率随着溴取代位点数量的增加而降低；对于PBDEs所含苯环的开环，如果一个苯环有溴取代，另外一个苯环没有溴取代，开环更易发生在没有取代基的苯环上，如果两个苯环上都有溴取代，则溴化程度较低的苯环优先通过羟基化或甲基化开环(Tang et al.,2014)；另外，溴在苯环上的不同位置及溴的多少都会影响酶的催化活性，从而影响降解效率(Wang J et al.,2012)。

同PBDEs一样，PAHs、PCBs具有高毒性、持久性和生物富集效应，在环境污染物的研究中备受关注。研究表明，许多微生物能以低相对分子质量(双环或三环)的PAHs作为唯一的碳源和能源将其完全无机化，但对于环数较多的PAHs(四环以上)，由于其自身的结构和特性，在环境中较为稳定，其降解主要是通过共代谢的方式进行。PCBs的微生物降解实质是PCBs的逐步脱氯过程。根据脱氯过程中的电子得失，可分为氧化脱氯和还原脱氯。当在脱氯体系中外加有机质(如甲酸、乙酸、丙酮酸、氢气和丁酸等)时，这类有机质就可以作为电子供体，通过微生物的新陈代谢作用，把电子直接从有机物转移给多氯有机物，或者由有机物的中间代谢物质提供电子，多氯有机物作为电子的最终受体而被降解脱氯。

2. 影响微生物降解水体中 POPs 的因素

影响微生物降解水体中 POPs 的因素主要有微生物种类、POPs 的种类及结构、环境因素等。

(1) 微生物种类。

水体 POPs 的微生物降解实质上是在微生物合成的降解酶作用下，POPs 分子原有的化学键断裂形成新的分子结构的过程，这种过程表现为 POPs 分子的某些基团被取代或脱除。毫无疑问，在微生物降解 POPs 的过程中，降解酶是对 POPs 起作用的关键物质。并不是每种酶都对 POPs 降解起作用，POPs 分子键的断裂只有在某种特定酶或几种蛋白酶的协同作用下才能发生，这些具有催化降解性的酶与微生物种类密切相关。研究发现，许多细菌、真菌都具有降解 POPs 的能力，近年来分离到的 PBDEs、PAHs、PCBs 降解菌主要包括芽孢杆菌属、假单胞菌属、诺卡氏菌属、产碱杆菌属等细菌，真菌中研究较多的是白腐菌(Tang et al.，2016)。尽管这些微生物都能够合成降解 POPs 的酶，POPs 的降解率却随着微生物种类的不同存在一定差异。

(2) POPs 的种类及结构。

POPs 的种类、空间结构和复杂程度决定该化合物的物理、化学性质，如化学稳定性、溶解度和氧化还原电位等。POPs 的生物降解过程受结构因素的影响，有以下两个原因：①生物降解过程本身就是一个氧化还原过程，因此化合物的氧化还原电位对反应具有显著的影响；②在降解过程中，大多数微生物从水相中吸收基质，微生物难以吸收利用溶解度相对较低的有机物，因此低溶解度导致其生物降解率偏低。

(3) 环境因素。

除了直接参与降解过程的微生物和 POPs 外，外界环境也是影响 POPs 降解的重要因素，外界环境因素包括温度、pH、环境离子浓度等。研究发现，环境温度对微生物降解 POPs 的影响巨大。任何微生物都只能在一定的温度范围内生存，且微生物对温度的变化反应很敏感，在适宜的温度范围内，温度每升高 10℃，酶促反应速率将提高 1～2 个数量级，一旦超出这一区间，微生物的生物活性就会大大降低。同样，环境 pH 除了对微生物的活性有较大影响外，还与 POPs 在水体/沉积物中的分配密切相关，故降解有机污染物的各种微生物群体就要求有不同的 pH 环境。环境离子浓度对微生物的生长及 POPs 的迁移转化有一定的影响，尤其是环境中的重金属离子，POPs 与重金属离子复合污染水体的微生物修复已逐渐成为研究的热点(Yin et al.，2015)。

2.3.4　水体 POPs 污染的植物修复

水体中有机污染物的植物修复原理和机制已在 2.3.2 小节“土壤有机物污染的植物修复”中作过论述。植物修复在水体 POPs 污染方面的应用较少，本小节将简单介绍植物修复水体中 POPs 的特性及其影响因素。

1. 植物修复水中 POPs 的特性

植物修复技术具有成本低、生态风险小、对人类和环境毒害作用小等优点，因此植物修复具有广阔的应用前景。水体中 POPs 的植物修复是指利用植物及根际微生物对有机污染物进行降解及清除，使被有机污染物污染的水体或沉积物得以生态恢复的过程。植物可直接吸附水体中的有机污染物，也可通过根系吸收进入植物体内，一部分会富集在根部或茎部，然后通过植物恢复、降解或者转化为其他化合物。植物根际分泌的酶对水体或沉积物中有机污染物的降解也起到了重要作用。植物可促进根际微生物(如细菌、真菌)的生长从而提高对有机污染物的去除，植物根际释放的分泌物、胞外酶可以提高根际微生物活性，扩大根际微生物区系的活动范围，提高沉积物酶活性，从而促进有机污染物的去除。

2. 影响植物修复 POPs 污染水体的因素

不同植物对 POPs 的去除效果不同，这在相当程度上取决于植物本身的吸收能力，同时受许多因素的影响，如 POPs 的理化性质、植物的生物量、水体 POPs 的浓度等。

(1) POPs 的理化性质。

植物对 POPs 的代谢效率与 POPs 的理化性质有密切的关系。以 PCBs 为例，通常低氯代和高水溶性的 PCBs 同系物更容易被植物吸收代谢。植物对 PCBs 的吸收、代谢，不仅与 PCBs 分子中氯原子的数目有关，同时受氯原子的取代位置和分子结构的影响。此外，PCBs 对植物的毒性效应也影响植物对它的代谢效率，随着苯环氯化程度的提高，PCBs 的毒性增大，植物的代谢效率则降低(Zhao et al., 2011)。

(2) 植物的生物量。

植物代谢 POPs 的效率与植物生物量密切相关。研究表明，由于 POPs 的生物毒性效应，POPs 的存在会使植物的生物量的增量减少，从而使得植物对 POPs 的代谢效率降低。

(3) 水体 POPs 的浓度。

POPs 的浓度也是影响植物对 POPs 代谢效率的重要因素。研究表明，对于多数 POPs，当其浓度超过一定数值后，植物对 POPs 的代谢效率不升反降。这是因为 POPs 浓度升高到一定值后，植物的正常生长代谢受到影响，从而影响植物对 POPs 的代谢效率。当 POPs 浓度处于较低水平时，植物对 POPs 的绝对代谢量随着 POPs 浓度的增大而增大。因此植物修复 POPs 污染水体的效果与水体 POPs 浓度紧密相关。

除此之外，植物的生长环境如 pH、温度或沉积物的成分等因素对 POPs 的降解也有较大的影响。

2.4 生物修复技术在污染治理中的应用

2.4.1 土壤石油污染的生物修复

1. 土壤石油污染现状

受历史时期经济技术条件及人们认识水平等多种因素的制约，石油企业在为国家做出重大贡献的同时，也带来了一系列的环境问题：油气开采过程中的废水、废气、落地原油、废气钻井液等污染物排入环境会对水体、大气、土壤和生态环境造成影响。随着石油资源的广泛应用，环境中的石油污染越来越严重。在石油生产、储运、炼制加工及使用过程中，也会有石油烃类的溢出和排放，造成油田和石化工厂周围水体和土壤严重的石油污染。当今世界上石油的总产量每年约有 22 亿 t，其中 17.5 亿 t 是由陆地油田生产的。全世界每年有 800 万 t 进入环境，其中，我国每年有近 60 万 t 进入环境，污染土壤、地下水、河流和海洋。到目前为止，我国石油类污染土壤面积高达 500 万 hm^2。

2. 土壤石油污染治理技术概况

20 世纪 80 年代以来，土壤的石油污染问题已成为世界各国普遍关注的环境问题。应运而生的修复方法主要包括物理法、化学法和生物方法。一般来说，早期治理石油污染土壤的方法主要是传统的物理(蒸汽法、抽气法、有机溶剂法、水力冲洗法)和化学方法(氧化法、热处理法)，这些方法所需时间短、见效快，但存在二次污染、处理费用高等弊端，不利于广泛应用。生物修复(bioremediation)是随着人们对土壤生态系统自身的动态净化能力研究的深入，产生的应用人工生物干预土壤生态系统净化污染能力的新技术，它以其独有的污染物降解彻底、不造成二次污染、操作较简单及整体费用低、适用不同类型(原位/异位)的修复处理方式和能同时恢复生态系统美化环境等优点，而成为最新、发展最快的治理技术。到目前为止，通过生物修复技术改良石油污染土壤，被认为是最有生命力、最具代表性的技术，它作为一种环境友好技术已成为了国际科技研究及应用的热点。

3. 土壤石油污染植物修复技术

(1) 修复植物。

目前已报道的修复植物涉及藻类植物、蕨类植物、裸子植物和被子植物，既有草本植物，也有木本植物，其中来自种子植物的修复植物因生活适应性方面的优势而容易被直接利用。许多植物已被报道具有修复石油潜能，资料显示，大麦(*Hordeum vulgare*)、紫花苜蓿(*Medicago sativa* L.)、高羊茅(*Festuca arundinaceal* L.)、棉花(*Gossypium hirsutum* L.)、小麦(*Triticum aestivum*)、高粱(*Sorghum bicolor*)、大豆(*Glycine max*)、番茄(*Solanum lycopersicum*)、桑树(*Morus rubra*)、桦树(*Betula pendula*)等都对石油污染的土壤具有一定的修复功能(程立娟和周启星，2014)。

(2) 修复原理。

植物对土壤石油污染的修复实际上是利用土壤-植物-微生物组成的复合体系来共同降解污染物，植物的根系腐烂物和分泌物为微生物提供了营养来源，有调控共代谢作用，一部分植物还决定着微生物的种群。植物可以通过根系，尤其是根尖，向土壤释放分泌物调节根际土壤微生态环境，促进石油污染物的降解。植物可释放一些物质到土壤中，以利于降解有毒化学物质，并可刺激根区微生物的活性。当土壤受到一定程度石油污染时，石油降解菌能够选择性富集，其群落组成也发生很大变化，植物向土壤环境释放的有机酸、乙醇、蛋白质等有机分泌物为微生物提供培养基质，增强微生物降解石油烃的能力。根际微生物数量的增加、活性的提高促进了土壤中石油烃的降解，同时也降低了石油烃对植物的毒性，达到了“双赢”的效果。有研究表明：种植紫花苜蓿和披碱草的土壤中，根际微生物数量要高出1～2个数量级；黑麦草根际异养菌和石油烃降解菌的数目是原状土对照的233.37倍。根系分泌物通过直接和间接两种作用去除土壤有机污染物PAHs。直接作用即酶系统对PAHs直接降解；间接作用则是改善土著微生物的生活环境，提高其活性，加速PAHs降解。根系分泌物为根际微生物提供营养，降低土壤污染物的毒性，提高根际环境的空间异质性，改善了微生物的生存环境，促进了根际微生物的生长，致使微生物的生物活性增强，最终提高了根际微生物对PAHs的降解能力。根系释放到土壤中的酶可直接降解石油，来自植物根系分泌的多酚氧化酶、脱氢酶等可以降解PAHs(杨艳等，2010)。

(3) 影响因素。

环境因素可以通过影响植物和微生物的生长和活性进而影响植物修复石油污染土壤的过程和效果。当前研究较多的环境影响因素主要包括土壤类型和有机质含量、营养、污染物的浓度及添加剂等几方面。土壤类型根据组成、质地和有机质含量等确定。土壤颗粒组成直接关系土壤颗粒比表面积的大小，影响其对有机污染物的吸附能力，从而影响污染物的生物可利用性。研究发现，有机质含量高的土壤中，憎水有机物的生物可利用性降低。土壤有机质会束缚亲脂性的化合物。有机质含量高的土壤对 PAHs 的吸附量和吸附强度均较高，有机质吸附降低了该化合物的生物利用性，从而限制了土壤中 PAHs 的降解。土壤类型还会影响根系分泌物的数量和质量，进而影响植物修复的效果。足够的养分是植物与根区微生物在石油污染物土壤环境中生长的必需条件，也是影响植物修复石油污染土壤效果的因素。研究指出，石油烃的存在会显著降低土壤供给植物的养分，因为土壤中较高的碳含量会导致氮和磷的相对不足，在微生物降解石油烃时，它们会耗尽或固定土壤中的养分而导致污染土壤中养分不足。石油的生物降解率受其浓度的影响较大，高浓度石油会抑制植物和微生物的活性并对其有毒性作用，4%(质量分数)是石油烃生物降解率达到最低值时的临界浓度。

4. 土壤石油污染微生物修复技术

(1) 起修复作用的微生物。

土壤环境中微生物物种多样性极高，每克土壤中微生物细胞数可达 10^9 个以上，所含有的不同菌种数至少为 4000～7000 种，为土壤石油污染的修复提供了丰富的资源。受石油污染土壤的微生物修复于 20 世纪中后期提出后，到目前为止，对于这方面的研究已有了很大的进展。石油由多种复杂的化合物组成的特殊性决定不可能有单一的菌种能实现对石油的完全修复。通常是从石油污染土壤中取样并以石油污染物或其组成成分为唯一碳源、能源、氮源富集分离出多种优势降解菌，而后构建成一个高效菌群再接入石油污染土壤进行修复。菌群生物强化的优势性在于组成菌群优势种在生理功能和遗传信息上的互补性，是用一个总体上更高效，配置更合理、更稳定，功能更完善的菌群替代活性较低的单种和土生菌群，从而大大提高降解活性，促进生物降解。

(2) 修复原理。

污染土壤微生物修复技术的工作原理是利用微生物促进石油污染物的降解。微生物降解石油烃污染物的机理：按对氧气的需求情况来分，微生物主要以两种方式降解污染物，即好氧降解与厌氧降解；按利用污染物的情况来分，微生物主要以两种方式进行代谢，即以污染物作为唯一的碳源和能源，污染物与其他有机质进行共降解；微生物通过不同方式最终将污染物转化为稳定、无毒的终产物，如水、CO_2、简单醇或酸及微生物自身的生物量。由于土壤中石油烃类有机污染物质的生物降解是由许多因素影响的，如微生物的参与、营养物质、氧气、pH、含水率、土质、温度，以及污染物的质量、数量和生物有效性等，人们对微生物降解有机污染物的机理还不十分清楚，有很多问题还有待解决，土壤-有机污染物-微生物系统仍然是一个黑箱。一般认为，细菌分解原油比真菌、放线菌容易得多。

(3) 影响因素。

由于石油污染物的难降解性和土壤环境的恶化,自然条件下污染物的降解很慢,难以在短时间内达到治理的目的,必须研究影响石油烃微生物降解的因素,采用各种途径对微生物修复进行强化以促进石油污染土壤的修复。影响石油烃微生物降解的因素主要有污染物本身的因素、微生物因素和土壤环境条件。石油烃的物理化学特征对其微生物降解有显著的影响。在相同条件下,微生物对各种石油组分降解能力不同。不同的原油,其饱和烃、芳香烃、胶质和沥青质的含量不同以及饱和烃中正构烃的含量不同导致它们具有不同的抗降解性。一般直链烷烃最易降解,由于空间效应支链烷烃和带有苯环结构的烷烃比直链烷烃难以降解;芳烃类化合物由于其难溶性,某些PAHs还有毒性,更难被微生物降解。一般而言,各类石油烃被微生物降解的相对能力为:饱和烃＞芳香烃＞胶质和沥青质。在饱和烃部分中,直链烷烃最容易被降解;在芳香烃部分中,二环和三环化合物较容易被降解,而含有5个或更多环的芳香烃难于被微生物降解;胶质和沥青则极难被微生物降解。生物降解率与石油污染物的生物接触性有关。由于油的疏水性、土壤胶体对油的吸附性、油的挥发性或不能溶解到土壤有机物中等原因,微生物不能与之充分接触,影响了降解效果。微生物主要在油/水界面活动,油的分散程度直接影响微生物能接触的石油烃的表面积,从而影响微生物对石油烃的降解。土壤环境中的石油类污染物浓度是影响微生物的活性进而影响微生物修复的一个关键问题。进入土壤的石油多时,土壤孔隙就会被堵塞,影响通气性,对微生物造成不利影响,而且大量土壤结构的活性表面会被油类包裹,使微生物失去良好的活动场所,微生物的活性受到抑制,其降解能力下降。土壤环境条件中,土壤的结构影响其透气性、过滤速度及对废物的吸附能力等。石油组分在好氧环境和厌氧环境中均能被降解,但是一般情况下,好氧环境中的降解速率高于厌氧环境,由于土壤的结构和石油组分对土壤的阻塞,土壤中的氧气常常不能满足微生物对石油组分的降解需要,需要对土壤环境补充供氧。

2.4.2　富营养化海域的生物修复

1. 海域富营养化

水体富营养化是指在人类活动的影响下,生物所需的氮、磷等营养物质大量进入湖泊、河口、海湾等缓流水体,引起藻类及其他浮游生物迅速繁殖,水体溶解氧量下降,水质恶化,鱼类及其他生物大量死亡的现象。《2014年中国海洋环境质量公报》(以下简称《公报》)显示:2014年,全海域未达到清洁海域水质面积10.4万km^2,轻度污染海域、中度污染海域和严重污染海域分别为5.6万、3.2万和1.6万km^2。严重污染海域主要分布在辽东湾、渤海湾、黄河口、莱州湾、长江口、杭州湾、珠江口和部分大中城市近岸局部水域；《公报》还显示海水中的主要污染物仍然是无机氮、活性磷酸盐和石油类。富营养化会影响水体的水质，造成水的透明度降低，使阳光难以穿透水层，从而影响水中植物的光合作用，可能造成溶解氧的过饱和状态。溶解氧的过饱和及水中溶解氧少，都对水生动物有害，造成鱼类大量死亡。富营养化引发赤潮，破坏水生态系统的平衡或使原有生态系统发生结构的改变及功能的退化。生物修复是利用自然界中的生物对环境污染物的吸收、代谢、降解等作用，从而消除环境污染和恢复生态的一个自发的或受控的过程，具有效率高、成本低、无二次污染等显著优点，在富营养化海域污染治理方面具有良好的应用前景(张瑜斌等，2012)。

修复生物的选择对生物修复技术的成功至关重要。一般用于富营养化水体修复的生物包括微生物、微藻、大型海藻、滤食性贝类等。目前单独或联合应用几类生物修复营养化海区的室内和现场试验已经展开。

2. 大型海藻在富营养化海区修复中的应用

大型海藻是海洋生态系统中的一类重要生物类群，不仅在维护大气平衡及维持食物链结构方面具有举足轻重的地位，而且在吸收氮、磷等富营养化物质的同时释放氧气，可有效改善海区环境生态质量，且具有生长快、可粗放养殖、成本低、适应环境能力强等特性。通过海藻吸收并固定的氮、磷等营养物质由海洋转移到陆地，在大大降低海域营养物质含量的同时，增加水体溶解氧含量。栽培大型海藻是防治富营养化的有效措施之一。利用大型海藻修复富营养化水体具有如下特点：①大型海藻自身生长过程即可大量吸收 C、N、P 等生源要素，修复生物在适宜的条件下自身繁殖，在修复系统内不引入大量的外来物质。②大型海藻的生长速度快，单位面积产量很高，且海藻产品容易收获，修复效率高。通过海藻吸收并固定的 N 和 P 等营养物质由海洋转移到陆地，可大大降低养殖水域营养物质含量，具有很好的环境效益。③大型海藻的生命周期较长。在同一海区，可根据不同海藻的生活习性和季节变化，交替栽培龙须菜、条斑紫菜等优良海藻品种，通过将海藻收获上岸，以达到净化水质的目的。④易于实现原位生物修复，操作简单，成本低廉。⑤某些大型海藻在生长过程中能与赤潮微藻进行营养竞争，防止赤潮生物的爆发性繁殖与增长；它们还能向环境中分泌相生相克类化合物，抑制赤潮微藻的生长。

目前，人们已经把多种大型海藻如海带、紫菜、菊花心江蓠、龙须菜、孔石莼、细基江蓠等作为修复生物，考察其对富营养化海区的修复效果，并探讨了富营养化海区的生物修复策略与修复机理(邹定辉和夏建荣，2011)。自 20 世纪 70 年代开始，关于大型海藻对氮、磷等营养盐的吸收动力学、响应机制及生态效应的研究已经在实验室内逐步展开。研究发现，龙须菜具有较强的产氧和吸收氮、磷的能力，氮磷比对龙须菜的生长有重要的影响，适宜龙须菜生长的氮磷比为10∶1；在800～3000 lx的范围内龙须菜生长率随光强的升高而增加。同时，大型海藻被广泛应用于鱼、虾和贝类等的综合养殖系统中，以有效地吸收、利用养殖环境中氮、磷等富营养化物质，同时提高水体溶解氧含量并调节水体pH，使生态系统中的物流和能流更趋合理，提高养殖系统的经济输出。徐姗楠等(2008)于2002～2006年先后在江苏省启东吕泗港、浙江象山港养殖区进行开放性海区栽培紫菜、海带和真江蓠，考察其生态修复作用，结果表明，在大型海藻栽培期间，栽培区内营养盐含量明显下降，修复区水体溶解氧浓度(DO)和透明度显著高于非修复区，修复海区水质明显改善，网箱内鱼类度夏的死亡率明显降低。由此可见，通过在近海N、P污染水域规模化栽培海藻，可平衡经济动物养殖所带来的额外营养负荷，有效降低近海N、P污染的风险；另外，栽培的海藻易从水体中收获，生长阶段易跟踪和分析，因此，用大型海藻对近海污染环境进行修复具有独特的优势。发挥出大型海藻上述的功能与优势，将对近海生态环境改善和海洋经济发展有很大的益处。

3. 微生物在富营养化海区生物修复中的应用

微生物是自然水体中广泛存在的生物种类，对促进水环境中的物质循环，维持水环境的生态平衡具有重要作用。采用生物调控的方法，调控微生物与水环境其他生物之间关系，以达到生态平衡。目前，国内外众多学者针对近海富营养化水体中污染物构成特点，应用选择性培养基，选育出了多种修复微生物，包括有机质降解菌、氨氧化细菌、硝化细菌、反硝化细菌、光合细菌等。单独或联合使用这些菌剂，可以促进水体中有机污染物的降解和转化、残留饵料的分解，减少或消除氨氮和硝态氮，提高溶解氧水平，有效改善水质。利用光合细菌、芽孢杆菌、硝化细菌等微生物联合制剂修复和改善水产养殖水体和底泥环境的室内模拟和现场实验开始于20世纪末。傅海燕等(2013)通过正交法构建了由栅藻(*Scencdesmus obliquus*)、小球藻(*Chlorella vulgans*)、亚硝化细菌(*Nitrite bacteria*)、硝化细菌(*Nitrate bacteria*)组成的复合藻-菌净化系统，对氨氮和亚硝态氮的最高去除率分别达97.3%和68.8%，远远高于单藻组和单菌组。

2.4.3 矿区重金属污染的生物修复

1. 金属矿区土壤重金属污染

矿产资源的开发在为国家提供重要战略资源的同时也造成了环境污染、地质灾害、生态破坏等严重后果。矿冶活动是重金属污染的主要来源，我国因矿采累计占用、破坏土地达743万km^2，且每年以4万km^2的速度递增。矿山开采产生的废石、选矿产生的尾矿级冶炼废渣(含有Cu、Pb、Zn、Ni、Cd、As等有害重金属元素)经过风化淋滤使有害元素转移到土壤中，造成土壤质量下降，生态系统退化，同时通过化学链、食物链进入生物体，给矿山及其周边地区居民的安全带来严重隐患(仇荣亮等，2009)。

2. 矿区土壤重金属污染生物修复原理

矿区土壤重金属污染生物修复是指利用生物的生命代谢活动降低环境中有毒有害物质的浓度或使其完全无害，从而使污染的土壤部分地或完全地恢复到原始状态的过程。主要有两种途径达到对土壤中重金属的净化作用：①通过生物作用改变重金属在土壤中的化学形态，使重金属固定或降解，降低其在土壤环境中的移动性和生物可利用性；②通过生物吸收、代谢，达到对重金属的消减、净化与固定。矿区土壤重金属污染生物修复技术主要包括动物修复、微生物修复和植物修复。动物修复是利用土壤中某些低等动物如蚯蚓等吸收土壤中的重金属，从而在一定程度上降低污染土壤中重金属的含量。这种方法虽然能在一定程度上减少土壤中重金属含量，但低等动物吸收重金属后可能再次释放到土壤中造成二次污染。微生物修复是利用土壤中某些微生物对重金属的吸收、沉淀、氧化还原等作用，降低土壤中重金属的毒性。植物修复是利用某些植物能忍耐和超量富集某种或某几种重金属的特性来吸收、转移土壤中的重金属，并可以和根际微生物协同作用发挥生物治理的更大效能，从而达到彻底清洁污染土壤的目的(谢景千等，2010)。

3. 超累积植物在矿区土壤重金属污染修复中的应用

自从 Minguzzi 等 1948 年在南意大利 Tuscany 地区的富镍蛇纹石风化土壤中发现芥属植物干叶组织中 Ni 含量达到 1%以后，各国科学家陆续发现了许多金属类型的超累积植物。据报道，现已发现 Cu、Zn、Pb、Cd、As、Mn、Co、Ni、Se 超累积植物 400 余种，其中 73%为 Ni 超累积植物，其他发现的超累积植物有：Pb 超累积植物鲁白(*Brassica pekinensis* Rupr.)、芥菜(*Brassica juncea*)；Cd 超累积植物龙葵(*Solanun nigrum*)；As 超累积植物蜈蚣草(*Pteris vittata* L.)；Zn 超累积植物东南景天(*Thlaspi caerulescens*)等。利用 As 超累积植物蜈蚣草进行了大面积的现场修复实验，结果发现，在种植蜈蚣草的 6 个月时间内，As 污染土壤的植物修复效率高达 2.19%～7.84% (陈同斌和韦朝阳，2002)。利用超累积植物修复金属矿区重金属污染的土壤，无论是从技术上还是从实际应用上都是切实可行的。

2.4.4 电子垃圾污染环境的生物修复

1. 电子垃圾污染现状

我国经济快速发展的珠江三角洲某典型区域有较长的露天拆卸废旧变压器、

电子洋垃圾及焚烧废弃电缆电线的历史，导致大量的重金属和 PAHs、PBDEs 和 PCBs 等 POPs 直接或者间接进入水土环境中，使该地区成为我国典型电子垃圾污染区，对当地土壤、水体生态系统及居民健康构成了极大的威胁。为此，从 2004 年至今，笔者课题组对该区域多种环境介质进行多次采样调查，样品主要包括地下水、地表水、沉积物、土壤、水稻、蔬菜、大气气态污染物等，为该区域的污染修复和生态风险评价提供大量基础数据。通过采样调查，发现电子垃圾拆解水土环境中，污染最严重的是 PAHs、PBDEs、POPs 和 Cd、Pb、Zn、Cu、Cr 等重金属污染物。因此，电子垃圾典型污染区亟待开展重金属和 POPs 的污染修复研究工作。

2. 起修复作用的植物和微生物

与其他修复技术相比，生物修复技术具有成本低、效率高、无二次污染、不破坏生态环境等优点，因此展现出广阔的应用前景。然而电子垃圾拆解区典型的 POPs 和重金属污染的高效微生物菌种和植物资源缺乏是制约生物修复在电子垃圾污染治理中应用的关键，因此需要寻找、筛选具有 POPs/重金属高效降解/转化特性的菌株和植物，同时研究其降解转化机理，对于电子垃圾污染环境生物修复的实际应用具有重要的价值。通过十多年的研究，笔者课题组筛选、积累了一批对电子垃圾污染环境中 POPs 和重金属具有降解/转化功能的植物和菌种。其中，起修复作用的植物包括：杂交狼尾草（*Pennisetum americanum*）、紫花苜蓿（*Medicago sativa* L.）、龙葵（*Solanun nigrum*）、再力花（*Thalia dealbata*）、空心菜（*Ipomoea aquatica* Forsk）、芥菜（*Brassica juncea*）、苣菜（*Sonchus brachyotus* D C.）、鱼腥草（*Houtuynia cordata* Thunb）；微生物包括：短短芽孢杆菌（*Brevibacillus brevis*）、嗜麦芽窄食单胞菌（*Stenotrophomonas maltophilia*）、铜绿假单胞菌（*Pseudomonas aeruginosa*）、苏云金芽孢杆菌（*Bacillus thuringiensis*）、巨大芽孢杆菌（*Bacillus megaterium*）、黄孢原毛平革菌（*Phanerochaete chrysosporium*）、蜡状芽孢杆菌（*Bacillus cereus*）、铅黄肠球菌（*Enterococcus casseliflavus*）、氧化节杆菌（*Arthrobacter oxydans*）、热带假丝酵母（*Candida tropicalis*）、解脂假丝酵母（*Candida lipolytica*）、酵母融合菌 RHJ-004（*C. tropicalis* 和 *C. lipolytica* 融合）。利用以上功能植物和微生物，笔者研究团队对电子垃圾拆解区水体、底泥、土壤中的典型有机污染物 PBDEs、PAHs 和重金属污染及其生物修复进行大量基础性研究（Tang et al.，2016；Chen et al.，2016；Shi et al.，2013b）。

第 3 章　电子垃圾污染土壤修复技术

3.1　电子垃圾污染土壤现状

土壤是一种重要的环境介质，是环境中污染物的一个重要载体。大量的电子废弃物排放到土壤环境中，造成土壤环境问题日益突出，引起人们广泛关注。与其他环境问题相比，土壤环境污染具有隐蔽性、长期性和不可逆性等特点。在我国，对于电子垃圾中一些有用的重金属，大部分采用的是原始的拆解方式对其进行回收，因而造成了周边地区土壤重金属严重污染，生态环境极度恶化。电子垃圾成分极其复杂，不仅包括 Pb、Cd、Cu、Cr、Zn 等各种重金属，还包括大量的 PBDEs、PAHs 等有机污染物。土壤中的重金属、PAHs 和 PBDEs 等难以生物降解，生物富集后经食物链进入人体，对人体健康造成极大危害。因此，电子垃圾造成的土壤环境 POPs 和重金属污染已引起国内外学者的高度关注。

与几种非生物修复技术相比，植物修复是土壤有机物和重金属污染最经济高效的一种修复技术，本章着重介绍笔者课题组对电子垃圾造成的典型土壤重金属和 POPs 污染的植物修复研究工作，通过对重金属和 POPs 的去除特性、污染物胁迫下植物生理生化特性、POPs 的降解产物、微生物强化技术等研究揭示了植物修复土壤重金属和 POPs 污染的关键机理。

3.2　电子垃圾污染土壤非生物修复技术

3.2.1　土壤重金属污染的非生物修复

非生物修复技术是指修复土壤环境时所采用的非生物手段。重金属污染的非生物修复技术可以分为物理修复技术和化学修复技术两种。物理修复技术是一项借助物理手段将重金属从土壤环境中提取分离出来的方法，主要包括电动修复法、纳米零价铁修复法、改土法、热处理法等。化学修复技术相对物理修复技术而言发展较早，也相对成熟，化学修复技术主要包括化学淋洗法、化学还原修复法、化学固定化/稳定化修复法、改良剂法等。

1. 物理修复技术

(1) 改土法。

改土法包括换土法和客土法。换土法是挖除部分或全部污染土壤再换上新的干净的未污染土壤。换土法能够有效地将污染土壤与生态系统隔离,从而减少它对环境的影响(余志和黄代宽,2013)。但该方法因为工程量大,费用高,只适用于小面积、土壤污染严重的状况。客土法是通过向土壤中加入大量未被污染的土壤,覆盖在污染土壤的表层或者与污染的土壤混匀,使土壤中重金属浓度降低,减少其与植物根系的接触,达到减小重金属危害的目的。

(2) 电动修复法。

电动修复技术是近二十年才兴起的一种原位修复技术,是指土壤中的重金属在电场力作用下通过电泳、电迁移和电渗等作用向电极两端迁移,从而实现重金属的去除(串丽敏等,2014)。电动修复技术由于其效率高、无二次污染、对土壤的扰动小、不影响土壤肥力、特别适用于黏性土壤等优点而被广泛关注,被列为一种新型的"绿色修复技术",在土壤重金属污染修复方面显示出了巨大的应用前景。但是该技术也存在一些缺陷,如修复时间较长,受土壤 pH、碳酸盐、有机物及其他无关离子的影响较大。

(3) 纳米零价铁修复法。

纳米零价铁是指粒径在 1~100 nm 范围内的零价铁颗粒。与宏观材料不同,纳米零价铁具有量子效应、体积效应、表面效应和宏观量子隧道效应等特殊性质。纳米零价铁颗粒的比表面积和表面能都很大,其特有的表面效应和小尺寸效应使其具有优越的吸附性能和很高的还原活性,其去除污染物的效率很高。纳米零价铁特有的优势和广泛的去污净化能力使其在修复土壤环境污染方面具有很好的应用前景(高园园和周启星,2013)。

(4) 热处理法。

热处理技术主要是针对挥发性或半挥发性的土壤重金属,如 Hg、As 等。热处理法是通过加热或者向污染土壤中通入热蒸气,使土壤中易挥发的重金属移出土壤,之后再集中收集处理的方法。热处理法的优点在于能快速去除土壤中的重金属,并且在修复过程中可以实现重金属的回收。但热处理法也存在一定的缺陷,例如,能耗较高,对土壤本身结构的影响较大,只有在重金属污染浓度高时才能取得较好地处理效果(Hyks et al.,2011)。

2. 化学修复技术

(1) 化学还原修复法。

化学还原修复法是一种原位修复法,其基本原理是利用化学还原剂将污染土壤中的污染物还原成无毒无害的物质，从而达到去除污染物的目的。化学还原修复法常用的还原剂有硫酸亚铁、硫化物或单质铁等。还原剂需要根据土壤具体情况和处理成本来选择。例如，可利用铁屑、硫酸亚铁或其他一些容易获得的化学还原剂将 Cr^{6+} 还原成 Cr^{3+}，使铬形成难溶化合物，从而降低铬在土壤中的迁移性和生物可利用性（曹心德等，2011）。还原剂添加方法可以是直接加入到土壤，也可以采用“可渗透氧化还原反应墙”的形式。可渗透反应墙（permeable reactive barrier，PRB）又称渗透反应格栅技术，它是一种被动原位修复技术，是目前在欧美等许多发达国家新兴发展起来的用于原位去除地下水及土壤中污染组分的方法。

（2）化学固定化/稳定化修复法。

化学固定化/稳定化修复法是指向重金属污染的土壤中投加化学试剂或化学材料（如水泥和硅土），使得重金属钝化形成不溶性或者移动性差、毒性小的物质，从而降低其在污染土壤中的生物有效性，减少其向其他环境系统迁移的概率（张长波等，2009）。目前，常用于处理重金属污染土壤的固化方法包括水泥及其他硬性凝胶以材料固化法、热塑性微包胶处理法、玻璃化及微波固化法等，常用的固化剂有水泥、硅酸盐、高炉渣、石灰、磷灰石、窑灰、飘尘、沥青、磷肥等。

（3）改良剂法。

土壤改良剂法的研究开始于 19 世纪末，该方法主要是向污染土壤中加入化学物质以降低重金属在土壤中的有效性或移动性，从而减小其对生物的毒性。土壤改良剂可以分为天然改良剂和人工合成改良剂两大类。天然改良剂包含无机物料和有机物料。其中，石膏是盐碱地改良普遍采用的天然改良剂，这是由于磷石膏中的 Ca^{2+} 代换土壤中的 Na^{+} 降低了土壤中钠碱化度，促使团粒结构形成，降低土壤容重，增加土壤通透性（孙晓铧等，2013）。另外，有机物料中的污泥、秸秆、畜禽肥等含有丰富的有机质，可以改善土壤的营养条件，在盐碱地改良中也发挥着重要的作用。这些有机物不仅能增加土壤大量元素、微量元素的含量，还能促进土壤中微生物的生长，增加土壤酶活性。人工合成改良剂主要是以聚丙烯酰胺最受关注。聚丙烯酰胺可以有效地改善土壤结构，降低土壤容重，增大土壤孔隙度，提高土壤入渗率，增加水稳定团聚体，提高土壤的可湿性和持液能力（王意锟等，2011）。

（4）化学淋洗法。

化学淋洗法是利用水力压力来推动淋洗液穿过重金属污染的土壤，通过淋洗剂与污染土壤之间的物理化学作用增强重金属在土壤中的可溶出性，将其与土壤分离，然后对含有重金属的淋洗液进行处理。淋洗液通常含有某种络合剂，如无机酸、有机酸、表面活性剂、人工螯合剂等（梁金利等，2012）。化学淋洗法的总体效率既与淋洗剂和污染物之间的作用有关，也与淋洗剂本身的物理化学性质及土壤对污染物、淋洗剂的吸附作用等有关。在淋洗剂的选择方面，应优先考虑生物降解性好、不易造成土壤二次污染的淋洗剂，如果可能，最好直接使用清水。化学淋洗法包括原位化学淋洗法和异位化学淋洗法，原位化学淋洗法是在原地搭建修复设施，包括淋洗液投加系统、土壤下层淋出液收集系统和淋出液处理系统。异位化学淋洗法是把污染土壤挖掘出来放在容器中，用溶于水的化学试剂清洗或去除污染物，再处理含有污染物的废水废液，被清洗后的洁净土壤再回填或运送到其他地点。化学淋洗法对土壤性质要求较高，需要土壤具有较好的渗透性，所以在土壤修复中不具有普适性。

3.2.2　土壤有机物污染的非生物修复

土壤中有机物污染的非生物修复技术包括物理修复技术和化学修复技术。其中物理修复技术主要有热脱附技术、电动力学修复技术、固化稳定化技术、微波处理技术等；化学修复技术主要有化学氧化技术、淋洗技术、光催化技术、高级氧化技术等。

1. 热脱附技术

热脱附技术是指在真空条件下或通入载气时，采用直接或间接的加热方式，提高土壤温度至足够高，使其有机污染物组分得以破坏或挥发分离，再收集蒸汽进一步处理，从而完成对污染土壤的修复(高国龙等，2012)。热脱附是将污染物从一相转移到另一相的物理分离过程，通过控制热脱附系统的温度和污染土壤停留时间可以有选择性地使污染物挥发，整个热脱附过程并不发生氧化、分解等化学反应，在修复过程中并不会对有机污染物造成破坏。

2. 电动力学修复技术

电动力学修复就是在电化学和电动力学的复合作用下，驱动土壤中的带电颗粒发生定向移动，使得污染物富集到电极附近进而被回收处理。在电动力学修复时，污染物的去除主要经过电渗析、电迁移、电泳和酸性迁移等4种电动力学修复过程。与其他技术相比，电动力学修复技术具有破坏性小、成本低、速度快等优点，但是土壤的含水率、土壤中的杂质、污染物的溶解性和脱附能力等因素会限制其在实际工程中的应用(马建伟等，2007)。

3. 固化稳定化技术

固化稳定化技术是将污染土壤与能聚结成固体的黏结剂混合，从而将污染物捕获或固定在固体结构中的技术(聂小琴等，2013)。固化是污染土壤与黏结剂之间不发生化学反应，只是机械地将污染物包裹在结构完整的固化体中，隔离污染土壤与外界环境的联系，从而达到控制污染物迁移的目的。稳定化，是指将污染物转化为不易溶解、迁移能力差或毒性更小的形式来实现其无害化，从而降低其对生态系统的危害。

4. 微波处理技术

微波处理技术的机理是借助高频电磁波的辐射作用使介质内部加热，土壤水分在微波作用下快速膨胀和蒸发，使有机污染物从土壤中挥发，加速其去除效率。相对于传统的热修复技术，微波处理技术具有能耗低、处理时间短、二次污染风险低、易于控制等优势而受到广泛关注。但是，修复设备的缺乏成为污染场地微波处理技术工程实施的瓶颈(王贝贝等，2013)。

5. 吸附处理技术

土壤有机污染物吸附处理的过程包括物理吸附和化学吸附(张小凯等，2013)。物理吸附是由吸附质和吸附剂分子间作用力引起，此时吸附剂表面的分子由于作用力没有平衡而保留自由的引力场来吸引吸附质，是可逆过程，结合力较弱，吸附热较小；化学吸附是固体表面与被吸附物间的化学键力起作用的结果，这类吸附需要一定的活化能，故又称活化吸附。这种化学键亲和力的大小可以差别很大，但它大大超过物理吸附的范德华力。

6. 化学氧化技术

化学氧化技术是向土壤当中投加臭氧、Fenton 试剂、高锰酸钾等化学氧化剂，使其与土壤当中的污染物发生氧化反应，达到分解污染物、降低毒性的目的。一般在土壤污染区不同深度钻井，然后将氧化剂通过泵注入土壤中并在另一个井中抽取废液，从而实现氧化剂的循环使用。化学氧化技术修复效果好、时间短、成本低、二次污染少，但不足之处在于土壤 pH、可渗性、有机物等还原性物质限制其修复效果的提高(丁浩然等，2015)。

7. 淋洗技术

淋洗技术是通过压力将水、表面活性剂、络合剂或包含冲洗助剂的溶液注入被污染的土壤中，然后将污染物从土壤中洗脱和清洗出来的过程(李玉双等，2011)。从土壤中抽取出来包含污染物的废水经处理后达标排放，经处理过的土壤可以继续安全利用。采用淋洗技术处理污染土壤具有操作简便、渗透性高、治理污染物范围广等优点，但是淋洗技术还存在需水量大、相关设备费用高、有二次污染风险等不足。

8. 光催化技术

光降解法主要是通过光照导致化合物化学键的断裂、重排或分子间的化学反应产生新的化合物，以达到降低或消除环境中有机污染物的目的。光催化技术就是利用光催化剂在光降解过程中促进氧化反应，从而进一步破坏环境中的有机污染物(吴健等，2005)。光催化技术应用于土壤污染修复容易受到土壤粒径、水分、pH、厚度等理化性质的影响。土壤光催化技术作为一项新兴的绿色氧化修复技术发展潜力巨大，但是要将其运用于实际工程中还需解决土壤中有机质、金属矿物质及孔隙率等会影响光催化效果的问题。

9. 高级氧化技术

高级氧化技术是以羟基自由基作为主要的氧化剂与污染物发生反应，进而引发一系列链反应，最终将污染物氧化分解成二氧化碳和水的修复技术(王俊芳等，2010)。高级氧化技术主要包括臭氧/紫外、过氧化物/紫外、臭氧/过氧化物、臭氧/过氧化物/紫外、低温等离子体等方法。低温等离子体是一种利用放电过程中产生的高能粒子轰击、紫外光辐射、活性物质氧化等作用对污染物进行处理，最终将污染物降解成二氧化碳、水及其他物质的高级氧化技术。作为一项新型的高级氧化技术，有关低温等离子体的研究备受关注，低温等离子体在环境污染控制领域将具有广阔的应用前景。

3.3 电子垃圾拆解区土壤中典型重金属污染植物修复及机理

3.3.1 紫花苜蓿修复镉污染土壤

镉(Cd)，是著名的环境公害事件“骨痛病”的罪魁祸首。Cd主要存在于电子垃圾的电路板中，由于无利可图，在电子垃圾拆解回收过程中几乎不被回收。笔者课题组对贵屿某废电器拆解场内外土壤的检测和分析发现，表层土壤受到严重的Cd污染，通过筛选获得了1株对Cd具有较好修复功能的植株——紫花苜蓿，并对修复Cd过程中紫花苜蓿的生长、Cd在植物体内的分布及形态、Cd胁迫下紫花苜蓿的生理响应进行研究。

1. 材料与方法

(1) 供试植物。

多年生豆科牧草紫花苜蓿(*Medicago sativa* L.)，品种为猎人河，购自广州市农业科学研究院种子中心。

(2) 供试土壤。

采自华南农业大学试验基地0～20 cm深度的农田水稻土。土壤性质如下：土壤pH 5.86，阳离子交换量(CEC)21.64 cmol·kg^{-1}，有机质含量11.66 g·kg^{-1}，全 N 0.74 g · kg^{-1}，有效 P 10.32 mg · kg^{-1}，速效 K 89.06 mg · kg^{-1}，各种形态镉均未检出。

(3) 植物培养。

紫花苜蓿种子在 10% H_2O_2 溶液中消毒 10 min，后用双蒸水清洗干净，重复 3 次后浸种 4 h，再转移至恒温培养箱中 25℃下避光催芽。经过催芽的种子在控温、控光的生长室内以半强度 Hoagland 营养液育苗，培育 2 周后待紫花苜蓿幼苗具有完善的根系时用于实验。

(4) 盆栽实验。

实验在温室中进行。植物生长室内日温为(28±2)℃，夜温为(24±2)℃，光照时间为 14 h · d^{-1}，光照强度为 5000～6500 lx。实验用瓦盆，上缘直径 20 cm，底面直径 15 cm，高 15 cm。为保持土壤湿度及植物根系空气充足，在底部钻有直径约 3 cm 的小孔。供试土壤风干后过 3 mm 筛装入实验盆中。各实验土壤中污染物的浓度设定见表 3-1，外源重金属 Cd 以 $Cd(NO_3)_2$ 的形式添加到土壤中，浓度设定为0 mg · kg^{-1}、5 mg · kg^{-1}、10 mg · kg^{-1}、20 mg · kg^{-1}、50 mg · kg^{-1}，对应的处理分别称为 T0、T1、T2、T3 和 T4。每盆装入土壤 1.5 kg，即每盆中 Cd 投加量分别为 0 mg、7.5 mg、15 mg、30 mg、75 mg。

表 3-1　不同处理中土壤镉浓度的设定值与实测值

处理	设定土壤中 Cd 含量/(mg · kg^{-1})	实测土壤中 Cd 含量/(mg · kg^{-1})
T0	0	nd
T1	5	5.11±0.45
T2	10	9.86±0.89
T3	20	19.22±1.21
T4	50	51.43±3.22

注：① nd 表示未检出，余同。

2. Cd 含量测定

(1) 植物中 Cd 的测定。

植物样品中 Cd 含量的测定用 HNO_3-$HClO_4$ 平板消解，火焰原子吸收法测定。

(2) 细胞各部分 Cd 含量测定。

采用差速离心法测定细胞各部分 Cd 的含量，基本操作如下：称取 0.1 g 冷冻干燥样品于离心管中，分别加入 20 mL 提取剂，提取剂由 0.25 mol · L^{-1}蔗糖、50 mmol · L^{-1}Tris-HCl 及 1.0 mmol · L^{-1}二硫赤藓糖醇混合组成，振荡 1 h 后以 4000 r · min^{-1}的速度离心 10 min，沉淀再提取 2 次后作为细胞壁部分；上清液合并后以16000 r · min^{-1}的速度离心45 min,沉淀作为细胞膜及细胞器部分;上清液为细胞可溶部分。将细胞各部分以HNO_3-$HClO_4$电热板消解后,定容至10 mL,以火焰原子吸收法测定Cd含量。

(3) 植物体内Cd化学形态分析。

采用连续提取法测定植物体内Cd的化学形态,基本操作如下:称取0.3 g冷冻干燥样品于离心管中,按样品∶提取剂=1∶100的质量比加入提取剂后,振荡24 h以6000 r · min^{-1}的速度离心10 min后,倒出上清液,加入下一种提取剂提取。上清液倒入三角瓶中,加入HNO_3-$HClO_4$电热板消解后,定容至10 mL,以火焰原子吸收法测定Cd含量。提取剂选定为80%乙醇、去离子水、1 mol · L^{-1} NaCl、2%乙酸、0.6 mol · L^{-1}盐酸。

(4) 土壤中Cd测定。

土壤过筛后采用HNO_3-HCl-$HClO_4$-HF消解法消解后以火焰原子吸收分光光度法测定。分析过程加入国家标准参比物质土壤及植物样品(GSS-6、GSS-4、GSV-1),并选取20%的样品重复3次,以进行分析质量控制。

3. 土壤中Cd含量的变化

由图3-1可知,紫花苜蓿种植60 d后,土壤中Cd含量有一定程度的减少。随着土壤中外加Cd的总量增大,土壤中Cd去除率分别为0.78%、0.61%、0.47%、0.35%。许多研究表明,不少植物对土壤重金属均有较好的吸收作用,其作用主要体现在对根际土壤重金属的修复方面,去除率一般较好,如果按污染区域的修复效果计算,则单次种植植物对土壤中重金属全量的修复效果往往较低(王悠等,2010),在土壤重金属的植物修复实际应用时,可采用轮种方式修复土壤重金属。此外,根际土壤与全土中重金属去除率也不同,根际土壤是植物根系与土壤环境直

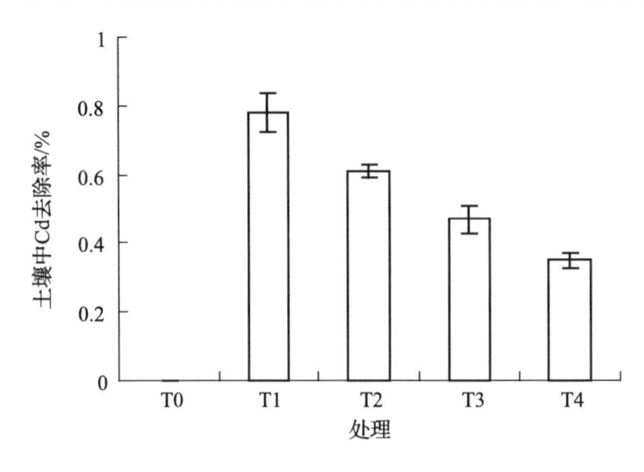

图3-1　土壤中镉的去除率

接接触，植物吸收重金属主要来源于根际土壤，理论上根际土壤中重金属去除率应大于全土。

4. Cd 对紫花苜蓿生长的影响

土壤中重金属污染会对植物的生长产生抑制作用，且随着土壤中污染物初始浓度的提高该抑制作用增强（刘玲等，2009）。图 3-2(a)反映了 Cd 污染条件下紫花苜蓿地上、地下部分干重的变化。Cd 污染条件下，T1 处理时紫花苜蓿地上部分及地下部分生物量均与 T0 处理无显著性差异，表明浓度为 5 mg · kg^{-1} Cd 的未对紫花苜蓿生物量产生影响；当 Cd 含量为 10～50 mg · kg^{-1} 时，T2～T4 处理时紫花苜蓿地上部分生物量与 T0 处理相比显著减少，地下部分生物量与 T0 处理相比也显著减少。这说明当土壤中 Cd 含量大于 10 mg · kg^{-1} 时，对紫花苜蓿根部和地上部分生物量具有一定的抑制作用。

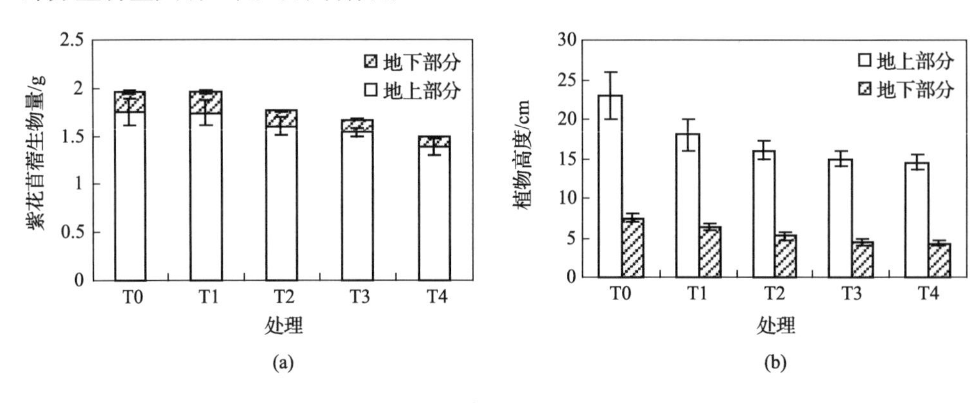

图 3-2 Cd 对紫花苜蓿生长的影响

(a) 紫花苜蓿生物量；(b) 植物高度

植物生长高度是植物生长发育状况的又一重要指标。由图 3-2(b)可知，T1、T2、T3、T4 处理中紫花苜蓿地上部分、地下部分生长高度与 T0 处理相比均显著减少，地上部分分别减少 21.04%、30.06%、38.35%、43.33%，地下部分分别减少 22.99%、35.55%、41.73%、51.99%。这说明当土壤中 Cd 含量大于 10 mg · kg^{-1} 时，对紫花苜蓿根部抑制作用强于地上部分，且随着土壤中 Cd 含量不断增大，其毒害作用不断增强，但未表现出落叶等毒害症状。

5. Cd 在紫花苜蓿中的积累

许多研究表明，在重金属污染条件下，植物对土壤中重金属均有一定的吸收积累作用（杨传杰等，2009；邢维芹等，2008）。从图 3-3 可知，盆栽 60 d 后，紫花苜蓿对两种污染条件下土壤中 Cd 均有一定的吸收作用。空白处理 T0 中的植物地上及地下部分均未检测出 Cd。当土壤中 Cd 含量为 0～20 mg · kg^{-1}时，紫花苜蓿地上部分的 Cd 含量缓慢增高，与 T1 处理相比，T2、T3 处理分别显著增大了 16.77%和 55.90%（显著性分析 $P<0.01$）；当土壤 Cd 含量为 50 mg · kg^{-1}时，与 T1 处理相比，T4 处理紫花苜蓿地上部分 Cd 含量显著增多了 169.88%。采用富集系数表示植物提取土壤重金属的能力，可知在土壤中外源 Cd 含量为 0～50 mg · kg^{-1}时，紫花苜蓿对镉的富集系数在 0.63～0.17，且该系数随着土壤中镉含量增大而减少。紫花苜蓿对土壤中 Cd 的吸收富集系数虽然达不到超积累植物的标准，但具有一定的吸收能力。

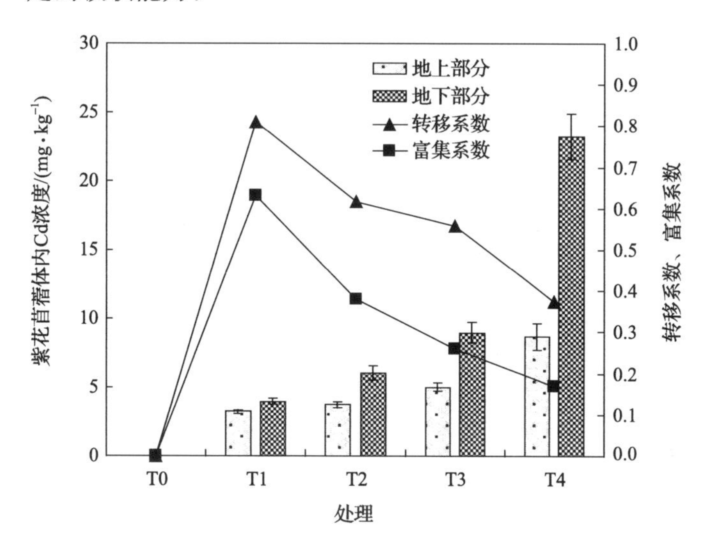

图 3-3　镉在紫花苜蓿中的累积

由相关性分析可知，紫花苜蓿地下部分 Cd 含量与土壤中 Cd 含量相关系数为 0.9926，且各浓度下紫花苜蓿地下部分的 Cd 含量均显著高于地上部分，表明根系是紫花苜蓿吸收并储存重金属镉的主要器官，这与 Zhang 等（2000）的研究成果一致。其原因可能是根系皮层细胞内的大量蛋白质、多糖等物质与进入根系中的镉形成稳定的络合物沉积（张军和束文圣，2006）。地下部分 Cd 含量变化与地上部分有相似的规律，在土壤中 Cd 含量为 0～20 mg · kg^{-1}时，均随着土壤中 Cd 总量增大缓慢增高，与 T1 处理相比，T2、T3、T4 处理分别显著增大了 53.15%、125.94%、485.39%（$P<0.01$）。采用转移系数表示植物对重金属的转运能力，可知在土壤中 Cd 含量为 0～50 mg · kg^{-1}，紫花苜蓿对土壤中 Cd 转移系数为0.37～0.81，且随着 Cd 浓度增大而减少。

6. Cd在紫花苜蓿中亚细胞分布

由表3-2可知，Cd在紫花苜蓿地上部分细胞各部分的分布均有显著性差异，各浓度处理下地上部分各细胞组分中Cd含量分布规律为：细胞壁＞细胞可溶性部分＞细胞膜及细胞器。细胞壁与细胞可溶性部分中Cd总量占细胞总Cd量的72.41%～80.33%，表明Cd进入紫花苜蓿地上部分细胞后主要分布在细胞壁及细胞可溶性成分中，在细胞膜和细胞器中分布较少(19.67%～27.60%)，减少了Cd对植物细胞的毒害，是紫花苜蓿对镉的耐性机制之一。陈同斌等(2005)研究砷在蜈蚣草细胞内区隔化分布时发现，蜈蚣草的细胞壁具有一定固持As的能力，对进入植物体内的As有极强的"吸持作用"。随着土壤中Cd总量的增大，紫花苜蓿地上部分中Cd在细胞各部分的分配量均显著增大。细胞壁中T2、T3、T4处理分别比T1处理增大14.59%、70.65%、187.58%；细胞可溶性部分分别比T1处理增大15.48%、67.44%、182.94%；细胞膜及细胞器部分分别比T1处理增大4.42%、27.94%、83.36%。

紫花苜蓿地下部分细胞中Cd含量均显著高于地上部分，进一步表明根系是紫花苜蓿吸收并储存重金属Cd的主要器官。紫花苜蓿地下部分中Cd在细胞各组分的分配量规律与地上部分相似。各浓度处理下地下部分各细胞组分中Cd含量分布规律均为：细胞壁＞细胞可溶性部分＞细胞膜及细胞器，其中细胞壁与细胞可溶性部分中Cd总量占细胞总Cd量的70%以上。

7. Cd在紫花苜蓿细胞中化学形态

Cd在紫花苜蓿细胞中以各种化学形态存在，结果见表3-3。T0～T4这5种处理中紫花苜蓿地上部分细胞中Cd形态分布特征相似，均为：氯化钠提取态＞乙酸提取态＞水提取态＞盐酸提取态＞乙醇提取态＞残余态。紫花苜蓿地上部分中Cd主要以乙酸提取态、氯化钠提取态和水提取态为主要存在形式，表明Cd在紫花苜蓿地上部分中主要以与蛋白质形成的结合态、果胶酸盐类，水溶性有机酸盐等形态存在。随着土壤中Cd浓度增加，各处理地上部分中各形态Cd含量均增大，但占总镉量百分比的变化趋势不同。氯化钠提取态、水提取态所占比例随着土壤中Cd浓度增加而显著增加；乙醇提取态、乙酸提取态、残余态所占比例随着土壤中Cd浓度增加而显著减少。

不同浓度的Cd污染下，紫花苜蓿地下部分各化学形态Cd量显著高于地上部分($P<0.01$)，且地下部分中Cd化学形态变化与地上部分相似。以各形态Cd占总镉量百分比分析可知，Cd形态分布特征为氯化钠提取态＞乙酸提取态＞水提取态＞盐酸提取态＞乙醇提取态＞残余态。氯化钠提取态、乙酸提取态Cd在紫花

表 3-2　不同处理下 Cd 在紫花苜蓿体内的亚细胞分布

处理		细胞壁/(mg·kg^{-1})	所占比例/%	细胞可溶性部分/(mg·kg^{-1})	所占比例/%	细胞膜及细胞器/(mg·kg^{-1})	所占比例/%	总镉量/(mg·kg^{-1})	植物中镉总量/(mg·kg^{-1})	回收率/%
地上部分	T1	1.22	39.83	1	32.58	0.85	27.6	3.08	3.22	95.65
	T2	1.4	40.72	1.15	33.57	0.88	25.71	3.45	3.76	91.8
	T3	2.09	43.07	1.68	34.56	1.08	22.37	4.86	5.02	96.83
	T4	3.52	44.51	2.83	35.82	1.55	19.67	7.93	8.69	91.2
地下部分	T1	1.38	42.88	0.99	30.68	0.85	26.45	3.23	3.97	81.39
	T2	2.56	44.48	2.02	35.09	1.17	20.43	5.76	6.08	94.7
	T3	4.22	48.55	3.04	34.99	1.43	16.46	8.7	8.97	96.96
	T4	11.91	51.5	8.09	34.96	3.13	13.55	23.14	23.24	99.58

表 3-3　镉在紫花苜蓿体内的化学形态

处理		乙醇提取态/(mg·kg^{-1})	所占比例/%	去离子水提取态/(mg·kg^{-1})	所占比例/%	氯化钠提取态/(mg·kg^{-1})	所占比例/%	乙酸提取态/(mg·kg^{-1})	所占比例/%	盐酸提取态/(mg·kg^{-1})	所占比例/%	残余态/(mg·kg^{-1})	所占比例/%	总镉量/(mg·kg^{-1})	植物中镉总量/(mg·kg^{-1})	回收率/%
地上部分	T1	0.24	8.86	0.42	15.13	0.81	29.53	0.7	25.76	0.39	11.76	0.2	8.96	2.78	3.22	86.44
	T2	0.27	8.48	0.56	15.44	1.1	30.26	0.9	24.21	0.46	12.81	0.32	8.8	3.63	3.76	96.52
	T3	0.42	8.14	0.79	16.32	1.55	30.9	1.25	24.05	0.65	13.02	0.38	7.58	5.06	5.02	100.87
	T4	0.63	8.02	1.38	17.36	2.55	32.15	1.98	23.57	1.02	13.3	0.44	5.59	8.04	8.69	92.48
地下部分	T1	0.31	9.25	0.67	18.21	0.92	27.46	0.8	23.88	0.51	15.22	0.2	5.97	3.41	3.97	85.89
	T2	0.51	8.91	1.11	19.12	1.66	28.6	1.34	23.01	0.84	14.56	0.35	5.81	5.85	6.08	96.2
	T3	0.93	8.14	1.4	19.68	2.68	29.97	2.05	22.96	1.21	13.5	0.51	5.76	8.87	8.97	98.92
	T4	1.56	8.03	3.66	20	6.05	30.2	5.2	25.61	2.16	10.66	1.12	5.51	19.78	23.24	85.13

苜蓿地下部分细胞总Cd含量中所占比例虽略小于地上部分，但地下部分中Cd仍主要以氯化钠提取态、乙酸提取态和水提取态为主要存在形式。随着土壤中Cd浓度增加，地下部分中各形态镉含量均增大，但占总镉量百分比的变化趋势不同。氯化钠提取态、水提取态、所占比例随着土壤中外源镉浓度增加而显著增加；乙醇提取态、盐酸提取态、残余态所占比例则随着土壤中外源镉浓度增加而显著减少。

8. Cd胁迫下紫花苜蓿的生理响应

(1) 叶绿素。

叶绿素含量的高低在某种程度上能反映植物光合作用的能力，叶绿素含量越高，光合作用能力越强，越低则越弱。光合作用的强弱，直接影响植物的正常代谢活动。通过观察植物叶绿素含量的变化，可反映出植物的生长状况(王美娥和周启星，2006)。Suzuki等(2001)的研究表明，Cd存在时植物叶片叶绿素含量明显降低，Cd对植物光合作用均有明显的抑制作用。

图3-4(a)反映了不同处理下紫花苜蓿叶绿素含量的变化。从图中可以看出，T1～T4处理下紫花苜蓿叶绿素含量比T0处理显著减少了5.92%、9.57%、17.43%、32.73%，紫花苜蓿叶绿素含量随着土壤中Cd总量增大而逐渐降低，Cd对叶片的毒害作用随着土壤中镉含量增大而增强。紫花苜蓿叶绿素含量与土壤中Cd含量相关系数$R=0.9925$，表明在本实验中土壤中污染物毒害作用是叶绿素含量减少的直接原因。

(2) 植物过氧化物酶。

植物过氧化物酶(peroxidase，POD)可将植物体内H_2O_2催化为O_2和H_2O，从而降低H_2O_2的含量，酶的活性与植物体内H_2O_2浓度有关(Schutzendubel and Polle，2002)。许多研究表明，植物体在污染物胁迫下可产生大量活性氧自由基(Smeets et al.，2005；Romero-Puertas et al.，2004)。由图3-4(b)可知，Cd污染条件下，随着土壤中Cd含量增大，T1～T3处理叶片中POD活性与T_3相比分别增大了5.93%、6.24%、11.72%，说明随着土壤中Cd含量不断增大，促使叶片产生了大量的POD以抵抗镉胁迫作用(Singh et al.，2006)。当土壤中Cd含量为50 mg·kg^{-1}时，叶片中POD活性与T_3处理相比显著减少了7.19%，说明POD保护作用存在阈值，可能高浓度的Cd对紫花苜蓿POD保护机制造成一定程度的破坏。根部是植物直接与土壤中Cd接触的器官，Cd对根胁迫作用与地上部分相比更强。处理60 d后，T0～T4处理根部POD活性均显著高于叶片，且随着土壤中镉含量增大呈不断增大的趋势，与T0处理相比，T1～T4处理根部POD活性分别显著增大了7.01%、11.97%、17.02%、20.13%，表明紫花苜蓿根系自我保护能力比叶片更强。

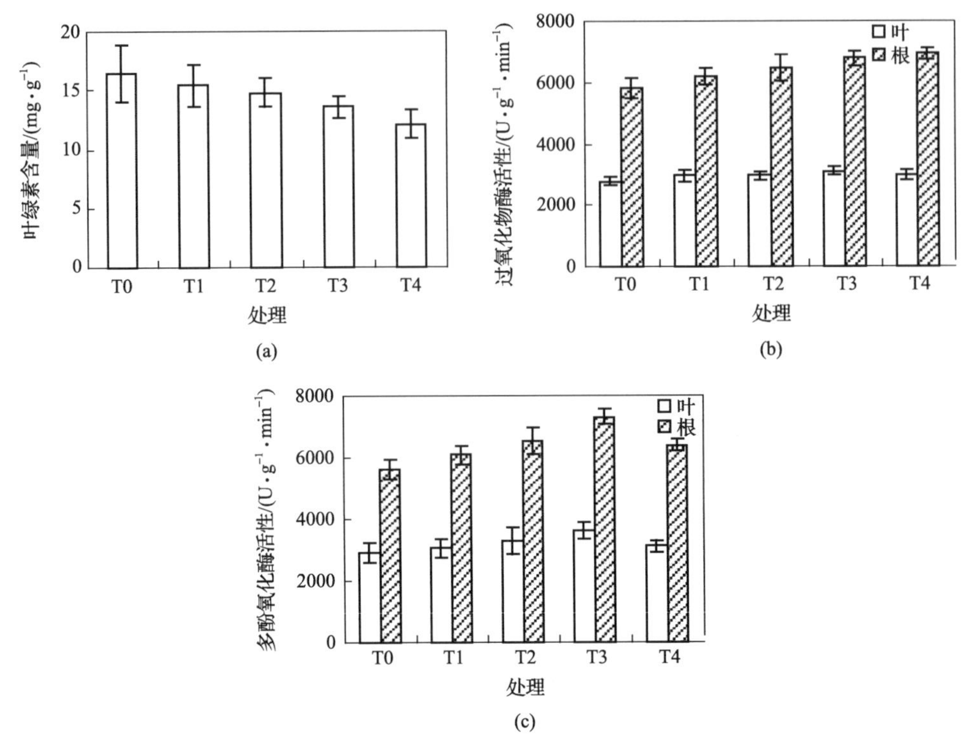

图 3-4　不同 Cd 浓度胁迫下紫花苜蓿的生理响应

(a) 叶绿素;(b) 植物过氧化物酶;(c) 植物多酚氧化酶

(3) 植物多酚氧化酶。

多酚氧化酶(polyphenol oxidase,PPO)与植物的生长、抗病性、光合作用有关。图 3-4(c)反映了不同污染物胁迫下紫花苜蓿 PPO 的活性变化。随着土壤中 Cd 含量增大,T1～T3 处理叶片及根系中 PPO 活性与 T0 处理相比均显著增大($P<0.01$),叶片增大了 5.48%、13.09%、25.21%;根系增大了 8.74%、16.79%、30.78%。当土壤中 Cd 含量为 50 mg · kg^{-1}时,叶片中 PPO 活性与 T0 相比增大了 7.27%,但比 T3 处理减少了 14.33%。根部 PPO 活性比 T0 处理显著增大了 12.84%($P<0.01$),比 T3 处理显著减少了 13.72%($P<0.01$)。结果表明,随着土壤中 Cd 含量不断增大,叶片及根系产生了大量的 PPO 以抵抗 Cd 胁迫,根部 PPO 活性均显著高于叶片($P<0.01$),其原因与过氧化物酶相似,可能是根部是植物直接与土壤中 Cd 接触的器官,植物的自我保护机制促使其产生比地上部分更过量的 PPO。当土壤中 Cd 含量为 50 mg · kg^{-1}时,叶片的 PPO 保护作用遭到一定程度的抑制,但其酶活性与空白对照相比仍有增大。一般情况下,植物可通过清除体内氧自由基使细胞免受伤害,但当植物体内氧自由基过量时便引起伤害(费伟

等，2005）。

紫花苜蓿修复Cd污染土壤实验发现，紫花苜蓿对土壤中的Cd具有一定的吸收富集作用，根部是Cd富集的主要器官；随着土壤Cd含量增大，紫花苜蓿地上及地下部分Cd含量有所增大，但富集系数和转移系数都有减小趋势。Cd进入紫花苜蓿体内后，在地上与地下部分中均主要存储于细胞壁与细胞可溶性部分中，且Cd在地上和地下部分细胞中均以氯化钠提取态、乙酸提取态和水提取态为主要存在形式。Cd进入紫花苜蓿体内后，叶绿素含量随着土壤中污染物含量增大呈减小趋势；在Cd刺激下紫花苜蓿自身的酶系统和抗氧化物质被激发，产生大量的POD、PPO等物质以清除紫花苜蓿体内活性氧，实现紫花苜蓿的自我保护，但该保护作用存在阈值。

3.3.2　杂交狼尾草修复锌污染土壤

Zn是电子垃圾污染土壤中普遍存在的另一种典型重金属，它通过食物链作用危害区域民众的健康。摄入过量Zn会造成胃肠道疾病和贫血等症状。杂交狼尾草（*Pennisetum americanum*）是笔者课题组筛选的一株对Zn具有较好修复效果的植株，本小节在总结其对Zn修复效果的同时，简单介绍Zn对杂交狼尾草生长的影响、Zn在植物体中的分布、Zn胁迫下杂交狼尾草的生理响应等研究结果。

1. 材料与方法

(1) 供试植物。

供试植物为禾本科杂交狼尾草，其是美洲狼尾草和象草的杂交种，种子购自广东省种子市场。

(2) 供试土壤。

采自华南农业大学试验基地0～20 cm深度的农田水稻土。土壤性质如下：pH为5.88，阳离子交换量为(CEC)21.34 cmol · kg^{-1}，有机质含量为11.66 g · kg^{-1}，全N为0.74 g · kg^{-1}，有效P为10.42 mg · kg^{-1}，速效K为92.06 mg · kg^{-1}，Zn浓度为149.94 mg · kg^{-1}。

(3) 植物培养。

杂交狼尾草种子在10% H_2O_2溶液中消毒10 min，再用双蒸水清洗，重复3次后浸种4 h，再转移至潮湿的纱布上避光催芽，发芽后再在控温、控光的生长室内以半强度Hoagland营养液育苗。

(4) 盆栽实验。

外源重金属Zn以$ZnSO_4$溶液形式添加入土壤中，根据《土壤环境质量标准（修订）》(GB15618—2008)二级标准限值，浓度设定为0 mg · kg^{-1}、100 mg · kg^{-1}、

300 mg·kg^{-1}，分别用 Zn0、Zn1、Zn2 表示（表 3-4）。实验在温室中进行。设定日温(28±2)℃，夜温(24±2)℃，光照时长 14 h·d^{-1}，光照强度 5000～6500 lx，空气湿度在 70%左右。

表 3-4 不同处理中 Zn 的初始浓度

处理编号	设定 Zn 添加量/(mg·kg^{-1})	实测 Zn 含量/(mg·kg^{-1})
Zn0	0	149.94±1.24
Zn1	100	246.37±0.78
Zn2	300	442.25±2.16

2. Zn 含量测定

植物样品中 Zn 含量的测定用 HNO_3 微波消解，土壤中 Zn 采用王水＋HF 微波消解，火焰原子吸收分光光度仪测定。以国家标准参比物质（GSS-4、GSS-6、GSV-1）进行质量控制。

3. Zn 对杂交狼尾草生长的影响

植物通过根系从土壤中摄取营养物质，同时有机污染物和重金属等有害物质也会被吸收、富集，从而对植物的生长产生一定的影响。植物种植 60 d 后，不同处理条件下杂交狼尾草根长、茎长和生物量的变化情况如图 3-5 所示。

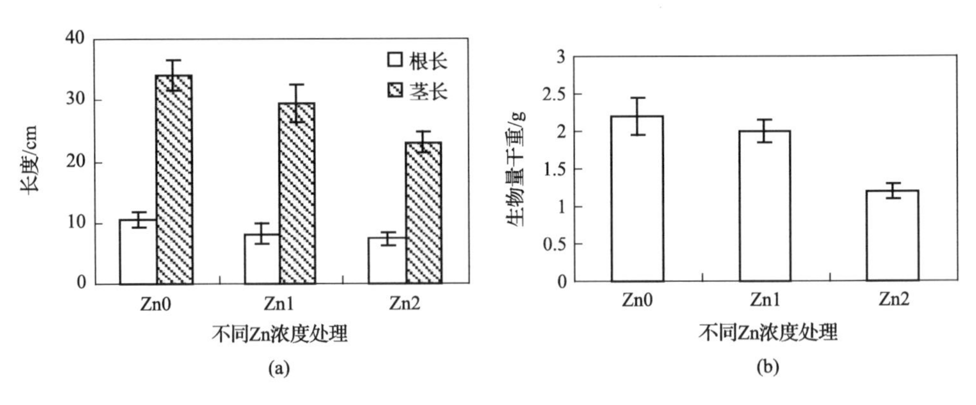

图 3-5 Zn 对杂交狼尾草生长的影响
(a) 根茎长；(b) 生物量

土壤中重金属 Zn 对杂交狼尾草的生物量及根、茎的生长有一定的抑制作用，且随着土壤外源 Zn 浓度的升高而增强。同时 Zn 对杂交狼尾草根部的毒害作用强于茎部，可能是因为杂交狼尾草的根系较发达，根系从一开始就完全暴露于重金属污染条件下，相比茎部，根系对 Zn 污染的反应更敏感，其生长受到的影响相对较大。因而重金属抑制根生长作用的实验结果可以用来预测环境中重金属对植物的毒性作用(黄铭洪,2003)。

4. Zn 胁迫下杂交狼尾草的生理响应

(1) 叶绿素。

Zn 胁迫下杂交狼尾草叶绿素含量变化如图 3-6(a)所示。Zn1 处理中杂交狼尾草叶绿素含量与 Zn0 处理中无显著性差异,而在 Zn2 处理中叶绿素含量比 Zn0 减少了 13.3%。植物体内还有一些氧化酶中含有 Zn,通过酶促生理活动参与植物新陈代谢过程,因此低浓度的 Zn 对植物叶绿素的合成影响不大,Zn 过量时对杂交狼尾草具有毒害作用,可抑制含 Zn 酶的活性,影响植株生长,造成植物吸收营养不平衡及叶绿素含量下降。

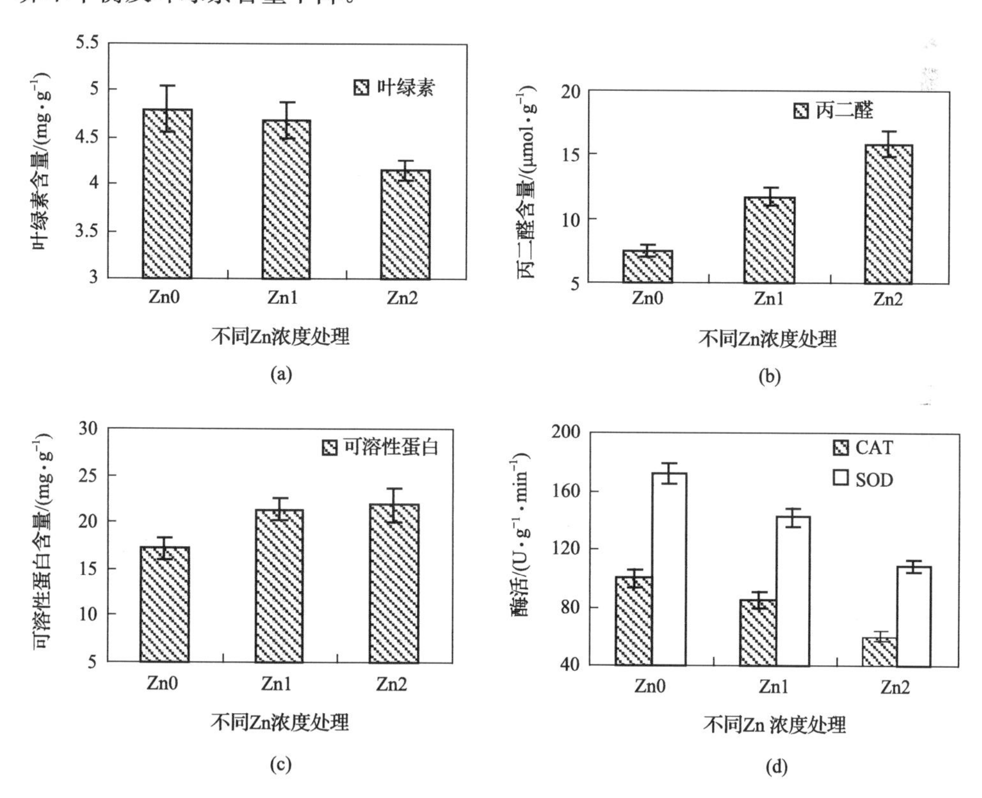

图 3-6　不同浓度 Zn 胁迫下杂交狼尾草的生理响应

(a) 叶绿素;(b) 丙二醛;(c) 可溶性蛋白质;(d) 抗氧化酶活性;U 为酶活力的度量单位;1U 表示一个酶活力国际单位,规定为在特定条件下 1 分钟内转化 1 微摩尔底物,或底物中 1 微摩尔所需要的酶量

(2) 丙二醛。

丙二醛(MDA)是植物抵抗逆境条件下脂质过氧化的产物,它是一种高活性的

脂质过氧化产物，能交联脂类、糖类、核酸及蛋白质，破坏膜的结构，导致细胞质膜受损伤。因此，MDA 含量往往能反映植物细胞膜过氧化程度及植物对逆境条件反应的强弱。杂交狼尾草叶片中 MDA 含量变化如图 3-6(b)所示，随着土壤中 Zn 含量增多，杂交狼尾草中 MDA 含量也呈现上升趋势，表明杂交狼尾草受到了土壤中 Zn 的胁迫，膜脂质过氧化水平提高，细胞膜组成发生变化，结构遭到破坏，膜系统的稳定性下降，植物组织和细胞均受到了一定的伤害。这种 MDA 含量随着污染物浓度的升高而增加的现象与植物抗逆机理有关(Shutzendübel et al.，2001)。

(3) 可溶性蛋白质。

植物中可溶性蛋白质的含量与其抗逆性的形成有关，许多可溶性蛋白质是植物体中某些酶的重要组成部分，可参与植物多种生理生化代谢过程的调控，与植物的生长发育、成熟衰老、抗病性、抗逆性密切相关。如图 3-6(c)所示，杂交狼尾草叶片中可溶性蛋白质含量随 Zn 含量增大而增加，且 Zn1、Zn2 处理中可溶性蛋白质含量比 Zn0 处理分别显著增加了 19.22%、21.43%。这种随着 Zn 浓度的升高可溶性蛋白质含量增加的现象也与植物抗逆机理有关(Smeets et al.，2005)，与 MDA 实验得出的结论一致。植物在受到污染物毒害的逆境条件下，为了抵御这种胁迫作用，提高蛋白质的合成以便增强自身抵御不良环境的能力。

(4) 抗氧化酶。

在污染物胁迫下植物体可产生大量活性氧自由基(Romero-Puertas et al.，2004)。超氧化物歧化酶(SOD)、过氧化氢酶(CAT)是植物体内重要的酶促防御系统组成部分，能在逆境胁迫过程中清除生物体内过量的活性氧和 H_2O_2，从而使生物在一定程度上忍耐、减缓或抵抗逆境胁迫。在污染物胁迫下，这两种酶活性变化情况如图 3-6(d)所示，杂交狼尾草中 CAT 活性随着 Zn 含量增加而逐渐降低，如 Zn1、Zn2 处理中 CAT 活性分别比 Zn0 显著降低了 20.55%、40.13%；杂交狼尾草叶片中 SOD 活性随 Zn 浓度升高也呈现下降趋势，其中 Zn2、Zn3 处理中 SOD 活性比 Zn0 处理显著减少了 12.5、33.5%。污染物胁迫条件下植物体内活性氧清除系统对植物细胞的保护作用是有一定限度的，超过限度则会呈现下降趋势。因此，Zn 的加入对 SOD、CAT 活性造成了显著性影响，使植物体内活性氧的产生和清除失衡，并有利于活性氧的产生。这将导致植物的生理代谢紊乱，从而加速植物的衰老和死亡。

5. 杂交狼尾草体内 Zn 的分布

盆栽 60 d 后，Zn 在杂交狼尾草地上、地下部分的分布如图 3-7 所示。土壤中 Zn 浓度对杂交狼尾草地上、地下部分 Zn 含量有极显著影响($P<0.001$)；各处理与对照组 Zn0 相比，杂交狼尾草地上、地下部分 Zn 含量均有提高，说明杂交狼尾草对各处理条件下土壤中 Zn 均有一定的吸收作用。随着土壤中 Zn 含量增大，杂

交狼尾草地下部分重金属含量显著增多，然而转移系数(translocation factors，表示植物体内污染从根部迁移转化的能力)随着土壤中Zn含量的增大呈现下降趋势，说明土壤中高浓度的Zn能促进杂交狼尾草对Zn的蓄积，但会抑制杂交狼尾草对Zn的转运能力。各处理中杂交狼尾草对土壤中Zn的转移系数为0.24～0.68，地上部分富集系数(bioconcentration factors，表示生物体内某种化合物或元素与其生活环境中该物质浓度的比值)在0.61～1.70，地下部分富集系数为1.24～6.28，显然杂交狼尾草对土壤中Zn的吸收转移系数未达到超积累植物的标准。但是研究也认为杂交狼尾草可用于Zn污染土壤的修复，高生物量和高富集系数是植物有效提取重金属的两个关键因素，杂交狼尾草高生物量和高富集系数可弥补转移系数未达超积累植物标准这一缺点(Zhang et al.,2011)。

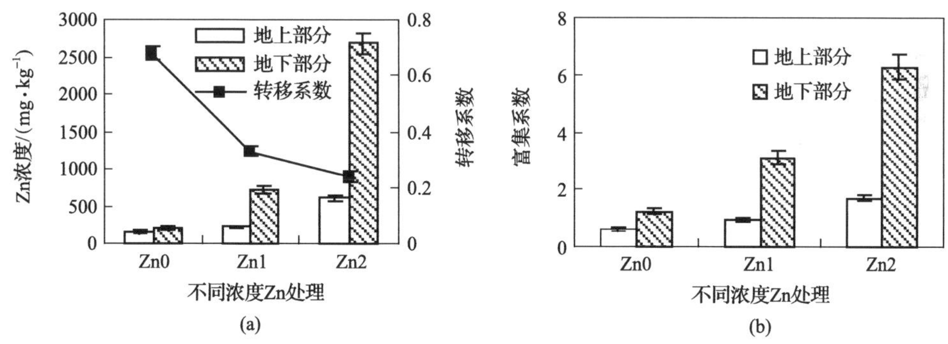

图3-7　杂交狼尾草体内不同部位Zn的分布

(a) Zn的含量和转移系数；(b) 富集系数

杂交狼尾草是笔者题组筛选的1株对土壤中Zn具有较好修复性能的植物。随着土壤中Zn浓度增大，杂交狼尾草对土壤中Zn积累量上升，且杂交狼尾草地下部对Zn的积累能力大于地上部，杂交狼尾草对Zn的地下部富集系数最大可达7.78。随着Zn浓度增大，叶绿素含量、CAT、SOD活性均下降，MDA含量、可溶性蛋白质含量上升。电子垃圾拆解区土壤受到Zn污染的同时，往往还伴随着PBDEs、PAHs等POPs的污染。本书第6章将详细探讨杂交狼尾草对PBDEs/Zn复合污染土壤的修复。

3.4　电子垃圾拆解区土壤中典型POPs污染植物修复及机理

3.4.1　紫花苜蓿修复土壤芘污染

芘是PAHs中的一种，在电子垃圾污染土壤环境中广泛存在，主要由电子垃圾不完全燃烧产生。研究发现，紫花苜蓿除了对Cd具有较好的修复效果外，对土壤中的芘也具有一定的降解去除效果。

1. 材料与方法

供试验植物和土壤同 3.3.1 小节。试验用芘(购自美国 USDS 公司,纯度≥97%)溶于丙酮,加入到部分供试土壤中,搅拌均匀。待丙酮完全挥发后,再与大量土壤混合,搅拌均匀,供试验土壤中芘的污染浓度设定为 0 mg · kg^{-1}、10 mg · kg^{-1}、20 mg · kg^{-1}、50 mg · kg^{-1}、100 mg · kg^{-1}、300 mg · kg^{-1},分别代表无、低、中、高浓度(表 3-5),分别称为 T0、T1、T2、T3 和 T4 处理。每盆装入土壤 1.5 kg。

表 3-5 不同处理中土壤中芘浓度的设定值与实测值 (单位: mg · kg^{-1})

处理编号	设定土壤中芘含量	实测土壤中芘含量
T0	0	nd
T1	10	10.87±0.98
T2	20	22.50±1.48
T3	50	51.98±3.56
T4	100	102.68±7.74
T5	300	292.77±10.81

2. 芘含量测定

采用 GC-MS 进行检测分析。GC-MS 分析条件:使用毛细管柱(Rxi-5MS,30 m×0.25 μm×0.25 mm),载气为氦气,柱流量 1.50 mL · min^{-1}。柱升温程序为 80℃(5 min)→250℃(10℃ · min^{-1})→280℃(15℃ · min^{-1}保持 5 min)。进样口温度 280℃,不分流进样,离子源为 EI,电离能量 70 eV,离子源温度 220℃,接口温度 250℃,扫描质量范围为 50~550 u。进样量 1 μL。

3. 土壤中芘含量的变化

紫花苜蓿具有修复土壤有机污染物的潜力,结果如图 3-8 所示,芘污染条件下,随着实验时间延长,各个处理浓度下无植物(NP)对照组中芘含量均有一定程度减少。60 d 时 T1~T5 处理中芘分别减少了 17.17%、13.65%、9.85%、7.53%、4.28%,表明土壤自身及光照作用对芘具有一定的去除能力,且随着土壤中外源芘浓度增大,该去除能力逐渐降低。当种植紫花苜蓿后,各处理浓度组中芘含量均显著减少($P<0.01$)。30 d 时 T1~T5 处理土壤中芘减少了 17.42%~24.25%;60 d 时 T1~T5 处理土壤中芘减少了 27.74%~59.83%。随着土壤中外源芘含量增大,种植物处理(P)与 NP 土壤中芘去除效率均呈逐渐减少的趋势,其中 NP 对照组中 T2~T5 处理去除率比 T1 处理减少了 20.46%~75.04%;P 中 T2~T5 处理去除率比 T1 处理减少了 16.23%~53.64%。这表明紫花苜蓿的种植对土壤中芘

的去除具有显著的促进作用，该作用随着土壤中外源芘的增大而显著减少。

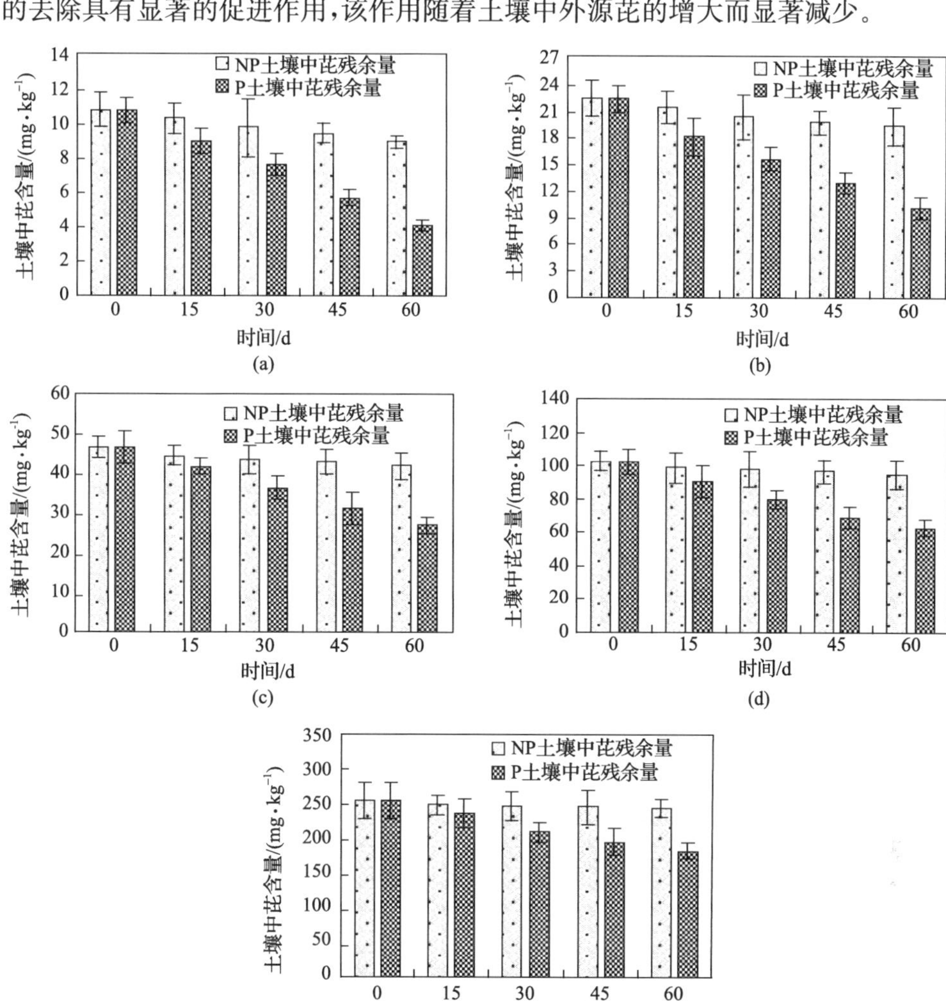

图 3-8　紫花苜蓿对土壤中不同浓度芘的去除

(a) T1；(b) T2；(c) T3；(d) T4；(e) T5

4. 芘对紫花苜蓿生长的影响

(1) 生物量。

土壤中重金属、PAHs 污染对植物的生长产生抑制作用，且随着土壤中污染物初始浓度的提高该抑制作用增强(占新华等，2006)。图 3-9(a)反映芘污染条件下紫花苜蓿地上、地下部分干重的变化。紫花苜蓿地上部分平均生物量为 1.75 g/棵，地下部分平均生物量为 0.23 g/棵。当芘含量为 10～50 mg · kg^{-1}时，T1、T2、T3 处理中紫花苜蓿地上部分及地下部分生物量均与 T0 无显著差异(P>0.05)；随着土壤中外源芘总量增加，T4、T5 处理组中紫花苜蓿地上部分、地下部分生物量与 T0 相比均显著减少(P<0.01)，地上部分减少 22.75%、39.54%，地下部分减少 13.51%、29.38%。这说明当土壤中芘含量大于 100 mg · kg^{-1}时，芘对紫花苜蓿生长造成一定的抑制，且地上部分受抑制程度强于根部，随着土壤中外源芘含量增大，该抑制作用逐渐增强。

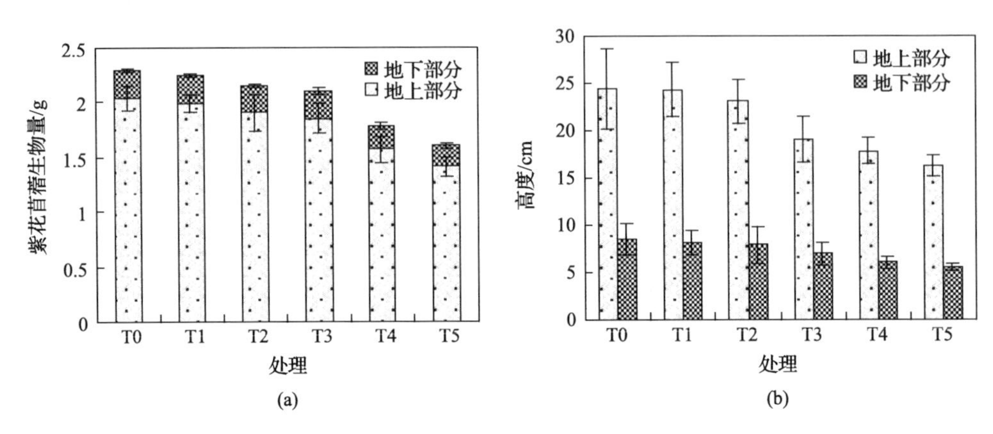

图 3-9 不同浓度芘对紫花苜蓿生长的影响

(a) 生物量；(b) 高度

(2) 生长高度。

植物生长高度是植物生长发育状况的又一重要指标。由图 3-9(b)可知，紫花苜蓿修复芘污染土壤时，地上部分平均高度为 20.83 cm，地下部分平均高度为 7.17 cm。T1、T2 处理时紫花苜蓿地上部分及地下部分生长高度均与 T0 处理无显著性差异(P>0.05)，T3、T4、T5 处理中紫花苜蓿地上部分生长高度与 T0 处理相比显著减少(P<0.01)，分别减少 21.97%、26.95%、45.40%；地下部分生长高度与 T0 处理相比也显著减少(P<0.01)，分别减少 18.80%、28.44%、48.08%。这说明当土壤中芘含量大于 50 mg · kg^{-1}时，芘对紫花苜蓿根部抑制作用强于地上部分，且随着土壤中外源芘含量不断增大，其抑制作用不断增强，但未出现落叶等症状。结果表明，在土壤中芘浓度大于 50 mg · kg^{-1}时才会对紫花苜蓿生长造成一定程度的抑制，紫花苜蓿对土壤芘具有一定的耐受能力，选用紫花苜蓿进行土壤中芘污染修复是合适的。

5. 芘在紫花苜蓿中的积累

由图 3-10 可知，60 d 后，芘污染条件下空白处理 T0 中的紫花苜蓿地上及地下部分均检测出少量的芘，而实验土壤检测不出芘，推断芘可能来源于同一温室中其他土壤所含有的芘因挥发作用而附着于植物上。土壤中芘含量为 10 mg·kg^{-1}时，紫花苜蓿地上部分芘含量比 T0 处理显著增大 1420.51%($P<0.01$)；地下部分芘含量比 T0 处理显著增大 2536.64%($P<0.01$)。随着土壤中芘浓度的增大，紫花苜蓿地上部分和地下部分芘含量均显著增大($P<0.01$)。与 T1 处理相比，在 T2、T3、T4、T5 处理下，紫花苜蓿地上部分芘含量分别显著增大了 74.01%、143.62%、213.22%、446.2%；地下部分芘含量分别显著增大了 113.33%、246.67%、386.67%、793.33%。紫花苜蓿地下部分芘含量与土壤中芘含量相关系数为 0.9623，各浓度下地下部分的芘含量均显著高于地上部分，表明根系是紫花苜蓿吸收并储存芘的主要器官。当芘含量为 10～300 mg·kg^{-1}时，紫花苜蓿对芘的转移系数在 0.41～0.67，且随着土壤中外源芘含量增大而减少。

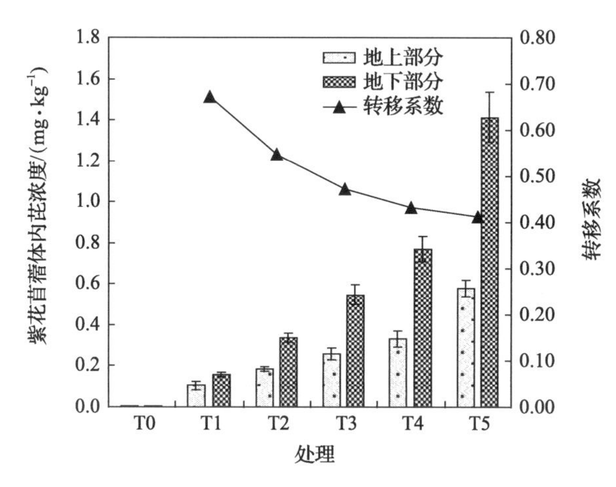

图 3-10　芘在紫花苜蓿体内的含量及转移系数

6. 芘胁迫下紫花苜蓿的生理响应

(1) 叶绿素。

蔡顺香等(2009)研究发现，土壤中存在芘时，植物叶绿素含量也显著减少，且芘对植物光合作用均有明显的抑制作用。图 3-11(a)反映了各污染条件下紫花苜蓿叶绿素含量的变化。在 T1、T2 处理下紫花苜蓿叶片叶绿素含量与 T0 处理无显著差异；且叶绿素含量随着土壤中外源芘含量不断增大而逐渐降低。T3、T4、T5 处理紫花苜蓿叶片叶绿素含量与 T0 处理相比减少了 17.84%、31.88%、43.17%。紫花苜蓿叶绿素含量与土壤中芘含量相关系数 $R=0.9576$，表明在本实验中土壤中污染物毒害作用是叶绿素含量减少的直接原因。

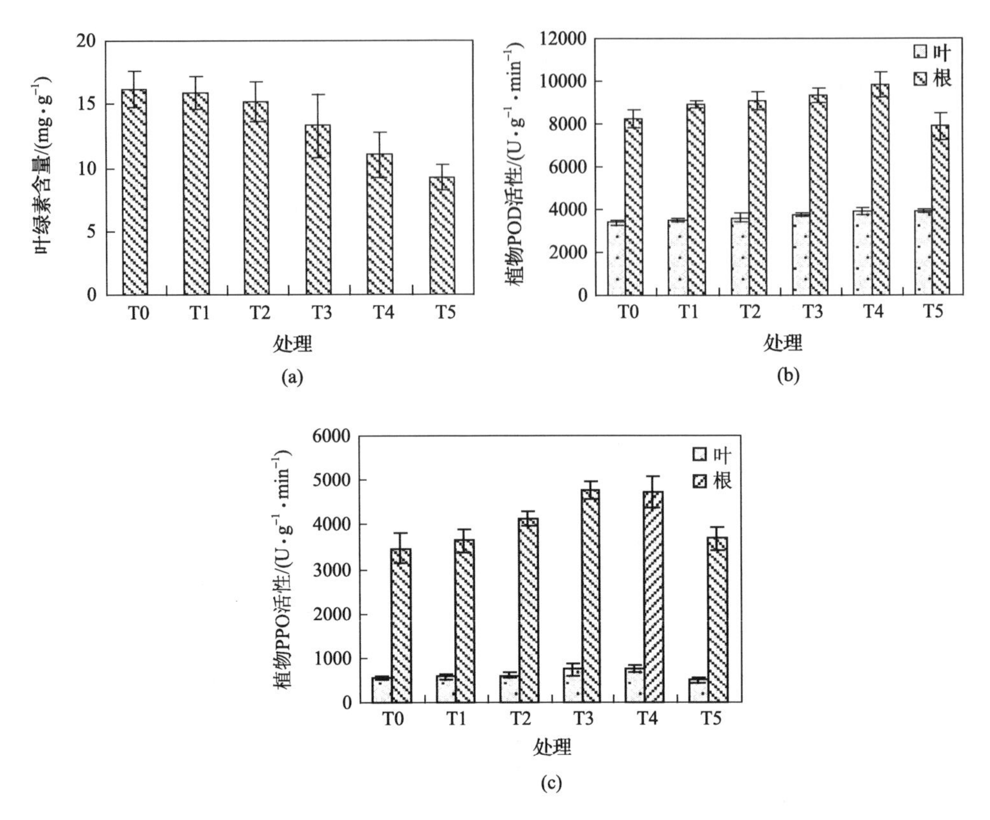

图 3-11　不同浓度芘胁迫下紫花苜蓿的生理响应

(a) 叶绿素;(b) 植物过氧化物酶;(c) 植物多酚氧化酶

(2) 植物过氧化物酶。

不同浓度芘胁迫下,紫花苜蓿植物过氧化物酶的活性如图 3-11(b)所示。T1～T5 处理叶片中 POD 活性与 T0 处理相比均显著增大,表明土壤中芘进入植物体内后,叶片产生了大量的过氧化物酶以抵抗芘胁迫;紫花苜蓿根部 POD 活性随着土壤中芘含量增大不断增大,与 T0 处理相比,T1～T4 处理根部 POD 活性分别显著增大了 8.03%、9.86%、12.91%、19.35%。紫花苜蓿修复高浓度芘污染土壤时,根系的 POD 活性均有一定的下降趋势,可能是 POD 保护机制遭到一定程度的破坏,孙成芬等(2009)的研究结果也表明,高浓度污染的芘促使植物体内蓄积大量的氧自由基而导致植物代谢系统紊乱。

(3) 植物多酚氧化酶。

图 3-11(c)反映了不同污染物胁迫下紫花苜蓿 PPO 的活性变化。芘污染条件下,处理 60 d 后,T0～T5 处理根部 PPO 活性均显著高于叶片。T1～T3 处理叶片

中 PPO 活性与 T0 处理相比均显著增大，叶片增大了 3.45%、9.45%、31.28%；当土壤中芘含量为 100 mg · kg^{-1}时，叶片中 PPO 活性与 T3 处理相比无显著性差异；T5 处理与 T0 处理相比显著减少了 9.46%。T1～T3 处理根系中 PPO 活性与 T0 处理相比增大了 5.26%、19.08%、37.74%；T4 处理根部 PPO 与 T3 处理无显著性差异；T5 处理比 T0 处理显著增大了 6.27%，但比 T4 处理显著减少。结果表明，土壤中不断增多的芘，促进了叶片产生大量的 PPO 以抵抗芘胁迫作用；当土壤中芘含量为 100 mg · kg^{-1}时，叶片的 PPO 保护机制遭到一定程度的抑制，但其酶活性仍高于空白对照；当土壤中芘含量为300 mg · kg^{-1}时，叶片的 PPO 保护机制遭破坏，酶活性低于 T0 处理，说明 PPO 保护机制存在阈值。紫花苜蓿根系自我保护机制比叶片更强，但当土壤中芘含量为300 mg · kg^{-1}时，根系的 PPO 遭到一定程度的抑制，但仍高于 T0 处理。

7. 芘胁迫下土壤酶活性随时间的变化

(1) 土壤脱氢酶。

不同芘污染处理下，土壤脱氢酶活性如图 3-12 所示。各个处理浓度下种植物(P)处理土壤脱氢酶活性均显著大于无植物(NP)对照实验，且随着实验时间延长，P 与 NP 中土壤脱氢酶均有一定程度增大。60 d 时，在 T0～T5 处理下 NP 土壤脱氢酶活性比 0 d 时增大了 5.19%～14.91%；种植物处理 60 d 时土壤脱氢酶活性比 0 d 增大了 11.88%～42.02%。以 0～60 d 时 T1～T5 处理植物对土壤中芘的去除率与 T1～T5 处理土壤中脱氢酶变化率作相关性分析可知，单芘污染条件下其相关系数为 0.873($P<0.01$)，土壤中芘的去除效果与土壤脱氢酶活性密切相关。Kaimi 等(2006)研究指出，土壤中脱氢酶活性越大，柴油的降解率越高，两者显著正相关，这与本实验结论相似。土壤脱氢酶活性越大，土壤中芘去除效果越理想。当土壤中芘含量过高时，对土壤脱氢酶活性产生抑制作用，是高浓度芘污染土壤芘去除效果较差的原因之一。60 d 时随着土壤中外源芘含量增大，两种污染条件下 NP 及 P 处理土壤中脱氢酶活性均呈先增大后减少的变化趋势。当土壤中芘含量为10 mg · kg^{-1}时，土壤脱氢酶活性显著大于 T0 处理($P_1<0.01$)；当土壤中芘含量为20～300 mg · kg^{-1}时，土壤脱氢酶活性显著小于 T0 处理($P_2<0.05$，$P_3<0.05$，$P_4<0.01$，$P_5<0.01$)。中低浓度芘对土壤中植物根系及根际微生物的生长有一定的刺激作用，使其分泌出较多的脱氢酶，促进土壤中芘的分解。沈国清等(2005)的研究表明，菲和镉复合污染对许多土壤酶具有协同抑制作用，与本研究结果相似。

(2) 土壤多酚氧化酶。

多酚氧化酶具有催化土壤中酚类物质氧化生成醌类物质的作用，是土壤中重要的氧化还原酶，土壤微生物修复有机污染物的能力可由多酚氧化酶活性体现。

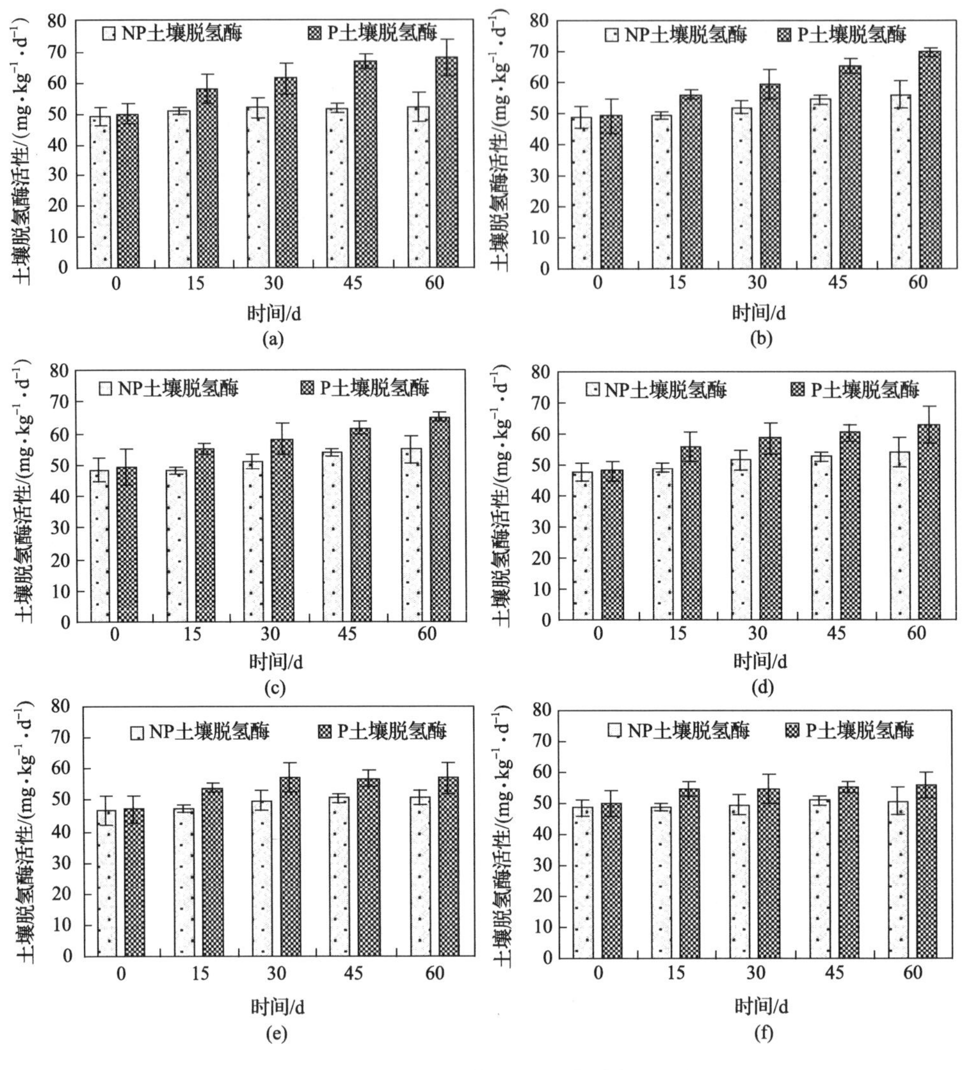

图 3-12　不同芘污染条件下土壤脱氢酶活性

(a) T0；(b) T1；(c) T2；(d) T3；(e) T4；(f) T5

由图 3-13 可知，不同芘浓度下 P 处理土壤多酚氧化酶活性均显著大于 NP，且随着实验时间延长，种植物处理与无植物对照实验中土壤多酚氧化酶活性均有一定程度增大。60 d 时 T0～T5 处理 NP 对照实验中土壤多酚氧化酶活性比 0 d 时增大了 7.34%～31.03%，P 处理 60 d 时比 0 d 增大了 19.06%～50.27%。以 0～60 d 时 T1～T5 处理植物对土壤中芘的去除率与 T1～T5 处理土壤中多酚氧化酶活性变化率作相关性分析可知，芘的去除率与土壤多酚氧化酶的相关系数为 0.9418(P<0.01)。Chen 等(2004)研究发现，在一定条件下土壤中 PAHs 类物质的浓度与土

壤多酚氧化酶活性之间具有正相关关系，与本实验结论吻合。

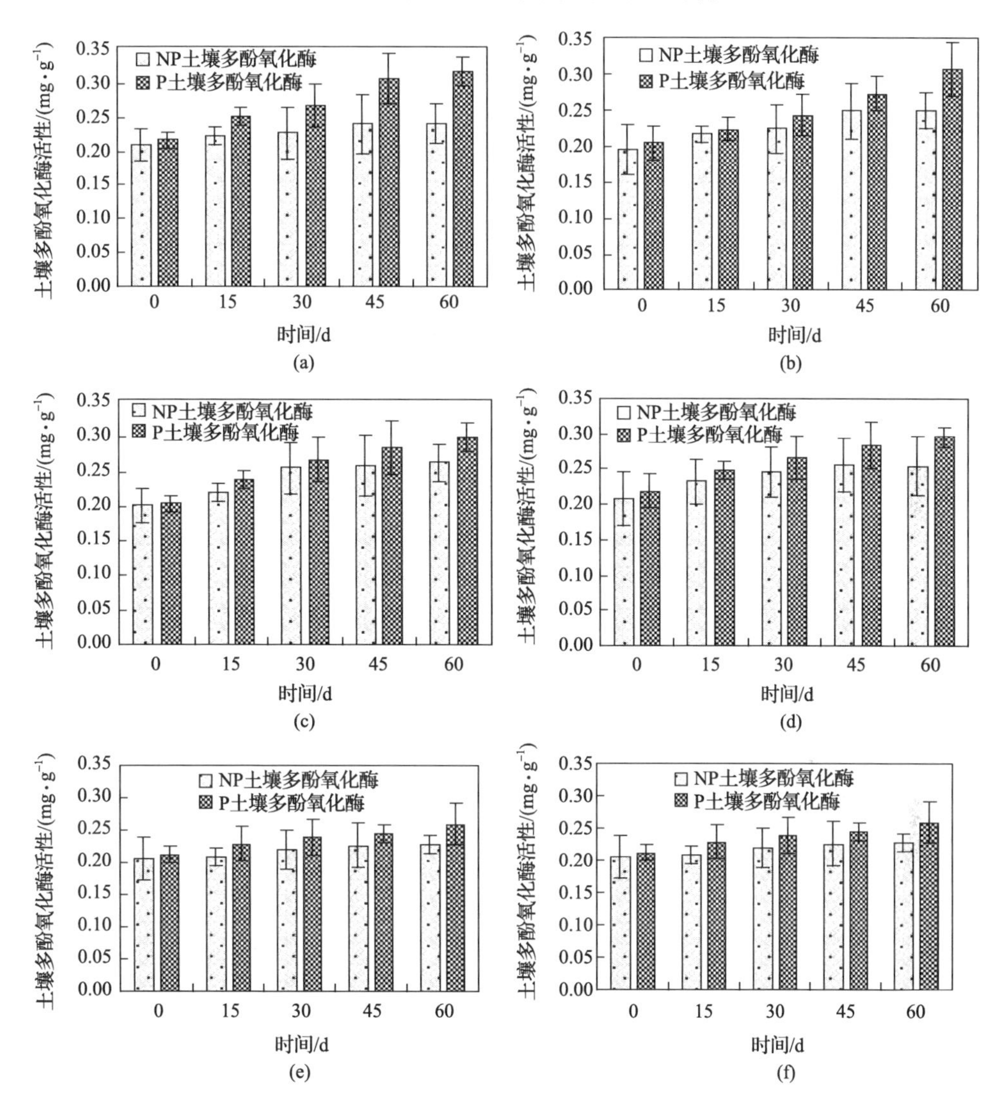

图 3-13　不同浓度芘污染处理条件下土壤多酚氧化酶活性

(a) T0；(b) T1；(c) T2；(d) T3；(e) T4；(f) T5

当土壤中芘含量为 0～20 mg · kg^{-1}时，NP 处理土壤多酚氧化酶活性显著大于 T0 处理(P<0.01)；当土壤中芘含量为 50～300 mg · kg^{-1}时，土壤多酚氧化酶活性显著小于 T0 处理(P_2<0.05，P_3<0.05，P_4<0.01，P_5<0.01)。当土壤中芘含量为 0～20 mg · kg^{-1}时，种植物土壤多酚氧化酶活性并无显著性差异(P_1>0.05)；当土壤中芘含量为 50～300 mg · kg^{-1}时，土壤多酚氧化酶活性显著小于

T0($P_2<0.05$,$P_3<0.05$,$P_4<0.01$,$P_5<0.01$)。这表明低浓度芘刺激了土壤中多酚氧化酶活性,从而促进土壤中芘的分解;随着土壤中外加芘浓度增大,过高浓度的芘对土壤多酚氧化酶活性产生了抑制作用,是高浓度芘污染土壤芘去除效果较差的原因之一(刘世亮等,2007)。

8. 微生物对紫花苜蓿富集芘的影响

植物-微生物联合修复技术是土壤污染生物修复强化措施中具有良好发展前景的方法之一。许多学者利用紫花苜蓿-微生物联合作用对土壤中多氯联苯及石油烃污染物进行修复,获得了较好的修复效果(Pongrac et al.,2009),但关于紫花苜蓿-微生物联合修复土壤 PAHs 的报道较少。本实验考察氧化节杆菌、耳葡萄球菌和嗜麦芽窄食单胞菌对紫花苜蓿体内芘的积累及土壤中芘的去除的影响,以期为微生物强化植物修复土壤重金属、PAHs 污染的应用提供实验依据。

各实验土壤中污染物及浓度设定如表 3-6 所示。每盆装入土壤 600 g,共设如下 6 个处理:①空白,无外加芘,种植紫花苜蓿;②control,外加芘,不种植紫花苜蓿;③B0,外加芘,种植紫花苜蓿;④B1,外加芘,种植紫花苜蓿,接种氧化节杆菌;⑤B2,外加芘,种植紫花苜蓿,接种耳葡萄球菌;⑥B3,外加芘,种植紫花苜蓿,接种嗜麦芽窄食单胞菌。每千克土壤接种外源微生物生物量均为 50 mg。每个处理设 3 个平行,接种菌后 45 d 盆栽结束。

表 3-6 不同土壤中芘浓度的设定值与实测值 (单位:$mg \cdot kg^{-1}$)

处理编号	设定土壤中芘含量	实测土壤中芘含量
T0	0	nd
T1	10	11.32±0.98
T2	50	52.45±1.73
T3	100	105.95±8.75

由表 3-7 可知,随着土壤中芘浓度增大,接种菌株的 B1、B2、B3 处理中紫花苜蓿地上、地下部分芘积累量与 B0 处理相比均有显著差异,地上部分平均增大了 128.23%、88.29%、119.45%,地下部分平均提高了 113.50%、79.54%、109.04%;在 3 种菌株处理下芘在紫花苜蓿体内的转移系数与 B0 相比无显著性差异。在微生物的影响下,虽然植物向地上部分转移的芘量有所增加,但根系吸收积累的芘量也相应增大,因此转移系数并没有表现出明显的差异性。由此可见,3 种菌株对紫花苜蓿根部吸收土壤中的芘均有一定的促进作用,其促进作用大小为:嗜麦芽窄食单胞菌=氧化节杆菌>耳葡萄球菌。

表 3-7 芘污染条件下植物体内芘积累量(干重) (单位: mg · kg^{-1})

处理编号	紫花苜蓿地下部分				紫花苜蓿地上部分			
	T0	T1	T2	T3	T0	T1	T2	T3
B0	nd	0.11	0.28	0.33	nd	0.05	0.10	0.12
B1	nd	0.16	0.66	0.88	nd	0.07	0.26	0.33
B2	nd	0.15	0.52	0.73	nd	0.07	0.20	0.27
B3	nd	0.16	0.64	0.85	nd	0.07	0.25	0.32

9. 芘的降解产物

本实验利用 GC-MS 对不同处理下根际土壤中芘的代谢产物进行定性分析，结果如图 3-14 所示。B0、B1、B2、B3 处理的设定同上。

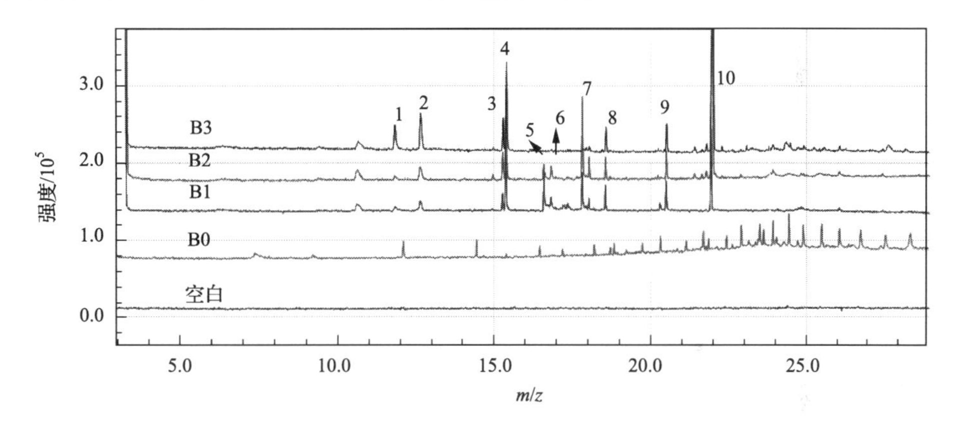

图 3-14 不同处理下芘代谢产物的 GC-MS 分析图谱

由图 3-14 可知，与 B0 处理相比，B1、B2、B3 处理有许多新物质产生，B1、B3 处理所得的谱图出峰基本一致，共检测到 10 种可能的代谢产物，而 B2 处理只检测到 1、2、3、4、8、9、10 号物质。取 B1 处理所检测的代谢产物进行分析，1～10 号物质的质谱图如图 3-15 所示。

许多研究表明，PAHs 降解的第一步是在双加氧酶的催化作用下，将两个氧原子直接加到芳香核上(Vila et al.，2001)，PAHs 生物降解过程的控速步骤是加氧过程，而后其降解进程开始加快，中间代谢物的积累没有或极少，进而 PAHs 转化为顺式二氢二醇，并进一步脱氢生成相应的二醇，随后环氧化裂解，形成三羧酸循环的中间产物并进入后续的降解过程。此外，单加氧酶也可将一个氧原子加到芳香核上，促使 PAHs 解环(Zhong et al.，2006)。本实验中，芘代谢产物中均存在大量邻苯二酚、邻苯二甲酸、α-萘酚、β-萘酚、1，2-萘二酮、1，2-二羟基萘、3-甲基-2H-1-苯并吡喃-2-酮、4-羟基菲、9，10-菲二酮，其他中间产物因浓度太低而难以确认。因此，推测氧化节杆菌强化紫花苜蓿降解芘的途径如图 3-16 所示。

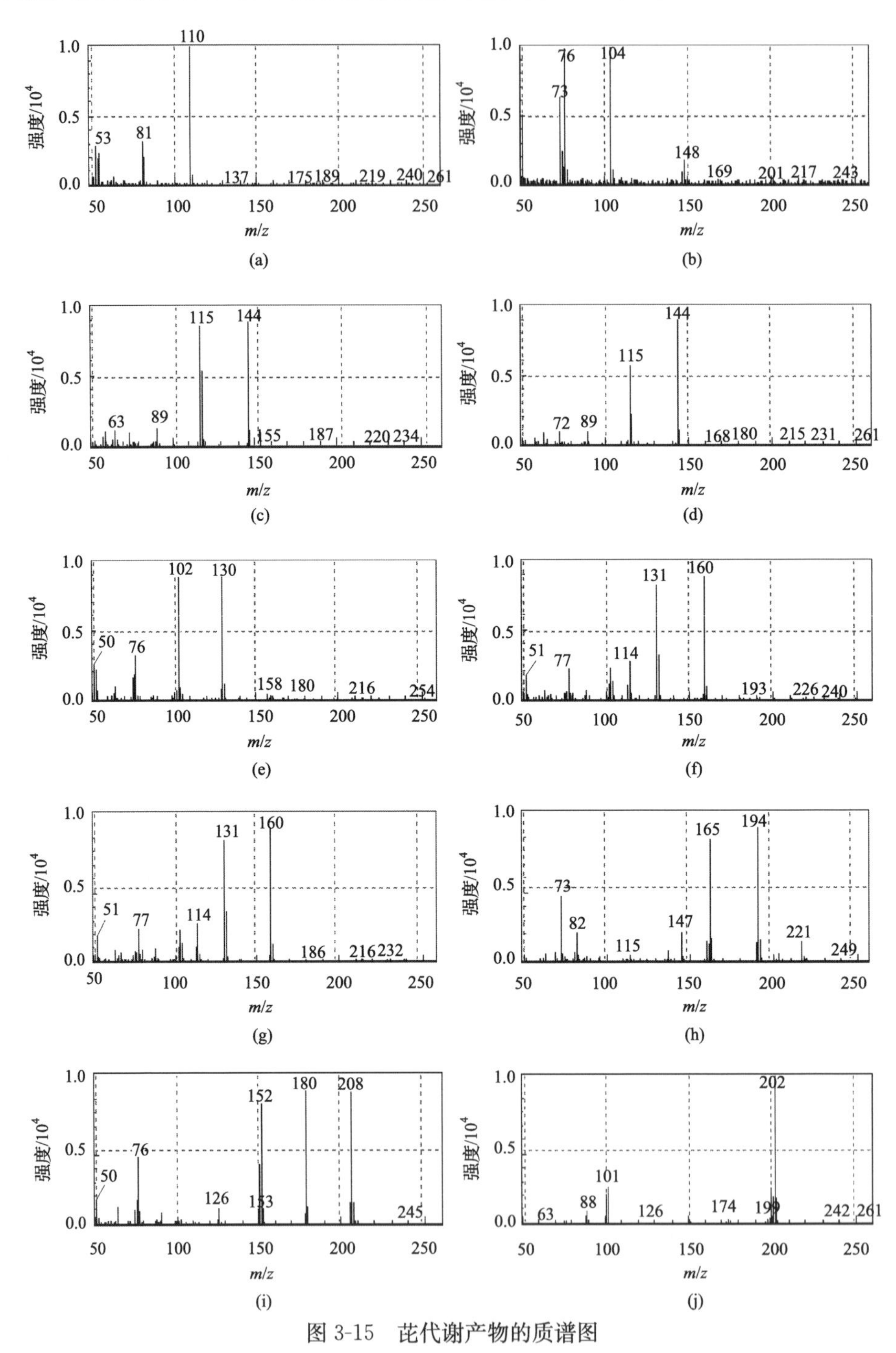

图 3-15　芘代谢产物的质谱图

(a) 邻苯二酚；(b) 邻苯二甲酸；(c) α-萘酚；(d) β-萘酚；(e) 1,2-萘二酮；(f) 1,2-二羟基萘；(g) 3-甲基-2*H*-1-苯并吡喃-2-酮；(h) 4-羟基菲；(i) 9,10-菲二酮；(j) 芘

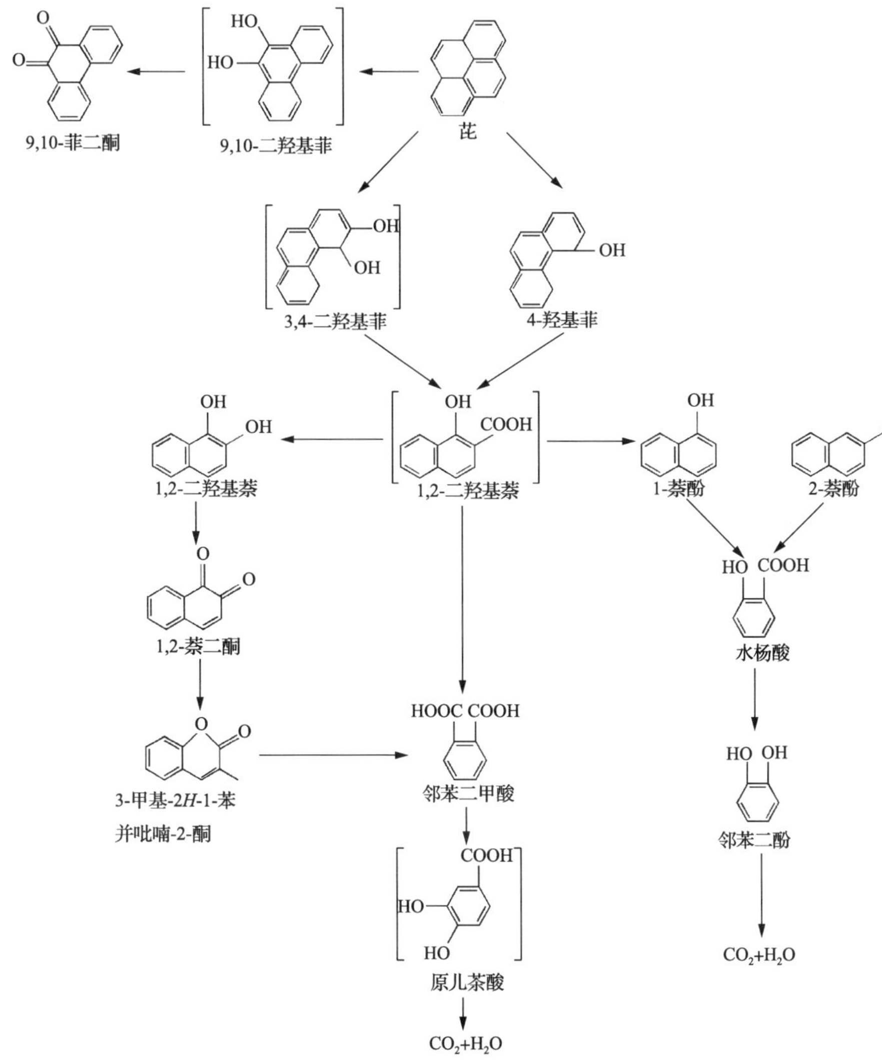

图 3-16　芘代谢途径(方框中为未检出物质)

3.4.2　植物修复土壤多溴联苯醚污染

PBDEs 是应用最广泛的溴代阻燃剂(BFRs)之一,目前关于土壤 PBDEs 的植物修复正处于起步阶段,只有少量的文献报道了萝卜、南瓜、苜蓿、黑麦草等对 PBDEs 污染的修复(Huang et al. ,2011; Huang et al. ,2010),本小节先对土壤 BDE-209 污染修复的植物进行筛选,选取污染物耐受能力强、修复效果好的植物用于污染修复实验,并对其修复机理进行研究。

1. 材料

供试验植物：实验所用植物包括狼尾草[*Pennisetum alopecuroides*（L.）Spreng]、龙葵（*Solanun nigrum*）、空心菜（*Ipomoea aquatica* Forsk）、芥菜（*Brassica juncea*）、苣菜（*Sonchus brachyotus* D C.）、鱼腥草（*Houtuynia cordata* Thunb）；所用种子购于广东省农业科学院，鱼腥草采用茎根繁殖，购于广东省农业科学院花卉市场。

供试验土壤：实验所用土壤来自华南农业大学试验田 0～20 cm 深度水稻土，土壤性质见表 3-8。土壤采回后放于干净实验台上风干，风干后敲碎，去除大颗粒杂质，研磨过筛（标准不锈钢筛，2 mm），备用。

表 3-8 实验所用土壤的基本理化性质

pH（$V_{土壤}$ ∶ $V_{水}$ = 1 ∶ 10）	有机质（organic matter，OM）	总氮（total nitrogen，TN）	有效磷（available phosphorus，A-P）	速效钾（available potassium，A-K）	阳离子交换量（cation exchange capacity，CEC）	十溴联苯醚（BDE-209）
5.91	11.64 g · kg^{-1}	0.73 g · kg^{-1}	10.45 mg · kg^{-1}	94.11 mg · kg^{-1}	20.95 cmol · kg^{-1}	未检出

2. 实验方法

（1）植物培养。

将供试植物种子在 10% H_2O_2（质量分数）溶液中消毒 15 min，再用双蒸水冲洗，浸泡在 3 mmol · L^{-1} $Ca(NO_3)_2$ 中 6 h，再转移至培养箱中避光发芽。两周后，植物幼苗才用于实验。鱼腥草利用种根扩大培养，从母株上剪取等量分枝用于实验。

（2）盆栽设置。

实验在温室中进行。日温（28±2）℃，夜温（24±2）℃，光照时长 14 h · d^{-1}，光照强度 5000～6500 lx。土壤污染物浓度设定见表 3-9。

表 3-9 不同设定浓度、不同种植植物土壤中 BDE-209 的初始浓度

不同植物	T1 设定 BDE-209 浓度 10 mg · kg^{-1}	T2 设定 BDE-209 浓度 50 mg · kg^{-1}
龙葵、芥菜	9.20±0.21	45.67±2.14
狼尾草、空心菜	8.96±0.16	46.58±3.71
鱼腥草、芥菜	8.59±0.12	47.27±4.82

本次筛选实验共 6 种植物，分别是：狼尾草、龙葵、空心菜、芥菜、苣菜、鱼腥草。BDE-209 浓度设定分别为 CK（空白，0 mg/kg）、T1（10 mg · kg^{-1}）和 T2（50 mg · kg^{-1}）。

BDE-209污染土壤的制备：称取少量过筛后土壤作为母土，均匀喷洒定量BDE-209母液（1000 mg · L^{-1}，溶于HPLC级甲苯中），不断搅拌30 min，放入通风橱内，待甲苯挥发完全后再与其他土壤充分混合，充分搅拌使土壤中BDE-209浓度尽量均匀。混匀后的土壤放置在黑暗的通风橱中，老化14 d后装入陶盆，每盆装入BDE-209污染土壤600 g。

(3) BDE-209萃取和检测。

BDE-209萃取：土壤和植物样品均采用索氏提取法，准确称取1 g土壤样品（植物样品0.2 g）于纸筒中，再加2 g无水硫酸钠用以除水，用150 mL（1∶1，体积比）正己烷/丙酮混合液提取36 h，所得浓缩物旋转蒸发后，过硅胶/氧化铝柱（从下到上，依次是6 cm中性氧化铝、2 cm中性硅胶、5 cm碱性硅胶、2 cm中性硅胶、8 cm酸性硅胶、1 cm无水硫酸钠），过柱后滤液再旋转蒸发浓缩，用正己烷定容后移至进样瓶中，GC-MS检测分析。

土壤和植物样品中的BDE-209均采用GC-MS检测，色谱柱为DB-5MS石英毛细管色谱柱（15 m×0.25 mm×0.25 μm，Agilent，USA），载气为氦气。质谱条件：NCI源，离子源温度为250℃，检测器电压1.1 kV，全扫描 m/z 范围为50～1000，接口温度280℃。分析条件为：进样口温度290℃，初始温度110℃保持2 min，以40℃ · min^{-1}的速率升至250℃，以10℃ · min^{-1}升至300℃，保持2 min，以40℃ · min^{-1}升至325℃，保持8 min（王芳芳等，2011）。

(4) 质量控制与保证。

盆栽实验开始前，先进行方法回收率的实验。先以基质加标的方式比较微波萃取、超声萃取和索氏萃取3种萃取方法。具体回收率见表3-10。根据表3-10可以看出，超声萃取回收率较低；微波萃取不稳定，偏差大；索氏萃取方法稳定性较好，回收率较高。因此本实验选取索氏萃取作为BDE-209的提取方法。

在每次进样前，先检测标准浓度BDE-209溶液，根据浓度-峰面积绘制工作曲线。为保证数据准确性，每3个样进行1次空白试剂校正，每16个样进行1次标准溶液校正。

表3-10　不同萃取方式BDE-209回收率(n=3)

BDE-209初始浓度/(mg · kg^{-1})	微波萃取回收率/%			超声萃取回收率/%			索氏萃取回收率/%		
2	78.34	112.34	85.46	61.27	73.42	70.23	84.23	85.17	89.26
5	80.21	120.34	104.91	80.23	68.41	76.25	93.13	99.14	102.11
10	112.34	117.55	80.22	76.26	81.24	70.23	96.27	101.22	96.55

3. BDE-209 对植物生长的影响

(1) 根长和茎长。

土壤中有机污染物、重金属通过植物根系的吸收、富集等作用,对植物的生长产生一定影响。不同的植物对不同的污染响应不同,对不同浓度之间的响应差异也是存在的。图 3-17 反映了不同条件下污染土壤对筛选植物根长和茎长影响的情况。由于不同植物的生长特性不一样,只考虑同种植物的变化情况来反映植物的耐污染能力。对比无污染物的 CK 组,龙葵、芥菜随着 BDE-209 的添加,植物根长受到一定程度的限制。其中芥菜在 BDE-209 污染土壤中表现出明显的毒害症状,当 BDE-209 为 $50\,mg \cdot kg^{-1}$时,根长仅 2.38 cm,为 CK 组的 21.12%。而狼尾草则表现出相反的状况,添加 BDE-209 后,随着土壤 BDE-209 浓度的升高,狼尾草的根长反而增加,最高可达 13.37 cm,为 CK 组的 145.96%。BDE-209 污染对空心菜、苣菜和鱼腥草影响作用不大。BDE-209 污染对植物茎长的影响规律与根长相似。龙葵、芥菜受到一定程度的抑制,T1、T2 处理浓度下茎长分别为 CK 组的 87.34%、51.74%和 34.91%、34.41%。而狼尾草和鱼腥草表现出一定的促进作用,对比 CK 组茎长分别增长 32.44%、95.07%和 79.14%、102.16%,其中 BDE-209 浓度为 $50\,mg \cdot kg^{-1}$时,狼尾草茎长可达 62.48 cm。污染土壤修复过程中,空心菜和苣菜的茎长与 CK 组未出现显著差异。

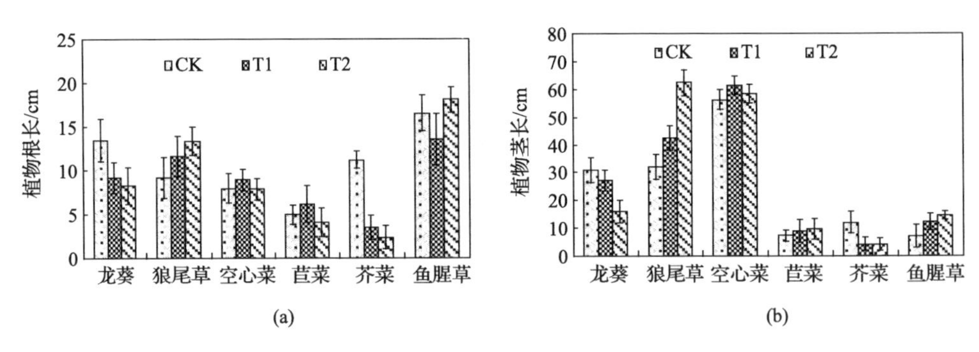

图 3-17　BDE-209 对不同植物生长的影响

(a) 根长;(b) 茎长

(2) 生物量。

图 3-18 反映了 BDE-209 污染条件下不同植物地上部、根部干重变化情况。龙葵在 T1 处理污染条件下,地上部生物量干重明显上升,对比 CK 组增加了 83.17%,而 T2 处理时则出现下降作用,这说明低浓度的 BDE-209 对龙葵生长具有促进作用,而高浓度对其生长会产生抑制作用;对狼尾草和空心菜而言,随着 BDE-209 浓度增加,其地上部生物量干重显著上升,T2 处理浓度下,地上部干重

分别为CK组的215.95%和142.13%，这表明BDE-209对狼尾草和空心菜具有促进作用；苣菜和芥菜在BDE-209污染条件下，其地上部生物量显著下降，T2处理浓度下地上部干重仅为CK组的44.66%和12.79%，BDE-209污染条件下受抑制明显。其中芥菜在T1和T2处理浓度下，地上部生物量每盆干重仅0.15 g和0.11 g；而鱼腥草在BDE-209污染条件下，地上部生物量干重变化不显著，说明鱼腥草对BDE-209污染耐受性较强。

6种植物根部生物量干重的变化情况如图3-18(b)所示。在T1和T2处理下，苣菜和芥菜的根部生物量与CK组对比，出现明显的下降，分别下降52.38%和62.22%，与地上部生物量表现出相同的规律，进一步说明苣菜和芥菜对BDE-209污染耐受性较差，受到明显的毒害作用；而龙葵、狼尾草、空心菜和鱼腥草随着污染物浓度增加，根部生物量出现显著上升，T2处理比CK组根部生物量干重分别增加124.13%、116.28%、71.43%和72.22%。其中狼尾草和鱼腥草的根部生物量干重都达到0.93 g，说明BDE-209对这4种植物的根部未出现抑制作用；由于鱼腥草根系发达且通过茎根繁殖，其根部干重的显著上升，与图3-18(a)所示其地上部干重变化不显著并不矛盾。综合植物地上部和根部生物量变化特征判断，BDE-209污染时，狼尾草和空心菜对BDE-209污染表现出较强的耐受性，并随着浓度的增高出现显著的促进作用；在低浓度时BDE-209对龙葵表现出促进作用，而高浓度时则表现出一定的抑制作用；苣菜和芥菜对BDE-209污染耐受性较差，出现明显毒害作用。

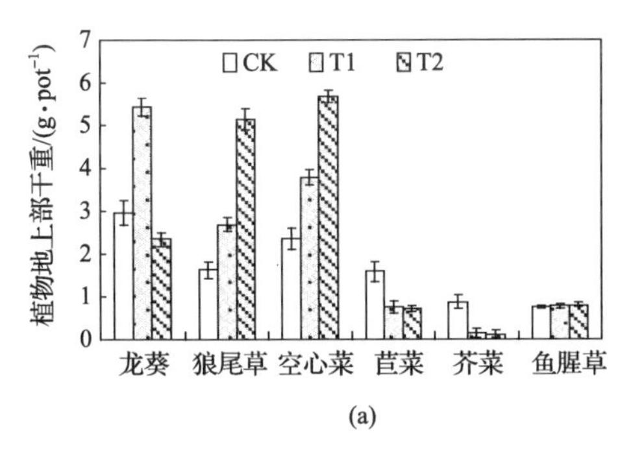

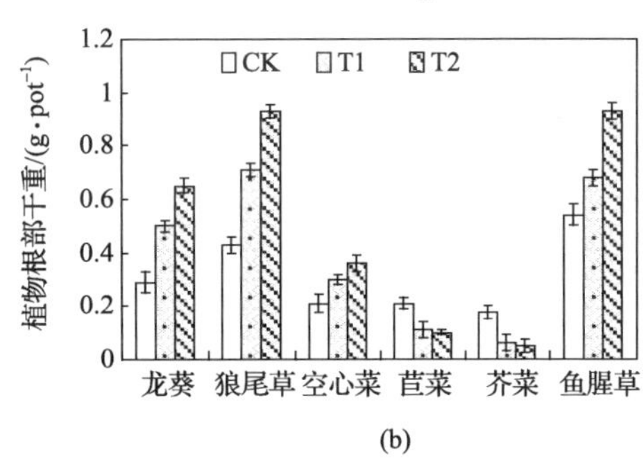

图3-18　BDE-209对不同植物生长量的影响

(a) 地上部分；(b) 根部；pot表示盆

4. BDE-209胁迫下植物生理生化指标的变化

(1) 叶绿素。

单一BDE-209污染条件下不同植物叶片叶绿素含量变化如图3-19(a)所示。随着污染物浓度的变化，龙葵、鱼腥草体内叶绿素含量变化不显著。随着BDE-209

浓度增加，狼尾草体内叶绿素含量上升，T2处理下，叶绿素含量比CK组上升38.62%。随着BDE-209浓度增加，苣菜和芥菜体内叶绿素含量显著降低，T2处理下芥菜叶绿素含量仅为CK组的40.26%。空心菜体内叶绿素含量随着BDE-209浓度先增大后减小，T1处理时为CK组的129.37%，T2处理时为CK组的112.59%，这说明高浓度的BDE-209对空心菜叶绿素含量的促进作用不如低浓度时明显。

(2) 可溶性蛋白质。

BDE-209污染条件下，6种植物可溶性蛋白质含量的变化情况如图3-19(b)所示。与未加BDE-209的对照组CK相比，空心菜、苣菜和芥菜体内可溶性蛋白质含量出现显著性差异，随着BDE-209浓度增加植物体内可溶性蛋白质含量增加，其中空心菜在T2处理下比CK组升高60.21%。这种随着污染物浓度的升高可溶性蛋白质含量也升高的现象与植物抗逆机理有关(Shutzendübel et al.，2001)。鱼腥草由于其根系发达，植物叶片中可溶性蛋白质含量变化不大。

(3) 丙二醛。

BDE-209污染条件下植物体内MDA含量变化如图3-19(c)所示，与空白组CK相比，随着BDE-209浓度上升，6种植物体内MDA含量均呈现升高趋势。这表明土壤中BDE-209对植物组织和细胞具有一定的毒害作用。

(4) H_2O_2 酶。

BDE-209污染条件下植物 H_2O_2 酶含量变化如图3-19(d)所示。与空白组CK对比，随着污染物浓度的升高，植物体内 H_2O_2 酶含量均有一定程度的上升。H_2O_2 酶含量上升，反映出植物受毒害作用加强，与植物体内MDA含量增加相验证，符合植物逆境生理的变化规律。狼尾草、空心菜和苣菜在高浓度BDE-209的T2条件下，植物体内 H_2O_2 酶含量比T1显著减少，说明在高浓度BDE-209污染下，植物体内酶活性受到一定抑制。

(5) SOD酶。

BDE-209污染条件下，不同植物的SOD酶活性变化不同。随着污染物浓度增加，龙葵、狼尾草、苣菜和芥菜体内SOD酶活性与空白组CK相比呈下降趋势，而空心菜和鱼腥草在T1处理时SOD酶活性最高，这可能是植物对污染物的耐受浓度有一个阈值，超过阈值SOD酶活性则呈下降趋势。有研究表明，低浓度的有机物污染能激活植物体内SOD酶活性，SOD酶活性升高可增强植物清除活性氧自由基的能力，从而更好地适应不利环境。而当BDE-209浓度高达 $10 mg \cdot kg^{-1}$ 时，SOD酶活性对比CK出现下降。这说明高浓度污染物环境下，植物调控超出自身阈值，SOD酶活性下降是植物中毒反应的前兆(毛亮等，2011)。

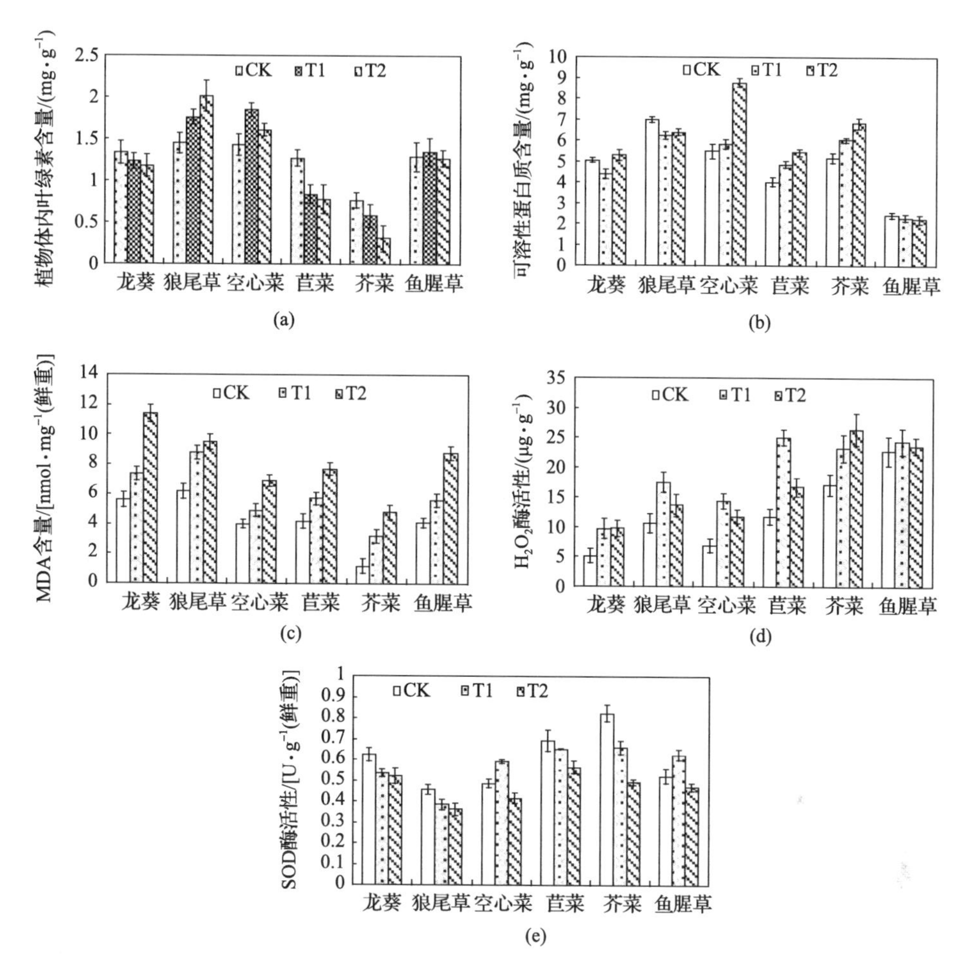

图3-19　BDE-209胁迫下植物生理生化指标变化

(a) 叶绿素；(b) 可溶性蛋白质；(c) 丙二醛；(d) H_2O_2 酶；(e) SOD酶

5. 不同植物体内BDE-209的含量

经过60 d盆栽实验后，分析收获后植物体内污染物的含量，能了解不同植物对污染物的吸收、富集和转运能力。由于植物不同部位对污染物吸收能力不同，因此将筛选植物分为地上部和根部两部分来测定污染物含量，更准确地把握污染物在植物体内的吸收和转运。

BDE-209在植物体内的积累，主要通过植物根系从土壤中摄取和通过植物叶片从空气中吸收。经60 d修复实验后，植物体内BDE-209含量见表3-11，在污染条件下6种植物体内均检测出BDE-209，这表明植物体有能力吸收BDE-209。而在CK对照组中，地下部均未检测出BDE-209含量；地上部除鱼腥草外，其他植物均未检测出 BDE-209。鱼腥草地上部 BDE-209 含量也仅为 0.016 mg · kg^{-1} 干重，这在 DDT、PCBs 等污染土壤的植物修复中也出现过类似的报道（毛亮等，2011）。

表 3-11 BDE-209 污染下植物体内 BDE-209 含量 （单位：mg · kg^{-1} 干重）

处理		龙葵	狼尾草	空心菜	鱼腥草	苣菜	芥菜
T1	根部	7.69±0.52	5.58±0.24	4.75±0.31	7.42±0.42	1.46±0.13	2.19±0.20
	地上部	2.78±0.35	3.30±0.19	1.83±0.12	1.26±0.23	0.56±0.08	0.79±0.11
T2	根部	15.46±1.14	16.93±0.83	13.26±0.81	13.44±1.03	7.30±0.29	6.47±0.51
	地上部	7.64±0.41	7.04±0.62	6.28±0.48	4.94±0.34	1.48±0.06	1.72±0.10

根系吸收的 BDE-209 在植物体内进行再次分配过程，向更高层次的茎和叶片转运。BDE-209 含量在根部和地上部存在显著差异，以龙葵为例，在 T1 和 T2 处理水平时，根部和地上部 BDE-209 含量的比值分别为 2.77 ∶ 1 和 2.02 ∶ 1。其他植物也有类似的分布规律，根部 BDE-209 含量明显大于地上部。不同植物体内 BDE-209 含量不同，主要取决于植物从根系中吸取 BDE-209 的能力，以及 BDE-209 从植物根部转运的能力。而在高浓度的 T2 处理时，6 种植物根系中 BDE-209 含量为 6.47～16.93 mg · kg^{-1}，而地上部 BDE-209 含量仅为 1.48～7.64 mg · kg^{-1}。其中苣菜和芥菜根部 BDE-209 含量分别高达地上部的 4.93 倍和 3.76 倍，这与 BDE-209 在植物根系无法正常转运有关，且对植物造成一定的毒害作用，与苣菜和芥菜在高浓度处理时生理活性和生物量指标反应的状况相符。

6. 不同植物修复后土壤中 BDE-209 的残留量

植物修复 60 d 后，不同处理浓度土壤中根际和非根际 BDE-209 的残留浓度和去除率见表 3-12。未种植植物的空白组，60 d 后土壤中 BDE-209 含量均下降，T1 处理水平去除率是 5.63%，T2 处理为 1.64%。这表明未种植植物时，BDE-209 在土壤中也有一定的自然降解，而这种降解作用与土壤中的微生物活动有关。植物修复 60 d 后，土壤中 BDE-209 含量显著下降，对比 CK 组，几种植物均使根际土壤中 BDE-209 去除率显著提高，并且除苣菜外的其他几种植物还能显著提高非根际土壤 BDE-209 的去除率，这表明植物对 BDE-209 的去除具有明显的促进作用，但不同植物之间去除效果存在显著差异。对比 6 种植物的修复效果，狼尾草、龙葵和空心菜对土壤 BDE-209 去除效果较好，根际去除率分别可达 40.44%、37.73%和 38.07%。T1 处理条件下，6 种植物根际去除率都在 20%以上，与 CK 组差异显著；而非根际去除率，空心菜效果最好，去除率可达 22.40%，其次为鱼腥草和龙葵，苣菜非根际去除率仅为 8.15%，与 CK 组差异不显著。T2 处理条件时，狼尾草和龙葵修复效果较好，根际去除率可达 30.20%和 24.96%，非根际去除率也有

20%以上，而苣菜的去除率是最低的，非根际仅为 2.00%，与空白组没有显著差异。

表 3-12　不同 BDE-209 污染处理下土壤的 BDE-209 残留量和去除率

处理	植物	初始浓度 /(mg·kg^{-1})	根际土残留量 /(mg·kg^{-1})	非根际土残留量 /(mg·kg^{-1})	根际去除率/%	非根际去除率/%
T1	龙葵	9.20±0.21	5.73±0.13	7.55±0.25	37.73 a*	17.87 b*
	狼尾草	8.96±0.16	5.34±0.46	7.78±0.11	40.44 a*	13.24 c*
	空心菜	8.96±0.16	5.55±0.10	6.95±0.44	38.07 a*	22.40 a*
	鱼腥草	8.59±0.12	6.83±0.17	7.22±0.31	20.49 c*	15.95 bc*
	苣菜	8.59±0.12	6.38±0.16	7.89±0.13	25.73 b*	8.15 d
	芥菜	9.20±0.21	6.84±0.11	8.01±0.39	25.63 b*	12.96 c*
	空白	9.20±0.21	8.68±0.14		5.63	
T2	龙葵	45.67±2.14	34.27±3.62	36.21±2.36	24.96 ab*	20.71 a*
	狼尾草	46.58±3.71	32.52±3.52	36.24±3.56	30.20 a*	22.20 a*
	空心菜	46.58±3.71	36.74±1.97	43.20±4.17	21.12 b*	7.26 c*
	鱼腥草	47.27±4.82	41.44±3.46	42.41±3.15	12.33 c*	10.29 b*
	苣菜	47.27±4.82	44.79±5.34	46.63±3.10	5.25 d*	2.00 d
	芥菜	45.67±2.14	39.63±4.65	41.09±4.66	13.23 c*	10.01 b*
	空白	45.67±2.14	44.92±1.03		1.64	

注：同一处理条件下，不同字母表示不同植物对 BDE-209 的去除率差异显著($P<0.05$)。

* 表示处理组与空白组之间差异显著($P<0.05$)。

根际土壤是受植物根系影响的根-土界面微环境，也是植物根系-土壤-微生物相互作用的场所，其与非根际土壤的区别在于根系对整个微环境的影响。除了非生物性损失(光解、挥发等)外，根际土壤中 BDE-209 的去除主要依靠植物吸收积累、植物代谢和微生物降解等途径，而非根际土中 BDE-209 的去除则主要靠微生物的降解作用。6 种修复植物吸收积累的 BDE-209 含量为 0.24～52.01 μg，对土壤中 BDE-209 去除的贡献率只有 0.001%～0.316%，这与 Huang 等(2010)所得的结论相类似。这说明植物对 BDE-209 的吸收积累量占土壤中总 BDE-209 去除的比例很小，可忽略不计，植物对土壤中 BDE-209 的去除主要是通过植物代谢的作用。表 3-12 中数据显示，植物根际土与非根际土 BDE-209 去除率之间存在显著差异，根际土与非根际土 BDE-209 去除率相差最高可达 27.20%，根际土 BDE-209 去除率最高可达 40.44%，非根际土去除率最高也达 22.40%。根际土壤具有较高水平的微生物活性、多样性与生物量，这对于提高土壤中污染物的降解具有重要作用，因为根际微生物具有降解多种有机污染物的能力。对比 CK 组，植物修复后非根际土 BDE-209 去除率也有显著提高，这主要是植物根系活动及根际分泌物促进了微生物降解作用从而提高了非根际土 BDE-209 的去除率。在 T1 处理下，根际土去除率均在 20%以上，非根际土去除率在 8.15%～22.40%，说明在低浓度 BDE-209 时根际微环境代谢活跃，植物根系对 BDE-209 降解起重要作用。在 T2 处理时，由于 BDE-209 浓度增大，不同植物因其耐受性不同而差异显著。狼尾草和龙葵修复效果较好，根际土和非根际土去除率均在 20%以上，而苣菜和芥菜由于生长受到抑制，去除率明显降低。

供试的 6 种植物对土壤中 BDE-209 污染表现出不同的反应，狼尾草、空心菜、龙葵和鱼腥草耐污性较强，生物量未受到抑制；相反，BDE-209 在一定程度上促进了它们的生长。而苣菜和芥菜在高浓度条件下受到明显抑制，地上部和根部生物量干重均显著下降。BDE-209 进入植物体内后，不同植物的生理响应不同。随着污染物浓度增加，植物体内可溶性蛋白质含量上升，MDA 含量升高，植物体内酶系统和抗氧化物质被激活，H_2O_2 酶活性、SOD 酶活性上升，实现植物逆境条件下的自我保护。供试植物对土壤污染物均有一定的吸收富集作用，根部污染物含量显著大于地上部分。狼尾草体内 BDE-209 含量高达 16.93 mg · kg^{-1}；植物修复 60 d 后，土壤中污染物浓度均有一定程度的降低，根际土去除率显著高于非根际土。修复效果依次为狼尾草＞龙葵、空心菜＞鱼腥草＞芥菜＞苣菜，其中龙葵是一种对 Cd 具有较好富集效果的植物，电子垃圾拆解区土壤中 BDE-209 往往和 Cd 同时存在，因此考虑将龙葵作为电子垃圾拆解区土壤 BDE-209/Cd 的修复植物，进行后续 BDE-209/Cd 复合污染修复实验。

3.5　表面活性剂和微生物强化龙葵修复土壤 BDE-209/Cd 复合污染

3.5.1　强化修复

近年来，电子垃圾污染的土壤修复成为世界性的难题。研究表明，受电子垃圾污染土壤中的有机污染物如 PAHs、PCBs 及 PBDEs 等的生物有效性是限制其被植物、微生物吸收降解的主要原因（Chan et al.，2013；Jules et al.，2012）。采用表面活性剂增加有机污染物的溶解性，是增强有机物修复效果的十分有前景的方法（Wan J et al.，2009）。表面活性剂的添加，使土壤中 BDE-209 和 Cd 生物有效性增强，植物可利用性增加，修复效果得到一定程度的提高。通过表面活性剂将土壤中污染物解吸出来，增溶于土壤溶液中，改善污染物的植物、微生物的可利用性，促进植物根系对 BDE-209 的降解和 Cd 的富集，以此来提高修复效果。微生物-植物联合修复也是土壤污染强化修复的一个充满前景的发展方向之一（Teng et al.，

2010)。目前国内外对于该技术主要处在特效菌的筛选方面,已有外源微生物对 BDE-209 污染修复的研究报道(Zhou et al.,2007),外源微生物对土壤重金属形态的影响也有一定研究(Zhang et al.,2012),但联合外源菌和植物修复 BDE-209、Cd 土壤复合污染的研究尚未见报道。

3.5.2 盆栽设计

盆栽实验在温室中进行,污染物浓度设定见表 3-13。

表 3-13　土壤中 BDE-209 和 Cd 的初始浓度　(单位:$mg \cdot kg^{-1}$)

处理编号	Cd 设定 /($mg \cdot kg^{-1}$)	Cd 实测 /($mg \cdot kg^{-1}$)	BDE-209 设定 /($mg \cdot kg^{-1}$)	BDE-209 实测 /($mg \cdot kg^{-1}$)
TB1	0	0	5	4.96±0.35
TB2	0	0	10	10.34±0.68
TB3	0	0	25	25.42±1.74
T1	25	24.96±2.12	5	4.96±0.35
T2	25	25.17±2.01	10	10.34±0.68
T3	25	24.55±1.82	25	25.42±1.74

先将 BDE-209 加入少量母土拌匀,待溶剂挥发完全后,再与大量土壤混合均匀,根据不同设定浓度添加母土的量。Cd 以 $Cd(NO_3)_2$ 形式加入。本次实验一共设置 9 个处理,具体设置见表 3-14。表面活性剂以溶液的形式加入。种植植物之前先将阴离子型表面活性剂十二烷基苯磺酸钠(SDBS)和非离子型表面活性剂吐温 80(TW80)溶解于一定量的水中至充分溶解,然后根据 1 $mmol \cdot kg^{-1}$ 土壤的浓度加入到相应的土壤中,不断搅拌至混合均匀。外源微生物在种植植物 1 周后加入,添加浓度为 50 $mg \cdot kg^{-1}$ 土壤。每个处理设置 3 个平行实验,并设置不种植植物组用于对照,植物种植 60 d 后,盆栽结束。

表 3-14　不同处理的设置条件

处理编号	具体条件
0	不添加表面活性剂和外源菌
a	只添加 SDBS
b	只添加 TW80
A	只接种白腐菌
B	只接种铜绿假单胞菌

续表

处理	具体条件
Aa	添加 SDBS 后,接种白腐菌
Ab	添加 TW80 后,接种白腐菌
Ba	添加 SDBS 后,接种铜绿假单胞菌
Bb	添加 TW80 后,接种铜绿假单胞菌

3.5.3 表面活性剂和微生物强化修复效果

1. 强化修复后龙葵生物量的变化

添加表面活性剂及外源菌后,修复植物龙葵的生物量变化状况如图 3-20 所示。对比同种污染物条件下,不同的处理表现出不同的影响。添加白腐菌和 TW80 的 Ab 处理组,地上部干重和根部干重均是所有处理中最大的。这表明白腐菌和 TW80 联合作用对龙葵在污染条件下的生长有一定的促进作用。分析对比不同处理,外源菌和表面活性剂同时添加时的生物量大于单一添加时的情况。

表面活性剂对土壤中有机污染物能起到增溶作用,对土壤中重金属也具有一定的活化作用,添加表面活性剂提高了污染物的生物可利用性,从而增强了修复效果。如图 3-20 所示,添加表面活性剂后的龙葵生物量干重明显大于单一添加外源菌的,尤其是添加重金属 Cd 的 T1、T2 和 T3 处理表现得更加明显。这可能与表面活性剂活化重金属,降低其对龙葵的毒害作用有关。BDE-209 浓度增加,对龙葵地上部生物量干重的影响并不显著,但对龙葵根部生物量干重有显著影响,对比 TB1、TB2 和 TB3,BDE-209 浓度增加,龙葵根部生物量干重增加,无表面活性剂和外源菌的情况下,TB2 和 TB3 根部生物量干重是 TB1 的 155.56%和 208.33%,植物生长状况最好的 Ab 处理条件下,TB2、TB3 分别是 TB1 的 144.12%和 211.76%。在 Cd 存在时,T2、T3 根部生物量分别是 T1 的 1.78 倍和 2.26 倍。这说明 BDE-209 浓度大小对龙葵根部生物量干重有一定的影响,高浓度的 BDE-209 对龙葵的根系生长有一定的促进作用。

2. 强化修复后龙葵体内污染物含量

(1) 龙葵体内 Cd 含量。

龙葵作为 Cd 超富集植物,对 Cd 的吸收、富集和转运能力是很强的(魏树和等,2005)。从图 3-21 可以看出,盆栽 60 d 后,龙葵对土壤中 Cd 均具有很大量的吸收,在 T1、T2 和 T3 污染条件下,植物体内根部和地上部 Cd 含量均大于 $100\,mg \cdot kg^{-1}$。在 T3 污染条件下,Ab 处理后,植物体内 Cd 含量达到最大,地上部

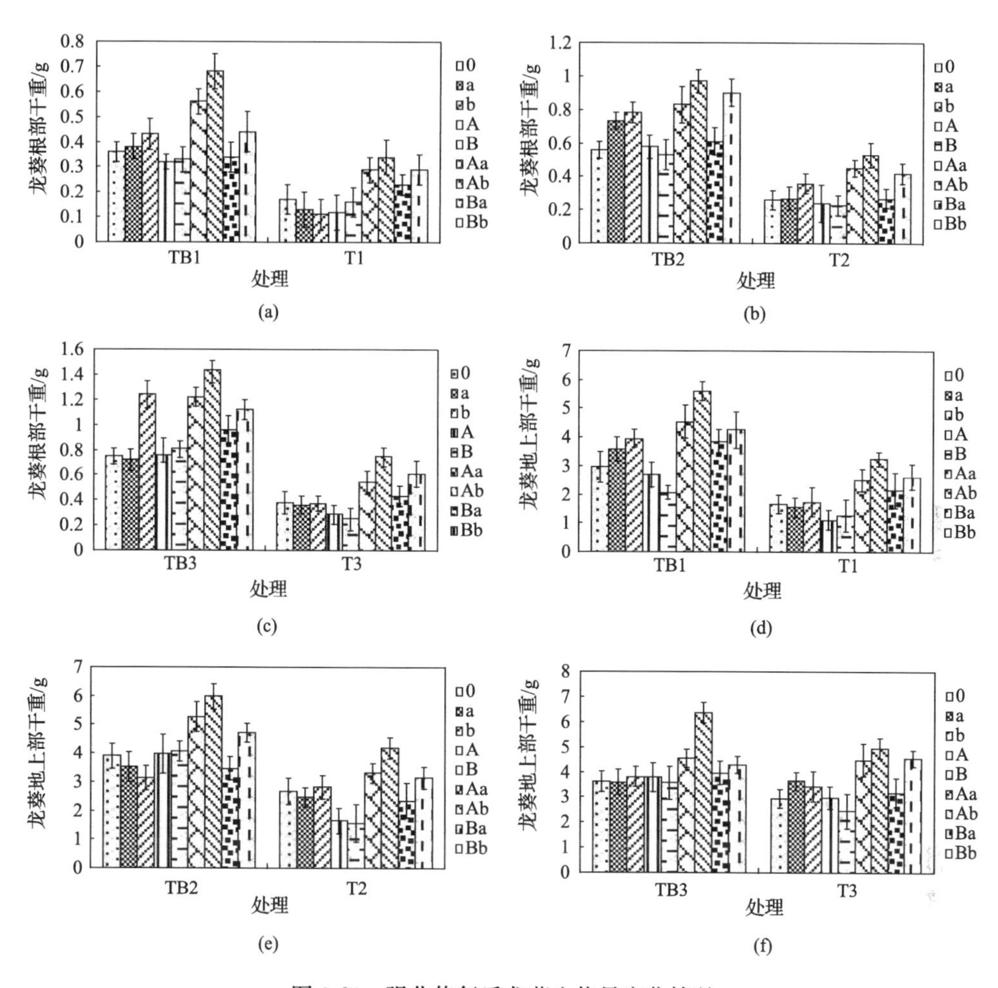

图 3-20　强化修复后龙葵生物量变化情况

(a)、(b)、(c)分别为 5 mg · kg^{-1}、10 mg · kg^{-1}、25 mg · kg^{-1} BDE-209 处理下龙葵根部生物量干重；(d)、(e)、(f)分别为 5 mg · kg^{-1}、10 mg · kg^{-1}、25 mg · kg^{-1} BDE-209 处理下龙葵地上部分生物量干重

和根部 Cd 含量分别高达 295.25 mg · kg^{-1}和 396.11 mg · kg^{-1}。不同 BDE-209 浓度下，龙葵体内 Cd 含量差异并不显著，这说明本实验中 BDE-209 对龙葵吸收 Cd 的影响不大。

本实验中转运系数表示植物地上部分与根部重金属含量的比值，用于表示植物对体内重金属的转移能力。土壤中 Cd 为 25 mg · kg^{-1}时，不同处理条件下，龙葵对 Cd 的富集系数和转运系数如图 3-21 所示，富集系数为 4.646～15.844，转运系数为 0.503～1.155。不同处理之间富集系数差异显著，同时添加表面活性剂和外源菌的 Aa、Ab、Ba 和 Bb 处理富集系数明显大于单一表面活性剂和外源菌处理组。未添加表面活性剂和外源菌的对照组富集系数最小，在 T1、T2 和 T3 污染条

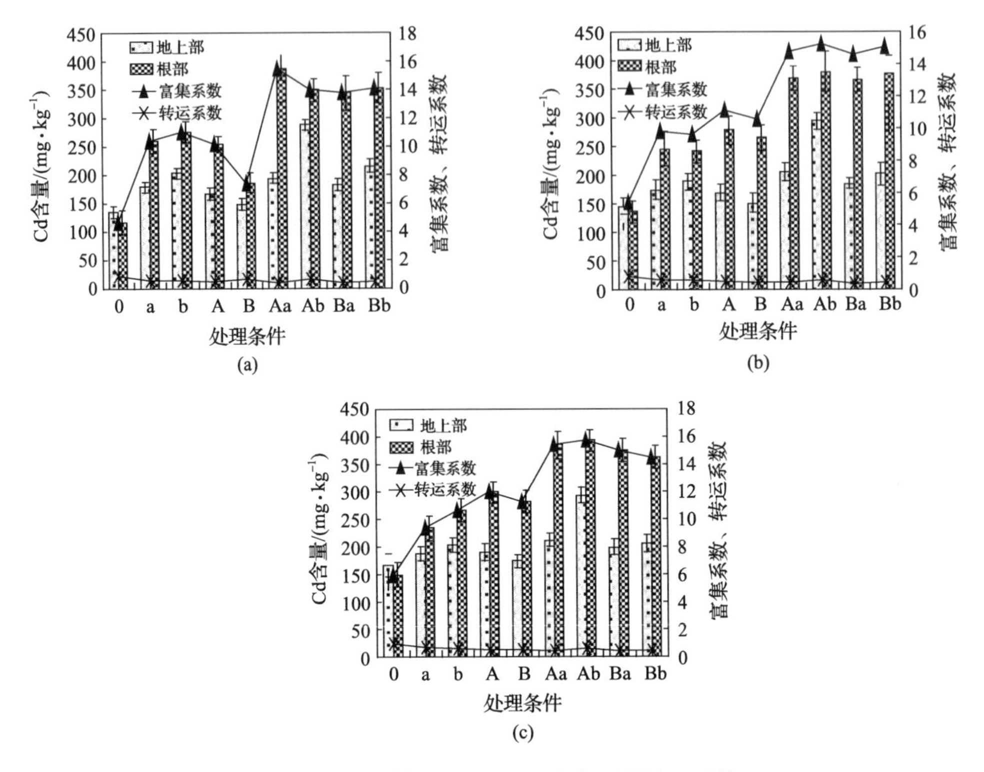

图 3-21　植物体内 Cd 含量及富集系数转运系数

(a) T1 污染条件;(b) T2 污染条件;(c) T3 污染条件

件下,富集系数分别为 4.646、5.445 和 6.048,显著小于添加组。但转运系数却相反,未添加的对照组,转运系数均大于 1,分别为 1.155、1.067 和 1.115,显著高于其他添加组。

植物转运系数差异,与土壤添加表面活性剂和外源菌有一定的关系。有文献报道(Juwarkar et al.,2007),添加表面活性剂后土壤中 Cd 生物可利用性更高,更易被植物根系吸收,从而使大量的 Cd 富集在植物根部。根系中 Cd 含量过高,导致 Cd 无法正常转运而对植物本身产生一定的毒害。在抗逆机制下,植物根系细胞产生的大量蛋白质、多糖等物质与进入根系的 Cd 形成稳定的络合物以减轻毒害。因此,添加表面活性剂后的 Cd 在植物根系的含量显著高于地上部分。添加外源菌后,土壤微生物活性增强,产生的分泌物和土壤酶使土壤中重金属形态更多地向可利用态转化,从而更好地被植物吸收。因此,本实验中,添加表面活性剂和外源菌的处理中,龙葵根部 Cd 含量显著高于地上部分,未能达到 Cd 超富集植物的特征也是可以解释的。在不同处理之间,地上部分 Cd 含量最高的为 Ab 处理,T1、T2、T3 处理下地上部分 Cd 含量分别是对照组的 2.13 倍、2.02 倍和 1.75 倍。

这表明在添加白腐菌和TW80后，龙葵对Cd的转运能力显著增强。其他处理条件下，龙葵地上部分Cd含量依次为Bb、Aa、Ba>a、b>A、B>对照组。

(2) 龙葵体内BDE-209含量。

不同处理条件下龙葵地上部分BDE-209含量见表3-15。龙葵地上部BDE-209含量在1.87～9.31 mg·kg^{-1}，含量最高的为Ab处理条件下的9.31 mg·kg^{-1}；不同污染浓度之间差异显著，各处理对龙葵地上部BDE-209含量所表现出的作用规律不同。对比对照组BDE-209含量，Ab、Bb、Aa对龙葵地上部吸收BDE-209具有一定的促进作用；而Ba处理下的龙葵，地上部BDE-209含量与对照组差异并不显著；单一添加铜绿假单胞菌的B处理，在TB1、TB2和TB3污染条件下则表现出一定的抑制作用，地上部BDE-209含量分别为对照组(0处理)的78.90%、65.67%和69.91%。

表3-15 不同处理条件下龙葵地上部分BDE-209含量 (单位：mg·kg^{-1})

处理	TB1	TB2	TB3	T1	T2	T3
0	2.37±0.17	3.67±0.22	5.55±0.36	4.21±0.28	5.37±0.36	6.58±0.42
a	1.98±0.31	3.74±0.18	5.16±0.24	4.79±0.26	6.31±0.27	7.13±0.41
b	2.15±0.35	3.93±0.33	5.67±0.46	4.93±0.34	6.62±0.28	7.42±0.39
A	2.26±0.40	2.07±0.44	4.13±0.31	3.66±0.26	5.41±0.31	6.55±0.33
B	1.87±0.34	2.41±0.19	3.88±0.24	4.13±0.31	5.5±0.28	6.43±0.36
Aa	2.83±0.19	4.03±0.21	6.06±0.18	5.40±0.37	6.89±0.34	7.66±0.37
Ab	3.56±0.23	5.17±0.26	7.46±0.23	6.72±0.44	8.26±0.39	9.31±0.55
Ba	2.24±0.15	3.56±0.17	5.75±0.17	4.51±0.18	5.98±0.41	7.22±0.48
Bb	3.11±0.30	4.01±0.20	6.39±0.35	4.79±0.36	7.26±0.46	7.84±0.37

添加重金属Cd污染条件下的T1、T2和T3处理，龙葵地上部BDE-209含量显著高于单一BDE-209污染。这说明重金属Cd存在条件下，在一定程度上促进了龙葵对BDE-209的吸收。随着土壤中BDE-209浓度的增加，龙葵地上部BDE-209含量增加，表现出一定的相关性，对照组的相关系数分别为0.9845和0.9645，其他不同处理的相关系数分别为0.9112～0.9996。

不同处理条件对龙葵根部BDE-209含量影响见表3-16。各种处理条件下，龙葵根部BDE-209含量为6.11～20.13 mg·kg^{-1}。不同处理对根部吸收BDE-209的影响规律不一样。

表 3-16 不同处理条件下龙葵根部 BDE-209 含量 (单位:mg · kg^{-1})

处理	TB1	TB2	TB3	T1	T2	T3
0	6.44±0.42	8.12±0.71	10.23±0.78	8.81±0.59	11.21±0.68	14.22±0.79
a	6.11±0.47	8.13±0.62	10.37±0.91	9.86±0.59	13.34±0.93	16.47±1.11
b	6.72±0.36	8.56±0.54	11.24±0.86	10.17±0.94	13.15±0.90	15.26±1.06
A	6.13±0.51	7.79±0.48	10.36±0.65	8.37±0.73	10.38±0.87	14.88±1.24
B	6.11±0.35	7.44±0.48	9.75±0.62	8.44±0.68	10.77±0.82	14.10±1.07
Aa	6.67±0.58	9.15±0.56	12.23±0.47	12.02±0.71	14.43±0.99	16.89±1.25
Ab	8.86±0.63	10.26±0.81	14.17±0.89	15.3±1.14	18.24±1.33	20.13±1.36
Ba	7.03±0.59	9.38±0.77	9.96±0.97	10.15±1.08	13.75±0.94	15.41±1.12
Bb	8.15±0.61	9.73±0.75	12.15±0.66	11.96±0.72	14.36±1.02	16.47±1.31

单一 BDE-209 污染条件下,对比对照组,Ab、Aa、Bb 处理对龙葵根部吸收 BDE-209 具有一定的促进作用;而 a、b、A、B 与对照组差异并不显著。复合污染条件下,Ab、Aa、Ba、Bb、a、b 均具有显著性差异,BDE-209 含量明显高于对照组,A、B 处理组则与对照组差异不显著。这表明在复合污染条件下,表面活性剂的添加对植物根系吸收 BDE-209 具有显著的促进作用。表面活性剂可作为外加碳源,刺激根际土壤中微生物的活动,促进根际微环境的代谢能力,增强土壤酶活性,改善根际环境,有利于根系分泌物的产生,这些因素可改变土壤中 BDE-209 的吸附状态,从而增强 BDE-209 的生物可利用性,促进龙葵根系对其吸收积累。添加外源菌后,龙葵根系 BDE-209 含量与空白差异不显著,这可能与外源菌加入后影响土壤土著微生物代谢活动有关(Tiwari et al.,2012)。

复合污染条件下,龙葵根系对 BDE-209 的吸收能力大大增强,T1 处理下,对照组根部 BDE-209 含量也能达到 8.81 mg · kg^{-1},为单一 BDE-209 污染 TB1 的 1.37 倍。其他处理条件下,存在同样的规律。这表明 Cd 的存在对龙葵根系吸收 BDE-209 具有一定的促进作用。龙葵作为 Cd 超富集植物,植物体内可能存在某种特殊的蛋白载体或者 Cd 运输专用通道,进入细胞根系后的 Cd 随植株蒸腾作用进入地上部分茎和叶,再与特定的有机物螯合以达到解毒的目的。因此,Cd 存在条件下,植物吸收 BDE-209 的量也增加,可能与龙葵超强的 Cd 吸收运输能力有关,根系从土壤中大量吸收 Cd 的同时,吸收的 BDE-209 含量也有所增加。

3. 强化修复后土壤中污染物的残留量

(1) 土壤 Cd 残留量及去除率。

判定植物对某种重金属污染的修复效果,可从它对土壤中该重金属的去除率来衡量。由于重金属的稳定性,其不能被其他微生物或分泌物等降解,因此土壤中重金属的去除主要依靠植物的吸收和积累(Cheraghi et al.,2011)。盆栽60 d后土壤Cd残留量与Cd去除率如图3-22所示,在8种不同处理和对照组,植物修复后土壤重金属残留量均有一定程度的降低。在T1处理下,每盆土壤Cd去除量在0.44～0.96 mg,T2、T3处理下土壤Cd去除量在0.46～1.06 mg或0.76～1.37 mg。对比T1、T2、T3污染条件下Cd去除量可以看出,随着BDE-209浓度增加,植物从土壤中吸收更多的Cd。在T3污染条件下的Ab处理,土壤Cd去除率达到最高的9.08%。

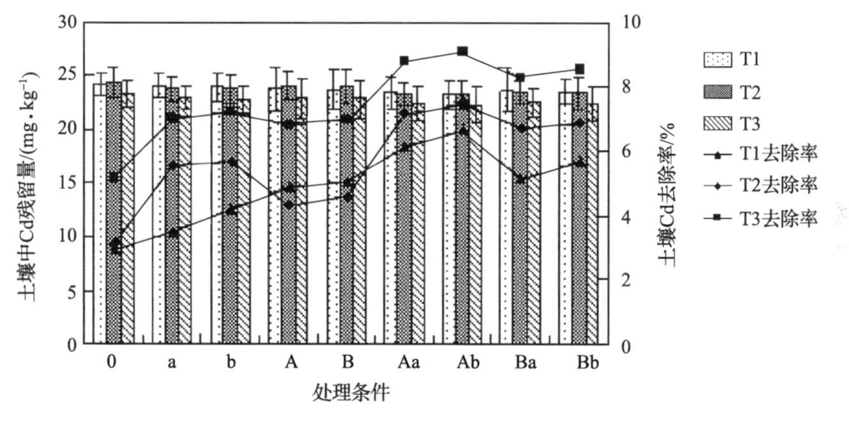

图3-22 强化修复后土壤Cd残留量及去除率

从图3-22中可以很直观地看出,同时添加表面活性剂和外源菌的Aa、Ab、Ba和Bb处理Cd去除率显著高于单一处理水平的a、b、A、B和对照组。无处理的对照组,盆栽结束后Cd去除率分别为2.92%、3.15%和5.13%,而Ab处理条件下,Cd去除率分别为6.68%、7.48%和9.08%,分别是对照组的2.29倍、2.37倍、1.77倍。在实际土壤重金属修复过程中,主要方法是植物从土壤中提取重金属进入植物体内,再通过蒸腾、运输等作用将污染物从根部转移到植物地上部分,通过收获植物将重金属从土壤中去除。龙葵地上部分生物量远大于根部,因此龙葵地上部分吸收积累Cd的能力越强的处理水平,土壤中Cd去除率越高。Ab、Aa、Ab、Bb处理下龙葵地上部Cd含量显著大于其他处理。这表明,添加表面活性剂和外源菌对龙葵修复重金属污染土壤具有促进作用,且两种同时添加的处理组强于单一处理组。龙葵对Cd具有较强的吸收积累能力和修复效果,可用作Cd污染土壤实际修复的优选材料。

(2) 土壤BDE-209残留量及去除率。

土壤中有机污染物的去除不同于重金属物质,有机污染物在土壤环境中有多种去除方式,如化学降解(Li et al.,2007b)、光降解(Shi and Wang,2009)和生物降解(Yang et al.,2011)等。有机污染物污染土壤的修复是这几种降解作用共同作用的结果。在降解过程中,不同的降解作用互相结合,相互交叉联合发挥作用。对比几种降解作用的效果，生物降解是绿色的、无二次污染，降解产物也是最彻底的。

由图 3-23 可知，60 d 后，单一 BDE-209 污染及复合污染条件下，土壤中 BDE-209 含量均有一定程度的降低。不种植植物的对照组，土壤中 BDE-209 含量也出现一定程度的降低，不同处理条件下，其去除量不一样。添加表面活性剂和外源菌后，土壤 BDE-209 去除率大于无任何处理的对照组。不种植植物的条件下，BDE-209 的去除主要依赖化学降解、光降解等非生物降解和土壤土著微生物的降解作用。不添加表面活性剂和外源菌强化修复的过程中，土壤 BDE-209 去除率为 4.32%～8.41%；单一 BDE-209 污染和复合污染条件的去除率差异不显著，这表明无植物修复过程中，Cd 对土壤 BDE-209 的去除影响不大。而添加表面活性剂和外源菌后，BDE-209 去除率有一定程度的提高，特别是两者共同作用下，土壤 BDE-209 去除率更高，最高可达 27.38%。这表明在不种植植物的情况下，不同处理能强化土壤中其他降解作用，从而提高 BDE-209 的去除效率。

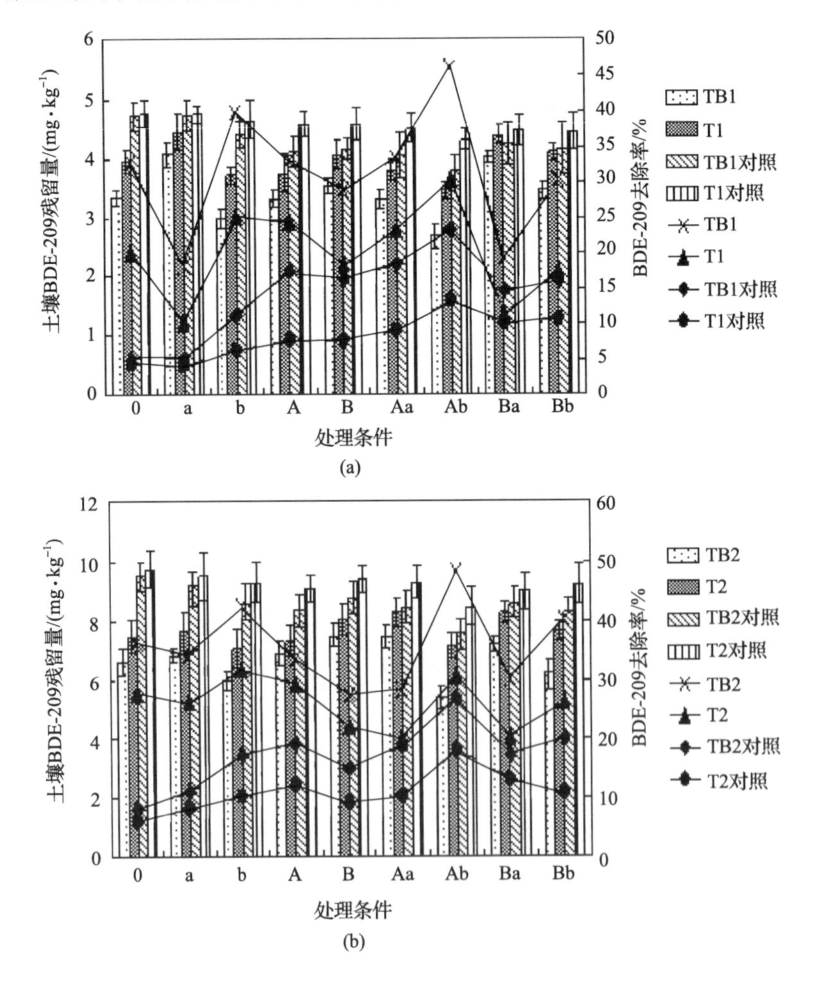

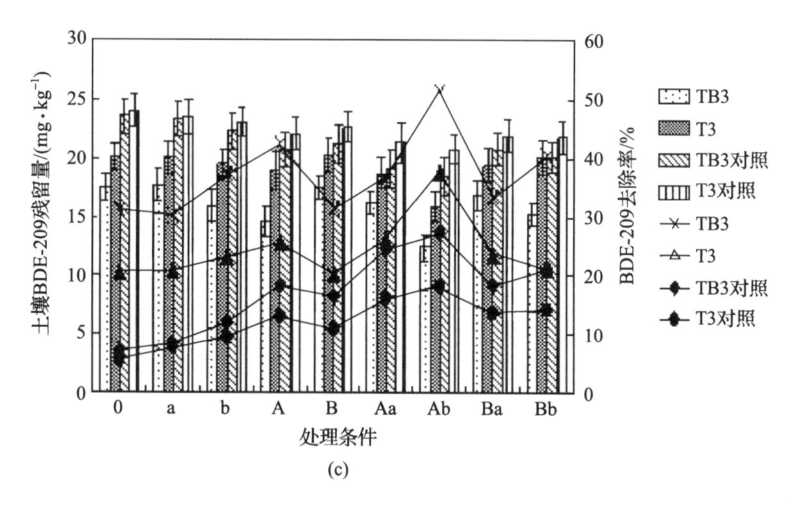

(c)

图 3-23 强化修复后土壤 BDE-209 残留量及去除率

(a) BDE-209 为 5 mg · kg^{-1}；(b) BDE-209 为 10 mg · kg^{-1}；(c) BDE-209 为 25 mg · kg^{-1}

种植植物后，土壤 BDE-209 去除率显著提高，最高可达 51.38%。不同的处理表现出不同的作用规律。TB1、T1 处理下，单一添加 SDBS，对 BDE-209 的去除有一定的抑制作用，去除率分别为对照的 55.30%和 51.00%；而在 TB2、T2、TB3 和 T3 处理下，去除率却未出现显著差异。添加 TW80 后，对土壤中 BDE-209 去除率起到显著的促进作用。在同时添加表面活性剂和外源菌的处理条件下，Ab 组 BDE-209 去除率最高。在强化修复的过程中添加白腐菌和 TW80 对龙葵修复土壤 BDE-209 的促进作用最显著。

复合污染条件下的 T1、T2 和 T3 处理，BDE-209 去除率显著小于 TB1、TB2 和 TB3 处理。重金属 Cd 对龙葵修复 BDE-209 起到一定的抑制作用，重金属 Cd 存在条件下，龙葵体内 BDE-209 含量均大于单一 BDE-209 污染条件下。这说明植物修复有机物和重金属的机理是不一样的，植物体内吸收 BDE-209 量增高，土壤中 BDE-209 去除率并不会随着增高。结合龙葵生物量和体内 BDE-209 含量分析，植物提取的 BDE-209 含量仅占土壤中去除 BDE-209 总量的极小一部分，可忽略不计，Huang 等(2011)的研究也得出类似的结论，说明土壤中 BDE-209 的去除并不是主要依靠植物提取积累，而是依靠微生物降解和植物代谢作用。

4. 植物微观形态观察

(1) 叶片微观形态变化。

Cd 从根系进入龙葵体内后，与龙葵体内特有的有机物发生螯合作用，或者在液泡区室化作用下形成稳定的化合物存储于叶片内，都能够减轻 Cd 对龙葵的毒害作用。但 Cd 不断累积于龙葵叶片中，对龙葵叶片产生一定的毒害作用。在逆境条件下，龙葵叶片表面的腺毛能分泌出一些分泌物，主要是类萜类物质以减轻逆境条件对龙葵的毒害(Wagner et al.，2004)。腺毛的分泌活动与叶片的生长发育有着密切的联系，但叶片受到毒害作用时，腺毛也会在第一时间表现出受损症状(袁祖丽等，2005)。

图 3-24 为不同处理条件下龙葵叶片表面和腺毛微观形态变化。图 3-24(a)显示的是无污染处理的空白组叶片，叶片表面干净整洁，无褶皱。添加重金属和有机污染物后，图 3-24(b)叶片表面出现白色颗粒物，但整个叶片表面保持完整，能清晰地看到气孔组织等，这表明龙葵通过叶片产生分泌物来抵抗逆境条件。随着污染物浓度的增加，T3 处理条件下，叶片表面出现严重褶皱，但气孔仍维持正常形状。T3 处理条件下，龙葵地上部分 Cd 含量显著提高，达 175.05 mg · kg^{-1}，与文献报道中高浓度重金属在植物叶片积累导致叶片结构受损相符(Liu ，2005)。而添加表面活性剂 TW80 的 T3 条件下，如图 3-24(d)所示，地上部 Cd 同样高达 205.06 mg · kg^{-1}，却表现出不同的形态特征，叶片表面平整，未出现明显褶皱，但叶片表面的白色颗粒物显著增多。这说明表面活性剂活化后的 Cd，被植物吸收后更易于从叶片以分泌物的形式排出，从而减轻对植物的毒害作用。

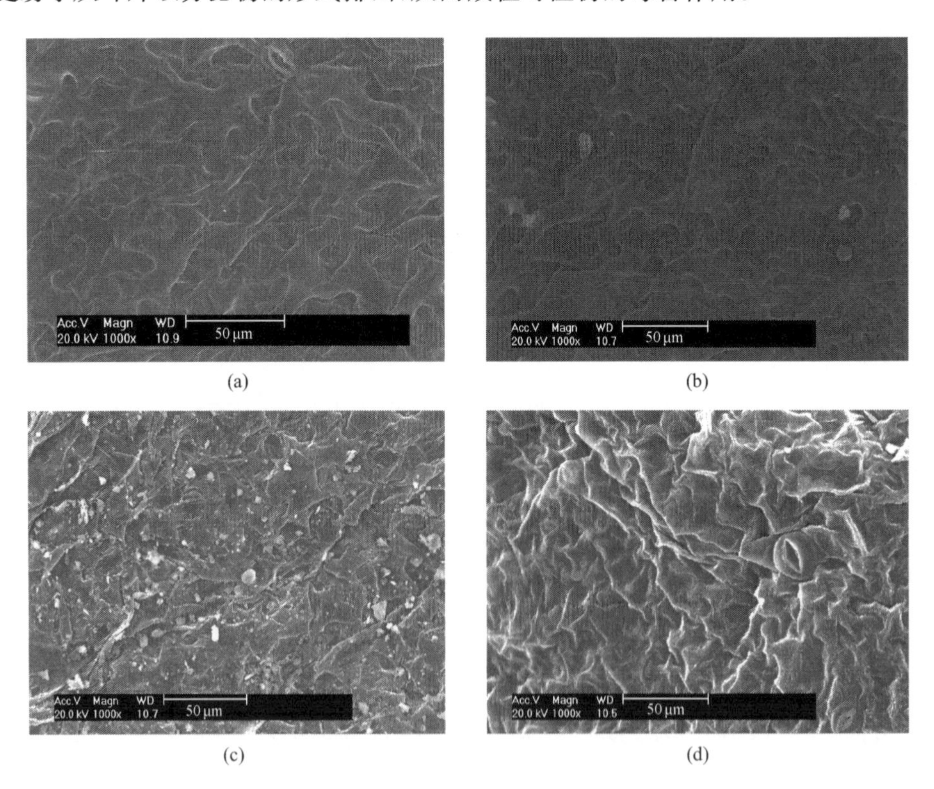

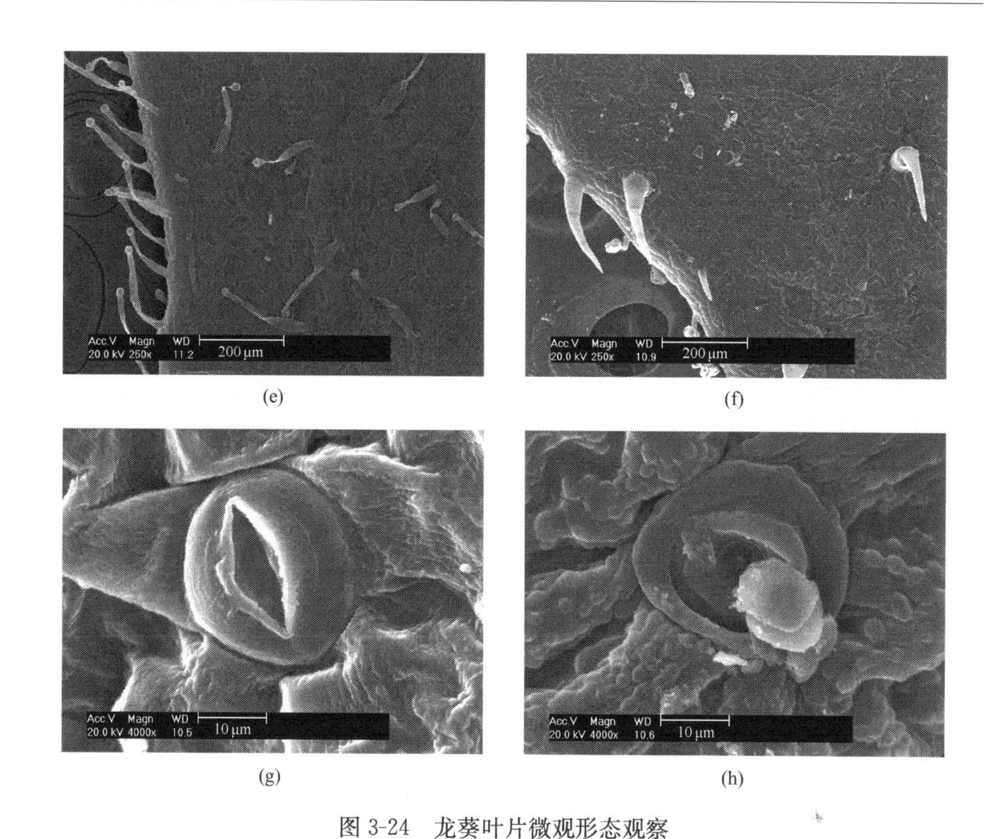

图 3-24　龙葵叶片微观形态观察

(a) 空白组龙葵叶片表面；(b) T1 条件下龙葵叶片表面；(c) T3 条件下添加铜绿假单胞菌龙葵叶片表面；(d) T3 条件下添加 TW80 龙葵叶片表面；(e)空白组龙葵叶片腺毛；(f) T3 条件下添加 TW80 龙葵叶片腺毛；(g) 空白组龙葵叶片气孔；(h) T3 条件下添加 SDBS 龙葵叶片气孔

图 3-24(e)、图 3-24(f)显示的是龙葵叶片腺毛生长状况。对比空白组，添加污染物的 T3 处理条件下，植物叶片腺毛严重受损。空白组叶片边缘，腺毛排列整齐，且腺毛尖端含有晶体分泌物；污染条件下的腺毛数量明显减少，剩下的腺毛尖端也无分泌物晶体。这表明污染条件下植物叶片腺毛正常产生分泌物的能力受到抑制，叶片结构功能受到一定的损害。

图 3-24(g)、图 3-24(h)显示的是放大后的气孔图。空白组气孔周围叶片组织表面光滑、整齐，气孔组织饱满；而 T3 污染条件下，气孔周围叶片组织表面粗糙不平，出现明显颗粒突起，气孔组织形状有所变形，且在气孔产生一大块白色分泌物。植物叶片吸收积累的大量污染物，存储在叶片的液泡或细胞质中，随着污染物不断积累，植物叶片在逆境条件下通过不同途径向外分泌有毒物质，其中气孔分泌就是其中一个重要部分。

(2) 根系微观形态变化。

植物体内吸收的污染物，主要是通过植物根系吸收进入。彭辉等(2012)观察发现了铜-芘复合污染对黑麦草根系的发根生长具有一定的促进作用。因此观察植物污染条件下的根系微观形态变化有一定的研究意义。图 3-25 显示的是不同处理条件下，龙葵根系微观形态变化情况。

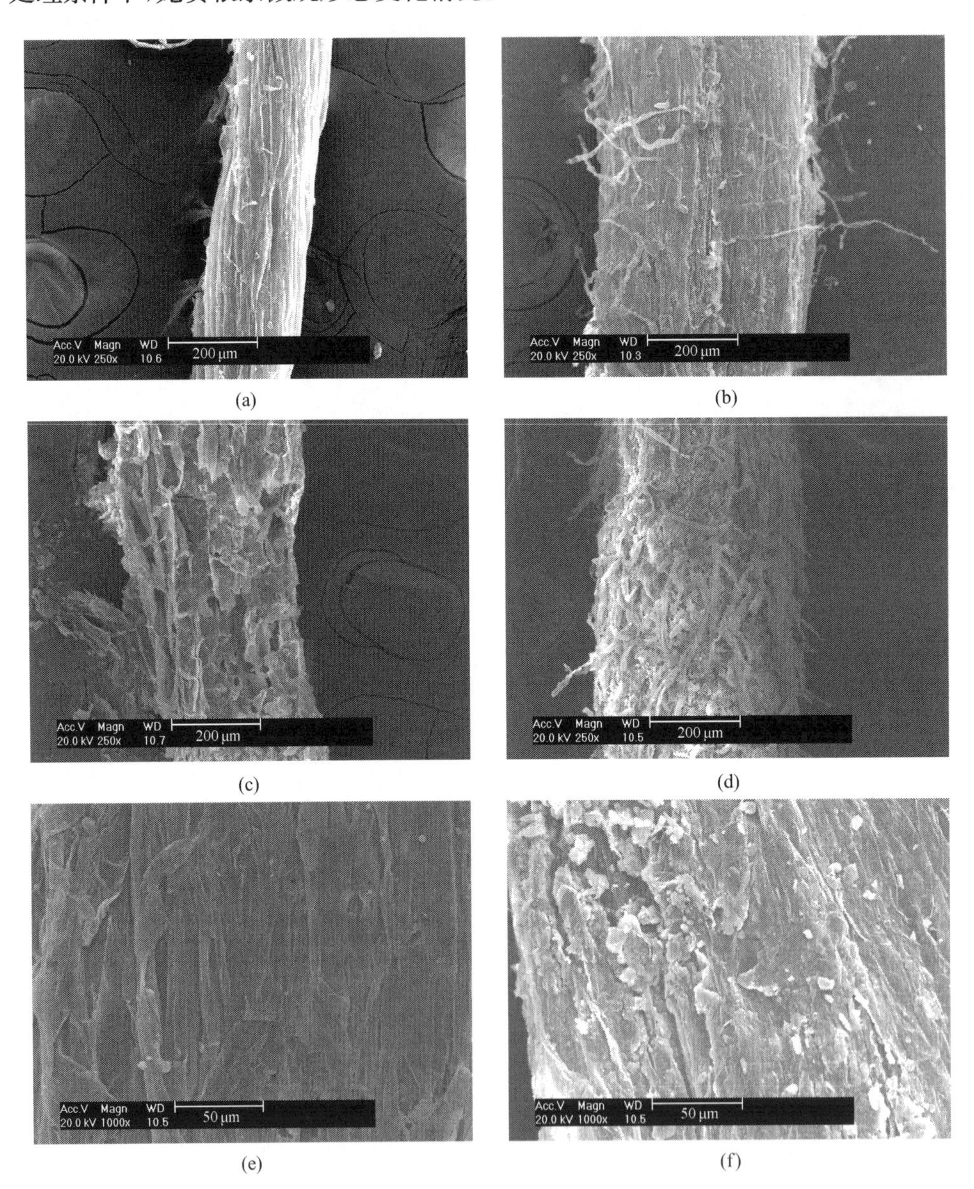

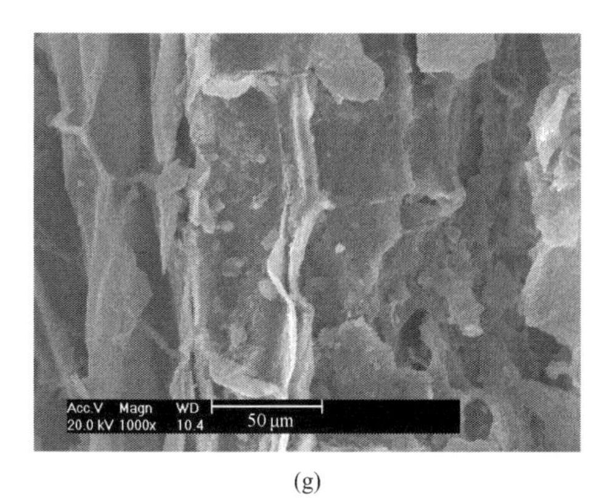

(g)

(h)

图 3-25　龙葵根系微观形态观察

(a) 空白组;(b) T1 条件下;(c) T3 条件下添加 SDBS 处理;(d) T2 条件下添加铜绿假单胞菌处理;(e) 空白组高倍放大;(f) T2 条件下高倍放大;(g) T3 条件下添加 TW80 处理高倍放大;(h) T3 条件下添加白腐菌和 SDBS 处理高倍放大

图 3-25(a)显示空白组龙葵根系表面发根较少,表面干净整齐,无明显突起或分泌物。T1 污染条件下,随着污染物的加入,根系发根数量明显多于空白组,根系表面具有一些小颗粒。随着污染物浓度增加,添加表面活性剂 SDBS 后的植物根系,根系表面发根数量明显增加,根系内部含有大量白色颗粒物。这些白色颗粒物可能是经过表面活性剂增溶活化后的污染物,生物利用性增加,更易于被植物根系利用。因此,大量污染物吸收蓄积在植物根系表面,对根系的正常生长产生了严重的损害作用。添加外源菌铜绿假单胞菌后,植物根系出现另外一种毒害症状,如图 3-25(d)所示。龙葵根系干枯,发生严重的破损,破损根系内部含有大量白色颗粒物,这表明部分污染物在根系中形成稳定的化合物并存储于根系中。在更高倍数扫描电镜的观察下,结果如图 3-25(e)、图 3-25(f)、图 3-25(g)和图 3-25(h)所示。污染条件下,所表现的形态与低倍数观察时是一致的,有的根系破损,有的大量污染物富集在植物根系周围等。

综上所述,龙葵在不同污染条件下,根系受到不同的影响,有的发根增加,有的根系破损,也有的是污染物大量富集在根系周围影响根系正常代谢生长。这表明随着污染物的吸收和吸附,其对植物根系都产生一定程度的影响。添加表面活性剂后,污染物更易被植物吸收进入植物体内,但也更易对植物根系本身产生毒害作用。

利用表面活性剂和外源菌强化龙葵对 Cd、BDE-209 单一及复合污染土壤的修复是可行的。龙葵对土壤中的 BDE-209、Cd 均具有一定的吸收积累能力,BDE-209 主要富集在根部,而地上部分和根部 Cd 均能达到 100 $mg \cdot kg^{-1}$ 以上。同时添加白腐菌和 TW80 的处理下,龙葵体内污染物含量最高。龙葵修复 60 d 后,不同处理条件下 BDE-209 残留量均有显著降低，去除率最高可达 51.38%，而土壤中 Cd 残留也有一定程度的降低，去除率为 2.92%～9.08%；添加表面活性剂的处理对 Cd 的去除有一定的促进作用，而添加外源菌后的处理对 BDE-209 的去除更显著，同时添加表面活性剂和外源菌的修复效果，显著强于单一处理条件；无植物修复的对照组中，添加表面活性剂和外源菌后，BDE-209 的去除率显著提高，最高可达 27.38%；同时添加白腐菌和 TW80 的处理下，对污染物修复效果最好。由于污染物的影响，植物微观形态出现不同的症状，叶片主要表现在表面产生白色分泌物、叶片褶皱、腺毛受损和气孔变形产生分泌物等；根系主要表现在发根增加和根部蓄积大量白色颗粒等。这表明 BDE-209 和 Cd 的添加，对植物结构产生一定程度的破坏。

第 4 章 电子垃圾污染水体修复技术

4.1 电子垃圾污染水体现状

典型电子垃圾污染区水体毒害性污染物主要有多溴联苯醚、多氯联苯、多环芳烃等有机污染物及 Cu、Pb、Zn、Ni、Cd、Cr 等有毒重金属。电子垃圾造成的水体污染主要表现在重金属和持久性有机物(POPs)对水生动植物的毒害作用,由于大部分 POPs 水溶性较差及水体底泥对污染物的吸附作用,大多数的重金属和 POPs 存在于底泥中,对环境的危害更持久。Wang 等(2009)对广东贵屿地表水、地下水及底泥中重金属进行了分析,发现电子垃圾拆解点的各环境介质污染严重,其中地表水中的 Pb 含量高于我国地表水标准 8 倍,底泥中 Cd 和 Cu 的浓度分别达到 10.3 $\mu g \cdot g^{-1}$ 和 4540 $\mu g \cdot g^{-1}$。Luo 等(2007)采集了贵屿南阳河与练江中的底泥,南阳河靠岸底泥中 PBDEs 含量为 4434～16088 $ng \cdot g^{-1}$,河心底泥中其含量也为 55～545 $ng \cdot g^{-1}$,练江河心底泥中其浓度为 51.3～365 $ng \cdot g^{-1}$。贵屿鱼类肝脏中 PBDEs 最高达 2687 $ng \cdot g^{-1}$,腹肌中也高达 1088 $ng \cdot g^{-1}$(湿重)。Wang 等(2009)利用不同营养级生物对贵屿河流底泥做了淘洗毒性实验及全毒性实验,发现贵屿河流底泥样品均表现出急性毒性,存活率、EC50 等毒性指标与底泥的酸性、PAHs 及重金属的浓度显著相关。因此,电子垃圾造成的水体环境污染已引起国内外学者的高度关注。

4.2 电子垃圾污染水体非生物修复技术

4.2.1 水体重金属污染的非生物修复

重金属为非降解性有毒污染物,能在环境中长期存在。首先,存在于水体中的重金属相比其他介质中的重金属迁移性更强,因而其对人类和水生生态系统的影响更直接。重金属污染水体的修复主要通过降低水体重金属含量、迁移性及其生物有效性来达到减弱重金属对环境危害的目的。重金属污染水体非生物修复技术主要有化学沉淀法、纳米零价铁法、离子交换法、膜分离法和电化学法等环境修复技术(王谦和成水平,2010)。

1. 化学沉淀法

化学沉淀法就是向水中投加某些化学药剂,使其与污染物发生化学反应,形成磷酸盐、硫化物或碳酸盐等沉淀,从而降低水体中污染物浓度的一种方法(郑彤等,2013)。除碱金属外,大部分金属都有其对应的难溶性化合物,因此,化学沉淀法适用于处理水体中的重金属离子(Cu^{2+}、Cd^{2+}、Pb^{2+}、Cr^{6+}等)。化学沉淀法处理水体中的重金属分为两个过程:①重金属难溶物的生成;②重金属难溶物的沉降。化学沉淀法是一种广泛使用的去除水体中重金属的方法,具有技术成熟、处理成本低、操作简单等优点。但是,化学沉淀法必然伴随着大量含重金属的污泥产生,处理不当极易对环境造成二次污染。根据重金属沉淀物的种类,化学沉淀法分为氢氧化物沉淀法、难溶盐沉淀法和铁氧体法等。

2. 纳米零价铁法

纳米零价铁法是利用纳米铁粉和水体重金属离子发生物理吸附、氧化还原反应、絮凝作用,从而除去水体重金属离子的一种方法。近年来,纳米零价铁作为一种新型功能修复材料被广泛用于去除污染水体中的重金属,并逐渐成为水体修复领域一种颇具潜力的新方法。纳米零价铁具有还原性强和反应速率快的特点,对水体中重金属离子的去除效能也明显优于其他技术;纳米零价铁颗粒粒径小,易于在水体中迁移,可灵活应用于地下水和土壤的原位和异位修复。但是,纳米零价铁也存在制约其广泛应用的因素,首先,虽然纳米零价铁颗粒的合成技术已经成熟,但其成本还处于较高水平;其次,由于纳米零价铁的特殊结构,其铁表面易氧化,颗粒易团聚成块而使反应性降低,为了延长纳米零价铁的使用寿命,需要进一步研究均匀分散铁粒子的方法,提高反应效率(李钰婷等,2012)。

3. 离子交换法

离子交换法是利用重金属离子与离子交换树脂发生离子交换,使废水中重金属离子浓度降低,从而使废水得以净化的方法(李红艳等,2008)。常见的离子交换树脂有阳离子交换树脂、阴离子交换树脂、螯合树脂和腐殖酸树脂等,但只有阳离子交换树脂对水体重金属有一定的去除作用。离子交换法处理效果较好,可以回收重金属资源,但要求处理的废水不含颗粒,且树脂易受污染或氧化失效,再生频繁,操作费用较高,这是制约离子交换法在处理水体重金属方面更大规模应用的难题。

4. 膜分离法

膜分离法是利用膜的选择透过性能将离子、分子或某些微粒从水中分离出来的处理方法。用膜分离溶液时,使溶质通过膜的方法称为渗析,使溶剂通过膜的方法称为渗透。根据溶质或溶剂透过膜的推动力和膜种类不同，水处理中膜分离法通常可以分为：电渗析、反渗透、超滤、微滤、纳滤等。与常规分离技术相比，膜分离过程具有无相变、能耗低、工艺简单、不污染环境、易实现自动化等优点，可以在常温下进行。在废水处理领域，常被用作污水回用前的一种水质深度处理工艺。

5. 电化学法

电化学法利用电解的基本原理，使废水中重金属离子通过电解在阴-阳两级分别发生氧化还原反应使重金属富集，其是近几年发展起来的颇具竞争力的重金属废水处理方法，主要包括电凝聚法、磁电解法、电还原法、内电解法等（陈京晶等，2015）。电化学法具有无需添加任何氧化剂、絮凝剂等化学药品，不会或很少产生二次污染，设备体积小、占地少、操作灵活简单等优点，但也存在着能耗大、成本高、析氧和析氢等副反应多的不足。

4.2.2　水体有机物污染的非生物修复

有机物污染水体非生物修复技术主要有光催化降解、零价铁法和 Fenton 法等环境修复技术。

1. 光催化降解

光催化降解，就是在光的作用下进行的降解反应。根据其反应机理，光催化降解分为直接光反应与间接光反应。直接光反应是指当物质吸收光谱能量后达到激发态，所吸收的能量使电子在轨道间发生转移，当强度足够大时，就可发生化学键的断裂，从而生成其他物质的过程。它是光化学反应中最简单的一种形式，但其反应产率一般相对较低。间接光反应则是指反应系统中某种物质经光照射吸收光能后，再诱发其他种物质发生化学反应的过程。目前，光催化降解技术的研究已经逐渐应用到电子垃圾污染场地的治理中（An et al.，2008）。例如，关于 PBDEs 光催化降解的文献屡见不鲜，PBDEs 具有平面环状的分子结构，能够吸收紫外光或从激发态分子接受能量而使分子处于激发态，从而引起光解反应。PBDEs 能吸收 UV2B（280～315 nm）和 UV2A（315～400 nm）段光谱光能获得能量而失去溴原子，而太阳光含有的紫外光波段为 280～400 nm，因此环境中的 PBDEs 能吸收太阳光发生光解反应，这是环境中高溴代 PBDEs 转化成低溴代 PBDEs 的重要途径。赵丹等（2009）研究了 BDE-209 在半导体光催化剂 TiO_2 存在时的光催化降解。使用 GC-HRMS 对 BDE-209 光催化降解的产物进行了分析，检测到多种从 4 个溴到 9 个溴的脱溴产物（光降解途径如图 4-1 所示）。BDE-209 结构中有 3 类取代溴，分别位于氧的邻位、间位和对位。在光催化降解体系中邻位溴最容易脱除生成九溴产物 BDE-206，对位溴脱除产物 BDE-208 则很难生成。

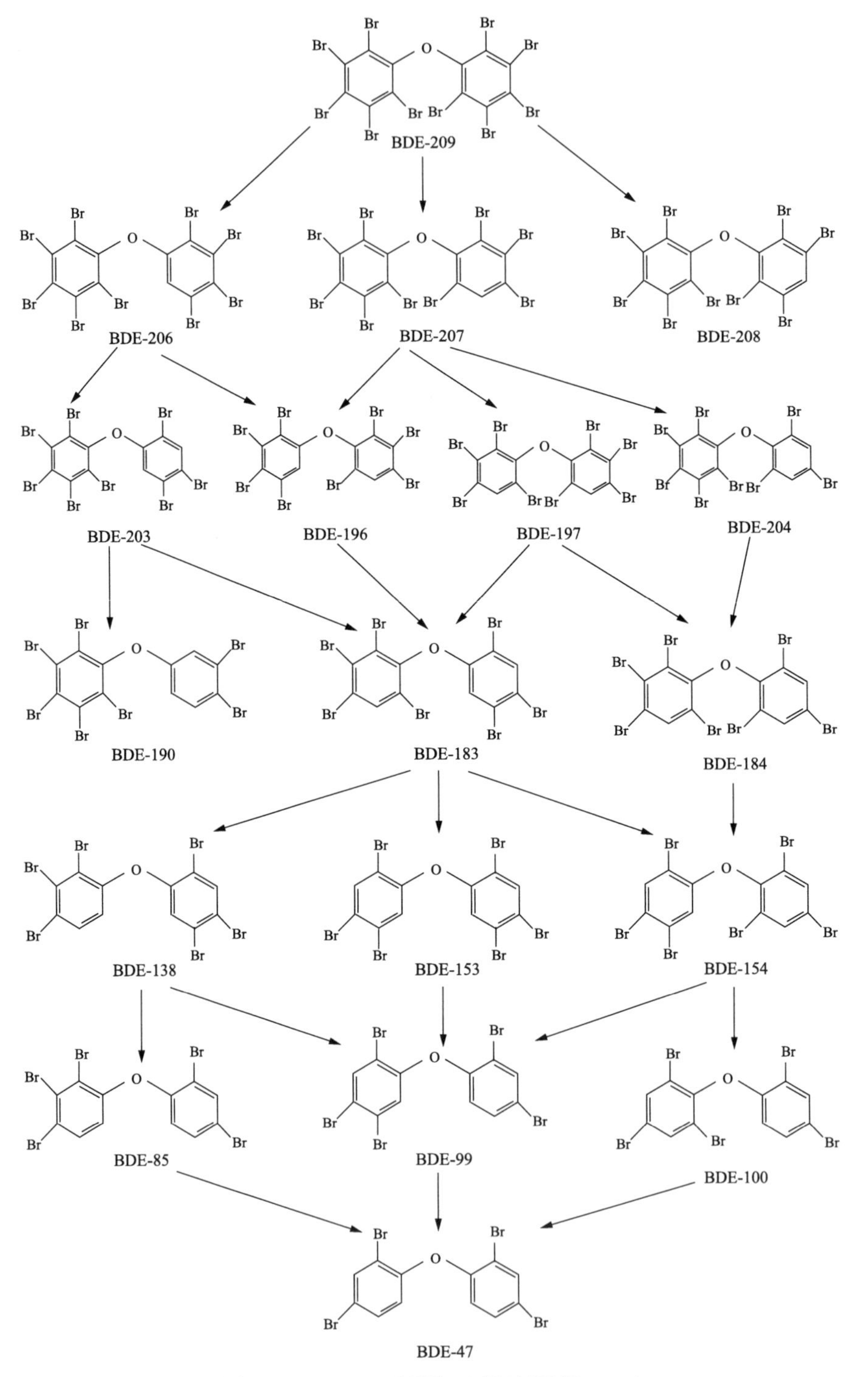

图 4-1　BDE-209 光降解途径(赵丹等,2009)

2. 零价铁法

零价铁在处理这些很难被氧化却相对容易被还原的污染物时有着广泛的应用,如硝基苯、PBDEs、PCBs、PCDDs、DDTs 和卤代酚类(李长芳等,2012)。零价铁去除污染物的机理主要包括四个方面:①铁的还原作用。铁是活泼金属,有较强的还原性,它可以将多种污染物还原。②微电解作用。零价铁具有电化学特性,其电极反应的产物中新生态[H]和 Fe^{2+} 能与废水中很多组分发生氧化还原作用而将很多污染物还原。③物理吸附作用。零价铁是一种多孔性的物质,其很大的比表面积和微晶表面上含有大量不饱和键和含氧活性基团,在相当宽的 pH 范围内对有机污染物都有吸附作用。④混凝沉淀作用。铁在腐蚀氧化过程中会产生絮状 $Fe(OH)_2$ 和 $Fe(OH)_3$ 沉淀等,它们都具有很强的混凝吸附作用,可以吸附去除一部分污染物。

3. Fenton 法

Fenton 法的作用机理是 H_2O_2 在 Fe^{2+} 的催化作用下生成具有高反应活性的 ·OH,其氧化电位达到 2.8 V,是除元素氟外最强的无机氧化剂,它通过电子转移等途径将有机物氧化分解成小分子,同时 Fe^{2+} 被氧化成 Fe^{3+} 产生混凝沉淀,去除大量有机物(马迅等,2014)。Fenton 法应用较为广泛的有普通 Fenton 法、光 Fenton 法和电 Fenton 法。普通 Fenton 法在运行时需要消耗大量的 H_2O_2 而使成本大大增加,并且存在有机物矿化程度低的缺点,这在很大程度上限制了其应用和发展。光 Fenton 法应用较为广泛的是 UV/Fenton 法,其优点在于降低了 Fe^{2+} 用量,提高了 H_2O_2 的利用率,该法存在的主要问题是太阳能利用率仍然不高,能耗较大,处理设备费用较高。电 Fenton 法利用电化学法产生的 H_2O_2 和 Fe^{2+} 作为 Fenton 试剂的持续来源,与光 Fenton 法相比具有以下优点:一是自动产生 H_2O_2 机制较完善;二是导致有机物降解的因素较多(除羟基自由基的氧化作用外,还有阳极氧化、电吸附等)。

4.3 电子垃圾拆解区水体中典型重金属的微生物修复

4.3.1 嗜麦芽窄食单胞菌对水体中 Cu、Cd 的吸附

Cu、Cd 是电子垃圾拆解区周边土壤、水体、大气颗粒物中主要存在的重金属污染物质。Cu 是生物必需的微量元素,在低浓度时,可以作为酶的辅助因子,使酶呈现出活性,进而促进正常生命活动;但当浓度过高时,会对生物体产生抑制或毒害作用。Cd 作为对生物体毒害最大的 5 种重金属之一,微量摄入即可对微

生物造成伤害。由于重金属多为非降解型有毒物质，一旦进入环境就很难从环境中去除。微生物对重金属具有良好的生物吸附和生物转化作用，可以将重金属从水体中去除，达到治理污染的目的（Bulgariu and Balgariu，2012）。本小节主要介绍了嗜麦芽窄食单胞菌（*Stenotrophomonas maltophilia*）对 Cu、Cd 的吸附性能、吸附过程中菌体离子代谢规律，并比较分析了吸附前后活性基团及重金属价态的变化，从离子吸附、交换、转化与释放的角度探讨重金属微生物吸附的机制。

1. 实验材料

嗜麦芽窄食单胞菌，革兰氏阴性细菌，是从广东贵屿电子垃圾拆解区土壤中筛选得到的 1 株对 Cu、Cd、Zn 等重金属具有良好吸附性能的好氧细菌。

2. *S. maltophilia* 吸附 Cu、Cd 的影响因素

(1) 投菌量对菌体吸附 Cu^{2+} 和 Cd^{2+} 的影响。

Cu^{2+} 和 Cd^{2+} 的去除均随投菌量的增加呈先上升后下降的趋势，当投菌量为 $0.2\,g \cdot L^{-1}$，两者的去除率分别可达到 96.3% 和 83.9%[图 4-2(a)]。投菌量过高时，菌体向胞外分泌的物质会改变吸附体系的 pH，从而改变菌体表面的物化性质或影响重金属离子在水中的存在形态，并进一步削弱菌体对金属离子的吸附效果；菌体向胞外分泌的阳离子也可能会与目标吸附质发生吸附竞争（Xu and Liu，2008）；此外，微生物对重金属具有生物解毒的能力，在合适的吸附质与吸附剂比例下，当部分重金属被积累到体内后，菌体会产生多种适应机制，如改变细胞膜的离子运输通道，使溶液中的重金属更难运输进细胞内，或者把已积累在细胞内的重金属运输至胞外（Dubovskiy et al.，2011）；另外，也有研究提出由于菌量过高，菌体会相互吸附、成团，从而减少吸附的有效点位（Sheng et al.，2008）。

(2) 重金属浓度对菌体吸附 Cu^{2+} 和 Cd^{2+} 的影响。

随着重金属浓度的增加，Cu^{2+} 和 Cd^{2+} 吸附率一直呈现下降的趋势，单位质量菌体对 Cu^{2+} 和 Cd^{2+} 的吸附量则呈先上升后平稳的态势[图 4-2(b)]。该结果证明了 *S. maltophilia* 对 Cu^{2+} 和 Cd^{2+} 具有饱和吸附量，分别为 $0.9\,mmol \cdot g^{-1}$ 和 $1.7\,mmol \cdot g^{-1}$，吸附质与吸附剂的比例均为 $5\,mmol \cdot g^{-1}$。此时，菌体对重金属的表面吸附及向胞内运输的速率与重金属的解吸速率相等。

(3) 戊二醛浓度对菌体吸附 Cu^{2+} 和 Cd^{2+} 的影响。

利用不同浓度戊二醛作为失活剂固定菌体，可以将细胞活性状态时的结构和菌体表面的功能基团完整地保留，并不同程度地终止菌体正常的生理生化功能，从而考察菌体表面吸附与内部扩散作用对重金属生物吸附贡献大小。由图 4-2(c)可以看出，菌体失活前后对 Cu^{2+} 的吸附效果不变；但随着戊二醛浓度的增加，Cd^{2+} 的生物吸附会呈下降的趋势。该结果证明了 Cu^{2+} 的吸附主要可能以

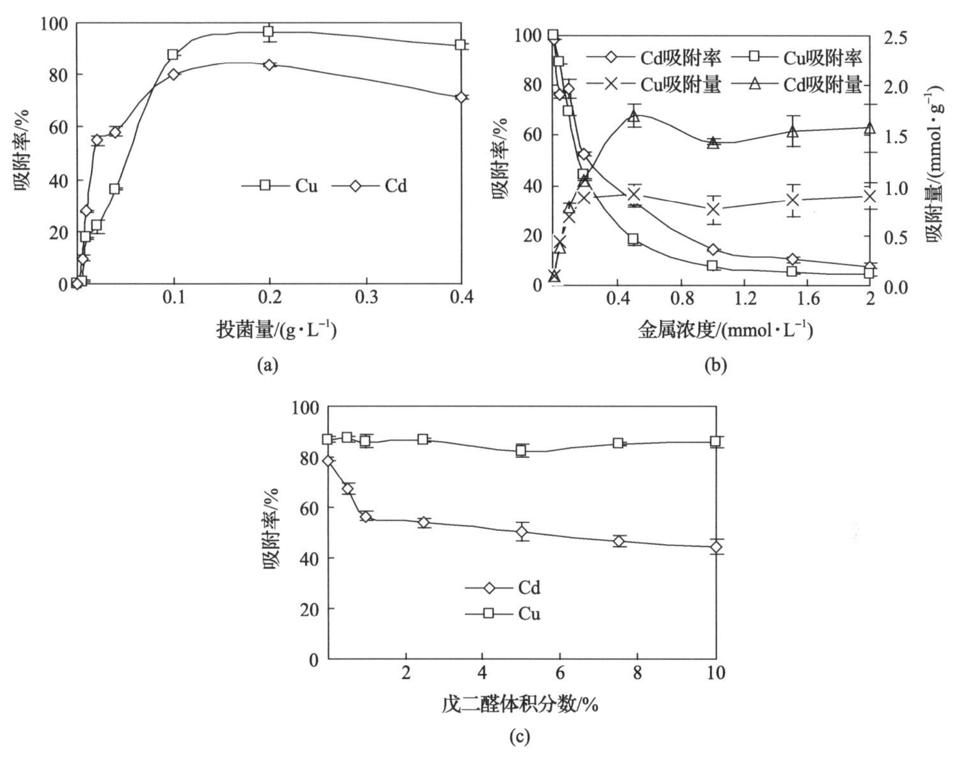

图 4-2 不同条件下 *S. maltophilia* 吸附 Cu^{2+} 和 Cd^{2+} 的影响

(a) 投菌量;(b) 重金属浓度;(c) 戊二醛浓度

表面吸附为主,也可能存在活性菌体对 Cu^{2+} 进行跨细胞膜的胞内运输,但同时将等量的 Cu^{2+} 重新运输至胞外,从而出现了活性菌体和失活菌体对 Cu^{2+} 的吸附效果一致的结果;而 Cd^{2+} 的生物吸附则存在表面吸附和胞内积累行为,失活后,菌体不具备对 Cd^{2+} 进行胞内积累的能力,从而导致了 Cd^{2+} 吸附率下降。当重金属浓度较高时[图 4-2(b)]时,Cd^{2+} 的饱和吸附量大于 Cu^{2+} 的饱和吸附量,也进一步说明了胞内积累在 Cd^{2+} 吸附中的贡献。

3. *S. maltophilia* 吸附 Cu、Cd 过程中的离子代谢情况

(1) 不同投菌量作用下离子代谢情况。

如图 4-3 所示,溶液中 Cl^-、NO_2^-、PO_4^{3-}、SO_4^{2-}、Na^+、NH_4^+、K^+ 和 Ca^{2+} 的浓度均随投菌量的增加而上升,说明菌体吸附 Cu^{2+} 和 Cd^{2+} 的过程均会向溶液中释放胞内的阴阳离子。为明确重金属吸附与各离子释放的关系,本实验进一步对 Cu^{2+} 和 Cd^{2+} 的吸附量与溶液中其他离子的浓度进行了相关性分析。表 4-1 表明 Cu^{2+} 的吸附与 Na^+、NH_4^+、K^+、Ca^{2+}、Cl^-、NO_2^-、PO_4^{3-} 和 SO_4^{2-} 释放显著正相关,与 NO_3^- 浓度变化呈显著的负相关;Cd^{2+} 的吸附与 NH_4^+、K^+、Ca^{2+} 和 SO_4^{2-}

释放显著正相关。PO_4^{3-} 的释放主要由高能物质腺嘌呤核苷三磷酸(ATP)水解生成与腺苷二磷酸(ADP)的相互转化引起；Na^+ 和 K^+ 的释放与运输主要与 Na^+,K^+-ATP 酶有关；吸附液中没有营养物质，而且 Cu^{2+} 和 Cd^{2+} 具有毒性，因此会导致菌体利用部分胞内包括蛋白质在内的生物大分子进行内源呼吸，从而释放出 NH_4^+；Ca^{2+} 的释放则与 Cu^{2+} 和 Cd^{2+} 发生的阳离子交换有关。由于 $Cu(NO_3)_2$ 和 $Cd(NO_3)_2$ 溶液中初始 NO_3^- 浓度较高，该离子浓度随投菌量增加而下降[图 4-3(c)]，表明菌体对 NO_3^- 具有吸附或转化的作用。NO_2^- 可能来源于菌体的胞内释放或 NO_3^- 的还原。

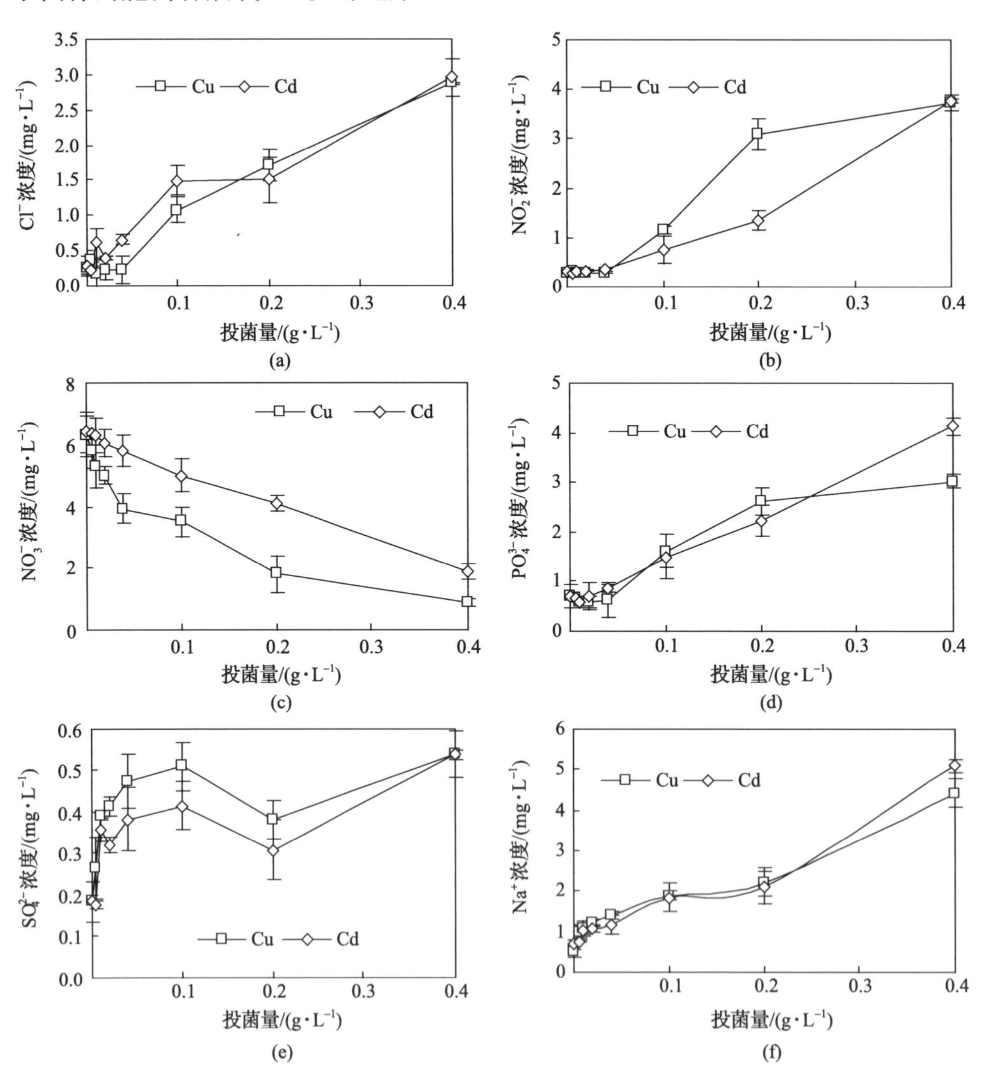

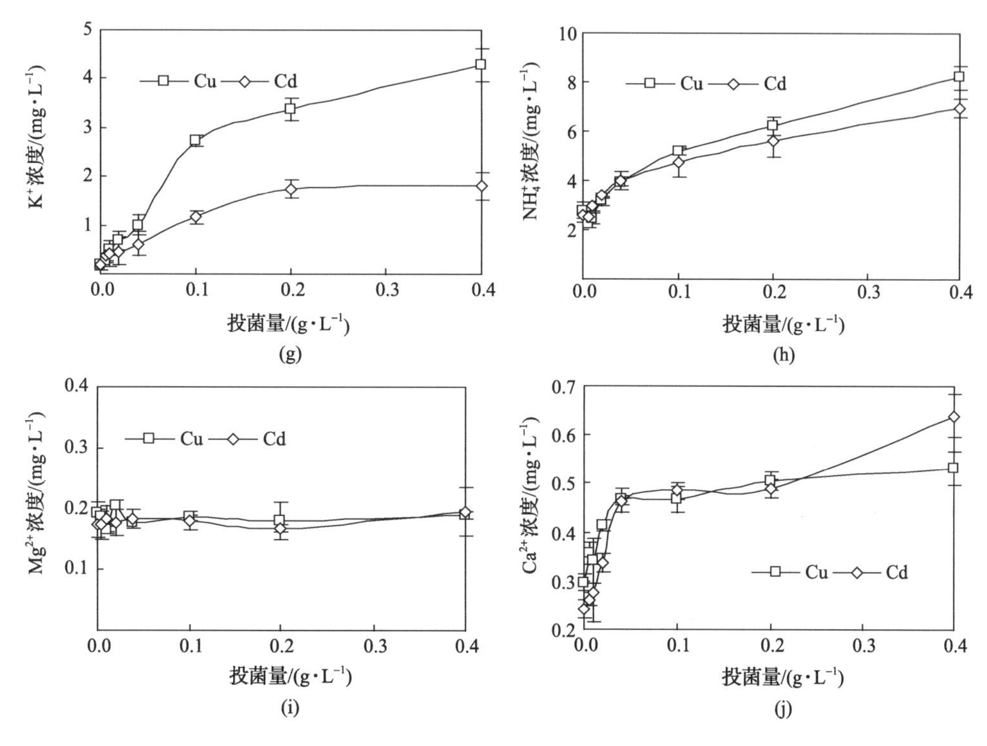

图4-3　不同菌体投加量下离子代谢情况。

(a) Cl^-;(b) NO_2^-;(c) NO_3^-;(d) PO_4^{3-};(e) SO_4^{2-};(f) Na^+;(g) K^+;(h) NH_4^+;(i) Mg^{2+};(j) Ca^{2+}

表4-1　活体菌吸附Cu和Cd过程中离子代谢的相关性分析

	Na^+	NH_4^+	K^+	Mg^{2+}	Ca^{2+}	Cl^-	NO_2^-	NO_3^-	PO_4^{3-}	SO_4^{2-}
Cu^{2+}	0.785*	0.916**	0.959**	−0.094	0.897**	0.826*	0.843**	−0.931**	0.889**	0.718*
Cd^{2+}	0.569	0.818*	0.82*	0.208	0.854**	0.687	0.487	−0.684	0.595	0.733*

*为在0.05水平上的显著相关。

**为在0.01水平上的显著相关。

(2) 失活菌体吸附过程中离子代谢情况。

为了证实Cu^{2+}和Cd^{2+}吸附与菌体离子的交换、释放和转化的相互关系，进一步研究了失活菌体吸附Cu^{2+}和Cd^{2+}过程中菌体离子的释放，结果如图4-4所示。失活后的菌体减少了Cl^-、SO_4^{2-}、NH_4^+、K^+和Ca^{2+}等离子的释放，并且没有向溶液中释放出NO_2^-和PO_4^{3-}。溶液中NO_3^-的浓度与初始浓度相符，由此可见，菌体对NO_3^-没有表面吸附作用，图4-3(c)中NO_3^-的减少是由活菌体对其向细胞内的运输与还原造成的，溶液中的NO_2^-则是其还原产物，这些行为均需要耗能并释放PO_4^{3-}。由于被戊二醛固定后，菌体丧失了产能的功能，没有主动运输的能力，所以

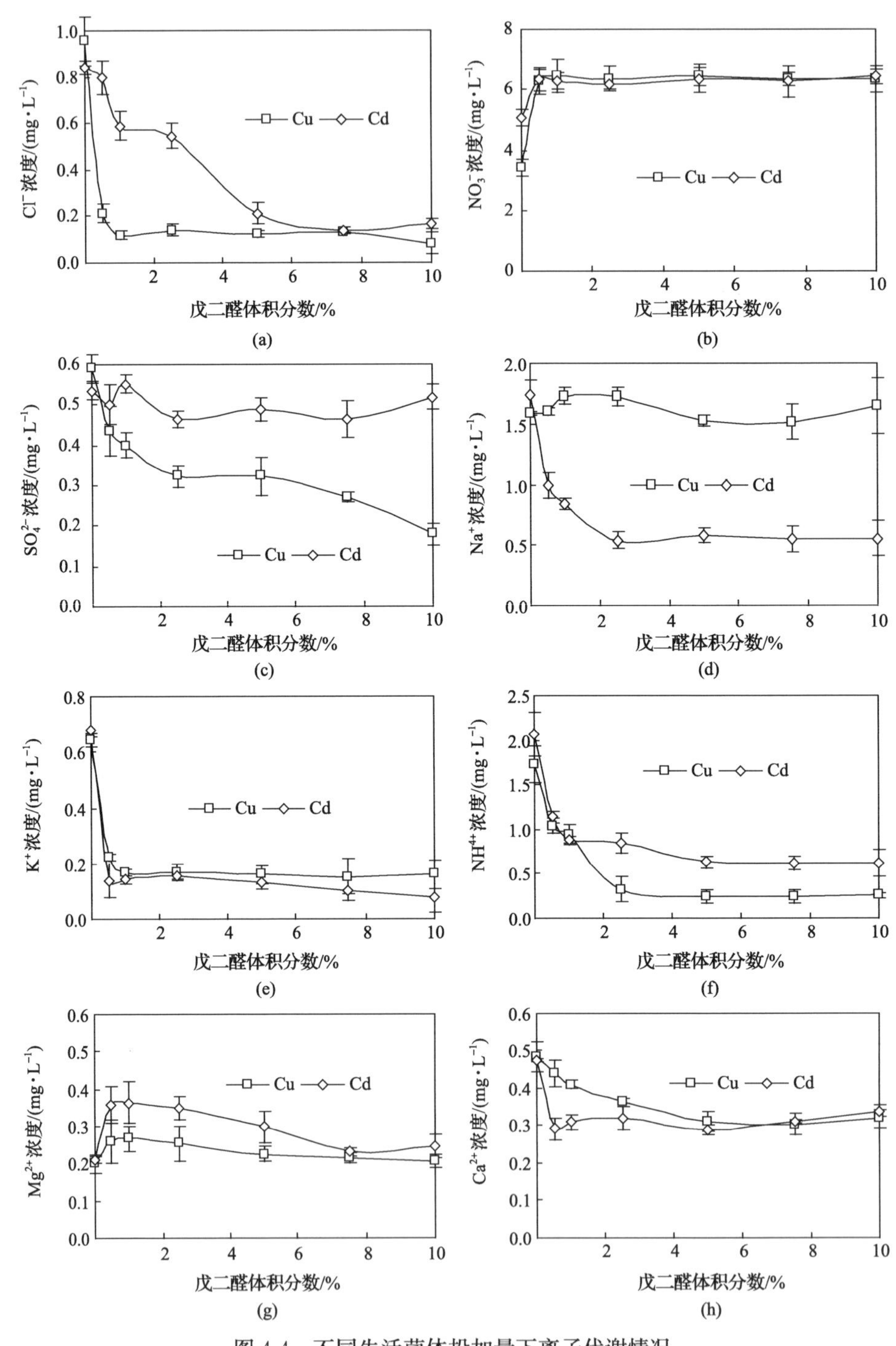

图 4-4　不同失活菌体投加量下离子代谢情况

(a) Cl^-;(b) NO_3^-;(c) SO_4^{2-};(d) Na^+;(e) K^+;(f) NH_4^+;(g) Mg^{2+};(h) Ca^{2+}

没有因金属的运输而向细胞外释放 PO_4^{3-} 。对失活菌体吸附 Cu^{2+} 和 Cd^{2+} 的吸附量与溶液中其他离子的浓度进行的相关性分析表明（表 4-2），Cu^{2+} 的吸附与各检测的离子没有显著的相关性；而 Cd^{2+} 的吸附则与 Na^+ 、NH_4^+ 、K^+ 和 Cl^- 4 种离子的释放显著正相关。菌体失活后，吸附 Cd^{2+} 的过程中这 4 种离子显著减少，相应地菌体对 Cd^{2+} 的吸附效果也明显下降，说明了这 4 种离子参与了 Cd^{2+} 胞内运输。

表 4-2　失活菌吸附 Cu 和 Cd 过程中离子代谢的相关性分析

吸附离子	Na^+	NH_4^+	K^+	Mg^{2+}	Ca^{2+}	Cl^-	NO_3^-	SO_4^{2-}
Cu^{2+}	0.546	0.582	0.383	0.289	0.716	0.361	−0.341	0.426
Cd^{2+}	0.941**	0.953**	0.835*	−0.033	0.661	0.920**	−0.787*	0.435

* 为在 0.05 水平上的显著相关。

** 为在 0.01 水平上的显著相关。

4. *S. maltophilia* 吸附 Cu、Cd 的主要作用基团

（1）X 射线光电子能谱分析。

将对照菌体与吸附 Cu^{2+} 和 Cd^{2+} 2 h 后的菌体在－60～－57℃的条件下冷冻干燥24 h 后，进行 X 射线光电子能谱分析，吸附后菌体表面检测到 Cu、Cd、O、P、C 和 N 等元素的峰谱。Cu 2p 和 Cd 3d 峰谱图经软件拟合后的图 4-5(a)和图 4-5(b)峰位分别为 933.3 eV 和 405.5 eV，表明吸附后 Cu^{2+} 和 Cd^{2+} 的价态均没有发生变化。C 1s 峰谱图，经拟合得到 3 个峰[图 4-5(c)]，峰位分别为 284.8 eV、286.2 eV 和 288.0 eV，分别代表$\text{⁅}CH_2CHOH\text{⁆}_n$/$\text{⁅}CH_2CH_2\text{⁆}_n$、—$CH_3$/$CH_3CH_2OH$ 和$\text{⁅}CH_2O\text{⁆}_n$等成分（Vinod et al.，2010）。O 1s 峰谱图，经拟合得到 3 个峰[图 4-5(d)]，峰位分别为 533.3eV、532.5eV 和 531.4eV，代表成分分别有 C—O—C/SO_4^{2-} 、—OH/SO_4^{2-} /—O—CH_3/ O═C—、O═C—O/CO_3^{2-} 和 C—OH（Zheng et al.，2009）。N 1s 峰谱图，拟合后得到 1 个峰[图 4-5(e)]，峰位为 400.02 eV，代表成分有—NH_2 和 NH_3（Deng and Ting，2005）。P 2p 峰谱图，拟合后得到 1 个峰[图 4-5(f)]，峰位为 133.6 eV，代表成分有 PO_4^{3-} 。上述结果表明菌体表面含有—OH、—COOH、—NH_2、—PO_4^{3-} 和—CHO 等基团。对照菌体中未检测出 Cu 和 Cd 元素，C 1s、N 1s 和 P 2p 的峰谱图峰位与所代表的基团和吸附 Cu 和 Cd 后的菌体一致。O 1s 的峰位分别为 532.9 eV、532.0 eV 和 531.2 eV；S 1s 峰位为 163.6 eV，代表成分有$\text{⁅}C_6H_4S\text{⁆}_n$、$\text{⁅}C_6H_5NS\text{⁆}_n$和 $C_{10}H_{21}SH$。吸附后的菌体没有检测到 S 1s 峰位，可能与吸附过程中 SO_4^{2-} 的释放有关。

（2）红外光谱分析。

如图 4-6 所示，对吸附 Cu^{2+} 和 Cd^{2+} 前后的吸附菌进行的红外光谱（4000～500 cm^{-1}）分析表明，菌体吸附 Cu^{2+} 和 Cd^{2+} 前后的峰形接近，但是某些峰发生了漂移。

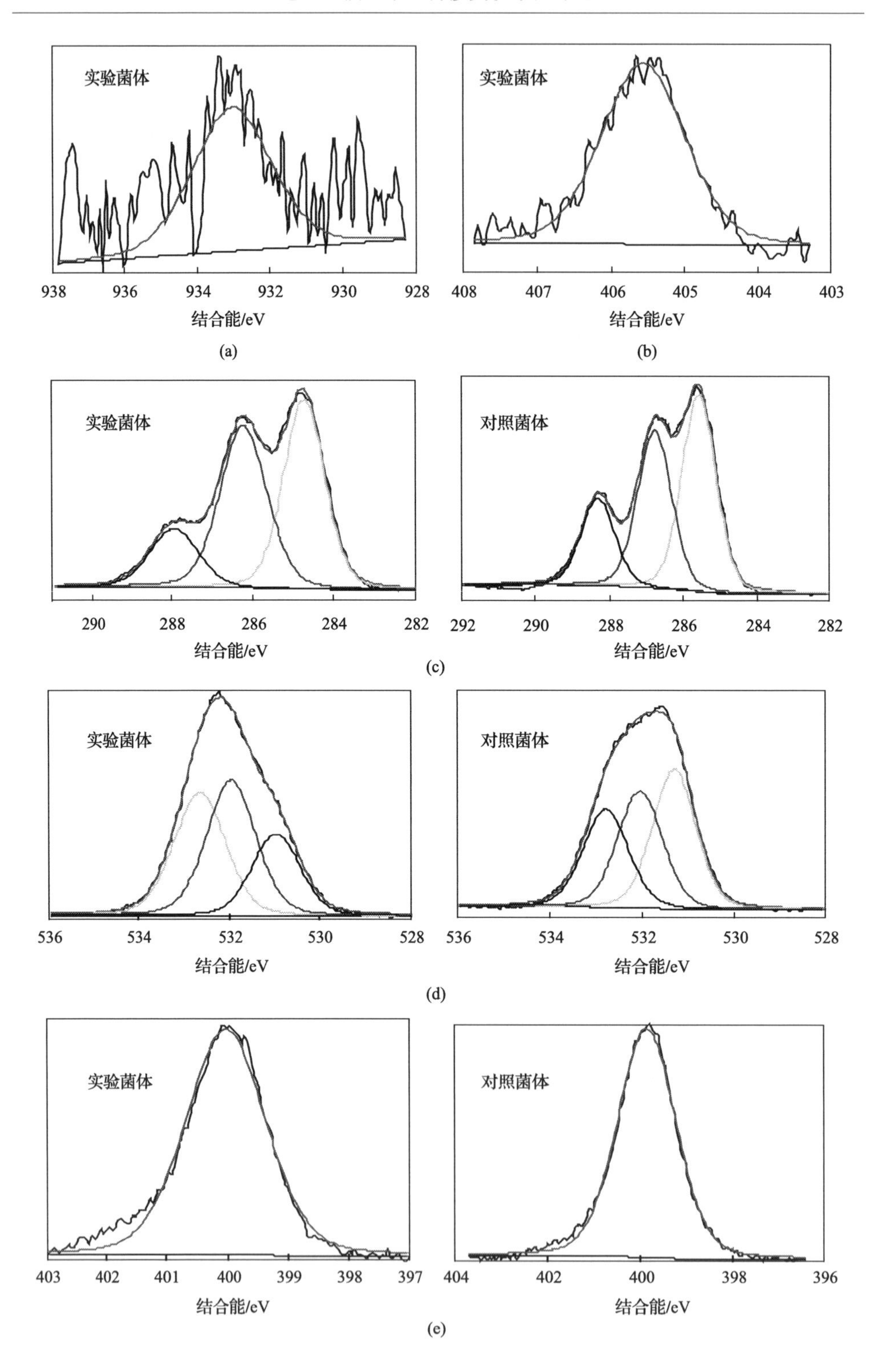
实验菌体
938 936 934 932 930 928
结合能/eV
实验菌体
408 407 406 405 404 403
结合能/eV
实验菌体
290 288 286 284 282
结合能/eV
对照菌体
292 290 288 286 284 282
结合能/eV
实验菌体
536 534 532 530 528
结合能/eV
对照菌体
536 534 532 530 528
结合能/eV
实验菌体
403 402 401 400 399 398 397
结合能/eV
对照菌体
404 402 400 398 396
结合能/eV

(a)　(b)

(c)

(d)

(e)

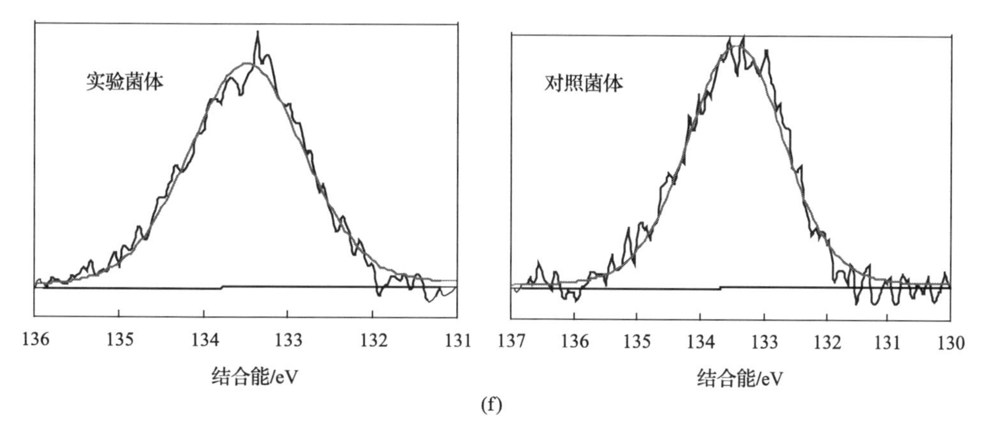

图 4-5　菌体吸附 Cu 和 Cd 前后 XPS 峰谱图

(a) Cu 2p；(b) Cd 3d；(c) C 1s；(d) O 1s；(e) N 1s；(f) P 2p

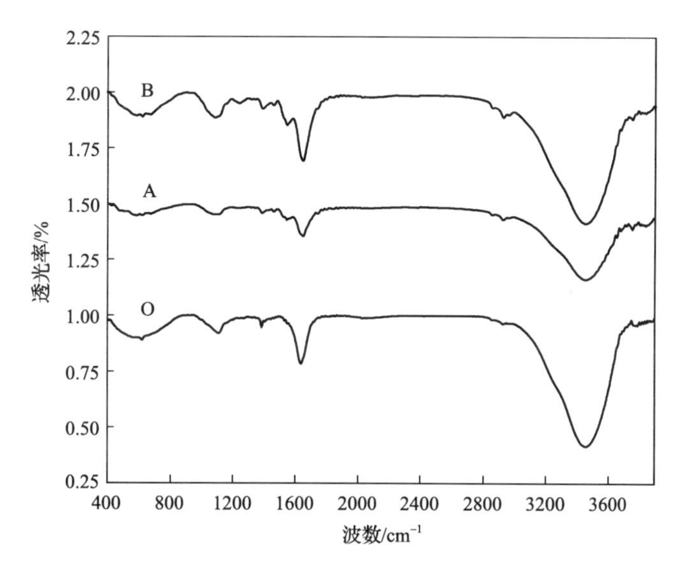

图 4-6　菌体吸附 Cu 和 Cd 前后红外光谱图

O-对照；A-Cu^{2+}；B-Cd^{2+}

各实验体系的菌体在官能团区和指纹区均有吸收峰，主要吸收带在 3400～2800 cm^{-1}和 1660～600 cm^{-1}。高波数区 3500～3000 cm^{-1}的吸收峰是醇和苯酚 O—H 伸缩振动及芳香胺 N—H 伸缩振动的叠加（Ye et al.，2010）。3000～2900 cm^{-1}是脂质 CH、CH_2 或 CH_3 基团 C—H 的反对称伸缩振动；2900～2400 cm^{-1}是 C—H 伸缩振动或 R—CH_2—S—C 伸缩振动。1650～1400 cm^{-1}是酰胺(Ⅰ)或羧基C═O 伸缩振动、酰胺(Ⅱ) N—H 弯曲、C—N 伸缩振动或酰胺（Ⅲ）C—N 伸缩振动，羧基 O—C═O 伸缩振动，其中酰胺（Ⅰ）C═O 伸缩振动因该 C 原子含有 N 取代基，吸收峰波数位于 1644.1～1636.5 cm^{-1}。1395.4～1392.8 cm^{-1}处的吸收峰是氨基酸 C—N 或末端羧基振动(Jain et al.，2009)。1650～1400 cm^{-1}处强的特征吸收带及对应吸收峰发生了漂移，结合菌体吸附 Cu^{2+} 和 Cd^{2+} 过程 NH_4^+ 的释放[图 4-3(h)]，证明包括蛋白质在内的生物大分子参与了 Cu^{2+} 和 Cd^{2+} 的吸附。吸附后的菌体分别在 1238.38 cm^{-1} 与 1240.4 cm^{-1} 吸收峰处出现—$C(CH_3)_3$、乙酸酯、芳香仲胺 C—N 伸缩和多糖 P═O 伸缩振动，结合图 4-3(d) PO_4^{3-} 的释放，推测菌体的脂质参与了重金属的吸附。

4.3.2 嗜麦芽窄食单胞菌对水体中锌的吸附

Zn 是电子垃圾拆解区水体中常见的重金属之一，其主要来源于计算机显示器、弹簧、继电器、连接器等电子产品中。水体中的 Zn 容易在水生动植物体内富集，通过食物链危害人类健康。本小节以嗜麦芽窄食单胞菌(*S. maltophilia*)作为处理材料，研究 Zn 的微生物吸附特性及机理，以期为水体中重金属 Zn 的生物治理提供实验依据。

1. 实验材料

嗜麦芽窄食单胞菌(*S. maltophilia*)，同 4.3.1 小节。

2. *S. maltophilia* 对 Zn 的吸附特性

S. maltophilia 对水体中 Zn^{2+} 的吸附特性如图 4-7 所示。

由图 4-7(a)可知，吸附率随 Zn^{2+} 浓度的增加而呈先上升后下降的趋势，当浓度为 2 $mg \cdot L^{-1}$时，*S. maltophilia* 可去除溶液中 92%的 Zn^{2+}。随后，吸附率基本呈线性下降的趋势。图 4-7(b)显示单位质量菌体对 Zn^{2+} 的吸附量随 Zn^{2+} 浓度的升高而上升。虽然随着金属浓度的增加，菌体接触重金属的概率增加，单位菌体吸附量上升，但是由于每种吸附材料均存在吸附饱和量，而且 Zn^{2+} 浓度越高，其毒性越大，会抑制微生物对 Zn^{2+} 的进一步吸附和积累，吸附率会下降。图 4-7(c)和图 4-7(d)结果表明，*S. maltophilia* 对 Zn^{2+} 的吸附等温线可以很好地用 Freundlich 和 Langmuir 吸附模式描述，其中与 Freundlich 模式的吻合程度更高，这说明 *S. maltophilia* 对 Zn^{2+} 的吸附不仅仅是表面吸附，还存在 Zn^{2+} 向细胞内转移、运输，从而不断地释放表面吸附位点。

3. 失活菌体对 Zn 的吸附特性

菌体对金属的吸附作用由菌体表面吸附、跨细胞壁细胞膜的主动运输、菌体表面脱附和菌体对金属的主动释放等作用组成。利用戊二醛对菌体进行 24 h 固定，可以在终止菌体生命活动的同时，保存菌体细胞活性状态时的结构和表面基团，从

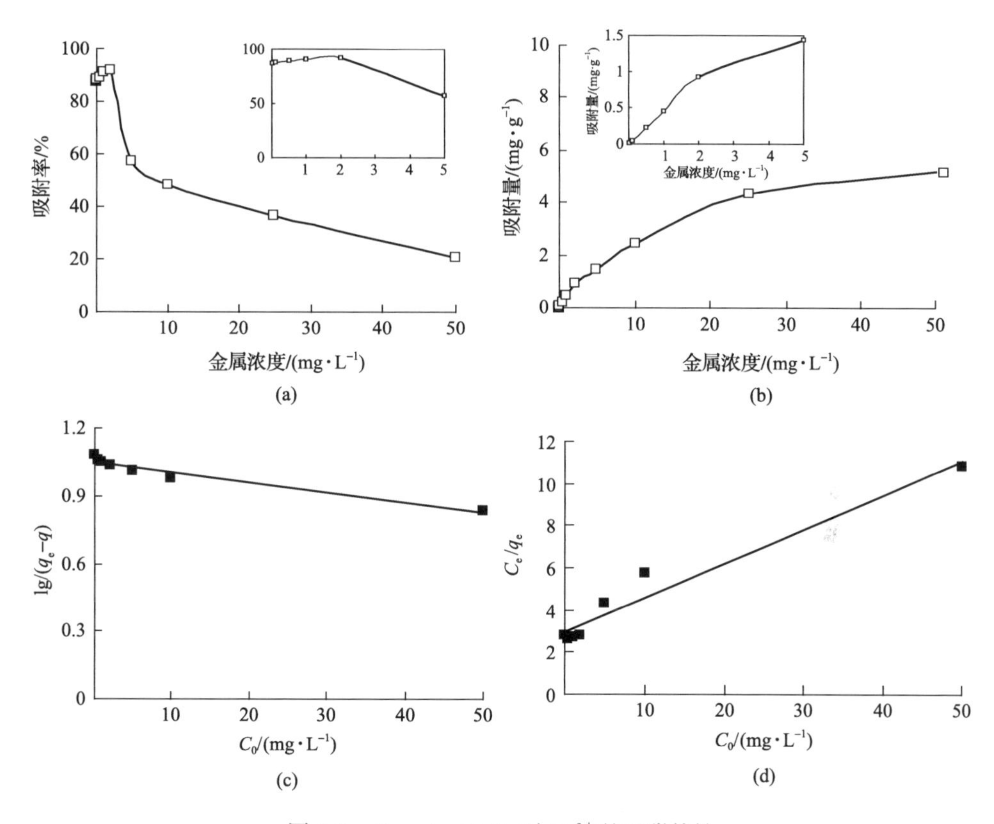

图 4-7　*S. maltophilia* 对 Zn^{2+} 的吸附特性

(a) Zn^{2+} 吸附率；(b) 单位质量菌体的吸附量；(c) Freundlich 吸附模式；(d) Langmuir 吸附模式

而考察菌体活性对 Zn^{2+} 的吸附贡献大小。由图 4-8 可知，随投菌量的增加，Zn^{2+} 的吸附率均呈现先快速增长然后归于平稳的趋势，当投菌量大于 5 g · L^{-1}时，活菌对 Zn^{2+} 吸附率反而少许下降。活菌体对 Zn^{2+} 的吸附率在投菌量增加到一定浓度

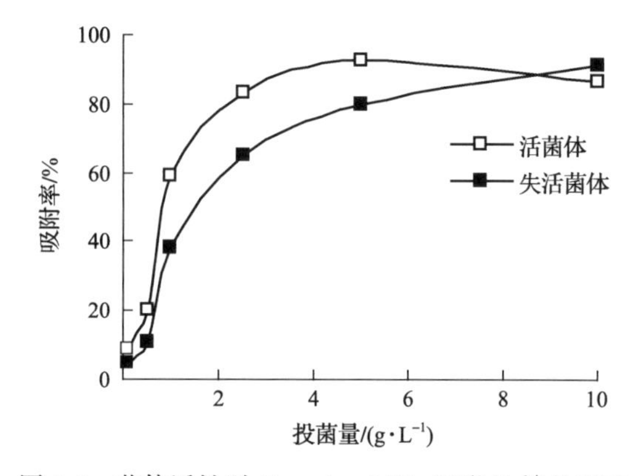

图 4-8　菌体活性对 *S. maltophilia* 吸附 Zn^{2+} 的影响

反而降低的原因主要有：①菌量过高，菌体间相互吸附、成团概率增大，导致有效吸附位点减少；②随着活性菌体浓度的增加，当菌体与金属浓度达到一定的比值后，生物对重金属生物解毒的能力启动，可以把 Zn^{2+} 排出体外，而且还会使部分吸附于细胞表面的 Zn^{2+} 产生脱附现象(Li et al.，2010)。戊二醛固定后的菌体已失活，对 Zn^{2+} 的吸附主要为表面吸附，不存在主动释放与运输 Zn^{2+} 的过程，因此，随着投菌量的增加，Zn^{2+} 的去除率不断增大。

4. *S. maltophilia* 吸附 Zn 的主要作用基团

利用红外光谱对处理单一 Zn^{2+}(10 mg·L^{-1})与 Zn^{2+}(10 mg·L^{-1})/BDE-209(1 mg·L^{-1})复合污染前后的菌体表面官能团进行了分析(图 4-9)。菌体处理污染物前后的峰数目和峰形发生明显变化，部分吸收峰发生了偏移，且单一 Zn^{2+} 与 Zn^{2+}/BDE-209 复合污染体系下峰形变化不明显，峰数目和峰形的改变主要是因为菌体对 Zn^{2+} 的吸附作用。两种体系下菌体在官能团区和指纹区均有吸收峰，主要吸收带分别为 3500～2800 cm^{-1} 和 1700～500 cm^{-1}。在处理单一 Zn^{2+} 与 Zn^{2+}/BDE-209 后，3300～3000 cm^{-1} 处的缔合—OH 吸收峰向高波数偏移，并且峰形变得圆钝，说明菌体表面存在—OH，并且参与了 Zn^{2+} 的吸附。3000～2800 cm^{-1} 为—CH_3 基团 C—H 的反对称伸缩振动，与对照菌体表面相比，处理污染物后其波数均发生变化，这是由于相邻基团—NHCO—，—OH 等变化。吸附 Zn^{2+} 后，1650～1300 cm^{-1} 处的酰胺(Ⅰ)$\delta_{(-C=O)}$、酰胺(Ⅱ)($\delta_{(N-H)}+\gamma_{(C-N)}$)和酰胺(Ⅲ)$\delta_{(C-N)}$ 谱峰向低波数发生漂移，并且峰形变得圆钝。这表明菌体在吸附 Zn^{2+} 过程中

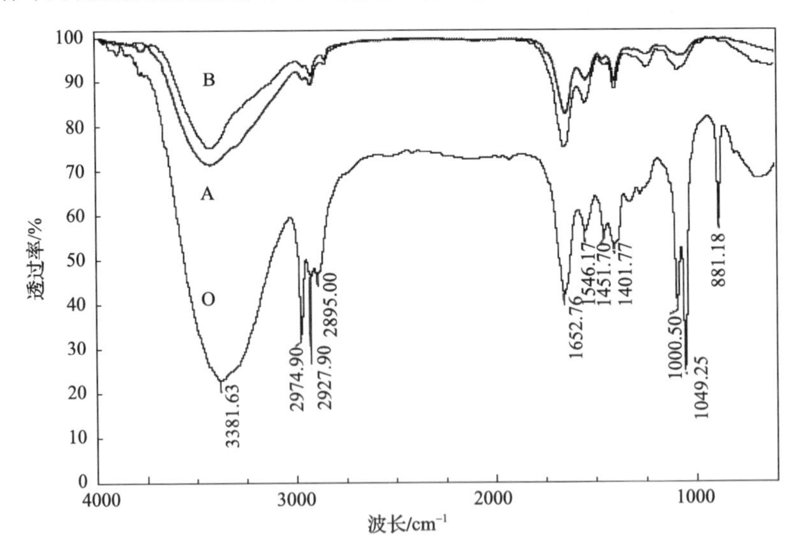

图 4-9　菌体处理污染物后的红外光谱图

O 为对照；A 为 10 mg·L^{-1} Zn^{2+}；B 为 10 mg·L^{-1} Zn^{2+} +1 mg·L^{-1} BDE-209

酰胺起了重要作用，证明蛋白质参与了 Zn^{2+} 的吸附。对照菌体中 1400～1200 cm^{-1} 为吡啶 C—N 伸缩、多糖 P＝O 伸缩、$—SO_3H$ 伸缩和吡啶 C—H 伸缩等，而吸附 Zn^{2+} 后峰形变得平缓，说明细胞质膜的磷脂参与 Zn^{2+} 的微生物吸附，并且吸附过程与生物的呼吸产能有关(Han and Wong，2007)。吡啶 C—H 的波数漂移则证实了部分 Zn^{2+} 被主动运输进入细胞内，并对原核产生了一定的作用。对照菌体中 887 cm^{-1}是硝基化合物中 C—N 的伸缩振动；小于 650 cm^{-1} 的是蛋白质特有的 C—N—C 剪式振动(Bayramoglu and Arica，2007)。

S. maltophilia 是笔者课题组筛选的 1 株对水体中 Cu、Cd、Zn 具有较好去除性能的微生物。微生物修复水体重金属污染的过程中，由于重金属的胁迫作用，菌体细胞特性、菌体蛋白质表达、菌体各种功能酶的分泌等生命活动都会发生改变。由于电子垃圾拆解区水体受到重金属污染的同时，往往还伴随着 PBDEs、PAHs 等 POPs 的污染，因此本书第 5 章将详细探讨 POPs、重金属单一污染，POPs/重金属复合污染物的胁迫作用下微生物细胞的响应机制，从而揭示微生物修复电子垃圾水体重金属/有机物复合污染的机制。

4.4 电子垃圾拆解区典型 POPs 污染水体微生物修复

4.4.1 铜绿假单胞菌对水体中 BDE-209 的降解

polybrominated diphenyl ethers，PBDEs 是电子垃圾产品中典型的溴代阻燃剂，包括 209 种同系物，其中 BDE-209 是应用最广泛、水体环境中含量最高的一种同系物。PBDEs 作用的靶器官主要是脂肪组织、甲状腺、生殖发育及中枢神经系统，其具有多种毒性，如神经毒性、生殖毒性、免疫毒性、肝毒性。微生物对有害物质的作用在污染物的迁移转化乃至最终消失的过程中占有重要的地位。与其他处理方式相比，微生物法具有成本低，可循环使用，不产生二次污染等优点。

1. 菌种和培养基

实验中所用的铜绿假单胞菌(*Pseudomonas aeruginosa*)是笔者课题组自电子垃圾拆解地广东贵屿镇土壤中筛选获得的降解 BDE-209 的纯菌。

营养液体培养基：5 g 葡萄糖、2 g 蛋白胨、1 g 酵母粉溶于 1000 mL 去离子双蒸水，调节 pH 至 7.2～7.5。

无机盐培养基(MSM)：1 g NH_4NO_3、1.5 g KH_2PO_4、3 g K_2HPO_4 和 2 mL 微量元素溶液溶于 1000 mL 去离子双蒸水。其中微量元素溶液组成为：4 g $MgSO_4 \cdot 7H_2O$、1 g $CuSO_4 \cdot 5H_2O$、1 g $MnSO_4 \cdot H_2O$、1g $FeSO_4 \cdot 7H_2O$、1 g $CaCl_2 \cdot 2H_2O$ 溶于 1000 mL 去离子双蒸水。

所有培养基分装后在 121℃下灭菌 30 min。

2. 实验方法

(1) BDE-209 萃取。

采用超声波辅助萃取法对体系中的 BDE-209 进行提取。具体步骤如下：用 5 mol · L^{-1}的 HCl 调节培养液 pH 为 2.0，加入等体积的萃取剂(二氯甲烷：正己烷=1：1)，超声萃取 2 次，移出有机相，过无水硫酸钠脱水，后经旋转蒸发器 40℃ 蒸发至干。再加入 10 mL HPLC 级正己烷，置于旋涡振荡器上振荡 60 s，将振荡后的溶液转移至色谱进样瓶，上机分析。

(2) BDE-209 分析。

采用 GC-MS (7890A-5975C，Agilent Technology) 检测 BDE-209 浓度。色谱柱条件：DB-5MS 石英毛细管柱(15 m×0.25 mm×0.1 μm)，载气为氦气。质谱条件为：负化学电离源(NCI)，离子源温度 150℃，反应气为甲烷。仪器采用选择离子模式，通过外标法对 BDE-209 进行定量分析。分析条件为：进样口温度 280℃，柱箱初始温度 110℃保持 2 min，以 15℃ · min^{-1}的速率升至 310℃，保持 5 min。

3. BDE-209 对 *P. aeruginosa* 生长的影响

P. aeruginosa 在正常条件与 BDE-209 抑制下的生长曲线如图 4-10 所示。*P. aeruginosa* 的正常生长曲线规律表现为：0～6 h 为停滞期，6～24 h 为对数生长期，24 h 后进入稳定期，48 h 后步入衰亡期。与正常生长曲线相比，污染物的加入对菌株的生长有一定程度的影响。主要表现为：1 mg · L^{-1}和 10 mg · L^{-1} BDE-209 的加入并未改变菌体的生长周期，只是对菌体生物量有一定的抑制作用，10 mg · L^{-1} BDE-209 的抑制作用表现得更强。当培养基中添加 100 mg · L^{-1}

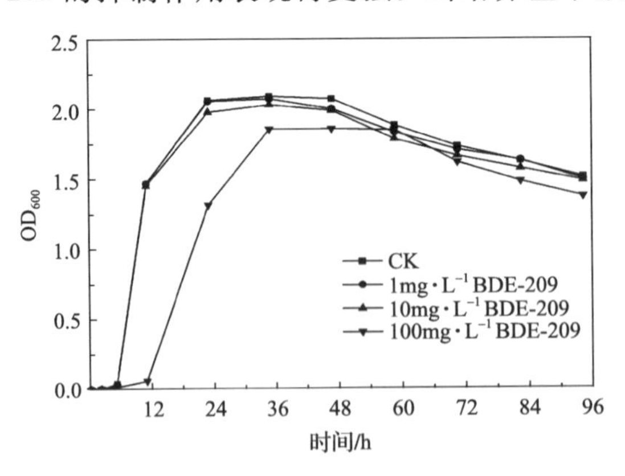

图 4-10　BDE-209 对 *P. aeruginosa* 生长的影响

OD_{600}为吸光度(600 nm)

BDE-209 时，菌株生长的停滞期由 0～6 h 延长至 0～12 h，对数期、稳定期顺序后延，对数生长期为 12～36 h，36 h 后进入稳定期，但是总体生物量与正常生长时相比只有较小的降低。这一结果表明 *P. aeruginosa* 能在较高浓度 BDE-209 存在下生长，主要原因是本实验使用的 *P. aeruginosa* 来源于 PBDEs 污染严重的电子垃圾回收地区，对 PBDEs 有一定的耐受性。考虑到环境中 BDE-209 的含量和实验的准确性，本书主要考察 *P. aeruginosa* 对 1 mg · L^{-1} BDE-209 的降解作用。

4. *P. aeruginosa* 吸附/降解 BDE-209 的影响因素

(1) 碳源种类和浓度。

BDE-209 是一类难降解物质，本身对生物体有毒害作用，因此微生物对其利用需要一个适应的过程。为了缩短微生物的适应期，促进污染物的降解，通过添加一些其他微生物容易利用的营养物质可以达到这个目的，即共代谢作用。有文献报道在利用微生物处理一些难降解有机物，尤其是持久性有机污染物时，适当添加碳源有利于微生物对这些物质的降解(Field and Sierra-Alvarez, 2008)。强婧等(2009)指出利用烟曲霉 A10 降解蒽的过程中加入一定量的乳糖，可以使降解率提高 37.2%。图 4-11(a)表示不同种类的碳源存在下，*P. aeruginosa* 对 BDE-209 的降解情况。图中显示，除蛋白胨和酵母粉外，其余外加碳源均对菌体降解 BDE-209 的效果有显著的提高($P<0.05$)。其中葡萄糖的促进作用最为明显(降解率提高了 29.7%)，而牛肉膏的促进作用相对较弱(提高了 15.7%)。这表明在微生物的共代谢过程中，添加不同种类的底物对降解性能的影响有明显差异。这一结果与某些关于利用共代谢作用降解 POPs 的结论有所不同。有研究表明，当体系中存在一定量的速效碳源时，菌株大量利用该速效碳源，从而抑制了降解有机污染物基因的表达，因此污染物降解较为缓慢。例如 Ambrosoli 等(2005)在研究菲、芘的生物降解时发现，采用葡萄糖和乙酸盐作为共代谢底物时，前者的效果不及后者。周乐和盛下放(2006)在研究芘的共代谢作用时也发现，加入水杨酸作为共代谢底物提高了降解率，而葡萄糖则抑制了芘的降解，从而说明速效碳源的添加可能对污染物的降解产生负面影响。本实验的结果说明，葡萄糖的加入能使菌体暴露在 BDE-209 污染体系后有充分的适应时间，保持自身活性，并诱导产生相应的降解酶来降解 BDE-209。由于 BDE-209 有很强的疏水性，降解过程中 BDE-209 与菌体接触的概率较低。因此，保持菌体活性对于降解水体系中的 BDE-209 是非常重要的。

葡萄糖的加入对 *P. aeruginosa* 降解 BDE-209 的促进作用最为显著。因此，本组实验主要考察不同浓度葡萄糖对该菌降解 BDE-209 的影响。图 4-11(b)显示培养体系中葡萄糖的浓度对 *P. aeruginosa* 降解 BDE-209 的影响较大。当葡萄糖添加量为 0～5 mg · L^{-1}时，BDE-209 降解率随葡萄糖浓度的升高而上升；然而，葡萄糖浓度的继续增加对菌体降解 BDE-209 产生负面影响：其浓度越高，降解率越

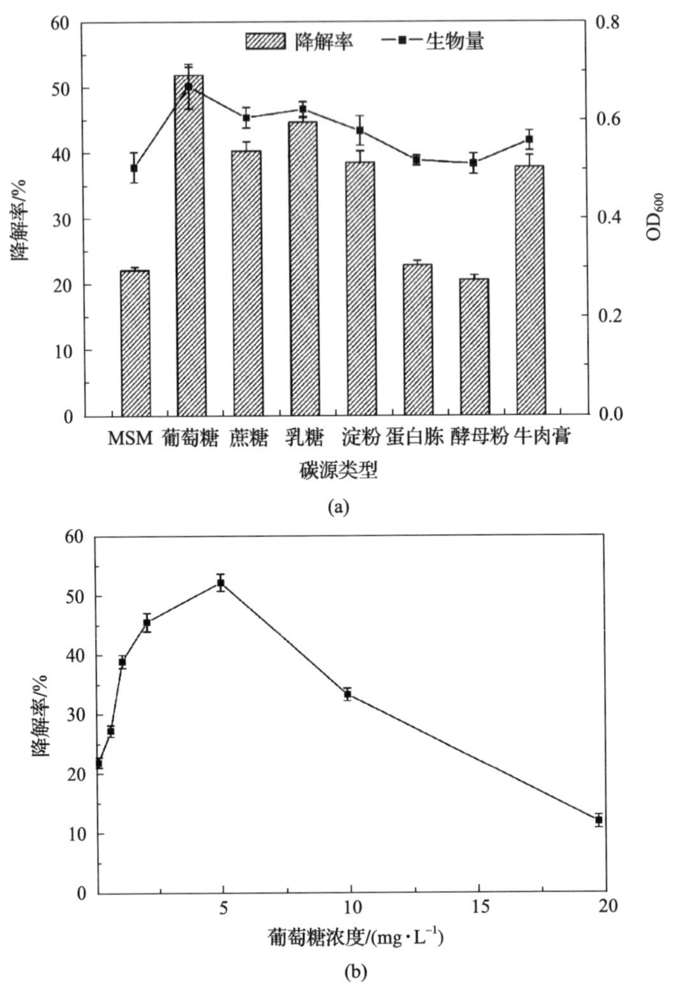

图 4-11 碳源对 BDE-209 降解的影响

(a) 碳源种类;(b) 葡萄糖浓度

低。这是由于当体系中外加速效碳源的量过多时,菌株大量利用该碳源而没有利用污染物。因此,葡萄糖投加量并不是越多越好。在 BDE-209 浓度为 1 mg·L^{-1}的降解体系中,添加 5 mg·L^{-1}的葡萄糖最有利于促进其生物降解,即 BDE-209 与葡萄糖的质量比为 1∶5 时,降解效果最佳。这一结果与 Ye 等(2011)报道的相类似,其指出在利用烟曲霉菌(*Aspergillus fumigatus*)降解蒽时,加入与蒽浓度相等的乳糖能获得最好的降解效果,而过多的共代谢底物会抑制菌体对蒽的降解。

(2) 投菌量。

菌体投加量是影响有机污染物微生物降解的一个重要因素。图 4-12(a)显示,在未添加葡萄糖的降解体系中,随着投菌量的增加,菌体对 BDE-209 的降解率总体呈现上升趋势，当投菌量在0.5～2 g·L^{-1}变化时，降解率的变化幅度较大；而当投菌量大于5 g·L^{-1}时，降解率维持在33%左右，且随着投菌量的继续增大变化幅度不大。出现这种情况的原因在于：投菌量较大时，培养液中的营养物质相对不足，导致菌体无法得到充足的营养从而影响其生长，此时菌体发挥其降解作用受营养条件的限制，营养的缺乏使微生物不能产生相关的酶作用于BDE-209的降解，因此降解率变化不大。与未添加碳源的降解体系相比，葡萄糖的加入对不同菌体投加量下BDE-209的降解有明显的促进作用，这一结果进一步说明外加碳源有助于菌体降解BDE-209。但是，在添加葡萄糖的降解体系中，降解率并不是随着投菌量的增大始终呈上升趋势，当投菌量在0.5～2 g·L^{-1}变化时，降解率随着投菌量的增大有显著性增大；当投菌量在2～5 g·L^{-1}变化时，降解率变化趋于平缓，基本保持在50%左右；而当投菌量大于5 g·L^{-1}时，菌体对BDE-209的降解率有一定程度的下降。出现这种情况的原因在于：当菌体浓度较高时，5 mg·L^{-1}的葡萄糖被快速利用，虽然此时菌体活性达到一个较好的状态，但是这一状态保持的时间较短，菌体还未能与BDE-209充分接触，因此对菌体降解BDE-209产生了负面效果。从图4-12(b)可知，单位质量菌体的降解量随着投菌量的增加而下降，这主要和BDE-209的水溶性差，不能与菌体充分接触有关。

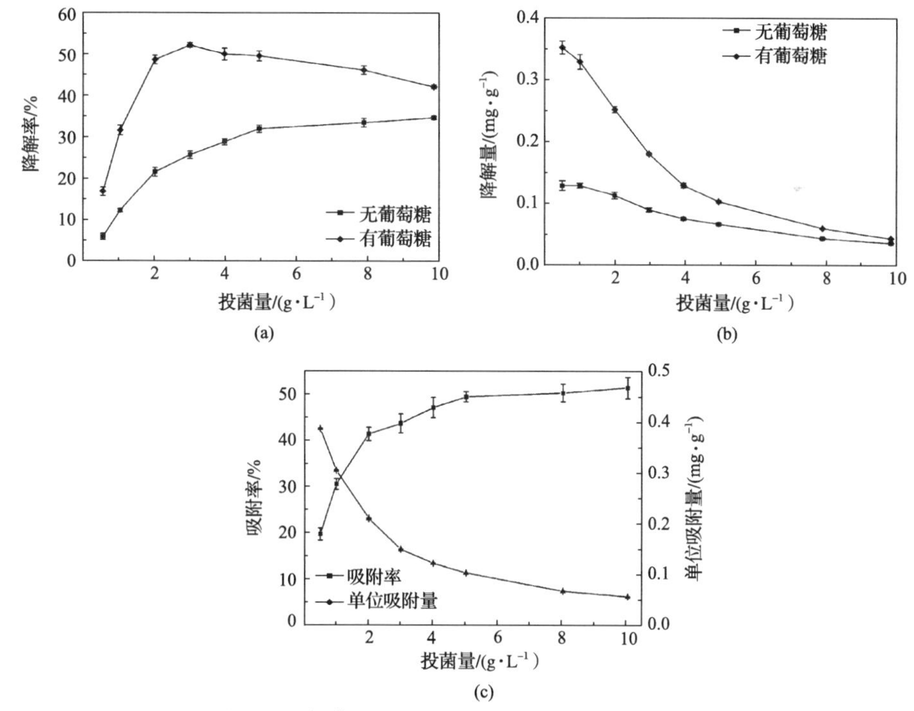

图4-12　投菌量对BDE-209吸附/降解效果的影响

(a)降解率与投菌量的关系；(b)降解量与投菌量的关系；(c)吸附率、单位吸附量与投菌量的关系

吸附是微生物与水体中污染物接触的第一步，也是微生物降解有机污染物的重要过程。因此，研究各因素对 *P. aeruginosa* 吸附 BDE-209 的影响是很有必要的。不同投菌量对 *P. aeruginosa* 吸附 BDE-209 的影响如图 4-12(c)所示，当投菌量在 0.5～10 g · L^{-1}变化时，菌体对 BDE-209 的吸附率随投菌量的增加始终呈上升趋势。当投加量从 0.5 g · L^{-1}增加到 2 g · L^{-1}时，吸附率的增加较大；而当投菌量大于 5 g · L^{-1}时，吸附率随着投菌量的增大变化幅度不大。与此结果相反，单位质量菌体对 BDE-209 的吸附量则随投菌量的增加呈下降趋势。不少研究有类似结果，Wang 等(2002)在利用活性污泥吸附 PCP 的实验中发现，生物量为 0.5～5 g · L^{-1}时，活性污泥对 PCP 的吸附随污泥浓度的增加而增大。而单位质量污泥的吸附率则从投加量为 0.5 g · L^{-1}时的 2.6 mg · g^{-1}下降到投加量为 5 g · L^{-1}时的 1.1 mg · g^{-1}。投菌量过高，吸附率变化平缓的现象可能有以下两方面的原因：①由于菌量过高，菌体会相互吸附、成团，从而减少吸附的有效点位；②吸附过程中，由于污染物浓度不大，菌体的吸附位点始终存在不饱和状态。

(3) 处理时间对 *P. aeruginosa* 吸附/降解 BDE-209 的影响。

图 4-13(a)表示在不同降解体系下 *P. aeruginosa* 对 BDE-209 降解效果随时间的变化情况。实验结果表明，添加外加碳源的情况下，菌体对 BDE-209 的降解率在 7 天后达到了 55.8%，即体系中的 BDE-209 的残留量从 0.99 mg · L^{-1}降低到 0.44 mg · L^{-1}。与这一结果相比较，未添加葡萄糖的体系中菌体对 BDE-209 的降解率(7 d)仅为 20.3%，还不到添加葡萄糖体系的一半。这一结果与前面提到的碳源对菌体降解 BDE-209 的影响相一致。另外，在对照实验中，未发现 BDE-209 的残留量有明显的变化，这说明本实验在利用菌体降解 BDE-209 的过程中，BDE-209 的非生物降解可以忽略。

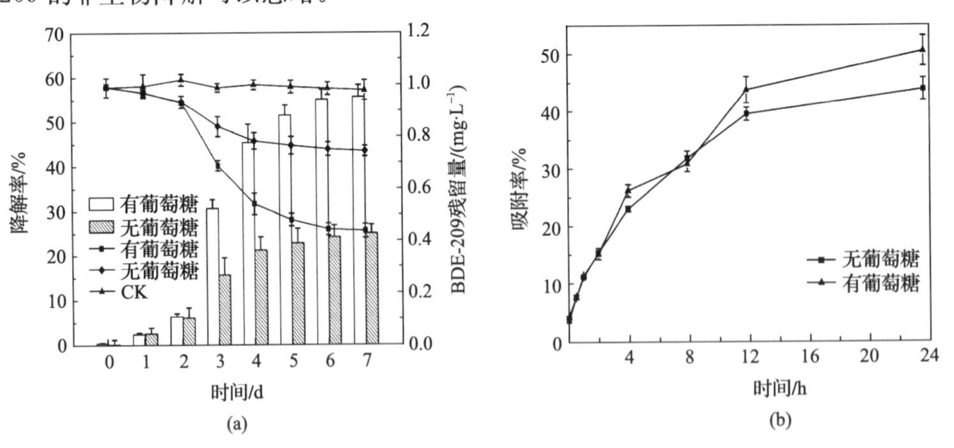

图 4-13　处理时间对菌体吸附/降解 BDE-209 的影响

(a) 处理时间对 BDE-209 降解的影响；(b) 处理时间对 BDE-209 吸附的影响

从图4-13(a)还可以看出，无论降解体系中是否存在葡萄糖，菌体对BDE-209的降解效果在前两天都比较差。主要有以下两个原因：①BDE-209是一种具有一定毒性的持久性有机污染物，微生物和其共存需要一个适应的过程；②BDE-209本身具有很强的疏水性($\lg K_{ow}=8.7$)和较大的相对分子质量，在降解初期，BDE-209以颗粒状态漂浮在降解体系溶液表面，随着降解时间的延长，菌体与BDE-209充分接触，大部分BDE-209被吸附在菌体表面之后才能被菌体降解。通过前两天的适应和与BDE-209的充分接触，菌体对BDE-209的降解率从第3天起有大幅度的提高，尤其是在加入了葡萄糖的降解体系，菌体的降解率从第2天的6.7%增加到30.8%，这说明葡萄糖的加入使得菌体保持了良好的活性，从而有利于其在后期对BDE-209的降解。从图中还可以看出，当降解实验到达第5天时，体系中BDE-209的残留量变化幅度较小且趋于稳定，这说明此时的菌体由于缺乏营养物质而大量失活，从而抑制了其对BDE-209的降解。以上结果再次表明，外加碳源是影响*P. aeruginosa*降解BDE-209的一个重要因素。

处理时间对BDE-209降解影响的实验结果表明，菌体对BDE-209的吸附效果可能对其进一步被微生物降解有较大影响。本实验考察了不同处理时间对菌体吸附BDE-209的影响，实验结果如图4-13(b)所示。与可溶性有机污染物生物吸附不同，菌体对BDE-209的吸附速度较慢。一般情况下，生物材料对有机污染物的吸附为一个快速吸附的过程，通常在几十分钟内即达到较大的吸附量。而*P. aeruginosa*对BDE-209处理1 h后，吸附率仅为10.9%。这一结果说明由于BDE-209较强的疏水性能，菌体在降解体系中与BDE-209的接触概率较小，不易被菌体吸附。随着处理时间的延长，菌体对BDE-209的吸附率不断增大，当时间到达12 h时，吸附率达到了39.1%。葡萄糖的加入对菌体吸附BDE-209有一定的促进作用，尤其是在吸附的后期，12 h和24 h吸附率分别增加了4.1%和6.7%。吸附率增大的原因可能是葡萄糖的加入有助于菌体生长，而*P. aeruginosa*能在生长的过程中分泌出表面活性剂，增加了BDE-209的溶解性，从而有助于菌体对BDE-209的吸附。

(4) pH对*P. aeruginosa*吸附/降解BDE-209的影响。

图4-14显示，pH对*P. aeruginosa*降解BDE-209的影响较大。偏中性和弱碱性的环境有利于菌体降解BDE-209。当初始pH在6～9时，BDE-209降解率为43.7%～50.9%。在pH为4的酸性环境中，降解效果较差，平均降解率低于30.0%。主要原因是：pH对微生物生命活动的影响很大。其主要作用是H^+会引起细胞膜电荷的变化，从而影响微生物对营养物质的吸收；同时，H^+会影响代谢过程中酶的活性，有些在细菌生命活动中起催化作用的酶在酸性条件下失活；另外，pH会改变营养物质离子化程度及有害物质的毒性。介质的pH不仅影响微生物的生长，甚至影响微生物的形态，微生物细胞中很多组分DNA、ATP等在强酸

性条件下会被破坏。因此,过低的 pH 使菌株生长活性急剧降低,从而影响其对 BDE-209 的降解。

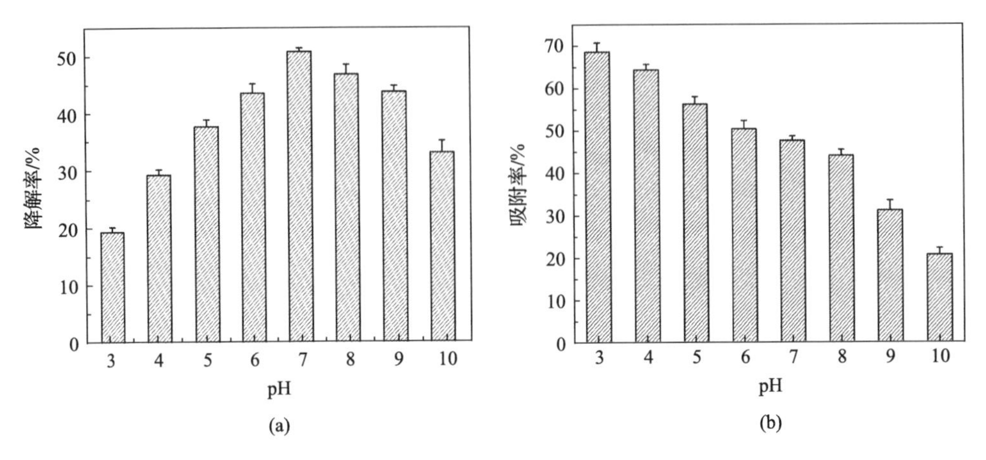

图 4-14 pH 对菌体吸附/降解 BDE-209 的影响

(a) pH 对 BDE-209 降解的影响;(b) pH 对 BDE-209 吸附的影响

pH 是影响微生物吸附有机污染物的一个非常重要的参数,它不仅影响吸附剂的吸附能力,还影响有机物的溶解性。图 4-14(b)显示,*P. aeruginosa* 在 pH 较低的环境下吸附效果较好,当 pH 为 3.0 时,吸附率达到 67.4%。这一结果与许多研究相似。一些学者对此做了详细研究:生物吸附效果一般在 pH 较低(2~4)时达到最佳,且微生物的吸附能力会随着 pH 的降低而增大。研究报道认为,pH 是决定吸附的最重要的因素,吸附能力与有效等电位点变化有关,当 pH 低于等电位点时生物吸附存在净吸附交换(Aksu and Dönmez ,2003)。虽然低 pH 能增强菌体对 BDE-209 的吸附效果,但降解实验结果表明,低 pH 不利于菌体对 BDE-209 的降解,因此为了达到对 BDE-209 的有效去除,应使菌体尽量处于中性环境中。

(5) 温度对 *P. aeruginosa* 吸附/降解 BDE-209 的影响。

温度是直接影响微生物生长代谢和降解活性的因素,因此与菌体对 BDE-209 的降解密切相关。微生物体内发挥降解作用的酶有其最适生长温度,当环境温度低于该最适温度时,酶无法发挥其功能;而当环境温度过高,酶可能失活。图 4-15(a)反映了不同温度对 BDE-209 微生物降解效果的影响。从图中可以看出,本实验菌种在 20~40℃时对 BDE-209 降解效果无显著性变化,降解率保持在 48%左右,这说明一般环境温度不是影响菌体降解 BDE-209 的主要因素。

大量研究报道指出,生物吸附最佳温度较低(16~36℃),而且随着温度的降低吸附能力有所提高,这是因为多数吸附作用是一个放热过程,或由于温度上升细胞表面活性会下降(Wang et al. ,2002)。图 4-15(b)反映不同温度对 BDE-209 微生物吸附效果的影响。从图中可以看出,低温使 BDE-209 的吸附有一定的提高,但

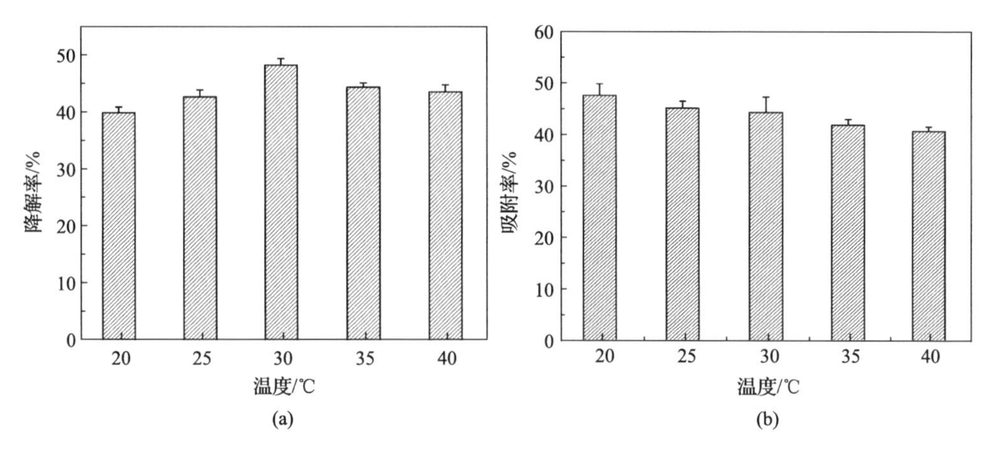

(a)　(b)

图 4-15　温度对菌体吸附/降解 BDE-209 的影响
(a) 温度对 BDE-209 降解的影响；(b) 温度对 BDE-209 吸附的影响

是并不明显，20℃吸附率较 40℃仅提高了 7.4%，结合温度对 BDE-209 降解的影响结果可知，温度对 *P. aeruginosa* 降解 BDE-209 的效果影响不显著。因此，在以后的实验中温度保持在 30℃左右即可。

5. 铜绿假单胞菌胞内酶/胞外酶对 BDE-209 的降解

接种 *P. aeruginosa* 到营养培养液中，于 30 ℃、150 r · min^{-1} 振荡活化培养 24 h 后，以 6000 r · min^{-1} 的速度离心 15 min，分别收集菌体与上清液。其中上清液过 0.22 μm 滤膜，即得细胞外粗酶液。菌体则用 0.05 mol · L^{-1}、pH 为 7.2 的磷酸盐缓冲液(PBS)洗涤 3 次后，加入一定量的 PBS 重悬，置于 0 ℃的冰-水混合水浴中，用超声波细胞粉碎机(450W)破碎处理 150 次，每次 3 s，间隔 3 s，4℃下 8000 r · min^{-1} 离心10 min，取上清液，得胞内粗酶液。

(1) 菌体、胞内酶、胞外酶对 BDE-209 的降解。

350 mg · L^{-1}(以干重计)的 *P. aeruginosa* 菌体及从等量菌体提取出的胞内和胞外粗酶液对 BDE-209 的降解效果见表 4-3。与未添加菌体和粗酶液的空白对照相比，胞外酶对 BDE-209 的降解率较低(仅为 6.4%)。而菌体本身和胞内酶粗酶液都对 BDE-209 有较好的降解能力，相对而言，胞内酶粗酶液的效果更佳。在菌体的生长过程中，胞外酶分泌较少，而胞内酶含量较大，在本实验条件下，胞内酶在 12 h 对 BDE-209 的降解率就达到 69.2%。由此可见，*P. aeruginosa* 对 BDE-209 的降解主要是依靠胞内酶完成的。目前有关 PBDEs 酶促降解的研究主要集中在真菌类微生物分泌至胞外的活性酶对 PBDEs 的降解特性方面(阮久莉等，2012)，熊士昌等(2012)利用白腐菌分泌的胞外酶降解 BDE-209，降解率达到 54.1%。但对其他持久性有机污染物的降解，则以胞内酶的文献报道居多。廖敏等(2011)的研究结果显示，生物降解拟除虫菊酯类农药，起降解作用的是胞内酶。另有报道显示在降解 PAHs 时，降解 PAHs 的活性酶分布在细胞内部（聂麦茜等，2006），这些均与本研究结果有相似之处。

表 4-3 *P. aeruginosa* 菌体、胞内酶、胞外酶对 BDE-209 的降解

项目	含量（初酶液中指蛋白质含量）/(mg · L^{-1})	BDE-209 降解率/%
菌体	350	57.3±3.5
胞内酶初酶液	115.2±4.8	69.2±1.2
胞外酶初酶液	8.1±0.9	6.4±0.5
空白对照		2.3±0.3

（2）胞内酶降解 BDE-209 过程中酶活性的变化。

从图 4-16 可知，胞内酶粗酶液在降解浓度为 1 mg · L^{-1}的 BDE-209 时，降解率随时间的延长而增大，酶的活性则随时间呈现先增大后减小的趋势。反应初期，加入体系的 BDE-209 呈较大颗粒的漂浮物，与粗酶液的接触面积较小，导致酶对底物的利用较差，计算出的酶的活性也较低。而经过一段时间的分配作用后 BDE-209 较为均匀地分散于胞内酶粗酶液中，大大增加了胞内酶与底物的接触面积，从而增强了酶对 BDE-209 的利用。当降解时间为 2 h 时，酶的活性达到最高（0.128 mg · L^{-1} · h^{-1}），之后胞内酶的活性随着时间的增长逐渐下降。当反应时间从12 h 增加到 24 h，胞内酶活性仅为 0.002 mg · L^{-1} · h^{-1}。这说明胞内酶降解 BDE-209 的有效反应时间为 12 h，这一结果与 *P. aeruginosa* 菌体降解 BDE-209 的 5 d 的有效反应时间相比大幅度缩短，体现了降解酶具有速率快、反应时间短的优点。

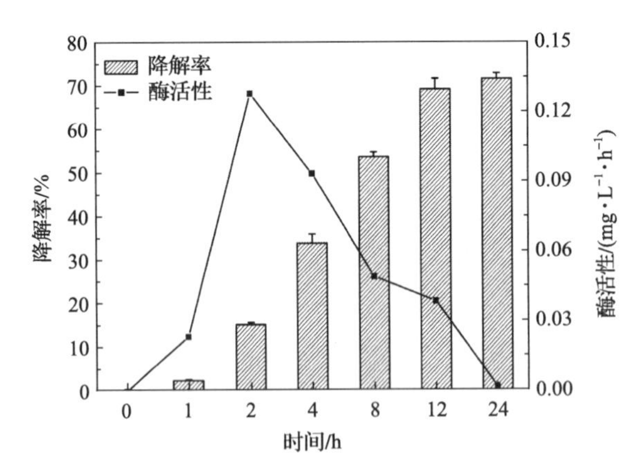

图 4-16 BDE-209 降解率及胞内酶活性的变化

6. *P. aeruginosa* 降解 BDE-209 后菌体微观形态变化

(1) 菌体表面超微结构 SEM 观察结果。

图 4-17 是 *P. aeruginosa* 降解 BDE-209 前后观察到的 SEM 图。由图可知,对照菌体呈现球杆状,细胞饱满,表面有一些褶皱,这一特点使菌体具有较大的比表面积,有利于其对污染物的吸附。在处理污染物 5 d 后,菌体出现不同程度的内陷,主要原因是菌体在 BDE-209 存在时,由于污染物对菌体的毒害作用,菌体破裂,胞内物质流出,使菌体变得干瘪。这主要是微生物在生长过程中会把对污染物具有良好吸附性能的多糖、脂多糖和蛋白质释放到细胞外(Hsieh et al.,2009)。

(a)

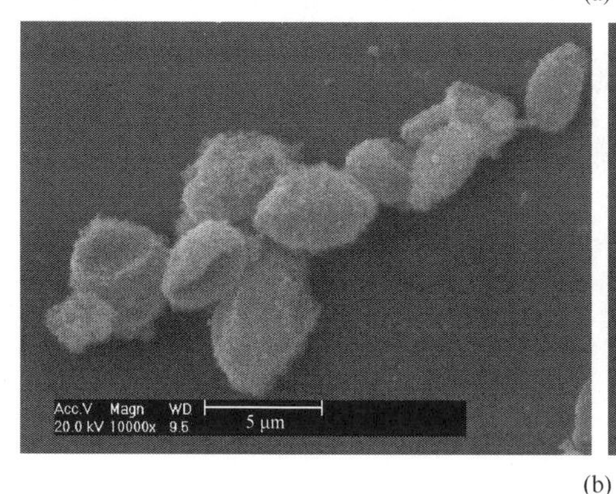

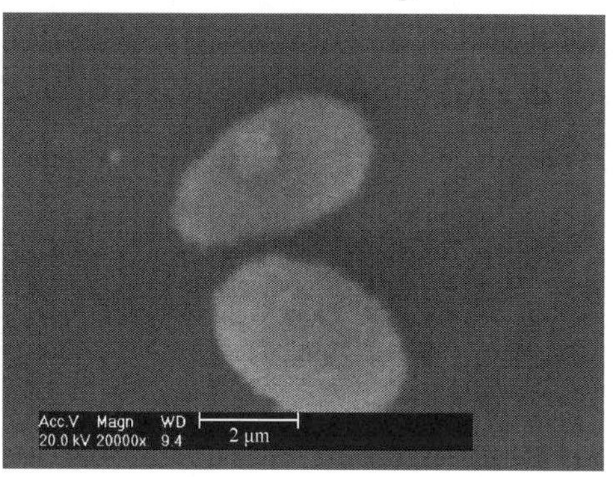

(b)

图 4-17 菌体降解 BDE-209 前后 SEM 结果

(a) 对照菌体;(b) 降解 1 mg · L^{-1} BDE-209 5 d 后的菌体

(2) 菌体内部超微结构 TEM 观察结果。

图 4-18 是不同处理条件下,*P. aeruginosa* 降解 BDE-209 后观察到的 TEM 图。由图可知,大部分菌体呈现球杆状,降解 BDE-209 5 d 后出现一些变形细胞结构。从图中还可以看出,除无机盐培养基中的菌体外,其他菌体中都有白色圆点出

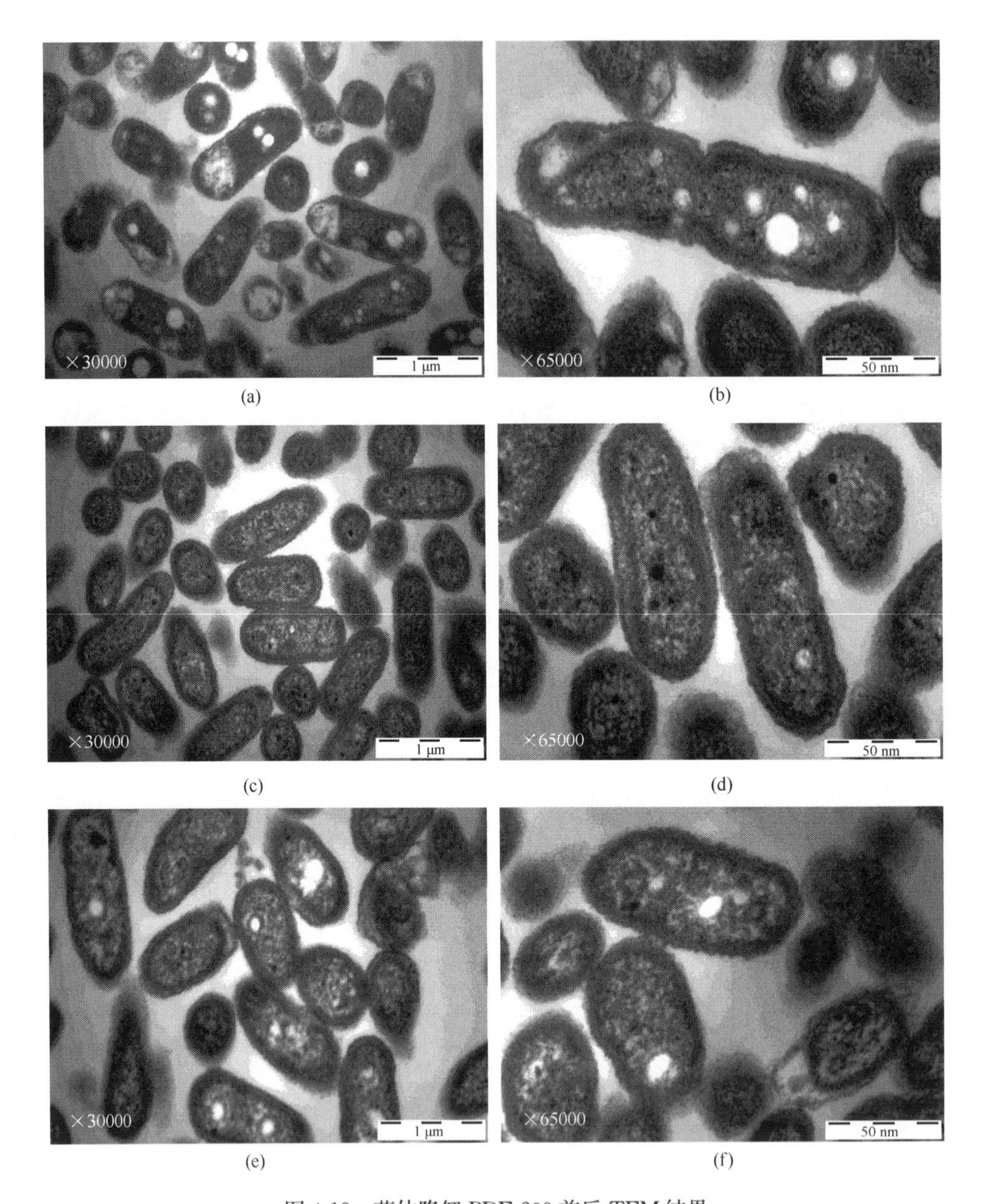

(a)　(b)　(c)　(d)　(e)　(f)

图 4-18　菌体降解 BDE-209 前后 TEM 结果

(a)和(b)为营养菌体;(c)和(d)为无机盐培养体系培养 5 d;(e)和(f)为降解 1 mg · L^{-1} BDE-209 5 d

现,且营养细胞中圆点数量最多。推测该圆点为菌体内部形成的几丁质类物质。*P. aeruginosa* 能够将外界营养物质吸收转化成几丁质,当体系中缺乏生长所需的物质时,菌体又将这些几丁质转化成多糖自我使用。因此,在营养培养基中的菌体该类物质形成最多，而未添加碳源的 MSM 培养基中的菌体几乎没有该类物质。菌体培养 5 d 后，其内部的几丁质并没有被完全利用而消失，这说明菌体对此类物质的利用需要一定的能量。而 5 d 后的菌体大部分活性已经很低，因此不能对其进行转化和利用。

7. *P. aeruginosa* 降解 BDE-209 产物研究

(1) BDE-209 降解产物定性分析。

结合文献中报道的 PBDEs 降解产物与自然界中存在的类 PBDEs 物质，可以将其降解途径分为三类：①脱溴；②羟基化/甲基化；③开环。其中开环主要发生在低溴联苯醚(通常是二溴以下)的降解过程中。因此对于本研究主要涉及的 BDE-209 的降解产物，从脱溴和羟基化/甲基化两方面入手进行分析。

在使用 GC-MS 测定菌体对 BDE-209 的降解率变化的实验中发现，作为降解对象的 BDE-209 本身就含有 3 种九溴联苯醚杂质[大约 0.8% BDE-206，0.8% BDE-207 和 0.4% BDE-208，图 4-19(a)]。这一含量与某些文献报道的相一致(Tokarz et al.，2008)。然而降解后期九溴的量要大于样品杂质含量，因此推测 *P. aeruginosa* 在降解 BDE-209 的过程中存在脱溴作用，形成了九溴联苯醚。

从图 4-19(b)、图 4-19(c)中可以看出，在培养的第 3 天和第 7 天，BDE-208 和 BDE-207 的色谱峰信号都显著增强，而 BDE-206 的峰大小无明显变化。这说明 BDE-209 在降解过程中主要发生间位脱溴(形成 BDE-207)和对位脱溴(形成 BDE-208)。原因可能是邻位上连接溴原子的化学键与醚键距离最近，其受到醚键吸电子基的作用最大，因此上面的基团很难被脱去。这一结果与 Gerecke 等(2005)报道的一致。该报道指出，BDE-209 在厌氧微生物降解的过程中产生 BDE-207 和 BDE-208 两种九溴联苯醚和一些八溴联苯醚同系物。该研究称，微生物对 BDE-209 的脱溴作用主要发生在对位和间位，而邻位脱溴现象极少出现。类似的报道还出现在有关 PCBs 的生物降解的研究中，其指出 PCBs 的生物脱卤作用主要发生在邻位和对位(Abraham et al.，2002)。然而，通过比较发现，培养 3d 后的体系中九溴联苯醚的产生量远小于 BDE-209 的减少量。因此推测还有其他中间产物生成。首先考虑是否有其他低溴代联苯醚产生。对萃取后的样品进行 GC-MS 测定，对照标准物质谱图发现，降解过程中还有 4 种八溴联苯醚(BDE-196、BDE-197、BDE-202、BDE-203)和 1 种七溴联苯醚(BDE-183)产生(图 4-20)。其次对样品进行衍生化处理，测定降解过程中是否有羟基化或甲基化的 PBDEs 物质产生。结果表明，经过衍生化的样品色谱图中未发现新的色谱峰，因此可以推断本菌株降解 BDE-209 的过程中没有大量的羟基化或甲基化 PBDEs 类物质产生。

综上所述，得到以下结论：①*P. aeruginosa* 降解 BDE-209 的主要生物转化机理是脱溴；②*P. aeruginosa* 降解 BDE-209 的脱溴能力是有限的，未检测到七溴以

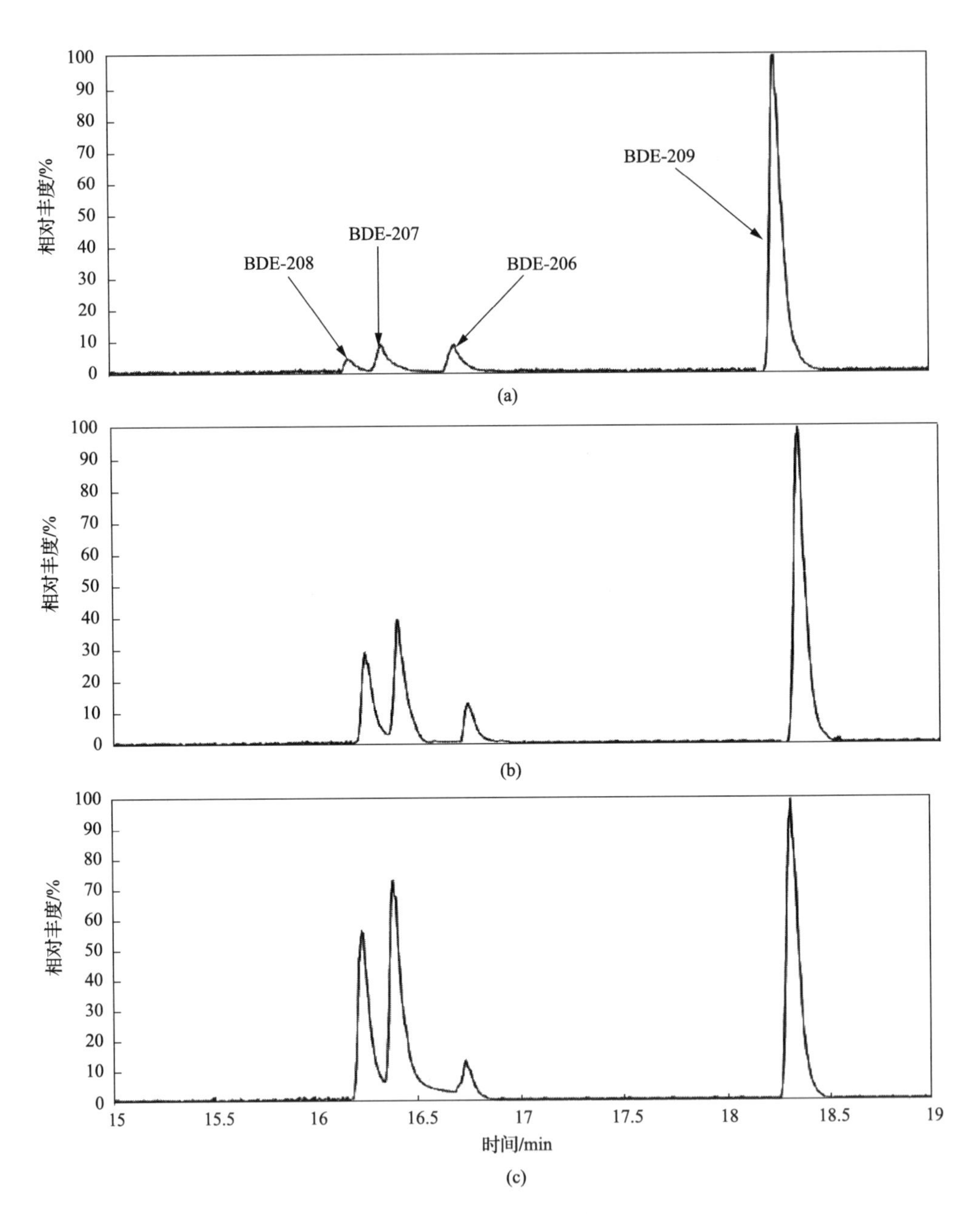

图 4-19　BDE-209 和九溴联苯醚 GC-MS 色谱图(m/z=486.4，488.3)

(a) 空白对照；(b) 培养 3 d；(c) 培养 7 d

下的低溴代联苯醚化合物。一些研究结果表明，PBDEs 在沉积物、活性污泥或其他环境条件下被某些微生物厌氧转化为更低的溴代联苯醚化合物（Lee and He，2010；Yen et al.，2009）。但有关好氧降解 PBDEs 的报道不多，尤其是对 BDE-209 的好氧微生物降解的报道就更少。因此有关好氧菌降解 PBDEs 的途径可以参考与其结构和性质类似的 PCBs。相关研究指出，好氧降解 PCBs 同系物的机理

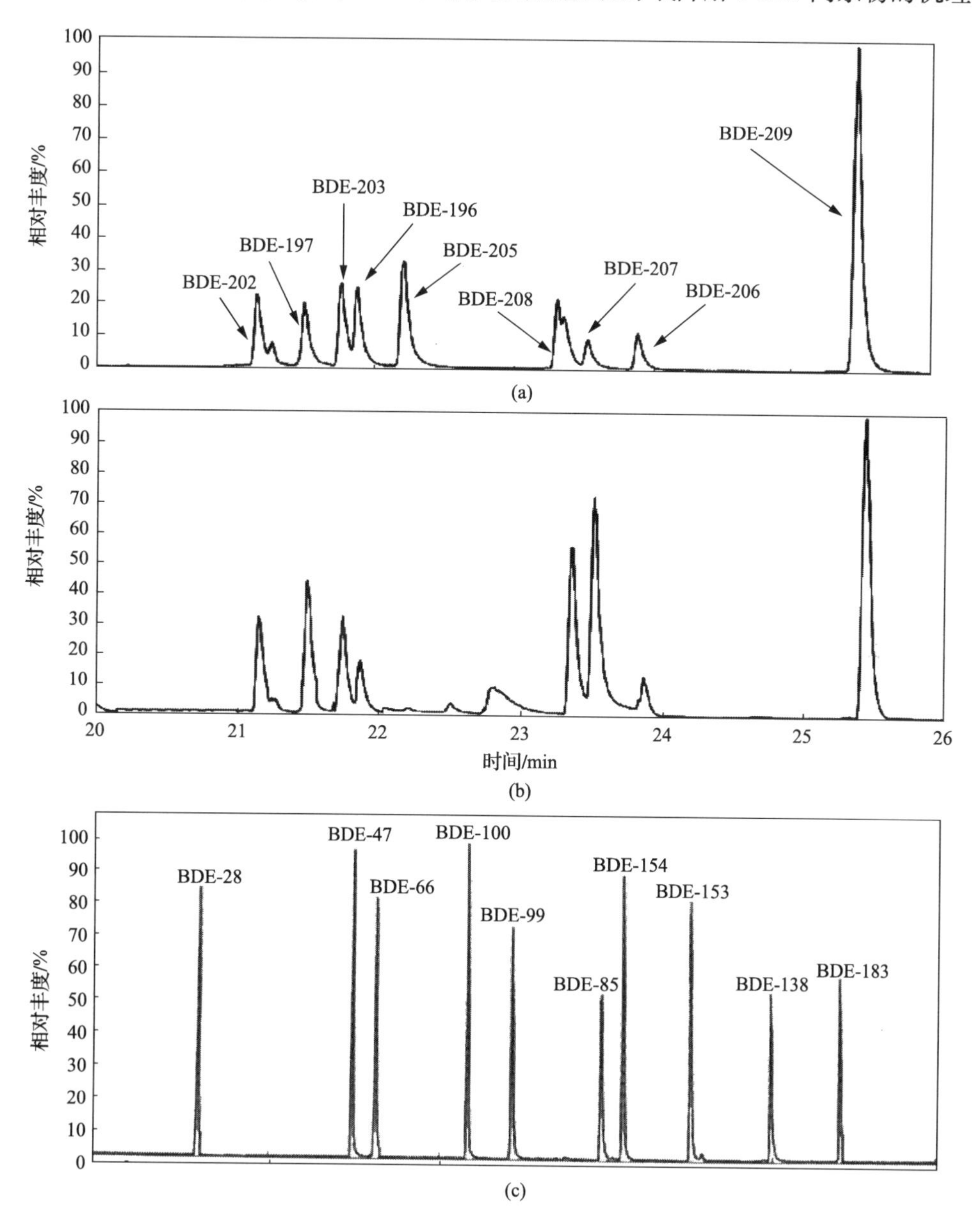

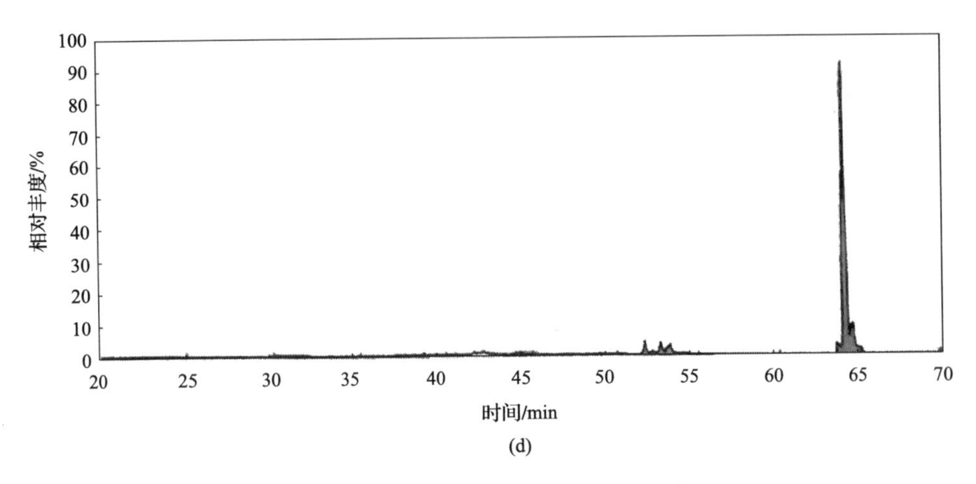

图 4-20　八溴～十溴联苯醚 GC-MS 色谱图

(a) 标准物质；(b) 培养 5 d 后样品；(c) 二溴～七溴联苯醚标准物质；(d) 培养 5 d 后样品中二溴～七溴联苯醚

主要涉及某些氧化酶在共代谢条件下的开环作用(Furukawa and Fujihara，2008；Vasilyeva and strijakova，2007)。然而 BDE-209 是一个完全对称且苯环上每个位置都被溴取代的化合物，且 PBDEs 的稳定性随着溴取代数目的增加而增大。因此，菌体在降解 BDE-209 时直接开环是相当困难的，这也是与文献中报道的好氧降解 PCBs 同系物途径不同的主要原因。

(2) BDE-209 降解产物定量分析。

随着培养时间的延长，体系中 BDE-209 几种主要降解产物浓度的变化情况如图 4-21 所示。从图 4-21(a)可知，2 种九溴联苯醚(BDE-208 和 BDE-207)的产生量以较快的速率增长，而 BDE-206 的浓度无显著性变化，这一结果更具体地证明 BDE-209 的脱溴主要在间位和对位。此外，降解产物中的 4 种八溴联苯醚和 1 种七溴联苯醚在培养的第 2 天和第 3 天才分别出现[图 4-21(b)、(c)]。这说明在降解初期，由于体系中 BDE-209 的浓度远远大于产物的浓度，根据酶促反应原理，一定范围内底物浓度越大，降解速率越快，因此在前两天未检出明显的八溴联苯醚等中间产物。培养 5 d 后，由于营养物质的缺乏导致大部分菌体停止生长，其胞内酶活性也大大降低，此后降解产物的产生量达到一个较为稳定的趋势。与 BDE-209 的脱溴位置相似，BDE-202(由 BDE-208 脱掉间位上的溴得到)和 BDE-197(由 BDE-207 脱掉对位上的溴得到)的产生量明显高于其他同类中间产物。但与 BDE-209 的降解不同，九溴联苯醚有在邻位上的溴被取代，BDE-203 和 BDE-197 就是通过脱掉 BDE-207 不同苯环邻位上的溴形成的八溴联苯醚产物，这说明九溴联苯醚因为已经失去一个溴原子，其化学键变得不那么牢固，因此邻位上的溴也能被取代。但是通过邻位脱溴形成的降解产物的生成量相对较少。

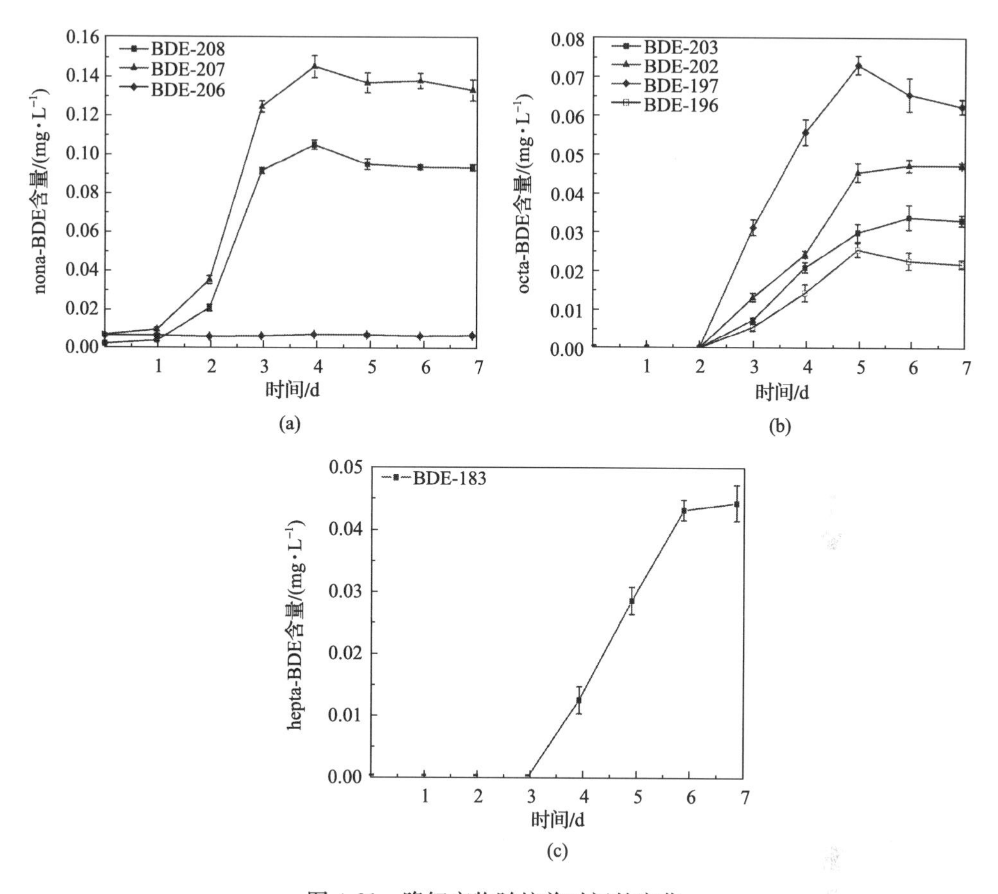

图 4-21　降解产物随培养时间的变化

(a) 九溴联苯醚(nona-BDE)；(b) 八溴联苯醚(octa-BDE)；(c) 七溴联苯醚(hepta-BDE)

推导的 *P. aeruginosa* 降解 BDE-209 的可能降解途径如图 4-22 所示。

通过物料平衡计算可知，4 d 后降解产物的总量略低于降解过程中 BDE-209 的减少量(图 4-23)。主要有以下两方面的原因：①通过前期的实验只是确定了几种主要的降解产物，而 PBDEs 一共有 209 种同系物，其中许多标准物质没有条件比较。②BDE-209 在降解过程中生成了除低溴代联苯醚外的其他物质，虽然在衍生化实验中未发现新物质产生，但是由于 PBDEs 本身的复杂性，并不能完全说明降解产物中没有羟基化/甲基化的 PBDEs，*P. aeruginosa* 对 BDE-209 的降解机理主要是脱溴，是否还有其他变化还需要进一步研究。

P. aeruginosa 能在较高浓度 BDE-209 存在下生长，并对 BDE-209 有一定的降解能力。外加碳源有利于菌体对 BDE-209 的降解，其中葡萄糖的促进作用最明显，降解率提高了 29.7%。单因素实验确定 *P. aeruginosa* 降解 BDE-209 的最佳取值范围为：初始为 pH 6～8，温度为 30℃、投菌量为 2～4 g·L^{-1}，降解时间

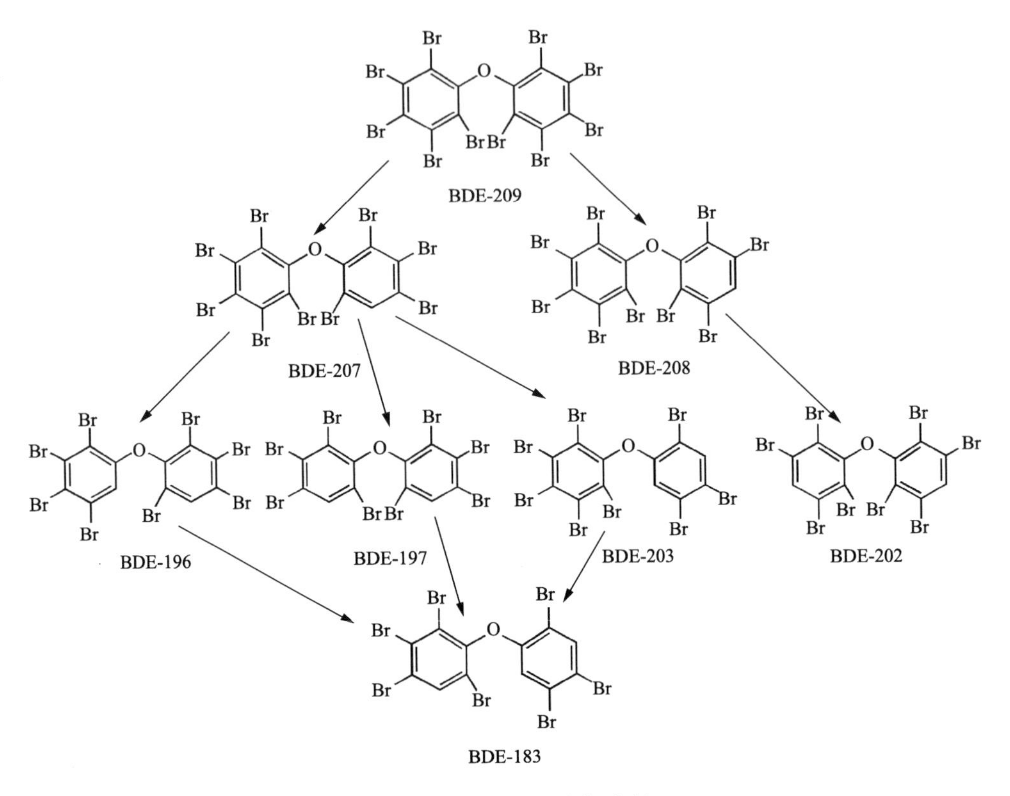

图 4-22　BDE-209 降解途径

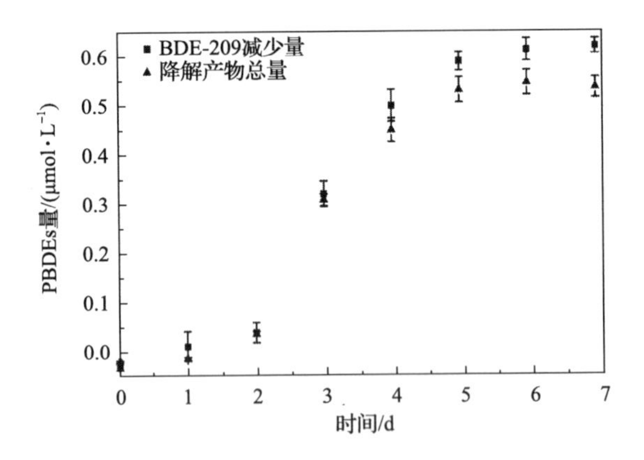

图 4-23　BDE-209 减少量和降解产物增加量随时间的变化

为 108～132 h，外加葡萄糖浓度为 3.0～7.0 mg · L^{-1}。在最佳反应条件下 *P. aeruginosa* 对 BDE-209 的降解率增长到 57.4%。*P. aeruginosa* 对 BDE-209 的降解主要归因于其胞内酶的催化作用。胞内酶粗提液在 12 h 对 1 mg · L^{-1}

BDE-209 的降解率达到 69.2%。利用 GC-MS 对降解产物进行分析可知，*P. aeruginosa* 降解 BDE-209 的主要生物转化机理是脱溴。主要的降解产物有 2 种九溴联苯醚(BDE-207，BDE-208)，4 种八溴联苯醚(BDE-196，BDE-197，BDE-202，BDE-203)和 1 种七溴联苯醚(BDE-183)。通过对 BDE-209 降解产物进行定量分析，菌体对 BDE-209 的脱溴作用主要发生在间位和对位。由物料平衡计算可知，4 d 后降解产物的总量略低于降解过程中 BDE-209 的减少量，表明可能还有其他降解产物生成。

4.4.2　氧化节杆菌对水体中 BaP 的降解

1. 研究现状

PAHs 是指分子中含有两个或两个以上芳香环的化合物，广泛存在于电子垃圾拆解区水体、土壤和空气环境中。苯并[α]芘(benzo[α]pyrene，BaP)是 PAHs 的典型代表物，可通过皮肤、呼吸道、消化道等途径被人体吸收(Vasiluk et al.，2008)。BaP 在体内经 P450 催化后，形成环氧化物，进一步被环氧化物水化酶催化形成致癌物二氢二醇衍生物。该衍生物可以与生物体内 DNA 的亲和位点鸟嘌呤的外环氨基端形成共价键，使 DNA 的遗传信息发生改变，产生特异性突变，构成癌变的基础，具有强的致癌性和遗传毒性(Tampio et al.，2008)。据此，2006 年世界卫生组织国际癌症研究机构(WHO International Agency for Research on Cancer)把 BaP 从第二类 A 组"很可能对人类致癌物"改为第一类"人类致癌物"。

2. 实验材料

氧化节杆菌 B4(*Arthrobacter oxydans* B4)是 1 株从广东贵屿电子垃圾污染土壤中筛选的 BaP 降解菌。

3. *A. oxydans* B4 对 BaP 的去除

将 *A. oxydans* B4 投加入 20 mL 含 BaP 1 mg · L^{-1}的 MSM 培养液中，摇床振荡培养，分别于 1 d、2 d、3 d、4 d、5 d、6 d、7 d 测定 BaP 的残留量，结果如图 4-24 所示。

由图 4-24 可见，7 d 内未加微生物的体系，由于非生物的原因，BaP 含量少量减少，但总体上保持在相对稳定的状态。在加微生物的体系中，开始阶段 BaP 未被降解，主要是由于 *A. oxydans* 生长在培养初期有短暂的停滞期，这是微生物对外源异生物质的适应过程，因此，菌体很难发挥应有的降解作用，从而导致降解率较低；2 d 后微生物繁殖加快，BaP 在溶液中的含量也随之降低，大部分降解发生在

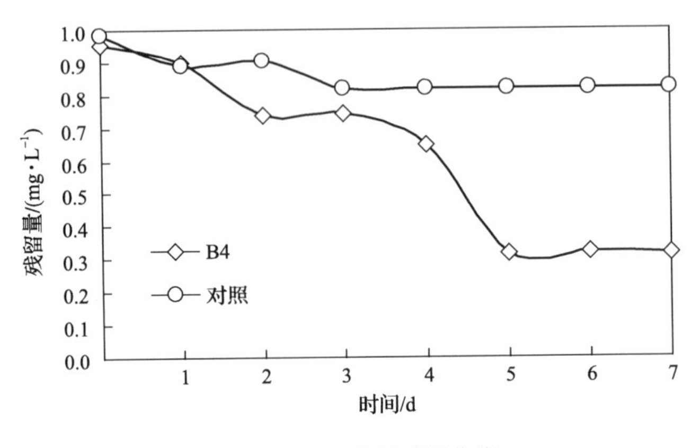

图 4-24　BaP 残留时间曲线

3～5 d,因为微生物能在成熟期间分泌大量的酶,而这些酶往往与有机物的降解有密切关系。当降解进行到 5 d 时,BaP 的降解率趋于最大,达到 70%左右,体系 BaP 残留量为 0.32 mg · L^{-1},之后随着菌体的衰亡,BaP 的降解率未出现明显变化。

4. 影响 *A. oxydans* B4 降解 BaP 的因素

(1) 初始浓度对 *A. oxydans* B4 降解 BaP 的影响。

设置 BaP 浓度分别为 0.1 mg · L^{-1}、1 mg · L^{-1}、10 mg · L^{-1},投加 B4,振荡培养 7d,每天取样测定 BaP 含量。结果如图 4-25(a)所示。从图 4-25(a)可知,B4 对含量为 0.1～10.0 mg · L^{-1}的 BaP 均具有降解能力,5 d 后降解基本趋于平稳,降解率都在 70%左右;在前 4 d 菌株 B4 对 0.10 mg · L^{-1}的 BaP 具有较快的降解效率,而对较高浓度的 BaP 降解明显较慢,这说明高浓度的 BaP 对菌体有一定的毒害作用;另外,较高的 BaP 浓度增加了菌对污染物的适应期,菌株需要对难降解的 BaP 进行一段时间的适应后,才能开始对其快速降解。在 BaP 浓度 0.1～10 mg · L^{-1}时,污染物浓度的增加在一定程度上影响菌体对 BaP 的降解效率,但通过一段时间的适应后,对 BaP 的降解趋势又趋于一致。B4 能耐受 10 mg · L^{-1}以下 BaP 浓度环境并对 BaP 进行降解,只是在降解速率方面稍有不同,说明菌株 B4 具有自我保护机制,能有效应对外界环境的干扰和刺激。

(2) 温度对 *A. oxydans* B4 降解 BaP 的影响。

BaP 生物降解实验分别在温度 20℃、30℃、37℃条件下进行,实验结果如图 4-25(b)所示,结果表明,BaP 的浓度在所有实验温度条件下都在不断下降,B4 降解 BaP 的最佳温度为 30℃,5 d 内其降解率在 70%左右,BaP 的残留量为 0.24 mg · L^{-1},说明菌株 B4 在 20～37℃间都能正常生长并能有效降解污染物。然而正常的微生物

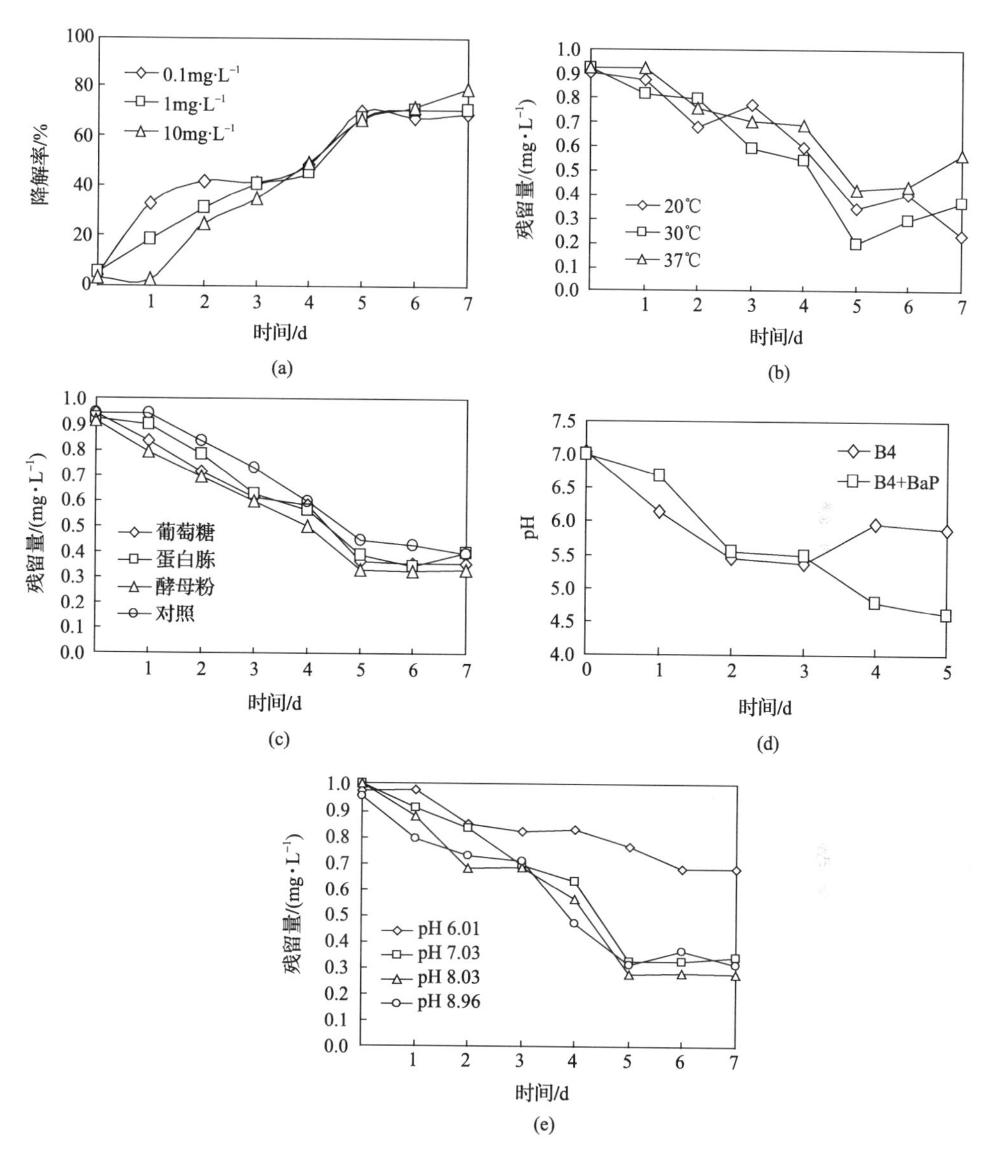

图 4-25　B4 降解 BaP 的影响因素

(a) BaP 初始浓度；(b) 温度；(c) 不同营养源；(d) 降解 BaP 前后培养基 pH 变化；(e) pH

机制容易受到温度过高或过低的影响，从而影响 BaP 的降解，因此以下降解实验的温度均选取为 30℃。

(3) 外加营养对 *A. oxydans* B4 降解 BaP 的影响。

图 4-25(c)显示了不同外加营养物质(0.5 g·L^{-1}葡萄糖、蛋白胨、酵母粉)对 B4 降解 BaP 的影响。实验结果显示营养液可以提高 B4 降解 BaP 的效率。该结

果与有些文献提到的有机能源能加速 PAHs 的运输有一定的相关性。在这个实验中，有机营养物质的添加使 BaP 更多更快地被去除，这就揭示有机营养物质能加速微生物的生长和代谢机制，并最终加快 PAHs 的降解。

(4) pH 对 *A. oxydans* B4 降解 BaP 的影响。

pH 是一个影响微生物的生长及其降解 PAHs 的重要因素(Zang et al., 2007)，故而设计如下实验：将 B4 投加入 20 mL 含 BaP 1 mg · L^{-1}的 MSM 培养液中，摇床(30℃，130 r · min^{-1})振荡培养，分别于 0 d、1 d、2 d、3 d、4 d、5 d 测定体系 pH 变化，结果如图 4-25(d)所示。图 4-25(d)为 B4 正常生长和起始 BaP 浓度 1 mg · L^{-1} 时培养体系中 pH 随时间的变化情况。可以看出，B4 在生长过程中，无论有无 BaP 的存在，pH 都存在一个下降的过程，特别是有 BaP 存在的体系，pH 由最初的 7.01 不断下降到 4.61，且继续保持下降的趋势，表明 B4 在降解 BaP 的过程中存在一个产酸的过程。将氧化节杆菌在正常生长与有 BaP 作用时 pH 随时间的变化进行对比，正常生长过程也有少许酸性物质产生，但在 2 d 后，也就是菌株达到对数生长期后，pH 无明显波动，保持在 5.51～6.02。而在有 BaP 存在的体系，该菌连续降解 BaP 的过程中，pH 不断下降，第 5 d 的时候 pH 为 4.61。这说明体系 pH 的降低并不是完全由菌体生长引起，可能更是由于 BaP 在生物降解过程中的中间产物有酸性物质如邻苯二甲酸等物质产生，从而造成体系呈酸性趋势变化。

如果 B4 在降解 BaP 过程中存在一个产酸的过程，那么在偏碱性条件下，其降解效果应该得以加强。故而设计如下 pH 考察实验：将 1.0 mL B4 菌液接种到 20 mL BaP 浓度为 1.00 mg · L^{-1}的 MSM 培养液中，分别调节初始 pH 为 6.01、7.03、8.03、8.96，摇床(30℃，130 r · min^{-1})振荡培养，分别于 1 d、2 d、3 d、4 d、5 d、6 d、7 d 测定 BaP 的残留量。从实验结果[图 4-25(e)]可知，BaP 在中性和弱碱性条件下的降解效果较好，5 d 降解率均在 70%以上，当 pH 8.03 时 BaP 降解率最大。BaP 在降解过程中会产生少量有机酸，而这些有机酸可能会电离产生 H^+，从而导致溶液的 pH 变小，加入一定量的 OH^- 可中和该部分酸性物质。否则，过低的 pH 会导致离子浓度超过微生物酶的适应范围，进而引起微生物原生质膜的电荷变化。该实验结果进一步证实了降解体系 pH 的变化趋势，氧化节杆菌降解 BaP 过程中确实会产生某种酸性物质，故保持体系维持偏碱性可以在一定程度上促进 BaP 的降解。

5. BaP 的分布时间曲线

一般 PAHs 的微生物降解源于微生物能以 PAHs 为唯一碳源生长，但如何转化成微生物能够利用的物质的过程并不清楚，而 PAHs 又是一类难溶于水的有机物，在水中的分布是不均匀的(夏星辉等，2005)，因此，了解 BaP 在降解体系的分布对探索其降解机理至关重要。B4 在降解 BaP 过程中，体系 BaP 的分布状况如

图 4-26 所示。

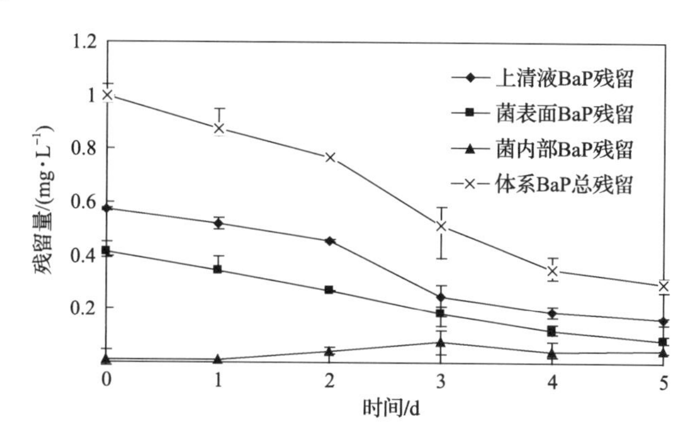

图 4-26　B4 作用下 BaP 的吸附/降解动态变化过程

从图中可以看出，在 0d 的时候，菌体表面对 BaP 就有一定的吸附能力，其吸附量在 $0.4\,mg \cdot L^{-1}$左右，随着时间推移，其含量减少至 $0.08\,mg \cdot L^{-1}$；而上清液中的 BaP 也是在不断减少，从 $0.57\,mg \cdot L^{-1}$下降到 $0.16\,mg \cdot L^{-1}$；菌体内部在降解后期仍然有少量 BaP 存在，含量在 $0.05\,mg \cdot L^{-1}$左右。这表明，菌体降解 BaP 的同时，其表面对 BaP 也具有较强的吸附作用，总体看来，菌体表面的 BaP 含量比较多，推断降解作用可能发生在水-微生物界面。BaP 在体系中的分布是一个动态的平衡过程，存在一个由水体到菌体表面再到菌体内部的运输过程，之后，体系的 BaP 被降解，有可能在菌体内部被降解，也有可能就在胞外被降解。实验后期，由于菌体性能减弱，BaP 在菌体内部又有一个微量积累的过程。

6. 降解前后阴离子分析

实验检出菌体 B4 生长过程中的 5 种阴离子，分别是 Cl^-、Br^-、NO_3^-、PO_4^{3-}、SO_4^{2-}，说明 B4 生长过程中与上述几种阴离子中的相关离子存在关系，其变化规律见表 4-4。Cl^-的出现应该是由于污染物 BaP 的添加，可能溶剂中或者污染物本身含有 Cl^-；培养液中并没有 Br^-存在，而添加菌体 B4 后体系出现 Br^-，并随时间的推移，浓度大量上升，这是因为培养 B4 过程中，菌株有可能对外界的 Br^-进行积累，在 B4 的生长繁殖过程中，存在 Br^-的释放，而且 BaP 的添加更是促进了这一释放过程；培养体系本身就含有 N 元素，随着时间的延长，NO_3^- 在体系中的浓度不断增加，菌体存在体系高于培养液本身，说明菌体的存在利于 NO_3^- 的释放；体系 PO_4^{3-} 的初始含量就很高，为 75.85～81.81 $mg \cdot L^{-1}$，随着时间的推移，培养液中含量有升高的趋势，但菌体存在的体系，其含量出现减少，说明菌体生长时在大量利用 PO_4^{3-}；SO_4^{2-} 含量在实验体系中基本稳定，浓度保持在 $10.0\,mg \cdot L^{-1}$上下，但 5 d 后有 B4 存在的体系中 SO_4^{2-} 含量有所增加，上升至 13.93～19.46 $mg \cdot L^{-1}$。

表 4-4　降解前后体系阴离子变化

项目	Cl^-/(mg·L^{-1})	Br^-/(mg·L^{-1})	NO_3^-/(mg·L^{-1})	PO_4^{3-}/(mg·L^{-1})	SO_4^{2-}/(mg·L^{-1})
空白	0.01±0.002	nd	nd	nd	nd
超纯水	0.31±0.02	nd	0.12±0.01	nd	nd
培养液-0	nd	nd	0.08±0.02	75.85±0.83	9.24±1.24
菌 B4-0	nd	nd	0.23±0.01	81.81±2.42	10.29±1.14
BaP-0	93.83±6.61	0.09±0.01	2.02±0.41	80.47±1.34	8.23±1.02
培养液-5	nd	nd	2.91±0.47	107.01±1.56	13.93±1.22
菌 B4-5	nd	4.43±0.27	3.97±0.21	18.68±2.31	17.39±1.63
BaP-5	112.05±0.62	10.32±0.15	6.74±0.03	63.56±6.37	19.46±0.23

注：nd 代表没有检出；0、5 分别表示 0 d 和 5 d。

总体看来，菌体在生长过程中存在阴离子的吸收和释放，菌体 B4 会大量利用体系 P 元素，进而造成体系 PO_4^{3-} 降低，BaP 的存在显然抑制了 B4 对 P 的利用；5 d 培养后，体系 Br^-、NO_3^-、SO_4^{2-} 都有不同程度的增加，B4 的加入能加快该进程，说明离子的增加与菌体的生长存在密切的关系，而 BaP 的添加更能促进菌体 B4 对这些阴离子的释放，BaP 能影响 N、P 等元素在细胞体内外的运输。

7. 降解产物紫外光谱分析

利用紫外分光光度计对按最优条件降解 5 d 后的样品经过相关处理后进行 190～500 nm 的全扫描，结果如图 4-27 所示。

结合图 4-27 降解图谱分析得出：BaP 的吸收峰在 295.0 nm 处，图中 A 区为其吸收 E 带，B 区为其吸收 B 带；而在添加 B4 的样品中，可以明显看出其 E 带、B 带出峰减弱，进而再次肯定 B4 对 BaP 的降解；B4 降解 BaP 的同时，体系产生大量—OH 取代基，图中 205.0 nm 处的出峰加大；当分别经过 NaOH 和 HCl 处理后，整个波形并没有出现明显的红移或者蓝移，但体系中—OH 出现相应的变化，进一步证实 205.0 nm 处的出峰为—OH 特征峰。通过紫外分析可得，B4 在降解 BaP 的过程中，体系有—OH 取代基生成，出峰在 205.0 nm 处，原因在于苯环开环过程中存在羟基取代反应，使羟基特征峰加强；BaP+B4 样品分别经过 NaOH 和 HCl 处理后，整个波形并没有出现明显的红移或者蓝移（朱淮武，2005）。从而可以推断出 BaP 的降解产物应该与—OH 存在密切关系，羟基取代反应应该是其降解过程中较频繁的反应之一。

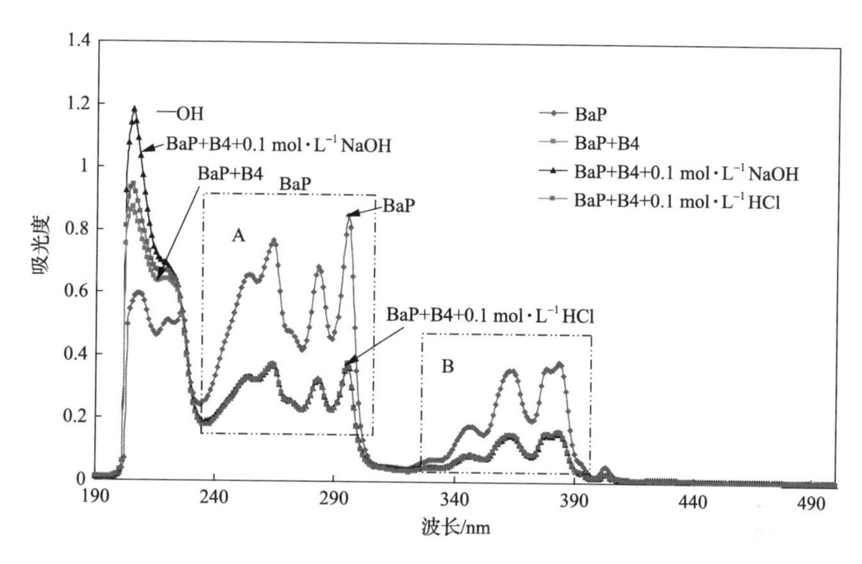

图 4-27　降解 5 d 后 BaP 紫外光谱图

8. 中间产物分析

(1) HPLC 分析。

为研究菌株 B4 降解 BaP 的中间产物变化情况，在超纯水体系进行 B4 降解 BaP 实验，3 个平行样品置于 30℃下摇床培养(130 r · min^{-1})，5 d 后取样，萃取培养液，用 HPLC 分析。

图 4-28 和图 4-29 中，保留时间为 7.6 min(RT 7.6min)左右的出峰为 BaP。由这两个图可明显看出，5 d 后的出峰远远小于初始出峰，说明其被降解；对比这两个图不难发现，降解 5 d 后在保留时间 1～3 min、保留时间 10.5 min 附近均有一些强弱不一的新的出峰。相对于对照图 4-28(BaP 空白)可判断，该部分新出的峰是 B4 降解 BaP 过程中的一些中间产物。

HPLC 分析表明，在微生物作用下，BaP 被降解且生成了一些降解产物。但由于 HPLC 测试是利用紫外检测器，其对物质的检测具有选择性。因此，该方法并不能完全确定 BaP 降解过程中的中间产物的性质以及 BaP 的降解途径，因此采用 GC-MS 进行进一步产物定性检测。

(2) GC-MS 分析。

采用 GC-MS 分析降解过程中的中间产物，一些新的物质也在分析中被发现。图 4-30 为 B4 降解 BaP 体系的总色谱图。通过 5 d 降解的样品在保留时间为9～13 min 间出现新的物质，而且比 BaP 的保留时间 22.51 min 短。从 GC-MS 色谱图中分析出新的物质的 m/z 为 138、154 和 161。通过 GC-MS 谱库搜索，这些物质

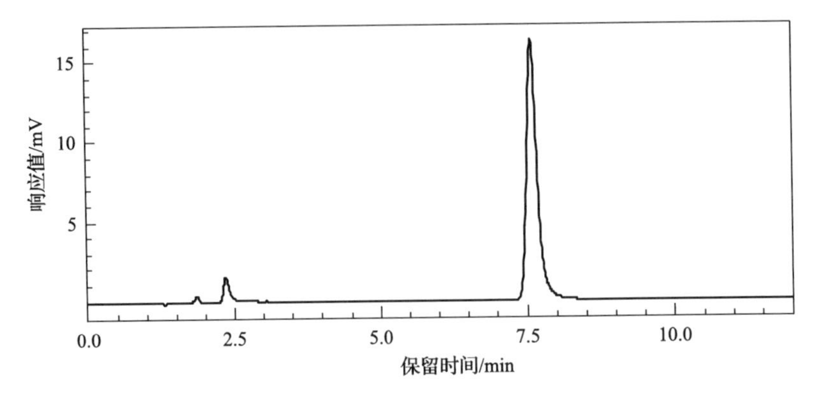

图 4-28　BaP 对照样 5 d 后图谱

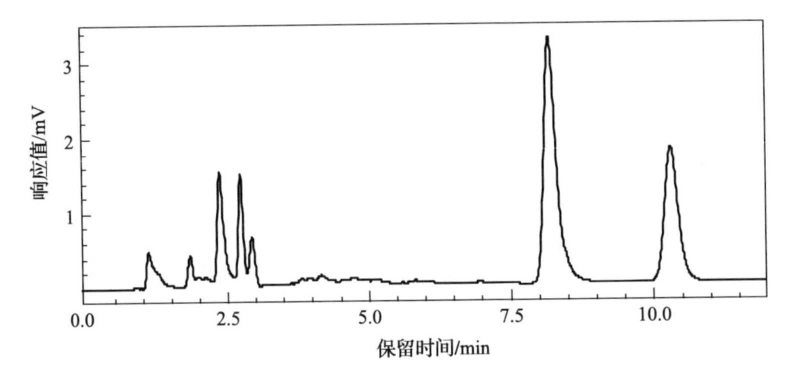

图 4-29　B4 降解 BaP 5 d 后图谱

分别为:4-羟基苯乙醇、1-丁酮环烷基、4-氰基苯甲酸甲酯。这些含有一个苯环的物质是降解后期的产物,而中间产物由于萃取方法和分析手段的局限而未检测到。但可以确定降解过程中,由于 B4 的作用,其苯环结构被破坏,新的物质发现也证明确实存在一个苯环开环的过程。

这个结果同 Schneider 等(1996)报道的有所不同,该研究认为 *cis*-4,5-二羟基 BaP 和 9,10-二羟基 BaP 是 BaP 降解的产物。BaP 被氧化节杆菌降解的可能途径如图 4-31 所示,到目前为止,还没有确切的 BaP 降解途径被报道,本实验检测到的新物质应该是 BaP 降解后期的物质,而综合全面的中间产物未被有效地检测到。

氧化节杆菌 B4(*Arthrobacter oxydans* B4)是 1 株从广东电子垃圾拆卸地贵屿土壤中筛选的 BaP 降解菌。降解菌 B4 对含量为 0.10～10 mg · L^{-1} 的 BaP 均具有降解能力,初始浓度为 1 mg · L^{-1} BaP 的体系,5 d 后 BaP 的残留量为 0.32 mg · L^{-1};pH 和温度都能对 B4 降解 BaP 产生一定的影响,其最佳值分别为 pH 7.0 和 30℃。此外,外加营养的加入也能在一定程度上促进 B4 对 BaP 的降解。BaP 能很快吸附在 B4 表面,其降解主要发生在水-菌体相交的界面上。B4 分泌的胞内/

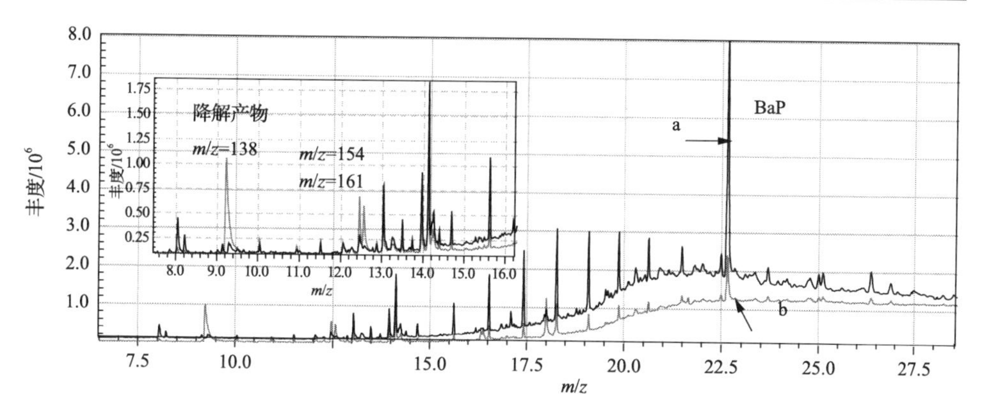

图 4-30　BaP 降解 5 d 后 GC-MS 分析色谱图

a 为对照；b 为加 B4

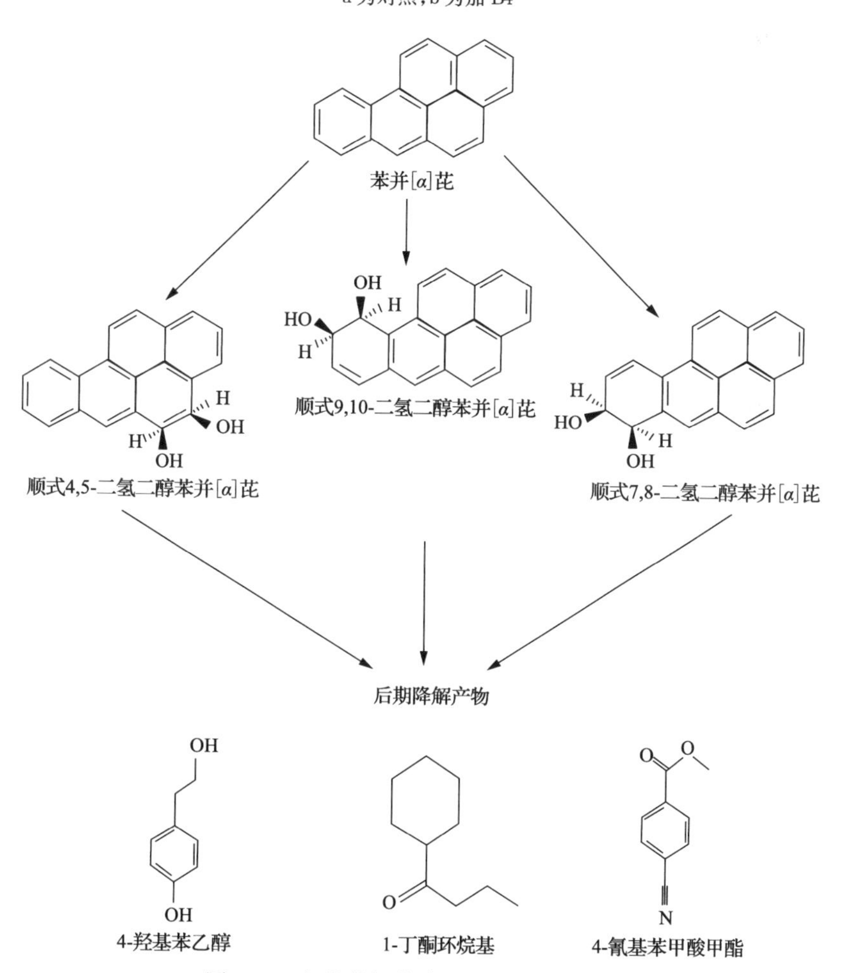

图 4-31　氧化节杆菌降解 BaP 可能的途径

外酶都能有效促进 BaP 的降解，双加氧酶、GST 酶可能是 B4 降解 BaP 的关键酶。BaP 降解过程中存在一个矿化过程，体系有机化合物部分被转化成无机化合物，BaP 对以离子形态存在的 N、P 在菌体胞内与胞外的运输存在影响。红外扫描分析、紫外光谱扫描发现 B4 降解 BaP 的产物中有羟基存在，结合 HPLC 分析也充分证实 BaP 在 B4 的作用下不断降解，并产生相关未知的中间产物。GC-MS 测试结果表明，在降解过程中，BaP 发生开环反应，生成 4-羟基苯乙醇、1-丁酮环烷基、4-氰基苯甲酸甲酯等降解产物，这些物质均为含 1 个苯环的物质，可能为降解过程后期的产物。

4.4.3 短短芽孢杆菌对水体中芘的降解

1. 研究现状

芘(pyrene)属于高相对分子质量的 PAHs，在环境中较稳定存在，已被列入具有致癌性的 PAHs 之列。芘具有疏水、亲脂性，在环境中易与土壤或沉积物等固相物质吸附结合在一起，不易被微生物接触利用，故较难降解，给生态环境带来长期的、潜在的环境风险。研究发现，在珠江三角洲近海及海湾区域沉积物中检测到大量芘富集(罗孝俊等，2008)。环境中芘可通过化学氧化、光降解、植物吸收、微生物代谢等途径转化。其中微生物对芘具有一定的代谢能力，是环境中芘降解的主要途径。目前关于芘的微生物降解，主要侧重于菌种选育、降解性能优化和降解产物分析等方面。对于降解菌与污染物的分子作用机制研究也获得了一些进展(Singh et al.，2013)，但存在很多尚未解决的问题。故对微生物与污染物的分子作用机制进一步探索研究，具有很强的指导作用和现实意义。

2. 实验材料

短短芽孢杆菌(*Brevibacillus brevis*)，革兰氏阳性，是由笔者课题组从广东省贵屿电子垃圾拆解地底泥中筛选得到的纯菌。

3. *B. brevis* 对芘的吸附和降解

菌体对芘的去除包括吸附、运输、降解和胞内积累等过程，通过测定菌体对芘的去除量、降解量与吸附量来确定去除、降解与吸附之间的相互作用。为了揭示独立代谢的吸附在芘去除过程中的作用，实验中利用 2.5%戊二醛处理 36 h 后的失活菌体对芘进行吸附。如图 4-32 所示，在 24 h 内，0.32 mg · L^{-1}芘被菌体吸附，此后吸附量减缓，在 168 h 时，吸附量仅为 0.41 mg · L^{-1}。这说明菌体对芘的吸附主要依靠菌体与芘之间的物理化学作用，细胞表面的结合位点能够在短时间内快速地与芘结合(Gao et al.，2014)。当有效的结合位点与水体中芘减少，残余芘与细胞的接触机会相应减少，因此菌体对芘的吸附减缓。该结果进一步表明芘的吸附发生在芘去除过程的初始阶段。第 48 h 后，芘的去除大于吸附，且在 168 h 时，芘的去除量增加至 0.75 mg · L^{-1}，持续增大去除与吸附之间的差距。该结果表明菌体对芘的去除主要通过降解或胞内积累的作用。从图 4-32 中可以看出，24 h 时，菌体对芘的降解量较低，为 0.19 mg · L^{-1}，但在 168 h 时，降解量上升至 0.69 mg · L^{-1}，与此时芘的去除量相近，该结果证实菌体逐渐通过降解作用去除芘。

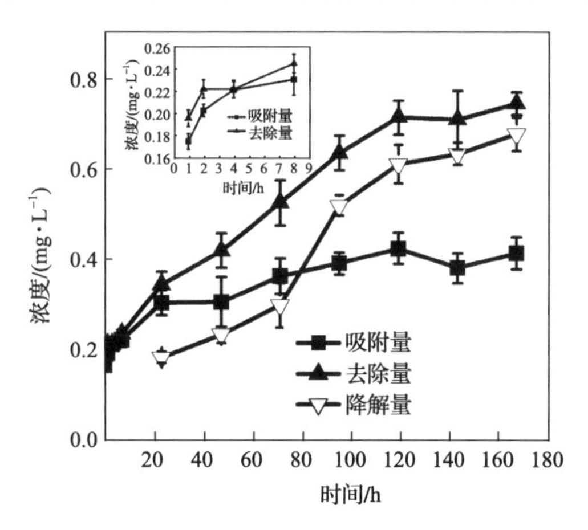

图 4-32　*B. brevis* 对芘的去除与降解

4. *B. brevis* 降解芘的微观形貌观察

各种条件下，*B. brevis* 菌体 SEM 结果如图 4-33 所示，与营养菌体和对照菌体相比，污染物体系中菌体细胞表面形态发生较大变化。*B. brevis* 降解芘 48 h 后，细胞出现大量的粘连现象，120 h 后，细胞表面褶皱明显，168 h 后，菌体表面褶皱、内陷加剧。在芘的降解过程中，芘会使细胞膜通透性增加，同时会导致部分细胞凋亡。故细胞壁和细胞膜结构改变，部分胞内物质如离子、蛋白质和糖类流出，但细胞表面形态基本完整。这里观察得到的实验现象也可以解释 120 h 后芘的去除效果开始减缓的现象。在这个阶段，细胞壁和细胞膜的黏附性改变，使残余芘与细胞的接触机会减少，芘的去除率相应下降。但此时完整的细胞仍能生长繁殖，继续产生相应的酶来降解芘。研究表明，在污染物胁迫下，微生物具有耐受机制，如产生超氧化物歧化酶和金属硫蛋白(Schmidt et al.，2009)。因此，随着降解时间的延长，芘的去除效果依然相应地增加。

5. *B. brevis* 降解芘过程中细胞活性分析

(1) 菌体死亡。

B. brevis 对芘处理过程中，菌体细胞死亡率随时间的变化如图 4-34(a)所示。

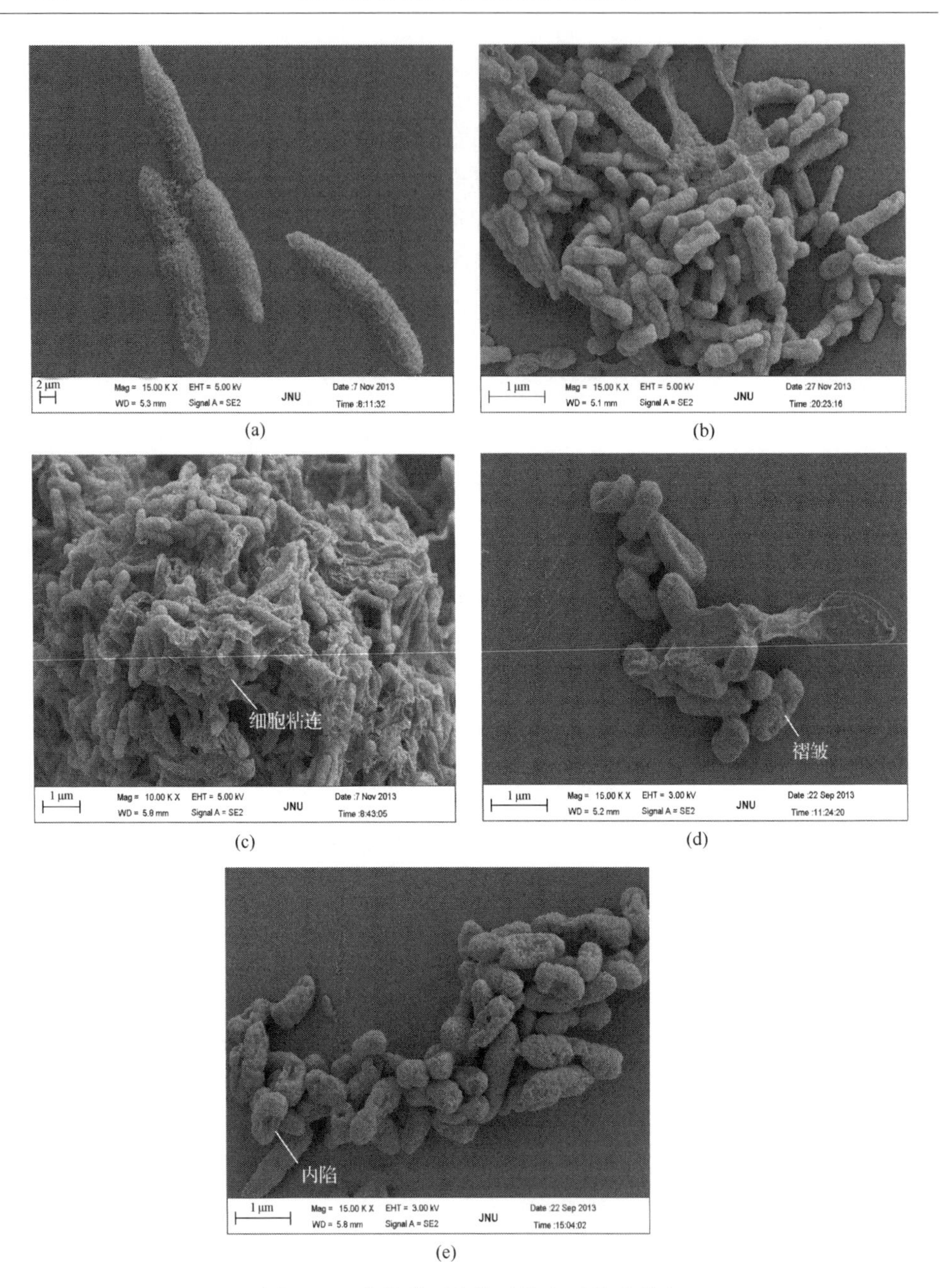

图 4-33　菌体处理芘前后的表面微观形态

(a) 培养 24 h 的营养细胞；(b)培养 48 h 的对照细胞；(c) 降解芘 48 h 的细胞；(d) 降解芘 120 h 的细胞；(e) 降解芘 168 h 的细胞

结果显示，菌体死亡率随时间的延长呈先增加后下降的趋势，在 120 h 时，污染物组与对照组的菌体死亡率均下降，这是由于 *B. brevis* 已经适应了周围的不利环境。与对照组相比,污染物体系中菌体死亡率较低,仅为 2.8%($P<0.05$),这说明 *B. brevis* 可能会利用芘作为碳源。微生物利用 PAHs 的方式有两种,或者将 PAHs 作为唯一的碳源,或者将 PAHs 与其他有机质共代谢。迄今为止,将 PAHs 作为唯一碳源进行降解利用的研究报道较少。图 4-34(b)表示不同浓度的芘对 *B. brevis* 活性的影响。菌体处理芘 96 h 后,细胞死亡率明显低于不加污染物的 MSM 体系中细胞死亡率。当芘浓度为 5 mg · L^{-1}时,降解体系中只有 1.3%的死细胞,与 BEM 体系中死细胞的比例相近。这表明 *B. brevis* 在一定程度上可以利用高浓度芘作为碳源进行生长代谢。Chen 等(2010)研究发现,白腐真菌在降解芘过程中可以利用芘作为唯一的碳源,这与本研究结果相似。

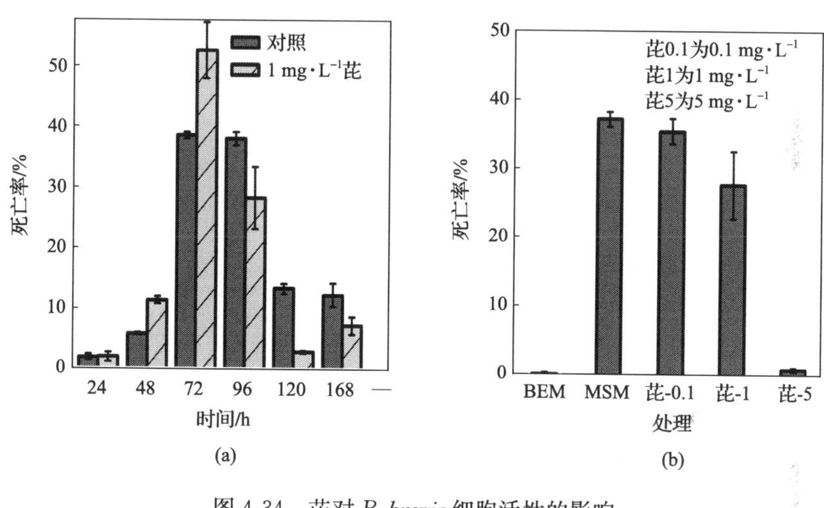

图 4-34　芘对 *B. brevis* 细胞活性的影响

(a) 细胞死亡率随时间的变化;(b) 不同浓度的芘对细胞死亡率的影响

(2) 菌体凋亡。

图 4-35 为芘降解过程中细胞早期凋亡率与细胞总凋亡率随时间的变化情况。

B. brevis 降解芘 24～48 h 时,细胞的早期凋亡率显著增加,且明显大于空白对照组($P<0.05$)。48～96 h,细胞的早期凋亡率显著减少。96～168 h,凋亡速率放缓。该结果表明在降解过程中,芘能够诱导菌体细胞的凋亡。在芘的胁迫下,菌体出现凋亡现象,细胞表面基团发生了变化,表面疏水性增强,同时使细胞表面的芘进入细胞内。同时,细胞的凋亡会造成胞内核酸酶的释放,核酸酶将遗传物质分解成小的片段,DNA 的变化使得调控菌体降解的某些功能蛋白被表达或表达量增多,也促进了菌体对芘的降解作用。120 h 时,细胞早期凋亡率与总凋亡率均显著减小,168 h 时细胞早期凋亡率与总凋亡率均小于 0.5%。该结果表明随着菌体对环境的适应,菌体能够利用凋亡细胞流出的离子、蛋白质、糖类等胞内物质及芘作为能源进行生长代谢,使活性菌体的比例逐渐增多,因此菌体依旧能够产生与降解

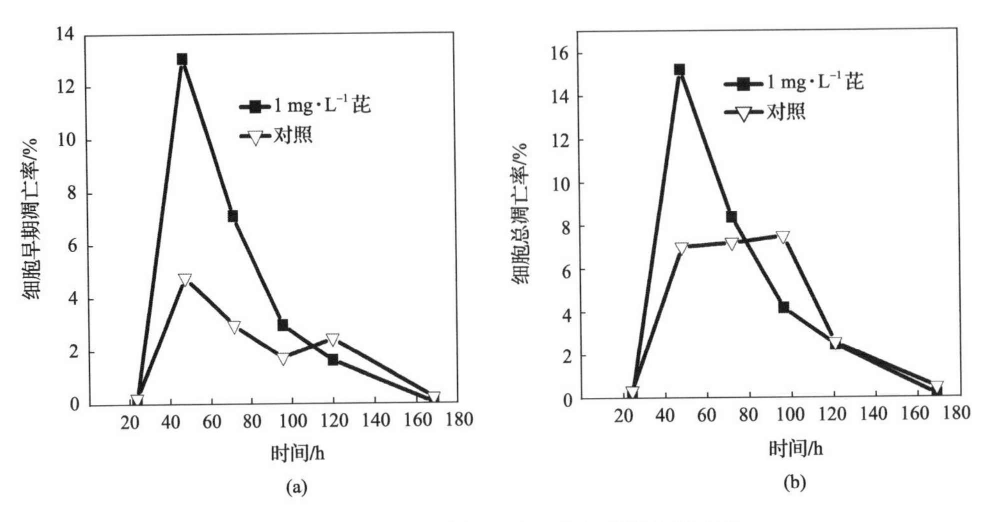

图 4-35　*B. brevis* 降解芘过程中细胞凋亡的变化

(a) 细胞早期凋亡率;(b) 细胞总凋亡率

有关的酶对残留的芘进行降解(Wu et al.,2009)。

6. *B. brevis* 降解芘的差异蛋白分析

将 *B. brevis* 在 1 mg · L^{-1}与 0 mg · L^{-1}的芘中培养 120 h 的菌体蛋白样品进双向凝胶电泳(2-DE),银染后得到的蛋白质电泳图谱如图 4-36 所示。从图中可以看出,1 mg · L^{-1}芘体系的图谱中蛋白点明显多于空白对照体系的蛋白点。蛋白点分布广泛,其中偏酸性蛋白较多,且芘体系中大相对分子质量的蛋白点较多。在芘降解体系的双向电泳图谱中平均检测到 605 个蛋白点,在空白体系的双向电泳体系中平均检测 540 个蛋白点。由于芘的胁迫作用,芘体系的图谱中出现了 72 个新的蛋白表达点,同时有 7 个蛋白点消失。该结果说明,在菌体对芘的降解过程中,芘会对菌体蛋白产生影响。对比这两个谱图,可以找出 44 个差异蛋白点,其中芘体系较空白体系 14 个蛋白表达上调,30 个蛋白表达下调。新蛋白点出现及蛋白出现上调或下调是因为:①菌体与芘接触后,芘会诱导代谢酶、应激蛋白、抗氧化蛋白等,它们可以对芘的解毒及耐受性做出响应(Tamarit et al.,2012);②在芘的胁迫下,与蛋白息息相关的物质代谢、能量转换、生物合成及转运作用等都会发生反应,这些反应变化需要诱导相应的蛋白来完成(Daware et al.,2012);③芘进入菌体细胞内,会诱导胞内降解酶,如单加氧酶、双加氧酶、过氧化物酶、超氧化物歧化酶等的作用,从而导致蛋白发生上调(Tang et al.,2008)。

因此,污染物的胁迫导致的菌体差异蛋白表达,可以说明菌体通过调节生命活动对污染物做出响应。而表达的差异蛋白与降解芘功能蛋白的联系,以及如何调

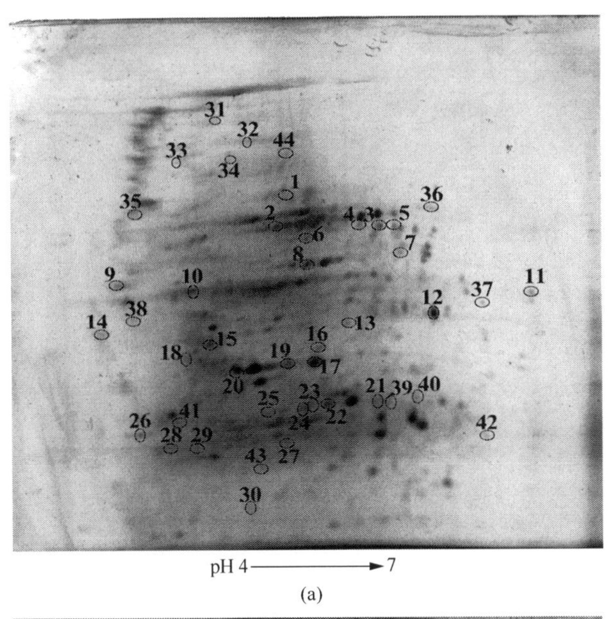

pH 4 ——→ 7

(a)

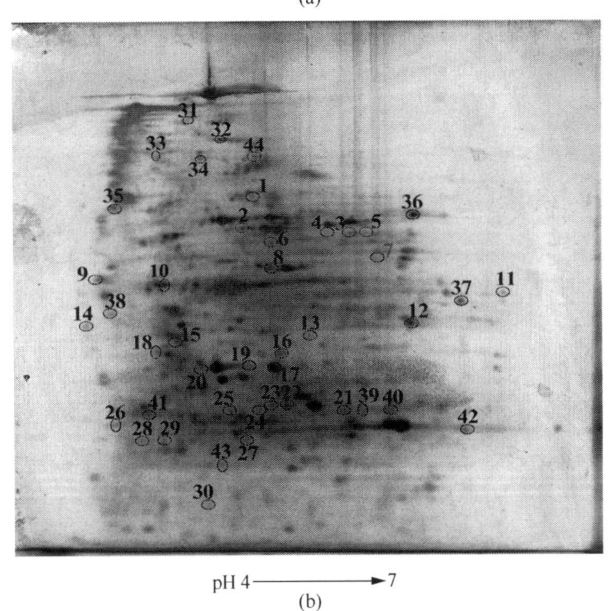

pH 4 ——→ 7

(b)

图 4-36　加芘和不加芘体系中 *B. brevis* 的双向电泳谱图及差异蛋白点

(a) 0 mg · L^{-1}芘；(b) 1 mg · L^{-1}芘

控这些差异表达蛋白，以促进微生物对芘的降解，是后期利用蛋白质组学技术进一步研究芘的微生物修复机制的基础。

7. *B. brevis* 降解芘的产物分析

在本实验中，通过 LC-MS/MS 检测到 4 种羟基化大分子中间产物，产物通过与标准样品的出峰时间和特征离子碎片质谱对照可分别认定为：A 为 1-羟基芘；B 为 9-羟基菲；C 为 α-萘酚；D 为 β-萘酚。液相质谱出峰图如图 4-37 所示。测定产物随降解时间的动态变化，如图 4-38 所示。实验结果表明，*B. brevis* 对芘的降解过程中生成了 2～4 环的单羟基化产物。其中，1-羟基芘属于 4 环大分子产物，推测其为芘在单加氧酶的作用下生成，它在降解过程的前 3 天大量生成和积累，达到 23 μg · L^{-1}，之后开始缓慢下降，说明在菌体对芘的降解过程中，1-羟基芘并不是代谢终产物，随着时间的延长，可以被进一步降解和转化。这对推测 *B. brevis* 降解芘的初始途径也具备一定意义，已有研究表明，大多好氧细菌降解多环芳烃的初始途径是由双加氧酶催化开环，而本实验中，芘很有可能在单加氧酶的作用下直接开环生成 1-羟基芘。9-羟基菲的出现晚于 1-羟基芘，推测是因为随着反应进程的推进，4 环产物会逐渐开环生成 3 环分子，9-羟基菲代表加氧酶进一步攻击 3 环分子，继续开环反应，它在第 2～4 天产生积累，说明 4 环分子的开环反应在 2～4 天进行剧烈，生成的中间产物随之增长迅速。而在 5 天时转为下降趋势，显示以 9-羟基菲为代表的 3 环产物也进一步被菌体降解和转化，逐渐被消耗。图 4-38 中还可看出，反应过程中有 α-萘酚和 β-萘酚生成并少量积累。萘酚是菲降解过程中常见的中间产物，有研究指出，菲在加氧酶作用下，3，4 位氧化生成顺式-二醇，然后转化为二羟基化合物，接着开环生成 1-羟基-2-萘酸，再脱羧形成 α-萘酚等其他 2 环

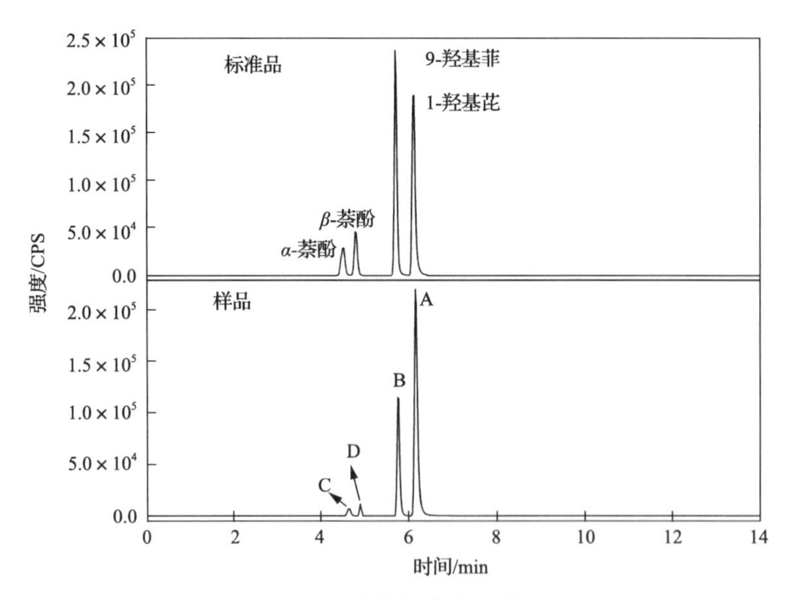

图 4-37 芘降解产物出峰图

类物质(Luan et al.,2006)。因此,可以推测芘的降解过程经历了由4环类芳香烃化合物开环为3环菲类物质,并进入菲单加氧降解过程。值得一提的是,从四种羟基代谢产物总含量的变化趋势来看,到3天达到顶峰值后,4～5天逐渐下降到一定浓度,在动态降解过程中产物没有持续积累在培养基内,说明 *B. brevis* 完整菌体对于这四种大分子中间产物具有同时降解的作用。

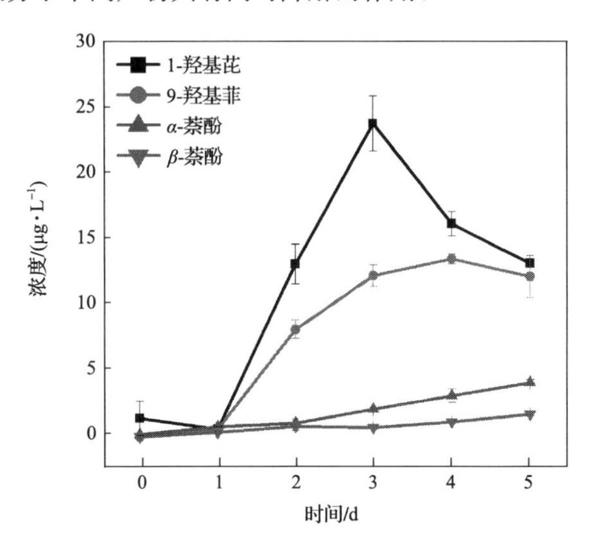

图4-38　菌体降解芘产物的浓度变化

第5章　电子垃圾拆解区水体中典型POPs/重金属复合污染微生物修复

5.1　水体POPs/重金属复合污染概况

目前我国不少地方对电子垃圾的拆解回收主要采用手工拆卸、露天焚烧或直接酸洗等简单落后的处理工艺，残余物往往随处丢弃，导致当地及周边环境受到严重的POPs/重金属复合污染。珠江三角洲汕尾地区贵屿镇是著名的电子垃圾拆解区，由于采用原始的拆解工艺，该区域已陷入POPs/重金属“领衔”的深重的生态环境灾难之中。研究显示，贵屿镇水体、底泥、土壤中PBDEs、PAHs等POPs和镉、铜、锌等重金属污染严重，人体血浆、母乳中PBDEs的含量居世界最高(高出正常50～200倍)，儿童重金属中毒的比例也相当高。因此，面对这些区域水土环境中POPs/重金属复合污染及其生态与健康风险不断加剧的严峻形势，在研究典型区域水土环境中主要污染物多元复合体系的微界面过程及其交互作用的基础上，探索这类复合污染物的降解、安全转化与调控措施，对于我国履行《斯德哥尔摩公约》和保障区域社会经济的可持续发展具有重要的现实意义。

微生物对有害物质的作用在污染物的迁移转化乃至最终消失的过程中占有重要的地位。与其他处理方式相比，微生物法具有成本低，可循环使用，不产生二次污染等优点。电子垃圾拆解地水体中POPs与重金属形成复合污染，相互影响，增加了治理难度。微生物在修复此类污染物方面有突出优势，一方面，微生物可以降解有机污染物，另一方面，微生物对重金属也有吸附作用。重金属具有生物毒性，可能影响微生物的生长及相关酶的活性，进而影响微生物对污染物的降解。本章总结了笔者课题组近10年来围绕电子垃圾拆解区水体POPs/重金属复合污染的微生物修复研究成果，主要涉及微生物对POPs/重金属复合污染物的降解/转化性能、POPs/重金属复合污染物作用下微生物特性变化、重金属共存条件下微生物对有机污染物降解特性及机制。

5.2　铜绿假单胞菌对水中BDE-209/Cd复合污染修复

5.2.1　研究现状

针对水环境中BDE-209与Cd的污染，人们已就其单独在环境中存在时的污染水平、分布、特征、生态毒理等进行了不少研究。研究表明，尽管BDE-209属于难降解污染物,但已发现一些微生物、植物及其联合作用能够通过不同的代谢机制将其降解。在Cd生物修复方面,微生物吸附剂、吸附基因工程菌、超富集植物等均有不少报道。然而,当涉及电子垃圾处理带来的Cd与BDE-209构成的复合污染时,Cd与BDE-209,Cd/BDE-209与微生物微界面过程和交互作用均不清楚。因此,探索BDE-209/Cd等在水体中微生物微界面交互作用,明确重金属共存时BDE-209的降解反应动力学规律及对重金属生物有效性的影响,确定POPs、重金属复合污染的微生物修复的关键控制因素,对于加快建立电子垃圾拆解区水体POPs,重金属复合污染的生物修复技术体系具有重要的科学意义。

5.2.2　材料

笔者课题组从受电子垃圾污染的汕头贵屿镇沉积物中分离得到一株能有效降解BDE-209且能有效吸附重金属Cd^{2+}的菌株,经生理生化试验、镜检和16s rRNA测序鉴定为*P. aeruginosa*。

5.2.3　污染物对*P. aeruginosa*生长的影响

微生物在降解有机污染物时,其代谢能力很容易受到重金属离子的影响,进而影响其对污染物的降解效果。这一影响的水平主要与重金属的种类、浓度和有效性有关,其行为是一个相当复杂的过程,主要受如重金属的性质、反应媒介和微生物的种类等因素控制(Chen and Lin,2001)。

不同浓度Cd^{2+}存在下*P. aeruginosa*的生长曲线如图5-1所示。1 mg · L^{-1} BDE-209并未影响菌体的生长,当加入Cd^{2+}浓度较高(≥5 mg · L^{-1})时,菌体的生长受到了一定的抑制,而Cd^{2+}浓度较低时(≤1 mg · L^{-1}),菌体的生物量仅受到了微弱的影响。当体系中存在高浓度的Cd^{2+}时,菌体生长的对数期出现延迟,并且

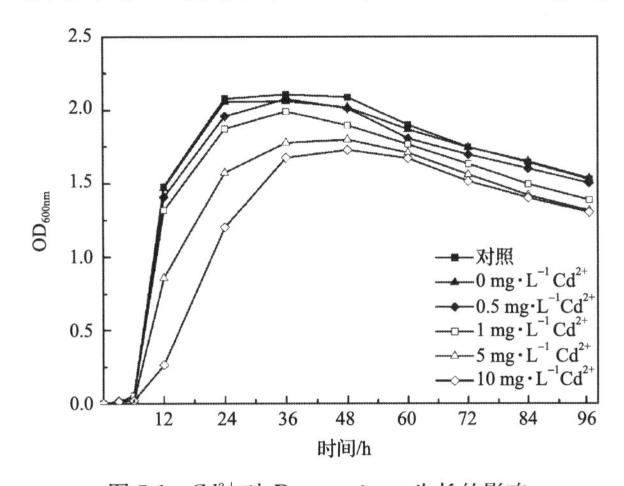

图5-1　Cd^{2+}对*P. aeruginosa*生长的影响

生物量有所下降，36 h 的生物量下降了 15.6%～20.4%。然而，与其他一些研究报道相比，高浓度 Cd^{2+} 对 *P. aeruginosa* 的生长影响较弱。Hong 等(2007)的研究结果显示，当营养体系中存在 10 mg · L^{-1} Cd^{2+} 时，鞘氨醇单胞菌(*S. wittichii*) RW1 的生物量下降了 50%以上。上述结果表明，*P. aeruginosa* 对 Cd 有较高的耐受性，主要原因可能是该菌株筛选自电子垃圾回收地区，菌株长期生活在重金属浓度较高的环境中，从而对某些重金属的存在产生了适应性。综上所述，*P. aeruginosa* 能够应用于 Cd^{2+} 存在下的 BDE-209 的降解。

5.2.4 *P. aeruginosa* 对 BDE-209/Cd^{2+} 吸附/降解作用

1. Cd^{2+} 对 *P. aeruginosa* 菌体和酶降解 BDE-209 的影响

P. aeruginos 对 BDE-209 有较好的降解能力，而起主要降解作用的酶为胞内酶。因此本实验考查 Cd^{2+} 对 *P. aeruginos* 和胞内酶降解 BDE-209 的影响。图 5-2 表示不同浓度的 Cd^{2+} 分别对菌体和胞内酶降解 BDE-209 的影响。从图中可知，不同浓度的 Cd^{2+} 对菌体和胞内酶降解 BDE-209 有着不同的影响。低浓度的 Cd^{2+} (≤1 mg · L^{-1})对菌体降解 BDE-209 有一定的促进作用。造成这一结果可能有以下三方面的原因：①某些重金属离子(如 Cd^{2+})，当其浓度较低时有利于菌体的生长，特别是对于长期生长在重金属含量较高环境下的菌体，从而能够增强菌体降解有机污染物的能力；②低浓度的 Cd^{2+} 有助于菌体降解 BDE-209 功能酶的合成分泌；③重金属的存在改变了菌体细胞表面的某些性质，使得微生物更容易与水溶性较低的有机污染物接触从而提高有机物的利用率。当体系中存在高浓度的 Cd^{2+} (≥5 mg · L^{-1})时，菌体对 BDE-209 的降解受到抑制。这主要是由于高浓度的 Cd^{2+} 对菌体的毒害作用导致其活性降低，进而造成对 BDE-209 的降解能力减弱。

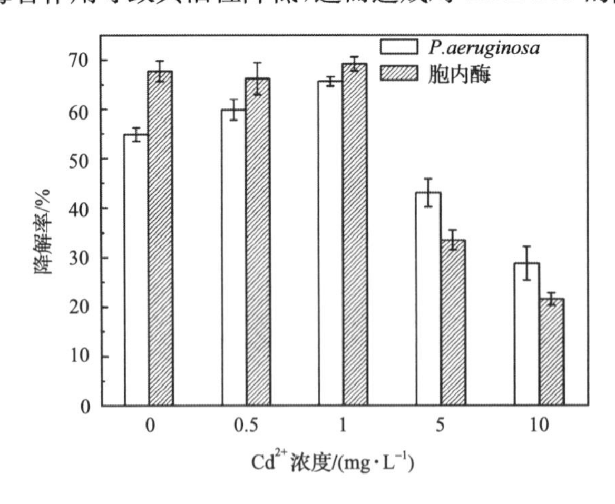

图 5-2 Cd^{2+} 对菌体/胞内酶降解 BDE-209 的影响

从图5-2还可以看出，高浓度Cd^{2+}对胞内酶降解BDE-209的影响趋势与对菌体的相同，但胞内酶受到的抑制作用更为显著。这主要是胞内酶与Cd^{2+}直接接触造成的。当菌体生长在含有高浓度Cd^{2+}的环境中时，其可以通过自身调节而对外界污染物的毒害有一定自我保护，因此受到的危害相对较小，对BDE-209降解的抑制也较小。与菌体细胞不同，当胞内酶降解体系中存在低浓度Cd^{2+}时，BDE-209的降解率变化不显著。原因可能是低浓度Cd^{2+}的加入并未改变降解BDE-209功能酶的活性，而对菌体产生的促进作用仅仅是因为改变了菌体自身的性质。这一猜测在后面的实验中得到了验证。

2. 不同浓度Cd^{2+}存在下BDE-209的降解动力学

为了进一步研究Cd^{2+}对*P. aeruginos*降解BDE-209的影响，分别考察了不同浓度Cd^{2+}存在条件下菌体和其胞内酶对BDE-209降解速率的影响。从图5-3(a)、图5-3(b)可以看出，高浓度Cd^{2+}($\geqslant$5 mg · L^{-1})对菌体和胞内酶降解BDE-209都呈现抑制作用。然而，低浓度Cd^{2+}($\leqslant$1 mg · L^{-1})的加入对菌体和胞内酶降解效果的影响略有不同。从图5-3(a)可以看出，低浓度Cd^{2+}的存在对菌体降解BDE-209有一定的促进作用，这一作用从降解初期(2 d)就有所体现，且不同培养时间下，存在低浓度Cd^{2+}的降解体系的降解率始终高于未添加重金属污染物的体系。从图5-3(a)中还可以看出，低浓度Cd^{2+}存在下降解率的提高随着培养时间的延长有增大趋势，但是通过计算可知，降解率的相对增加量(降解率增加值/未添加Cd^{2+}体系的降解率×100%)最大值出现在第二天，其中0.5 mg · L^{-1} Cd^{2+}和1 mg · L^{-1} Cd^{2+}存在下降解率的相对增加量约为19.7%和48.5%。这说明低浓度Cd^{2+}对菌体降解BDE-209的促进作用在降解前期表现得更为显著。图5-3(b)表示Cd^{2+}对胞内酶降解BDE-209的影响随时间的变化趋势，从图中可以看出，低浓度Cd^{2+}对胞内酶降解BDE-209并没有显著性影响，结合之前Cd^{2+}对菌体降解BDE-209影响的结论可以进一步说明，低浓度Cd^{2+}对*P. aeruginos*降解BDE-209的促进作用主要是通过提高BDE-209与胞内酶的接触概率而实现的。

分别排除*P. aeruginosa*和其胞内酶在5 d和12 h后对BDE-209降解能力下降的情况，用一级动力学模型$\ln c_0/c = a + k_1 t$进行了降解动力学分析。动力学分析结果如图5-4所示。从图5-4(a)可以看出，菌体降解BDE-209时，第一天的降解速率几乎为零。因此在对菌体降解BDE-209进行动力学拟合时，应当排除这一延滞期，即将培养1 d后的降解体系看作初始态。通过计算*P. aeruginosa*和其胞内酶降解BDE-209的动力学参数可知，胞内酶降解BDE-209较好地符合一级反应动力学($R^2 = 0.996$)，而菌体降解BDE-209则不能很好地通过一级动力学模型进行拟合。造成这一结果的主要原因是菌体降解BDE-209是一个较复杂的过程，由于BDE-209有很强的疏水性，很难与菌体细胞内的降解酶直接接触，在降解初期，

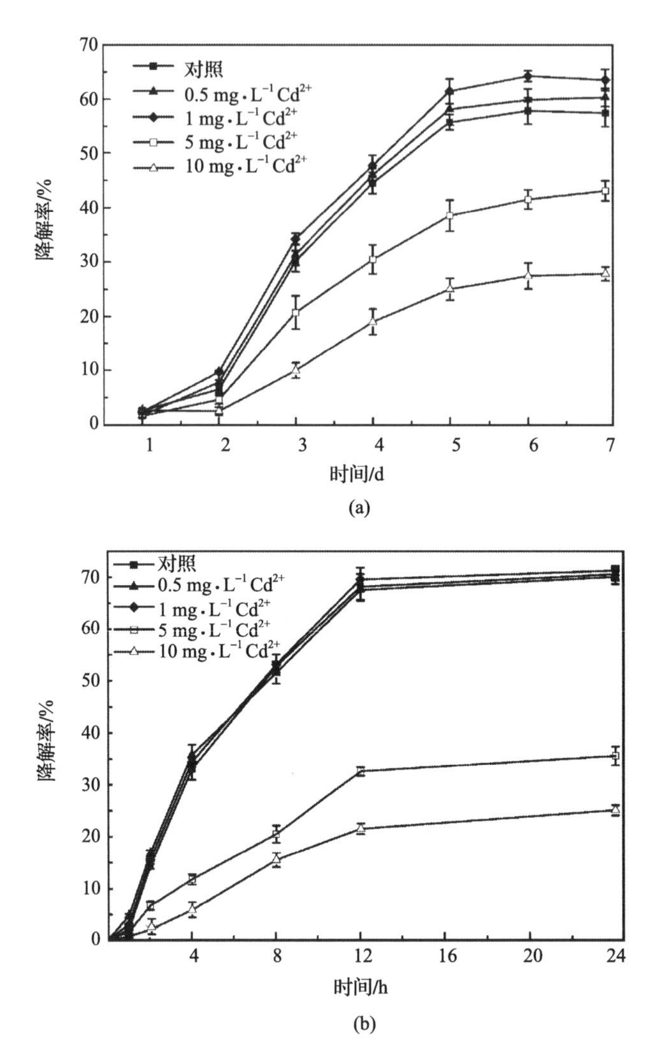

图 5-3　不同培养时间下 Cd^{2+} 对 BDE-209 降解的影响

(a) 菌体;(b) 胞内酶

菌体将 BDE-209 吸附在表面,然后才能通过细胞膜进入菌体内部被胞内酶降解,因此菌体对 BDE-209 的降解不仅与底物和酶浓度有关,还与其对 BDE-209 的吸附和跨膜运输等能力有关,这就使菌体降解 BDE-209 不能很好地符合一级动力学模型。Cd^{2+} 的加入对 BDE-209 的降解有一定的影响,高浓度的 Cd^{2+} 抑制了酶的活性,从而使其降解速率下降较多。而低浓度的 Cd^{2+} 对降解 BDE-209 的速率影响不太显著。对于菌降解体系而言,低浓度 Cd^{2+} 的加入对降解速率有一定的促进作用,但是由于菌体降解周期较长,这一促进作用并未能在速率常数上较明显地体现,但是从半衰期上可以充分地看到低浓度 Cd^{2+} 的加入对降解速率有所提高。

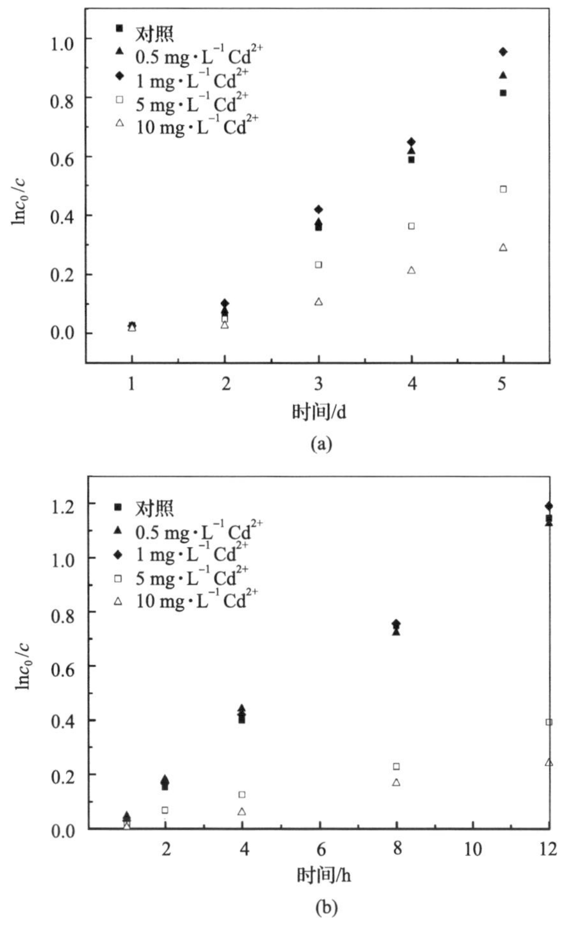

图 5-4　一级反应动力学线性拟合

(a) 菌体;(b) 胞内酶

3. *P. aeruginos* 对 Cd^{2+}/BDE-209 的吸附作用

(1) Cd^{2+}对 *P. aeruginos* 吸附 BDE-209 的影响。

考虑菌体吸附 BDE-209 是一个较缓慢的过程,因此本实验分别考察了吸附初期(2 h)和吸附后期(24 h)菌体对 BDE-209 的吸附情况,结果如图 5-5 所示。

从图 5-5 中可以看出,菌体在 2 h 内对 BDE-209 的吸附率较低,而 24 h 后菌体对 BDE-209 有较好的吸附效果。同时,Cd^{2+} 的加入对 BDE-209 的吸附有一定的影响,这一影响与 Cd^{2+} 浓度和吸附时间都有关系。当处理时间为 2 h 时,低浓度的 Cd^{2+} ($\leqslant$1 mg · L^{-1})对 BDE-209 的吸附无显著性影响,高浓度的 Cd^{2+} ($\geqslant$5 mg · L^{-1})对菌体吸附 BDE-209 有一定的抑制作用。大多数研究认为(Omahony et al.,

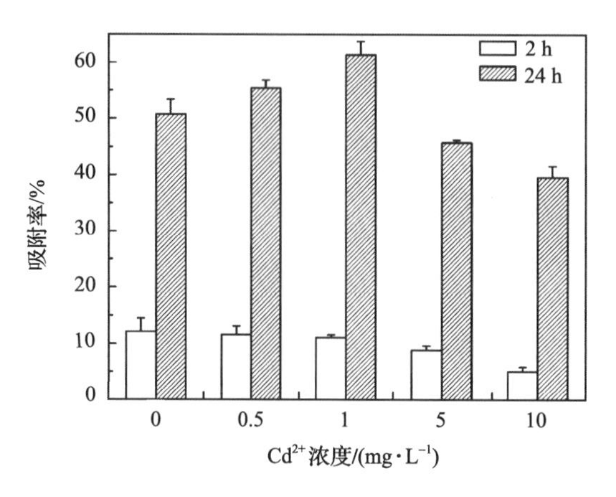

图 5-5 Cd^{2+}对菌体吸附 BDE-209 的影响

2002),重金属离子会与有机物分子竞争微生物细胞表面的结合位置或者对有机物的吸附形成掩蔽作用,使有机物生物吸附速率下降和吸附容量减少。因此,当溶液中存在大量 Cd^{2+}时,菌体对 BDE-209 的吸附将受到抑制。BDE-209 在处理初期呈片状漂浮在溶液表面,导致其被吸附的量本来就不大,因此,当体系中 Cd^{2+}浓度不高时对 BDE-209 的影响较小。当处理时间为 24 h 时,低浓度的 Cd^{2+}对菌体吸附 BDE-209 有一定的促进作用。主要原因是 Cd^{2+}的加入改变了菌体本身的性质,从而使其对 BDE-209 的吸附有了增强,后期的实验结果可以充分说明这一点。与吸附初期结果相似,24 h 时高浓度 Cd^{2+}的加入对菌体吸附 BDE-209 同样呈现抑制作用,但抑制的效果有所减弱(吸附率的相对减少量降低)。这说明随着吸附时间的延长,BDE-209 与菌体接触的概率增大,从而有更多未被 Cd^{2+}占据的吸附位点被 BDE-209 占据,因此,后期菌体对 BDE-209 的吸附受到 Cd^{2+}的影响减小。

(2) BDE-209 对 *P. aeruginos* 吸附 Cd^{2+}的影响。

许多研究表明,微生物对重金属离子都有一定的吸附能力。因此,本实验考察 *P. aeruginos* 对 Cd^{2+}的吸附效果,结果如图 5-6 所示。

由图 5-6 可知,*P. aeruginosa* 对于 0.5~10.0 mg · L^{-1}的 Cd^{2+}都有较好的吸附效果。当 Cd^{2+}浓度为 0.5 mg · L^{-1}时,菌体对 Cd^{2+}的吸附率为 90.1%。随着 Cd^{2+}浓度的增大,吸附率呈下降趋势,当 Cd^{2+}浓度为 10 mg · L^{-1}时,吸附率下降到 59.9%。通过计算可知,与吸附率的变化不同,菌体对 Cd^{2+}的吸附量是随着 Cd^{2+}浓度的增加而增大的。这是因为,每种吸附材料均存在饱和吸附量,且吸附效果和菌体的活性有关系,高浓度的重金属离子会影响菌体的活性和新陈代谢能力,从而使吸附在菌体表面的 Cd^{2+}向细胞内的运输速度减缓,因主动运输而空出来的吸附位点也会越来越少,从而影响对 Cd^{2+}的吸附能力。本实验同时考察了 1 mg · L^{-1} BDE-209 对 *P. aeruginosa* 吸附 Cd^{2+}的影响,从实验结果可知,BDE-

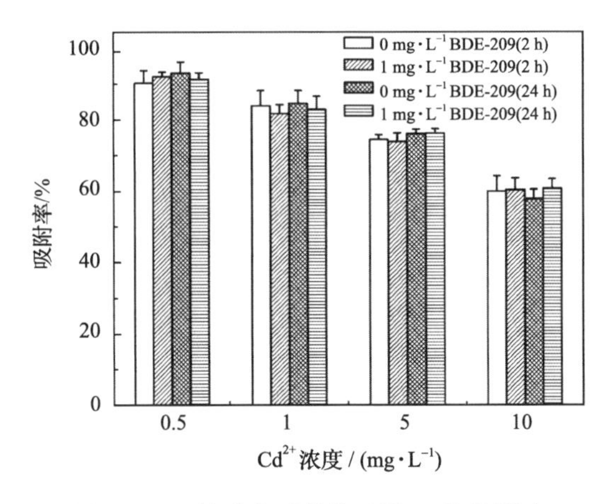

图5-6　Cd^{2+}浓度对菌体吸附Cd^{2+}的影响

209的加入对0.5～10.0 mg · L^{-1}的Cd^{2+}的吸附效果没有显著性影响，这主要是因为Cd^{2+}的吸附是一个快速的过程，一般只需要十几分钟，而此时的BDE-209还呈片状漂浮于溶液表面，其与菌体接触的概率较小，因此没有与Cd^{2+}争夺吸附位点的能力，进而对Cd^{2+}的吸附不会产生明显的影响。

结合之前实验得出的关于Cd^{2+}对菌体吸附BDE-209影响的结论可知，当体系中存在低浓度Cd^{2+}时，菌体的吸附量还远远没有达到饱和状态，因此不会对菌体吸附BDE-209的效果产生负面影响，当Cd^{2+}浓度逐渐增大时，更多结合位点被占据，且高浓度的Cd^{2+}对菌体的毒性也增大，从而抑制了菌体对BDE-209的吸附。Cd^{2+}对*P. aeruginosa*吸附BDE-209的影响可能是其影响菌体降解BDE-209的一个重要因素，因此需要进一步深入讨论。

(3) Cd^{2+}对降解过程中BDE-209在菌体细胞内/外分布的影响。

为了进一步说明不同浓度Cd^{2+}对*P. aeruginosa*降解BDE-209的影响机理，考察了降解过程中Cd^{2+}对BDE-209在菌体细胞内/外分布的影响，实验结果如图5-7所示。本实验中，只研究了细胞内和细胞外BDE-209的含量，而吸附在菌体细胞表面的BDE-209未被单独考察而是算作细胞内的物质，原因如下：首先，吸附是污染物与菌体接触的第一步，也是污染物被降解的重要前提，只有被吸附在菌体表面的污染物才有可能进入菌体进而被降解；其次，分离吸附在细胞表面的BDE-209是比较难实现的，所以单独测量得到的值是不准确的。因此，本实验提到的细胞内的BDE-209包括吸附在菌体表面和进入菌体内部的两部分。从图5-7(a)可以看出，由于菌体的吸附作用，胞外BDE-209的含量在第1天迅速下降，1天后，胞外的BDE-209含量变化趋于平缓，且总体呈现先减小后增大的趋势。有所区别的是，当高浓度Cd^{2+}存在时，胞外BDE-209含量开始增大的时间会提早一些(5 mg · L^{-1} Cd^{2+}体系在第4天，10 mg · L^{-1} Cd^{2+}体系在第3天)。造成这一结果的主要原因是菌体在培养一段时间后有一部分会破裂，从而使得胞内未被降解的 BDE-209 释放到胞外。体系中 Cd^{2+} 浓度越大，细胞的破裂开始得越早，数目也越多，因此释放到菌体细胞外的 BDE-209 的量越多，时间越早。

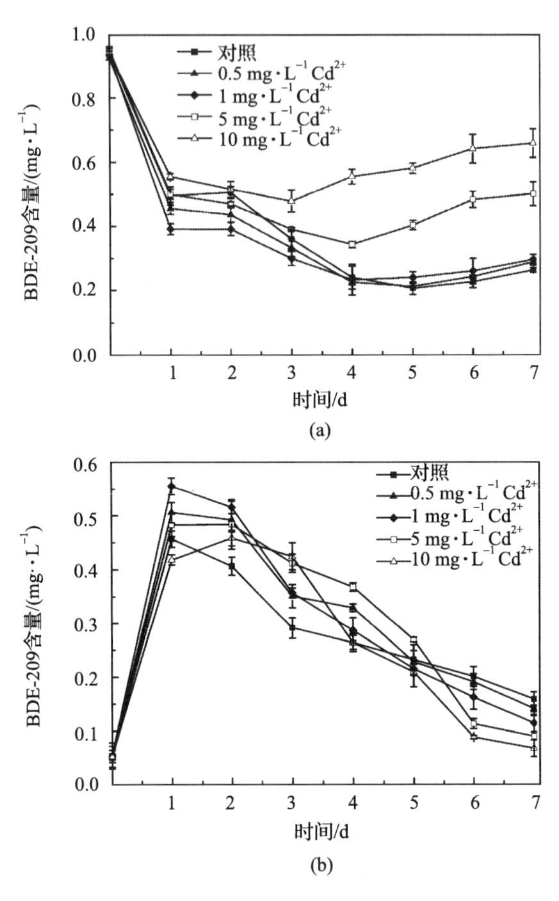

图 5-7 Cd^{2+} 对 *P. aeruginosa* 降解 BDE-209 过程中 BDE-209 在细胞内/外分布的影响
(a) 细胞外 BDE-209 的变化；(b) 细胞内 BDE-209 的变化

图 5-7(b)是降解过程中细胞内 BDE-209 含量的变化情况。从图中可以看出，降解的第 1 天，胞内 BDE-209 的含量快速上升，这一结果与胞外 BDE-209 的变化相对应。在降解的最后两天(第 6 天和 7 天)，胞内 BDE-209 的残留量仍然持续降低，且残留量与 Cd^{2+} 浓度有明显的负相关性。这一结果说明 BDE-209 在降解后期由于菌体细胞的破裂被释放到胞外，且释放量与溶液中 Cd^{2+} 的浓度有关，即 Cd^{2+} 浓度越高，释放量越大。在降解过程的第 2 天到第 5 天，胞内 BDE-209 含量均呈现持续下降的趋势，但其变化与 Cd^{2+} 浓度无明显的相关性。这可能是因为细胞内部的 BDE-209 被胞内酶所降解的同时，其残留量还与多个因素有关，例如，其

在菌体表面的吸附和向菌体内部的转移。这一过程比较复杂，因此仅用胞内 BDE-209 含量这一综合指数表现时无明显的规律性。

5.2.5　污染物对 *P. aeruginosa* 细胞特性的影响

1. 细胞表面疏水性

细胞表面疏水性(CSH)是细菌表面的特性之一，其大小将影响菌体与疏水性有机污染物的接触情况，从而影响菌体对污染物的降解。Cd^{2+} 存在下，*P. aeruginosa* 降解 BDE-209 过程中菌体 CSH 的变化如图 5-8 所示。菌体加入到降解体系初期(1 h)，其细胞表面疏水性随着 Cd^{2+} 浓度的增大而降低。出现这一现象的主要原因是 *P. aeruginosa* 在短时间内对 Cd^{2+} 有较强的吸附作用，且吸附量随着 Cd^{2+} 的增加而增大，从而提高了菌体表面的亲水性。随着处理时间的延长，菌体 CSH 快速增大并于 8 h 达到最大值。此时，存在低浓度 Cd^{2+} 的降解体系中菌体 CSH 明显高于未添加 Cd^{2+} 的体系(0.5 mg · L^{-1} 和 1 mg · L^{-1} Cd^{2+} 存在下 CSH 分别提高了 7.4%和 16.9%)。造成这一结果的原因可能有以下三方面：①Cd^{2+} 与菌体细胞表面的某些蛋白络合，从而改变了细胞表面电荷和膜电位，使细胞表面内外侧的一些亲水性基团与疏水性基团相互转化，增大了菌体 CSH。②Cd^{2+} 的加入改变了菌体分泌胞外多糖的能力，从而改变了菌体表面的疏水性。有研究指出，菌体胞外多糖的量与其表面疏水性呈负相关(Wilen et al.,2003)。③*P. aeruginosa* 本身能够分泌表面活性剂类物质，而表面活性剂能够增加疏水性有机物的溶解度(Yin et al.,2009)。而低浓度 Cd^{2+} 的加入可能会促进 *P. aeruginosa* 分泌表面活性剂，从而变相增强菌体 CSH。当体系中加入高浓度 Cd^{2+} 时，菌体 CSH 随降解时间的变化趋势与低浓度 Cd^{2+} 存在时相似，只是其对 *P. aeruginosa* 细胞表面疏水性的影响主要表现为抑制作用，但与其对菌体降解 BDE-209 的抑制

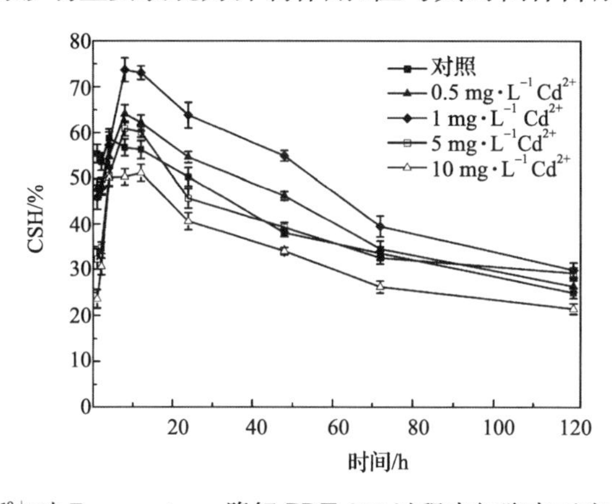

图 5-8　Cd^{2+} 对 *P. aeruginosa* 降解 BDE-209 过程中细胞表面疏水性的影响

作用相比,这一影响表现不显著。

直接接触是疏水性有机物被微生物降解利用的一个摄取机理。疏水性有机污染物直接吸附在微生物表面是其被微生物去除的第一步。因此,菌体 CSH 是疏水性有机污染物被微生物吸附、摄取和去除的一个重要因素。Zhang 等(2010)报道了高的细胞表面疏水性与强的降解能力有较好的正相关性。笔者实验结果指出,Cd^{2+} 能够影响 *P. aeruginosa* 的细胞表面疏水性,尤其是低浓度的 Cd^{2+} 对其 CSH 的提高有一定的促进作用。因此,Cd^{2+} 对 *P. aeruginosa* 细胞表面疏水性的改变是其影响 BDE-209 降解效果的一个重要因素。

2. 质膜通透性

革兰氏阴性菌的细胞膜内层主要是由磷脂酰甘油和双磷脂酰甘油组成的(Je and Kim,2006)。菌体处理污染物时,污染物会被吸附到菌体表面,穿透菌体细胞膜进入菌体内部进而被菌体所利用。因此可以推测,菌体细胞膜通透性是影响其对疏水性有机污染物降解的一个重要因素。本实验以 β-半乳糖苷酶的释放量作为指标考察菌体细胞膜通透性的变化。细菌在受到乳糖诱导后会产生 β-半乳糖苷酶,该酶是位于细胞膜上的水解酶,能将乳糖水解为半乳糖和葡萄糖。以邻硝基苯 β-D-半乳吡喃糖苷(ONPG)作为乳糖的替代物,其能被 β-半乳糖苷酶水解成半乳糖和黄色的邻硝基苯酚。当细胞膜通透性发生改变时,就会使 β-半乳糖苷酶释放到体系中,或者 ONPG 进入细胞内,从而使体系中 OD_{420} 值迅速改变。

从图 5-9 可以看出,当体系中存在不同浓度的 Cd^{2+} 时,*P. aeruginosa* 细胞质膜通透性在降解的前 12 h 随时间的延长变化不显著。随着培养时间的继续延长,体系中的 β-半乳糖苷酶含量持续增长,直到 24 h 后又达到稳定。当体系中存在高浓度的 Cd^{2+} 时($\geqslant 5\ mg \cdot L^{-1}$),其菌体细胞质膜通透性要高于不含或含有低浓度

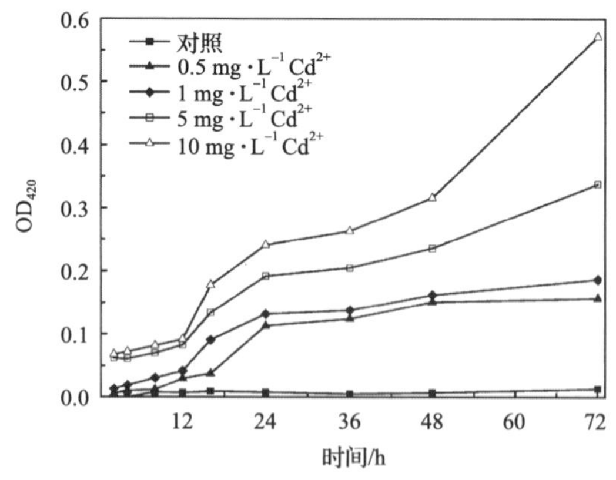

图 5-9 Cd^{2+} 对 *P. aeruginosa* 降解 BDE-209 过程中细胞质膜通透性的影响

OD_{420} 为吸光度(420 nm)

的Cd^{2+}体系中的菌体，且当培养时间超过48 h，β-半乳糖苷酶又开始进一步释放，尤其是当Cd^{2+}达到10 mg · L^{-1}时，这一现象更为明显。造成这一结果的主要原因是当菌体长期暴露在含有高浓度的重金属溶液中时，菌体细胞质膜遭到破坏形成“孔洞”，胞内物质外流，从而造成菌体细胞质膜通透性迅速增大的假象(Chen et al.，2012)。以上实验结果表明，Cd^{2+}的加入能够使*P. aeruginosa*细胞质膜通透性增加，从而有更多的BDE-209更快进入菌体或更多的胞内物质流出与BDE-209接触，进而能提高菌体对BDE-209的降解效果。因此，Cd^{2+}对*P. aeruginosa*细胞质膜通透性的改变是其对BDE-209的降解影响的又一个重要因素。

5.2.6　污染物对 *P. aeruginosa* 细胞生命活动的影响

1. Cd^{2+}对*P. aeruginosa*产胞外多糖的影响

在含1 mg · L^{-1} BDE-209体系中(含葡萄糖5 mg · L^{-1})分别加入0.5 mg · L^{-1}、1 mg · L^{-1}、2 mg · L^{-1}、5 mg · L^{-1}、10 mg · L^{-1} Cd^{2+}，接入一定量的菌悬液，使总体系为20 mL，投菌量为2 g · L^{-1}。以未加污染物的作为对照(CK)，于150 r · min^{-1}、30℃的摇床培养箱中恒温避光处理24 h。取5 mL处理后的样品于试管中，向其中加入2%的EDTA溶液5 mL，4℃下放置4 h，然后以12000 r · min^{-1}的速度离心20 min，取上清液测定胞外聚合物含量。EPS的检测使用苯酚硫酸法(Wang Z et al.， 2012)，用葡萄糖作标准，实验结果如图5-10所示。

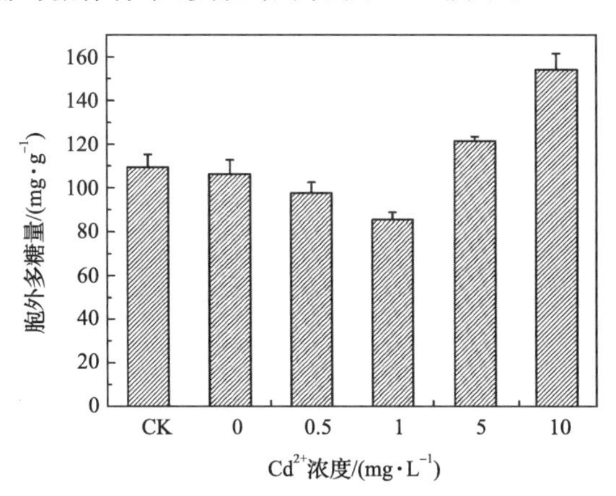

图5-10　Cd^{2+}对*P. aeruginosa*胞外多糖产生量的影响

从图中可知，BDE-209对菌体分泌胞外聚合物(EPS)的量无显著性影响，而Cd^{2+}的加入对菌体分泌EPS的量有较大影响，具体表现在低浓度Cd^{2+}($\leqslant$1 mg · L^{-1})对菌体分泌EPS有一定的抑制作用，而高浓度Cd^{2+}($\geqslant$5 mg · L^{-1})则呈现明显的促进作用。这主要是由于当菌体暴露在污染严重的环境中时，菌体自身会分泌胞外多糖类物质来保护菌体细胞，降低污染物对菌体的毒害作用。有研究指出，一般条件下，EPS 以离子化形式存在，其含量与菌体细胞 CSH 呈负相关。因此，上述结果与菌体 CSH 受 Cd^{2+} 影响的变化趋势一致。然而，Cd^{2+} 存在时菌体 CSH 的变化量与菌体分泌 EPS 的变化量有出入，即低浓度 Cd^{2+} 存在下菌体 CSH 变化较大，而 EPS 变化较小，相反，高浓度 Cd^{2+} 存在时 EPS 量增长量较大，而 CSH 变化量较小。这一结果说明菌体分泌的 EPS 量仅仅是影响 CSH 的一个因素。

2. Cd^{2+} 对 *P. aeruginosa* 产表面活性剂的影响

P. aeruginosa 是一种能够自身分泌鼠李糖脂类生物表面活性剂的革兰氏阴性菌。研究结果表明，表面活性剂对疏水性有机物有一定的增溶作用，能促进菌体对有机污染物的修复。本实验在测定细菌 CSH 时采用 MATH 法，即将微生物黏着碳氢化合物的能力作为考察菌体 CSH 的指标。因此，菌体分泌出的生物表面活性剂所带来的增溶效应可以作为菌体 CSH 变化的一个因素。

在含 $1mg \cdot L^{-1}$ BDE-209 的体系中(含葡萄糖 $5mg \cdot L^{-1}$)分别加入 $0.5mg \cdot L^{-1}$、$1mg \cdot L^{-1}$、$2mg \cdot L^{-1}$、$5mg \cdot L^{-1}$、$10mg \cdot L^{-1}$ Cd^{2+}，接入一定量的菌悬液，使总体系为 20mL，投菌量为 $2g \cdot L^{-1}$。以未加污染物的作为对照(CK)，于 $150r \cdot min^{-1}$、30℃的摇床培养箱中恒温避光处理 24h。处理后的体系以 $6000r \cdot min^{-1}$ 的速度离心 10min，分别取上清液以等体积的乙酸乙酯超声萃取 2 次，每次 30min。合并有机相，过无水 Na_2SO_4，45℃旋转蒸干，剩余物为表面活性剂粗品。实验结果如图 5-11 所示。

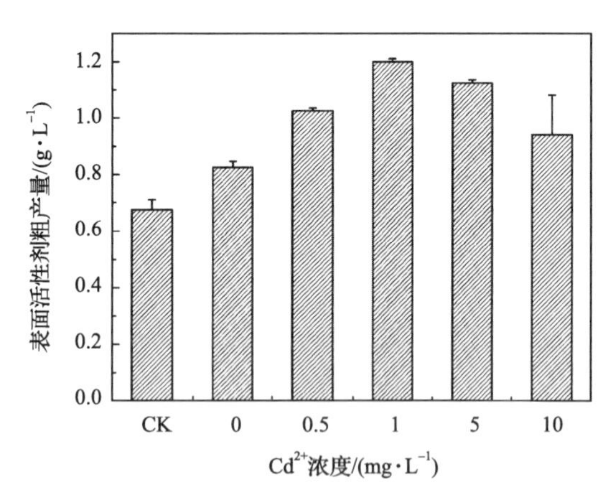

图 5-11 Cd^{2+} 对 *P. aeruginosa* 生物表面活性剂产生量的影响

从图 5-11 中可以看出，BDE-209 的加入能够促进菌体分泌生物表面活性剂，与空白体系相比，含 $1mg \cdot L^{-1}$ BDE-209 单一污染物体系中表面活性剂粗产量大约提高了 22.2%。同时，Cd^{2+} 的加入也能提高菌体生物表面活性剂的产量，随着

Cd^{2+}浓度的增大，产量表现为先增大后减小的趋势，当Cd^{2+}浓度为1 mg · L^{-1}时，菌体产生的表面活性剂粗产量与未加Cd^{2+}的体系相比提高了45.5%。表面活性剂具有一定的增溶作用，因此其产生量与菌体CSH呈正相关，上述结果也能证明低浓度Cd^{2+}的存在能提高菌体CSH。高浓度Cd^{2+}存在下菌体表面活性剂粗产量下降的主要原因是菌体在污染物浓度较高时生长代谢能力受到一定的抑制，从而降低了表面活性剂的产生量。

3. Cd^{2+}对*P. aeruginosa*抗氧化酶活性的影响

低浓度Cd^{2+}对*P. aeruginosa*降解BDE-209的促进作用主要是通过改变菌体细胞表面性质（疏水性和通透性）来实现的。尽管高浓度Cd^{2+}的存在降低了菌体CSH，但是降低的比例与其对降解率的影响相比显得微不足道。另外，高浓度的Cd^{2+}同样能增加菌体细胞质膜通透性，因此高浓度Cd^{2+}对菌体降解能力的抑制作用与其对菌体细胞表面性质的影响无显著性关系。由于Cd^{2+}具有生物毒性，对菌体的生长代谢可能会产生抑制作用，所以下面通过考察与微生物生长代谢有关的几种酶的活性变化来说明高浓度Cd^{2+}对菌体降解BDE-209产生抑制作用的原因。

(1) Cd^{2+}对*P. aeruginosa*胞内蛋白含量的影响。

图5-12表示菌体与污染物接触24 h后，胞内蛋白含量与Cd^{2+}浓度的关系。

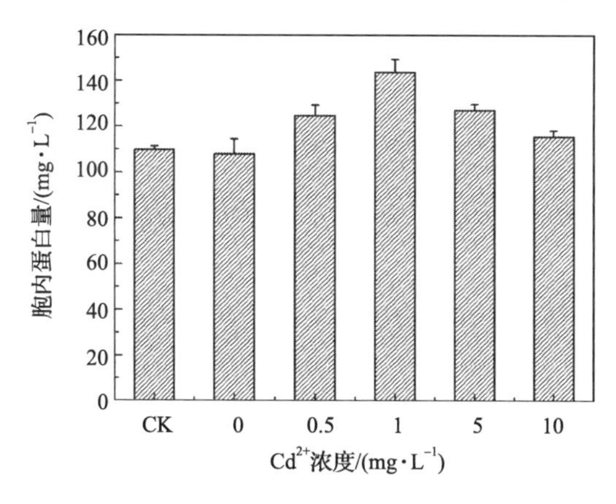

图5-12 不同浓度Cd^{2+}对*P. aeruginosa*胞内蛋白量的影响

由图可知，单独添加BDE-209的污染体系中菌体胞内蛋白含量与空白相比无显著性变化，这说明疏水性的BDE-209在较短时间内对菌体胞内蛋白的合成无显著性影响。当低浓度的Cd^{2+}存在时（≤1 mg · L^{-1}），菌体胞内蛋白含量高于空白体系，这主要是因为微生物在受到外界有毒物质危害时，可以迅速合成某些功能蛋白来抵御污染物的破坏作用。另一种可能是由于本实验所用*P. aeruginosa*长期生长在重金属污染严重的环境当中，适当量的重金属有助于提高菌体活性，从而增强其胞内蛋白合成的能力。总之,低浓度 Cd^{2+} 的加入有助于菌体胞内蛋白的合成,这一结果可以从一个侧面说明菌体在受到低浓度 Cd^{2+} 作用时,某些功能蛋白合成量增大,从而促进了菌体对 BDE-209 的降解。同时,高浓度的 Cd^{2+} 同样对菌体胞内蛋白的合成有促进作用,只是这一作用表现得相对较弱。当然,胞内蛋白的含量并不能等同于胞内酶活性,因此为了考察 Cd^{2+} 对菌体降解 BDE-209 能力的影响,还需要进一步考察其对菌体生长活性和代谢能力的影响。

(2) Cd^{2+} 对 *P. aeruginosa* 过氧化氢酶和超氧化物歧化酶活性的影响。

高浓度的重金属离子可导致微生物细胞内活性氧(reactive oxygen species,ROS)过量累积,引起氧化胁迫,造成膜系统脂质和蛋白质过氧化、酶失活和 DNA 断裂,最终导致细胞死亡(Schalk et al.,2011)。因此,消除活性氧自由基是生物体暴露于重金属污染时必不可少的过程。抗氧化系统包括抗氧化酶和抗氧化物质,其作用是限制 ROS 的过量累积,以免造成细胞损伤。超氧化物歧化酶(SOD)和过氧化氢酶(CAT)为广泛存在于动物、植物、微生物的两种抗膜脂质过氧化的保护酶。SOD 能迅速清除超氧阴离子自由基,自身氧化还原为 H_2O_2 和 O_2,H_2O_2 则进一步经 CAT 分解为 H_2O 和 O_2,从而清除活性氧对细胞的伤害。

实验结果显示:含有 BDE-209 的降解体系与空白对照组相比,菌体细胞 SOD 和 CAT 都略有升高,但后期实验表明与同一天的空白组比较,均无显著性差异。这说明菌体 CAT 和 SOD 的变化主要是由 Cd^{2+} 的加入引起的。由图 5-13(a)可知,当 Cd^{2+} 浓度较低(0.5～1 mg・L^{-1})时,CAT 活性未发生显著性变化;当 Cd^{2+} 浓度达到 10 mg・L^{-1} 时,CAT 活性显著下降,与对照组相比,酶活性降低了 54.8%。这表明 Cd^{2+} 诱导细胞产生了大量的 H_2O_2,因此消耗了大量的 CAT。由图 5-13(c)可知,随 Cd^{2+} 浓度的升高,SOD 活性呈先降后增的趋势,推测可能是因为此过程中由 Cd^{2+} 诱导产生的 $O_2^{-}\cdot$ 对 SOD 的影响存在诱导和伤害两个方面,较高浓度的 $O_2^{-}\cdot$ 能够诱导 SOD 酶基因的表达,从而使 SOD 活性增强,而 SOD 活性的增强又加速了其清除 H_2O_2 的速率,在此过程中自身的活性也极大地消耗。本实验中,10 mg・L^{-1} Cd^{2+} 作用下,SOD 活性显著增加,表明 10 mg・L^{-1} Cd^{2+} 对 SOD 酶基因的诱导大于对其损伤。

图 5-13(b)和图 5-13(d)是菌体 SOD 和 CAT 随培养时间变化的趋势。从图中可以看出,低浓度组在暴露早期 SOD 活性下降,可能是因为在低浓度下,短期暴露尚未对酶活性产生诱导,却对酶蛋白产生了破坏或消耗;本实验中,暴露早期 CAT 活性表现出诱导现象,随着暴露时间的延长,CAT 活性下降,在高浓度组已经出现抑制效应。根据这一结果及前人的研究,可总结出在污染情况下,抗氧化酶活性可能诱导升高,也可能受到抑制,这也说明污染物对微生物抗氧化酶活性的影响模式比较复杂,还需要进一步深入研究。但无论其活性是增加还是下降,均表示机体内活性氧大量增加,并已扰乱机体抗氧化防御系统的正常功能,而抗氧化酶活

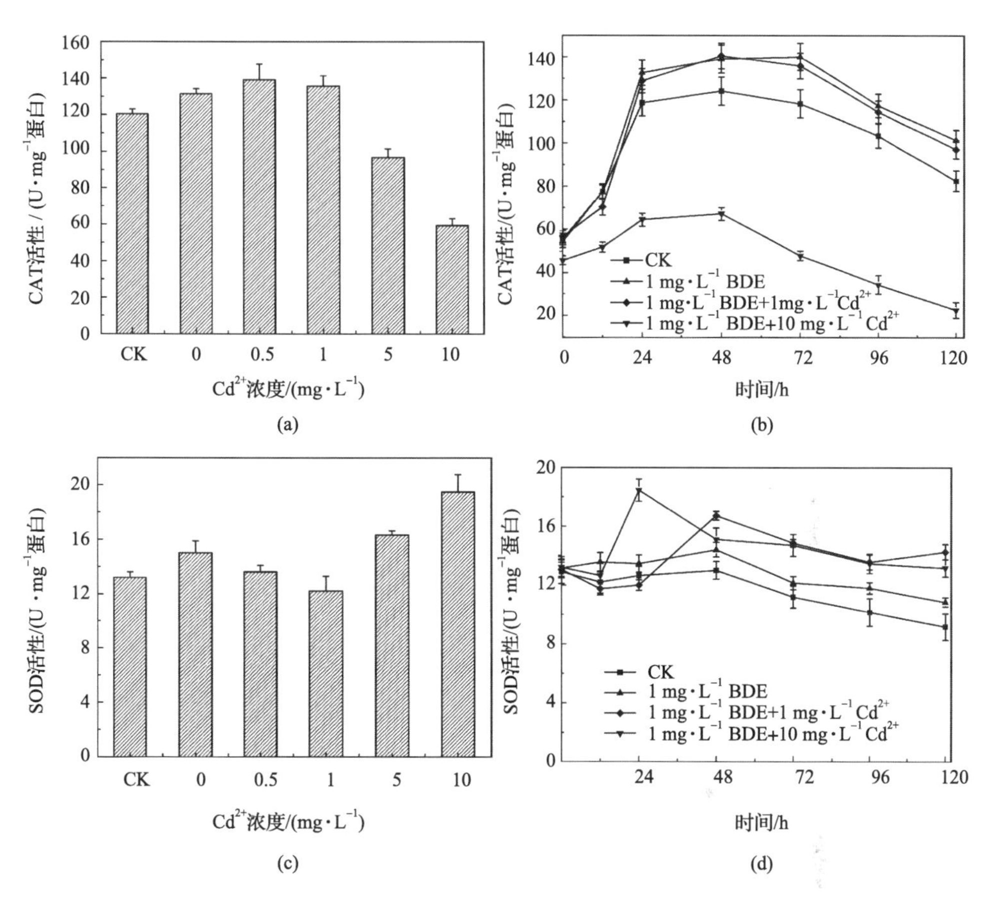

图 5-13　Cd^{2+} 对 *P. aeruginosa* 过氧化氢酶和超氧化物歧化酶活性的影响

(a) 过氧化氢酶剂量效应；(b) 过氧化氢酶时间效应；(c) 超氧化物歧化酶剂量效应；(d) 超氧化物歧化酶时间效应

性下降则提示可能已经受到较严重或较长时间的污染。进一步分析可知，CAT 与 SOD 的活性变化没有同步性。Stephensen 等(2000)在沙丁鱼(*S. pimanda*)上观察到 SOD 和 CAT 的影响模式不完全相同，因为 $O_2^-\cdot$ 的歧化反应并不是 H_2O_2 的唯一来源，H_2O_2 还可从氨基酸或细胞色素 P450 氧化酶激活产生。

综合以上实验结果可知，虽然 Cd^{2+} 对两种抗氧化酶活性的影响存在差异，但高浓度的 Cd^{2+} 从整体水平上降低了菌体细胞的抗氧化能力，导致细胞的总抗氧化能力降低。这说明暴露在 Cd^{2+} 中的细胞，一方面受到来自 Cd^{2+} 的氧化损伤，另一方面细胞凭借胞内的抗氧化酶系统清除由 Cd^{2+} 所造成的氧化损伤过程中产生的各种自由基。而自由基与抗氧化酶系统的作用也存在诱导和伤害两个方面。因此，细胞在“损伤-抗氧化”这种对抗中生长。当细胞的抗氧化能力降低到一定的程度时，细胞表现出毒害的症状，最终影响菌体对 BDE-209 的降解作用。

(3) Cd^{2+}对 *P. aeruginosa* ATPase 活性的影响。

ATPase 是广泛分布在生物膜系统中参与离子跨膜转运的重要的酶，其均为镶嵌在膜脂质双分子层中的特殊蛋白，具有酶和载体的特性。ATPase 最主要的作用就是调节细胞渗透压，为菌体细胞对营养物质的吸收提供动力。除此以外，ATPase 还参与细胞能量代谢，同时影响细胞的分泌和繁殖。有文献报道有毒物质、自由基、运动、缺氧等因素均可降低 ATPase 的活性。因此，可将 ATP 酶活性作为微生物生长代谢的一个指标来考察其在重金属离子存在时对目标化合物的降解能力。

从图 5-14(a)可知，1 mg · L^{-1} BDE-209 的加入对菌体 ATRase 活性无显著性影响。这表明 ATPase 对 BDE-209 的胁迫不敏感。当菌体细胞在低浓度 Cd^{2+} (≤1 mg · L^{-1})降解体系中时，其 ATPase 活性无显著性变化，而高浓度 Cd^{2+}对菌体细胞 ATPase 活性产生明显的抑制作用。5 mg · L^{-1}、10 mg · L^{-1} Cd^{2+}体系中 ATPase 活性分别下降了 28.2%和 59.8%。这一结果表明高浓度的 Cd^{2+}对菌体的代谢能力产生明显的抑制作用，这也是导致菌体对 BDE-209 降解能力下降的直接原因。图 5-14(b)考察不同时间段 Cd^{2+}对菌体 ATPase 活性的影响。由图可知，培养的前 12 h，由于营养物质的存在，菌体能较好地生长，ATPase 有一个较为显著的提高。随着培养时间的延长，营养物质耗尽，菌体 ATPase 活性呈缓慢下降的趋势。不同的是，高浓度 Cd^{2+}存在时菌体 ATPase 活性呈现先平稳后下降的趋势，推测可能是因为此过程中，尽管 Cd^{2+}对菌体的损伤使得菌体 ATPase 活性降低，但是营养物质的加入在一定程度上增强了菌体细胞的代谢能力，因此二者之间对菌体 ATPase 的影响保持相对的平衡。从图中可以看出，这一过程持续的时间较长(大约 48 h)，说明高浓度的 Cd^{2+}存在时，菌体对营养物质的摄取过程变得缓

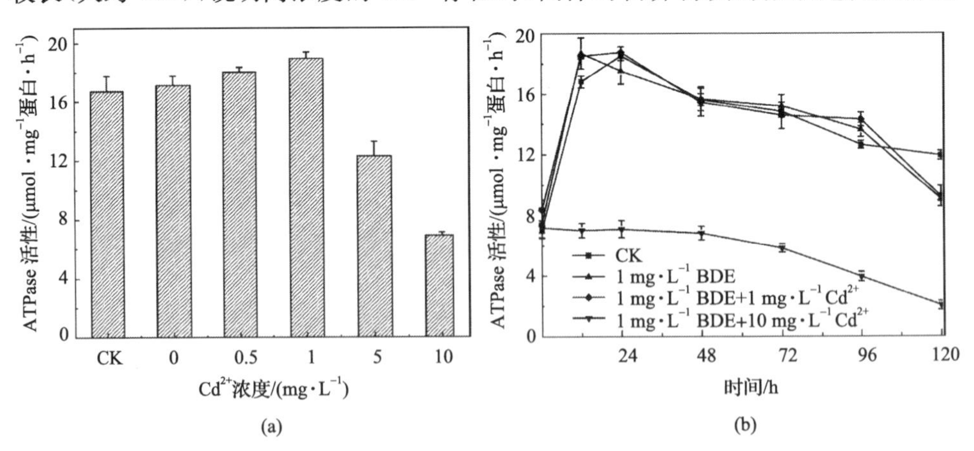

图 5-14　Cd^{2+}对 *P. aeruginosa* ATPase 活性的影响

(a) 剂量效应；(b) 时间效应

慢。另外，此时的 ATPase 活性始终保持在一个较低的数值。这表明，总体上高浓度 Cd^{2+} 对菌体的危害是较大的。

5.2.7　菌体微观形态观察

1. 菌体表面超微结构 SEM 观察结果

图 5-15 是在不同处理条件下，*P. aeruginosa* 降解/转化 BDE-209/Cd^{2+} 后观

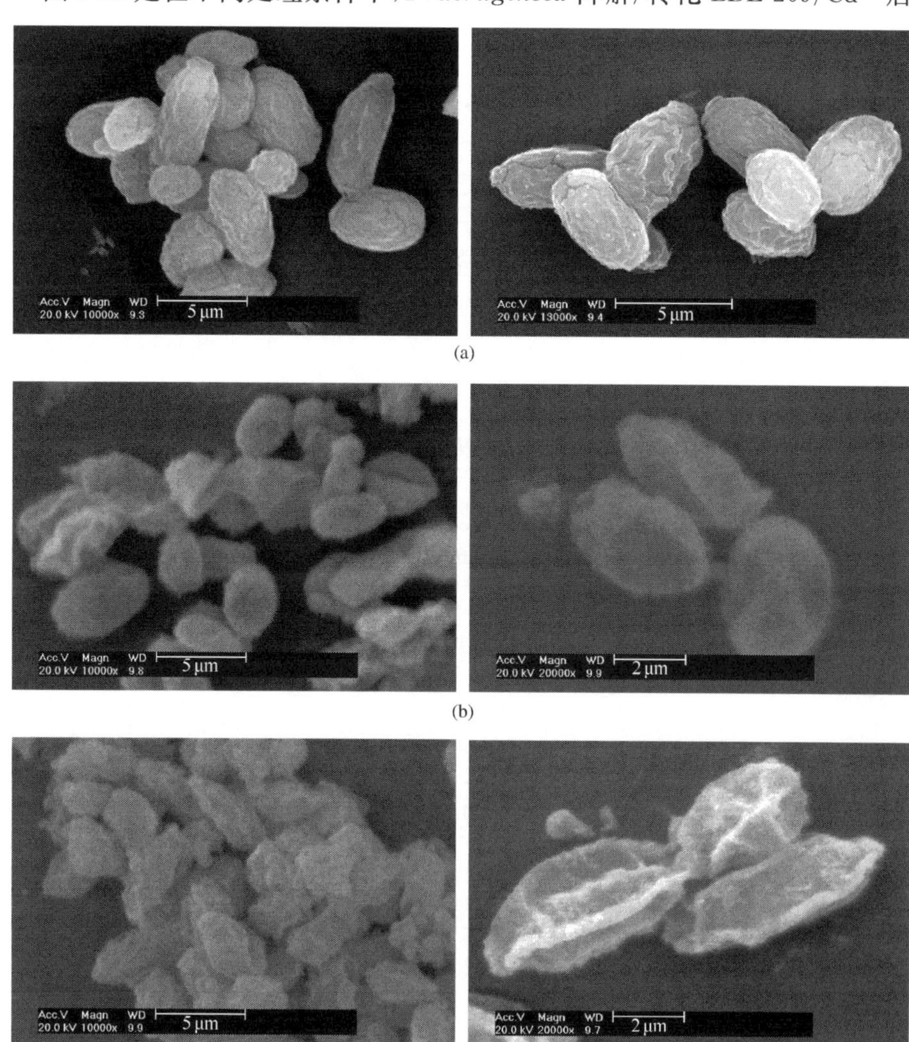

图 5-15　不同处理条件下菌体 SEM 分析

(a) 对照菌体；(b) 经过 1 mg · L^{-1}BDE-209+1 mg · $L^{-1}$$Cd^{2+}$ 5 d 处理后的菌体；(c) 经过 1 mg · L^{-1}BDE-209+10 mg · $L^{-1}$$Cd^{2+}$ 5 d 处理后的菌体

察到的 SEM 图。由图可知,对照菌体呈现球杆状,细胞饱满,表面有一些褶皱,这一特点使菌体具有较大的比表面积,有利于其对污染物的吸附。在处理污染物 5 d 后,菌体出现不同程度的内陷,并随着 Cd^{2+} 浓度的增大,内陷细胞数量增多,内陷程度增大。例如,10 mg · L^{-1} Cd^{2+} 存在下菌体降解 BDE-209 5 d 后,绝大部分菌体细胞都出现了较为严重的内陷现象,相比之下 1 mg · L^{-1} Cd^{2+} 存在下菌体内陷的数量和程度都小很多。主要原因是菌体在高浓度 Cd^{2+} 存在时,由于污染物对菌体的毒害作用,菌体破裂,胞内物质流出,使得菌体变得干瘪。这一结论与菌体通透性实验及污染物在细胞内外的分布实验结果相互印证,即降解后期高浓度 Cd^{2+} 存在下菌体出现"孔洞",胞内物质流出使得菌体通透性快速增大,胞外 BDE-209 浓度上升。

另外,菌体在降解 BDE-209 的过程中表面有大量颗粒物附着,尤其是对于不添加 Cd^{2+} 和添加低浓度 Cd^{2+} (1 mg · L^{-1})的体系表现得更为明显。与菌体处理 BDE-209 单一污染物相似,这主要是微生物在生长过程中把对污染物具有良好吸附性能的多糖、脂多糖和蛋白质释放到细胞外造成的(详见本书 4.4.1 小节)。高浓度 Cd^{2+} 对菌体细胞有较大的毒害作用,影响其生长代谢,因此分泌出的物质也相对较少。

2. 菌体内部超微结构透射电子显微镜(TEM)观察结果

图 5-16 是不同处理条件下,*P. aeruginosa* 降解 BDE-209 后观察到的 TEM 图。由图可知,大部分菌体呈现球杆状,污染体系中菌体未发生变型,与 SEM 结果吻合。处理高浓度 Cd^{2+} 的体系中发现了大量细胞壁的空壳结构,证明该菌体已裂解,细胞质和原核完全外流。细胞质膜通透性实验指出,高浓度 Cd^{2+} 存在时,降解后期菌体细胞质膜通透性迅速增加,TEM 实验证明这主要是菌体破裂造成的,因此对 BDE-209 的降解产生了抑制作用。

5.2.8 Cd^{2+} 对 BDE-209 降解产物的影响

1. Cd^{2+} 对低溴产物产生量的影响

通过考察 Cd^{2+} 对菌体降解 BDE-209 的中间产物的影响来进一步研究其对菌体降解的影响机理。图 5-17 表示 Cd^{2+} (1 mg · L^{-1}、10 mg · L^{-1})对几种降解产物产生量随时间的变化曲线。由图可知,Cd^{2+} 的加入并未改变降解产物的种类,只是对其产生量和产生时间有一定影响。1 mg · L^{-1} Cd^{2+} 存在下菌体降解 BDE-209 的产物随时间的变化趋势几乎与未添加 Cd^{2+} 的体系相同,只是七溴联苯醚(BDE-183)在第 3 天就有检出。当体系中存在 10 mg · L^{-1} Cd^{2+} 时,几乎所有的降解产物的产生都有延迟的现象,这主要是因为高浓度 Cd^{2+} 对菌体代谢能力有较强的抑

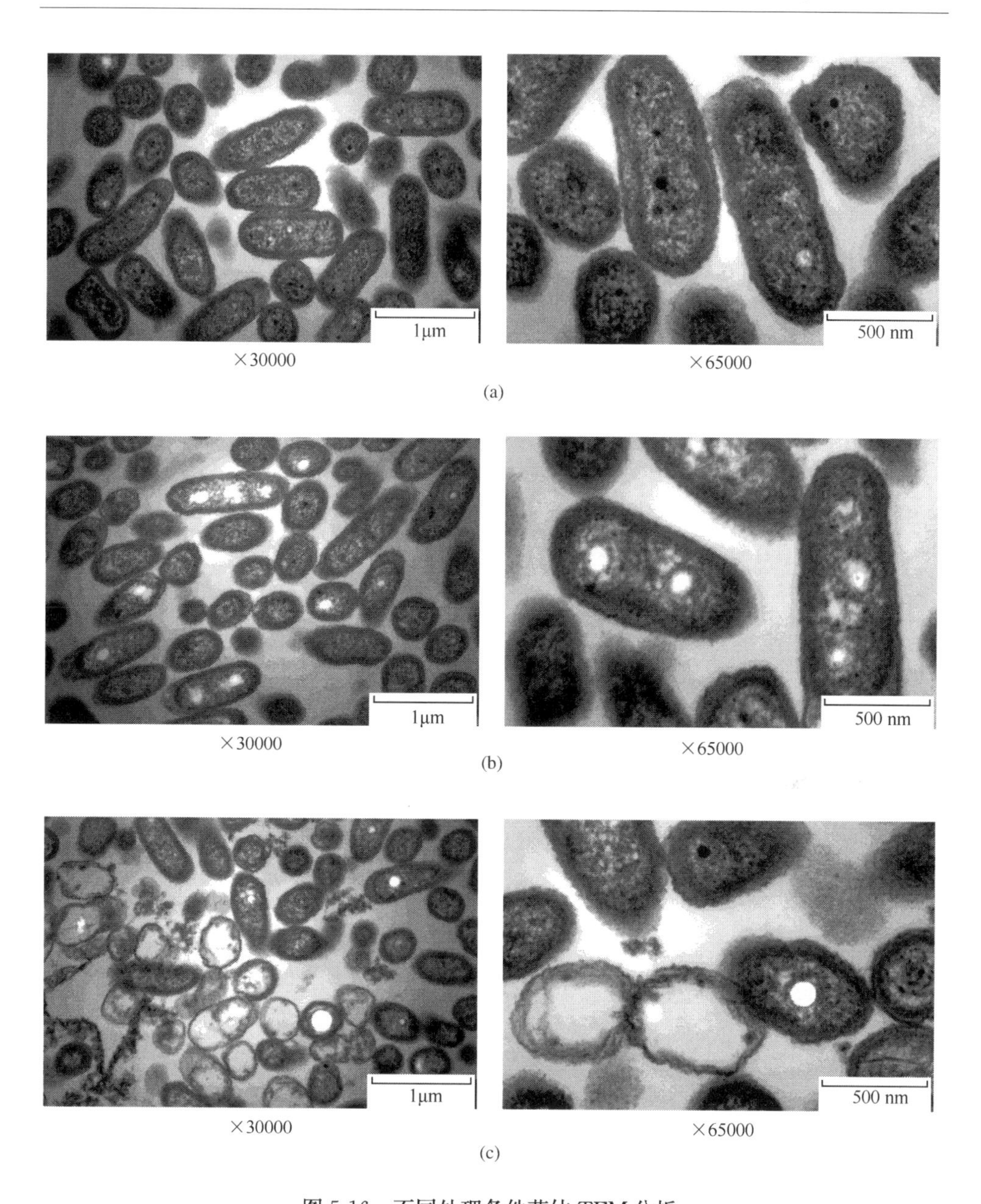

图 5-16 不同处理条件菌体 TEM 分析

(a) 培养 5 d 的对照菌体;(b) 处理 1 mg · L^{-1}BDE-209+1 mg · $L^{-1}$$Cd^{2+}$ 5 d 后的菌体;
(c) 处理 1 mg · L^{-1}BDE-209+10 mg · $L^{-1}$$Cd^{2+}$ 5 d 后的菌体

制作用,导致菌体对 BDE-209 的降解速率减缓。以上实验结果说明,Cd^{2+} 对菌体降解 BDE-209 的影响并不是通过改变其功能酶的种类来实现,而主要通过改变菌体自身性质和活性来实现。

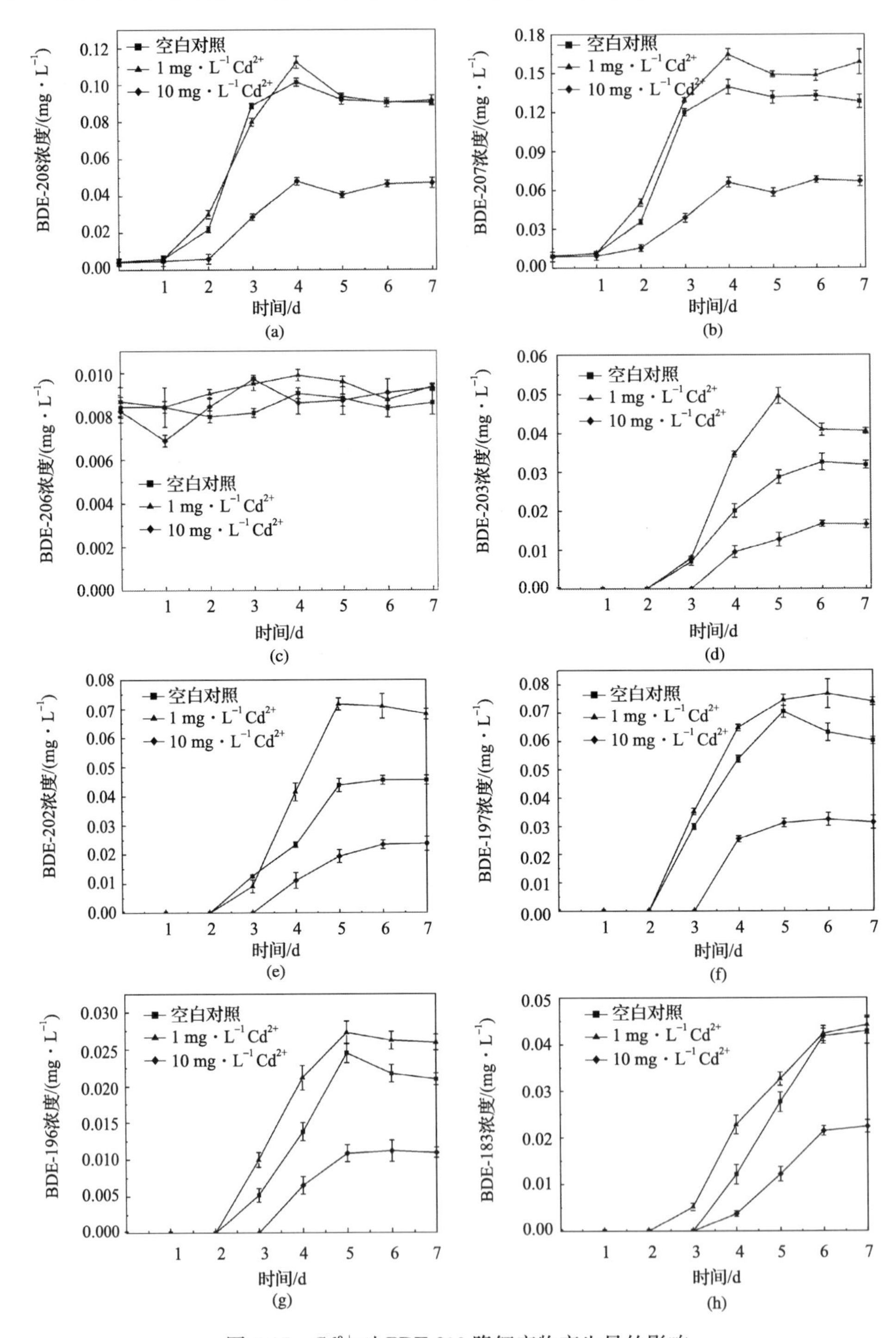

图 5-17　Cd^{2+} 对 BDE-209 降解产物产生量的影响

2. Cd^{2+}对降解过程中Br^-产生量的影响

Cd^{2+}的加入对菌体降解BDE-209产生的低溴产物的量有一定影响，由于形成的低溴代联苯醚产物是由BDE-209脱溴得到的，推测Cd^{2+}对降解过程中Br^-的产生量同样有影响。本实验考察了Cd^{2+}（1 mg · L^{-1}、10 mg · L^{-1}）对降解过程中Br^-产生量的影响，结果如图5-18所示。从图中可以看出，Cd^{2+}对降解过程中Br^-的生成量的影响与其对降解BDE-209量的影响具有一致性，即低浓度Cd^{2+}存在下Br^-产生量要高于未添加Cd^{2+}的降解体系，而高浓度Cd^{2+}对Br^-的产生具有抑制作用。

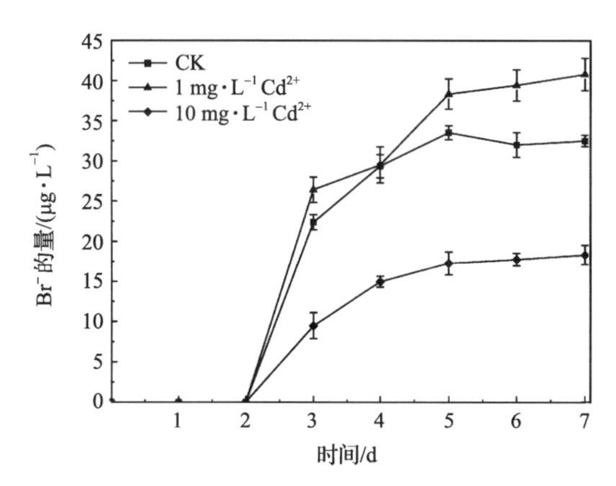

图5-18　Cd^{2+}对BDE-209降解产物Br^-的影响

3. 降解途径

Cd^{2+}对菌体降解BDE-209的影响并不是通过改变其功能酶的种类来实现的，而是主要通过改变菌体自身性质和活性来实现的，因此BDE-209降解途径并未发生改变，仍然如图4-22所示。

5.3　嗜麦芽窄食单胞菌对苯并[α]芘/铜复合污染的修复

5.3.1　研究现状

PAHs是最早被发现和研究的环境致癌物，在电子垃圾拆解区环境中普遍存在，是一类持久性有机污染物。BaP是致癌性最强的高相对分子质量多环芳烃之一，由于其生成量大、分布广泛、生物毒性大、稳定性强，且具有极强的“三致”效应，被作为环境多环芳烃污染的指示物，已成为国内外环境监测的重要指标之一。根据相关报道，在电子垃圾拆解区大气、土壤和水体等环境中均检测到BaP存在，其污染的强度同电子产品的手工拆解相关。Cu 是水环境中常见的、广泛存在的重金属污染物之一，在水体中 Cu 可以以多种形态存在。其中，Cu^{2+} 被普遍认为是铜对水生生物致毒的主要形式。当其在生物体内积累到一定数量后，就会使生物体出现受害症状，表现为生理受阻、发育停滞，甚至死亡，最后整个水生生态系统结构、功能受损、崩溃。BaP 和重金属都是环境中的持久性污染物，是水体和土壤中最常见的复合污染种类之一，在复合污染中具有典型的代表性，往往同时或先后进入环境中。现阶段，环境中 PAHs 和重金属复合污染的研究已经引起了国内外学者的高度关注，对其在环境中的生物毒性、污染分布、联合效应、风险评估等已经有了相关的研究进展，但是仍存在着较多尚未解决的问题。很多 PAHs/重金属复合污染研究的结果带有推测性，得出的结论也不尽一致。

5.3.2 材料

笔者课题组从受电子垃圾污染的汕头贵屿镇沉积物中分离得到 1 株能有效降解 BaP 且能有效吸附重金属 Cu 的菌株，经生理生化试验、镜检和 16s rRNA 测序鉴定为嗜麦芽窄食单胞菌(*Stenotrophomonas maltophilia*)。

5.3.3 污染物对菌体生长的影响

1. 菌体生长最佳培养条件

菌体的生长与 pH、培养温度、培养介质、碳源等培养条件有关，以上 4 种培养条件对 *S. maltophilia* 生长的影响如图 5-19 所示。

适宜的 pH 环境是 *S. maltophilia* 生长代谢所必需的，从图 5-19(a)可以看出，*S. maltophilia* 适应能力强，具有较广的适宜 pH 范围。当初始 pH 为 5～9 时，菌体生长平稳，pH 6～7 最有利于 *S. maltophilia* 生长；当 pH 降到 3～4 时，明显抑制了 *S. maltophilia* 的生长，强碱性同样不利于菌体繁殖，但抑制作用较弱，而 pH 增加到 10 时，*S. maltophilia* 的生物量减少。这主要是因为培养体系 pH 的改变将影响其中营养物质的存在形态和溶解性，还会改变菌体细胞膜表面的电位差。*S. maltophilia* 对营养物质的摄取主要通过细胞表面的蛋白通道运输，或胞外酶液分解后再吸收。H^+ 浓度的高低直接影响菌体表面蛋白的构象、性质和生物学活性。低 pH 会破坏菌体表面蛋白和胞外酶的活性，从而阻碍了菌体摄取营养物，抑制其生长繁殖。

微生物的生命活动同生长温度密切相关。适宜的培养温度可以促进细菌大量繁殖，加快生长速率，同时激活菌体的酶系，加速物质的代谢循环。图 5-19(b)反映了 *S. maltophilia* 对温度变化具有良好的适应性，温度从 20℃上升到 30℃，菌体生长受温度变化的影响不大，30℃是其最适生长繁殖温度。当温度上升到 35℃

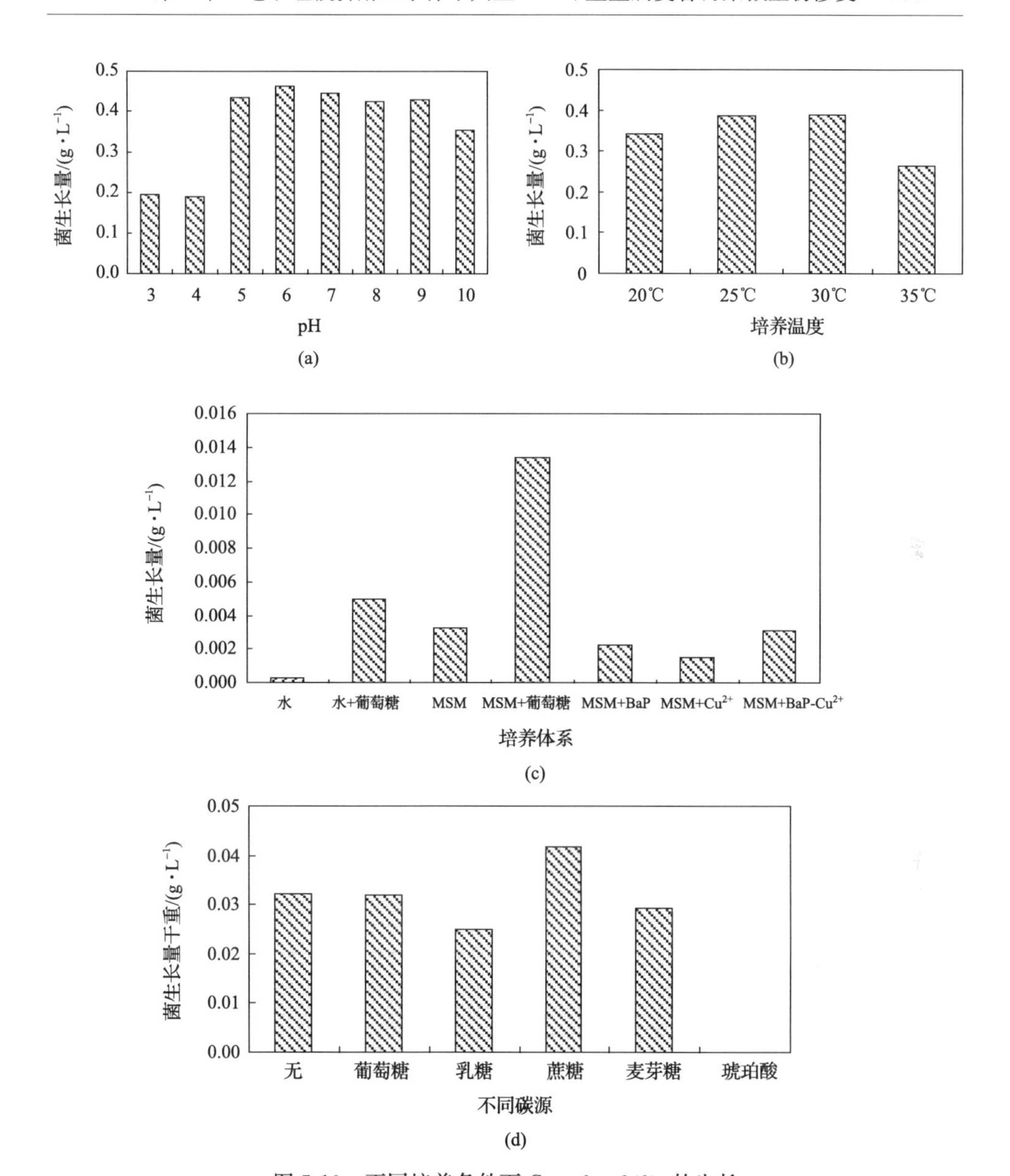

图 5-19　不同培养条件下 *S. maltophilia* 的生长

(a) pH 的影响;(b) 培养温度的影响;(c) 培养体系的影响;(d) 不同碳源的影响;菌的质量计算用干重

时,*S. maltophilia* 的生长受到抑制,体系生物量减少。温度是决定微生物体内各种酶活性的关键因素,同时温度还会影响溶液中营养物质的溶解度和细胞膜的流动性,而这些都与 *S. maltophilia* 对营养物质的代谢运输相关。

为了考察外加营养盐和碳源对 *S. maltophilia* 生长的影响,以及 *S. maltophilia* 是否能够利用 BaP 作为碳源促进生长,笔者课题组实验设计在双蒸馏水和 MSM

介质中,以葡萄糖、BaP 作为外加碳源,分别考察 *S. maltophilia* 的生长情况,实验结果如图 5-19(c)所示。在 MSM 中,以葡萄糖作为碳源可以促进 *S. maltophilia* 快速生长,其生物量显著高于其他培养体系。在不含任何无机盐等营养物质的双蒸馏水体系中加入葡萄糖作为碳源,比不含碳源的 MSM 和以 BaP 作为碳源的 MSM,更有利于 *S. maltophilia* 生长。从结果来看,污染物的加入确实会抑制菌体繁殖,但是对比 MSM+BaP、MSM+Cu^{2+} 和 MSM+BaP-Cu^{2+} 3 个培养体系中生物量,可以发现,*S. maltophilia* 仍然可以利用 BaP 作为碳源或能源,维持生长繁殖。特别是当体系中同时存在 BaP 和 Cu^{2+} 时,*S. maltophilia* 的生物量略高于只有单一 BaP 或单一 Cu^{2+} 的培养体系,这是因为 Cu^{2+} 的存在刺激 *S. maltophilia* 分泌可以利用 BaP 的酶,既降低了 BaP 对菌体的毒性,又促进菌体降解 BaP 获取能量维持生长。图 5-19(c)还表明,在没有任何营养物质的双蒸水体系中,*S. maltophilia* 几乎不进行生长繁殖。

碳源是微生物生长必不可少的一类营养物质,提供细胞生命活动所需的能量,为细胞正常生长、分裂提供物质基础。笔者课题组实验选取几种常见的糖类和简单有机酸作为外加碳源,在营养培养基中考察 *S. maltophilia* 的生长情况。图 5-19(d)表明,并非所有的外加碳源都有利于 *S. maltophilia* 生长。葡萄糖和麦芽糖作为外加碳源对菌体生长影响不明显,蔗糖能显著促进 *S. maltophilia* 繁殖,培养体系中生物量明显高于对照实验组。*S. maltophilia* 利用乳糖时,一般要在乳糖酶作用下将其分解成葡萄糖和半乳糖,并形成有机酸。这样就使溶液 pH 下降,导致培养体系中部分营养物质的性质发生改变,从而影响其被 *S. maltophilia* 吸收利用。而琥珀酸作为外加碳源,会使培养基变成偏酸性,完全不适合 *S. maltophilia* 生长。

2. 不同污染物体系下菌体的生长

分别在营养培养基、添加了 BaP 和 BaP-Cu^{2+} 复合污染物的营养培养基中,考察 *S. maltophilia* 的生长周期。根据实验结果绘制 *S. maltophilia* 的生长曲线,如图 5-20 所示。不管培养体系中是否含有污染物,*S. maltophilia* 经过短暂迟缓期之后快速进入对数生长期,并于 30 h 左右进入稳定期。可见其对新环境的适应性较强,生命力旺盛,被接种到新的培养体系能快速地开始繁殖生长。在营养培养基中,经过较长时间的稳定期之后,*S. maltophilia* 细胞密度于第 72 h 开始明显降低,进入衰亡期。然而,当培养液中存在 BaP 或同时含有 BaP 和 Cu^{2+} 时,*S. maltophilia* 出现了二次生长,菌体细胞在 48 h 之后继续缓慢增多。这主要是因为稳定期的菌体,虽然细胞增殖率和死亡率达到平衡,细胞总数不会增加,但如果此时去除体系中阻碍菌体生长的代谢产物或补充一定的营养物质,依然可以使菌体恢复生长。这时,当体系中含有污染物(包括 BaP 单一污染物和 BaP-Cu^{2+} 复合污染物),BaP

降解过程会产生一些能被菌体利用并促进其生长的中间物质，这样，菌体在稳定期可以利用这些物质促进自身的二次生长。此外，Cu^{2+} 的存在将诱导 *S. maltophilia* 分泌某些酶，从而能够降解不利于菌体生长的菌代谢物，创造有利于菌体再生长的环境。由于处于对数生长期的菌体各方面特性稳定，细胞代谢活力强，因此在之后的研究中，选取活化培养 24 h 的 *S. maltophilia* 作为实验菌进行性能考察。

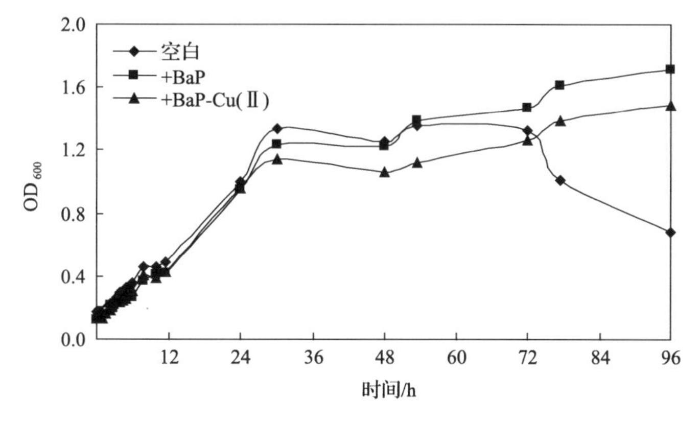

图 5-20　不同污染物体系中菌体的生长曲线

5.3.4　*S. maltophilia* 对 Cu 和 BaP 的吸附/降解作用

微生物降解、吸附 BaP 和 Cu^{2+} 是一个复杂的物理化学过程，微生物分解 BaP，生成各种新的小分子代谢中间产物，这些代谢中间产物反映了微生物所处的环境污染情况，同微生物的活性、污染物的作用以及其他外界的环境因素密切相关。Cu^{2+} 的微生物吸附转化，与菌体细胞相互作用，刺激细胞分泌酶液，势必会对 BaP 的微生物降解产生影响。图 5-21(a)是 *S. maltophilia* 在 1 d、2 d、3 d、4 d、5 d 和 6 d 对不同浓度 BaP 的降解情况。随着时间的延长，*S. maltophilia* 对 BaP 的去除总体呈上升趋势。降解 1 天后，去除率快速增长，第 5 天分别达到 34.36%(0.1 mg · L^{-1})和 53.56%(1 mg · L^{-1})，之后趋于平稳。在没有外加碳源和能源的 MSM 体系中，*S. maltophilia* 利用 BaP 促进生长，同时将 BaP 分解。由于每一种微生物体内都有一套适应外界环境变化的自我调节机制，当环境中污染物浓度增大，微生物能更敏感地做出反应，体内的改变就越复杂，其自稳机制对环境效应的调节就更明显，使菌体可以更快地适应并生存。另外，如果体系中 BaP 浓度较低，菌体与 BaP 接触的量及 BaP 的传质都会降低，这在一定程度上会阻碍 BaP 的微生物降解，同时，这也是持久性污染物在环境中长期积聚的原因之一。因此，相比低浓度的 BaP，*S. maltophilia* 对 1 mg · L^{-1} BaP 的降解量更大。

当体系中存在 2 mg · L^{-1} 和 10 mg · L^{-1} 的 Cu^{2+}，*S. maltophilia* 对 BaP 的去除率在第 2 天就达到了峰值，为 41%～44%。从实验中还得出，2 mg · L^{-1} 和 10 mg · L^{-1}

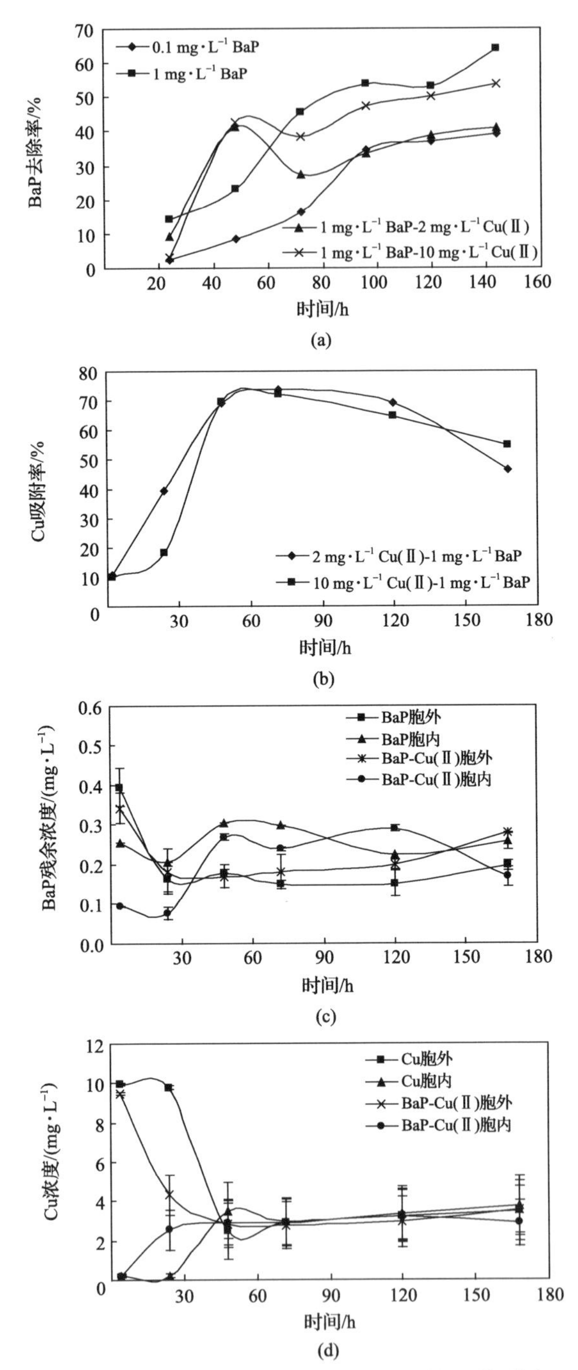

图 5-21　*S. maltophilia* 对 BaP 和 Cu 的吸附、降解

(a) BaP 降解随时间的变化；(b) Cu 吸附随时间的变化；(c) 体系中 BaP 的浓度随时间的变化；(d) 体系中 Cu 的浓度随时间的变化

的 Cu^{2+} 2 d 内对菌降解 BaP 有一定的促进作用，并在第 2 天 *S. maltophilia* 对 Cu^{2+} 的吸附率达到了 70%[图 5-21(b)]。但是随着时间延长，吸附的 Cu^{2+} 占据了菌体细胞表面的有效位点，使微生物对 BaP 的接触减少，在一定程度抑制 BaP 的降解。之后随着 Cu^{2+} 的脱附，菌体表面释放更多的空间，促使 *S. maltophilia* 又开始降解 BaP。从图 5-21 可以看出，3 d 后菌对 Cu^{2+} 的吸附率逐渐降低，而对 BaP 的去除率缓慢上升。

为了进一步验证细菌与污染物作用之后，污染物在细胞内外的迁移情况，将体系离心，取上清液分别测定 BaP 和 Cu^{2+} 含量，另外菌体利用超声破碎仪进行破壁，测定细胞内 BaP 和 Cu^{2+} 的浓度。实验结果如图 5-21(c)、图 5-21(d)所示。从实验中发现，随着时间延长，样品体系中，微生物细胞内外 BaP 和 Cu^{2+} 的浓度都发生了不同程度的变化。4 h 之后，不管单一还是复合污染体系，细胞外溶液中 BaP 的浓度快速下降，到 1 d 之后，保持稳定。同时，菌体细胞内 BaP 含量从第 1 d 开始缓慢增加。复合污染体系中，Cu^{2+} 与菌体质膜上的基团相互作用，形成“孔洞”，增大细胞膜通透性，使得污染物更容易进入细胞内，到了第 5 d，胞内 BaP 浓度为 0.28 $mg \cdot g^{-1}$。之后，由于胞内酶的作用，BaP 逐渐被降解，到第 7 d 浓度降低为 0.17 $mg \cdot g^{-1}$ [图 5-21(c)]。不同污染体系中，Cu^{2+} 在细胞内外的迁移具有一定的规律性。从图 5-21(d) 可以发现，当体系中存在 BaP 和 Cu^{2+} 复合污染时，从 4 h 开始，细胞外溶液中 Cu^{2+} 的浓度快速减少，同时 *S. maltophilia* 细胞内 Cu^{2+} 的含量持续增加，到了第 2 d 细胞内外 Cu^{2+} 浓度维持平衡并保持稳定。而单一 Cu^{2+} 污染存在时，1 d 之后，细胞内外 Cu^{2+} 浓度变化也呈现类似的规律。最终，菌体细胞内外 Cu^{2+} 浓度维持在 2.99～3.50 $mg \cdot g^{-1}$。

5.3.5　污染物对 *S. maltophilia* 细胞特性的影响

1. 细胞表面疏水性

污染物与细菌表面相接触是细菌代谢污染物的第一步，当 *S. maltophilia* 降解/吸附 BaP 和 Cu^{2+} 时，细胞与污染物接触，表面疏水性发生一定程度的变化。为了更好地掌握菌体与污染物之间界面的相互作用，本实验考察了不同污染物体系中菌体 CSH 的变化，如图 5-22 所示。实验结果表明，从 4 h 到 72 h，不同污染体系中菌体的 CSH 变化不明显，均维持在 83.3%～95.6%，之后随着时间的推移，*S. maltophilia* 的 CSH 逐渐降低。这是因为对照体系中的细菌由于缺少碳源等营养物质而逐渐死亡，使得菌体活性降低，总体 CSH 在第 120 h 降到 32.6%。而在含有污染物的体系中，细菌与污染物相互作用，细胞表面的各种基团发生了改变，疏水性有机污染物占据菌体细胞表面的疏水区，与憎水基团结合，同时，Cu^{2+} 与细胞表面的活性蛋白发生络合反应，改变了细胞的表面电荷和膜电位，使得细胞表面内外侧的一些亲水基团与憎水基团相互转化，降低了细胞的疏水性。图 5-22 实验结果显示，随着菌体和污染物作用时间延长，*S. maltophilia* 细胞的 CSH 均不同程度地降低。单一 BaP 对菌体的 CSH 影响更明显，到第 120 h，*S. maltophilia* 细胞的 CSH 减少 61.39%。

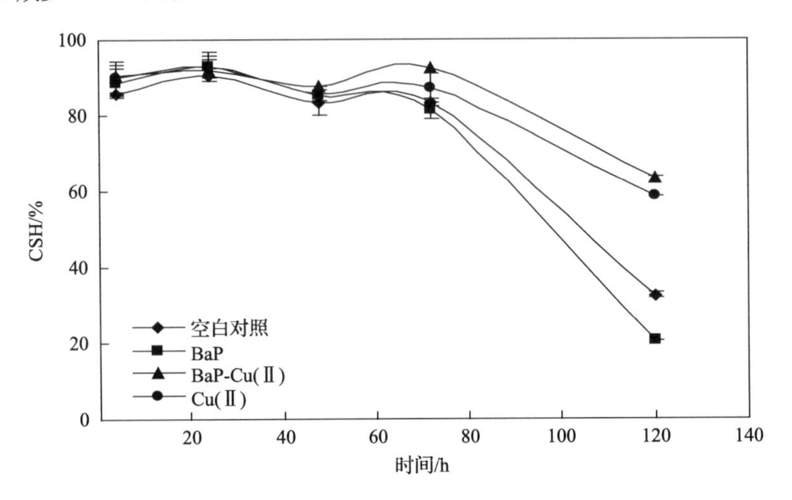

图 5-22　不同污染物对 *S. maltophilia* CSH 的影响

细菌细胞表面物质成分及结构相当复杂，一般含有带电荷基团的亲水位点和一些脂类、蛋白质及脂多糖等疏水位点，其中许多膜蛋白本身就是具有催化活性的酶蛋白，在细胞代谢以及降解/吸附 BaP 和 Cu^{2+} 过程中起到重要的作用（Ye et al.，2011）。*S. maltophilia* 降解 BaP 时，菌体细胞表面的疏水基团使得细菌之间相互聚拢成小颗粒，并且与疏水性的有机污染物 BaP 相结合，而 Cu^{2+} 的存在将改变菌体某些酶蛋白的结构，激发其催化活性。最后，*S. maltophilia* 通过吸附、转化及界面运输将污染物运送到细胞体内进行代谢（Ye et al.，2010）。

2. 质膜通透性的影响

菌体处理污染物时，污染物会被吸引到菌体表面，穿透 *S. maltophilia* 细胞表层的荚膜到达细胞膜并同磷脂双分子层相互作用。污染物对细胞膜的作用决定了菌体对污染物的综合作用。因此可以推测，*S. maltophilia* 与污染物作用，会对菌体细胞质膜通透性产生影响。

细菌在受到乳糖诱导后会产生 β-半乳糖苷酶，该酶是位于细胞膜上的水解酶，能将乳糖水解成半乳糖和葡萄糖。本实验选择 ONPG 诱导菌体细胞，其同样可以被 β-半乳糖苷酶水解，并生成半乳糖和黄色的邻-硝基苯酚。当细胞膜结构遭到破坏，通透性发生改变时，就会使 β-半乳糖苷酶释放到体系中，或者 ONPG 进入细胞内。这将使反应体系 OD 值快速升高，因此，可利用 β-半乳糖苷酶对 ONPG

的水解检测污染物对细菌细胞膜通透性的影响。

从图 5-23(a)和图 5-23(b)可以看出,污染物可以改变 *S. maltophilia* 细胞膜的通透性,并且不同污染物及污染物浓度不同,对菌体细胞膜的作用也不一样。在反应的前 10 h 内,污染物还没有对微生物产生明显作用,此时 ONPG 进入正常菌体细胞质内需要乳糖透性酶的运输,因此 β-半乳糖苷酶的活性变化较慢。到了第 24 h,污染物使细胞膜的结构发生变化,通透性增大,ONPG 迅速进入细胞内,反应体系 OD 值升高。从实验中发现,Cu^{2+} 对菌体细胞膜作用更明显。当只有 Cu^{2+} $(10\,mg \cdot L^{-1})$ 单一污染,或者 BaP 浓度很低 $(0.1\,mg \cdot L^{-1})$ 但 Cu^{2+} 浓度较高 $(10\,mg \cdot L^{-1})$ 时,体系的 OD_{405} 在 24 h 之后持续上升,到第 48 h,比对照样品分别增加了 0.167 和 0.236。当体系中 BaP 浓度为 $1\,mg \cdot L^{-1}$,Cu^{2+} 浓度为 $5\,mg \cdot L^{-1}$ 或 $10\,mg \cdot L^{-1}$ 时,反应体系 OD_{405} 值分别在 48 h 和 34 h 快速达到最大,之后保持稳定。如果体系中只有 BaP 单一污染,膜通透性提高(与空白对照相比,OD 值增

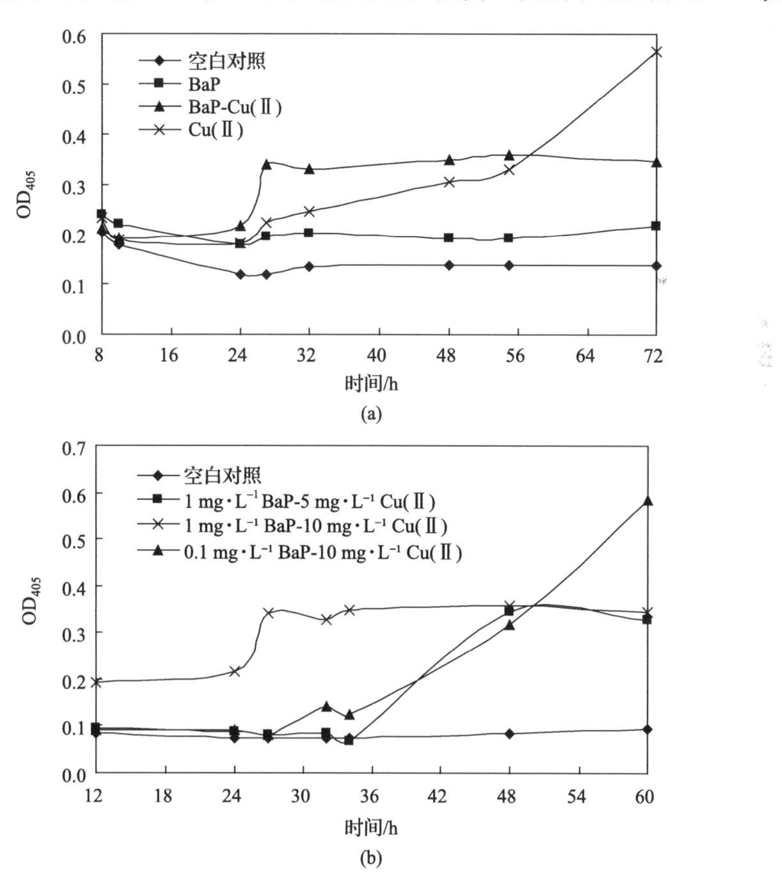

图 5-23　复合污染物对 *S. maltophilia* 细胞质膜通透性的影响

(a) 四种污染体系;(b) 不同浓度污染物;OD_{405} 为吸光度(405 nm)

大),但是不会随着时间延长而增加。由此可推测,BaP 和 Cu^{2+} 对菌体细胞膜通透性影响的机制不同。BaP 和 Cu^{2+} 复合污染,共同作用于细胞膜,特别是当 BaP 浓度较大,为 1 mg · L^{-1}时,其作用机制是“形成孔洞”,细胞膜的通透性在瞬间达到最大。而 Cu^{2+} 起主要作用的时候,污染物对质膜通透性的改变则是“离子通道”,ONPG 持续缓慢地渗入细胞内,或者 β-半乳糖苷酶外泄到细胞外,使得体系的 OD_{405} 值持续上升。

3. 细胞结构变化

流式细胞技术(FCM)获得的信息主要来自特异性荧光信号和非特异性荧光的散射信号。散射光的强度及其空间分布与细胞的大小、形状及质膜和细胞内部结构密切相关,未遭到任何损坏的细胞对光线都具有特征性的散射。在 FCM 的测定分析中,常用到两种散射光,一种是前向角散射(FSC),与细胞的大小相关,对于同一种细胞,随着细胞截面积的增大而增大;另外一种是侧向散射(SSC),主要用来获取有关细胞内部颗粒性质相关的信息,一般细胞内部颗粒密度越大,SSC 的值就越大(Wang et al. ,2010)。

利用 FCM 分析不同修复体系中的细胞群,图 5-24 显示的是污染物 BaP 和 Cu^{2+} 与 *S. maltophilia* 分别作用 5 d、7 d 和 12 d 后细胞的散射信号分析结果。横坐标表示前向角散射光相对强度,纵坐标表示侧向散射光强度的相对值。由图 5-24(a)~图 5-24(d)可以看出,对照组菌体和 BaP 单一污染物体系中细胞的散射相对集中,当体系中加入了重金属 Cu^{2+},作用 5 d 后菌体细胞散射发生偏离,其 SSC 值变小,FSC 值增加,特别是当菌体同重金属 Cu^{2+} 相互作用 12 d 之后[图 5-24(d-3)],在菌体细胞群下方检测出一群分散的颗粒,表明在不同污染物的刺激作用下,*S. maltophilia* 细胞的大小和胞内颗粒密度发生了不同程度的变化。这主要是因为污染物,尤其是 Cu^{2+} 与菌体接触发生相互作用,破坏了菌体的细胞壁和细胞膜,使细胞的渗透压改变而让溶液进入,导致细胞膨胀,FSC 值增大。另外,由于菌体细胞表面出现“孔洞”,细胞质外流,部分细胞只剩下空壳(陈烁娜等,2012),所以细胞群的 SSC 值向下偏离。对比同一体系中不同作用时间(5 d,7 d,12 d)发现,对照组随着时间的变化,细胞群没有发生较明显的变化,分布仍相对集中。而只有 BaP 作用时,菌体细胞大小、形状同样没有受到严重影响,到了第 12 d 细胞内部结构才出现轻微变化,细胞质颗粒密度降低。但从同一时间不同污染修复体系来看,当溶液中存在 Cu^{2+} 时,在第 5 d 菌体细胞就出现明显偏离,SSC 值减小而 FSC 值增大,尤其是在修复了 12 d 之后,在细胞群的下方出现了一团明显的分散的颗粒群。这说明修复体系中 *S. maltophilia* 细胞的大小和胞内颗粒密度在不同污染物的胁迫下,出现不同程度的改变,其中重金属铜对 *S. maltophilia* 细胞的损伤更大。

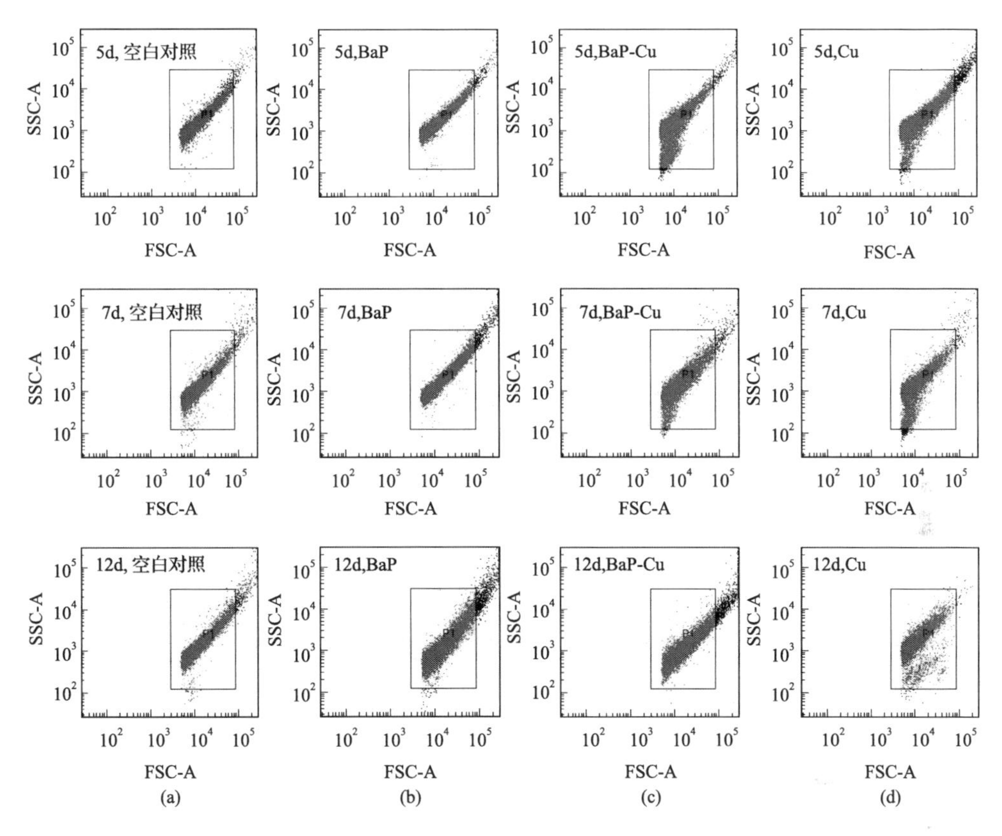

图 5-24　BaP 和 Cu^{2+} 对 *S. maltophilia* 细胞结构的影响

(a) 对照组细胞；(b) BaP 单一污染体系；(c) BaP-Cu^{2+} 复合污染体系；

(d) Cu 单一污染体系中的菌体细胞

从前面实验结果发现，反应开始后，溶液中的 Cu^{2+} 先被快速地运输到细胞上，经细胞蛋白的相互作用，部分铜离子被螯合，形成大分子化合物，如金属硫蛋白会螯合 Cu^{2+} 以减少破坏性较大的游离态 Cu^{2+}，从而保护更重要的生物分子。*S. maltophilia* 细胞质膜通透性增强（陈烁娜等，2012），导致修复后期，菌体部分胞内物质包括铜蛋白螯合物等逐渐外流，体系外溶液中测得的铜含量逐渐增加，同时检测到细胞的 SSC 值下移，即细胞的内含物密度降低，甚至到第 12 d，溶液中分散的小颗粒物明显增多[图 5-24(d-3)]。

4. ATP 酶活性

ATP 酶是生物体内广泛存在的一种重要的生物膜蛋白酶，主要参与细胞物质运送、能量转换以及信息传递，对维持细胞正常功能十分重要。ATP 酶活性直接关系到细胞内外各种离子的转运和细胞的新陈代谢，从而影响微生物各种功能的发挥。在生长代谢过程中，微生物利用细胞的 ATP 酶分解生成 ADP 及无机磷(Kim et al.，2013；Tabachnikov and Shoham，2013)。本实验分别测定不同修复体系中菌体细胞中无机磷及蛋白质总量，通过计算单位时间(每分钟)内每单位蛋白质分解 ATP 释放无机磷的量来表征 ATP 酶的活性，实验结果如图 5-25 所示。

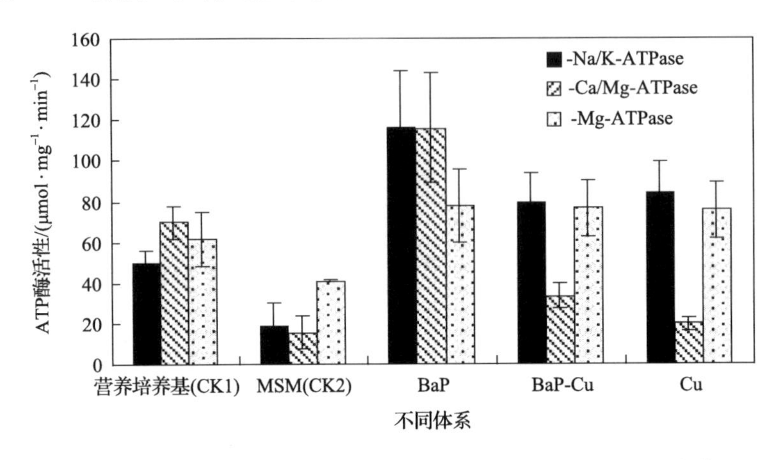

图 5-25　BaP 降解和 Cu^{2+} 吸附过程中菌体细胞 ATP 酶活性变化

一般来说，修复体系中营养盐及污染物会影响微生物细胞的 ATP 酶活性。当体系中缺乏能源物质，菌体新陈代谢将受到抑制，与营养培养体系中细胞相比，无机盐培养体系(对照组 CK2)中 *S. maltophilia* 由于缺乏生长必需的碳源，细胞 ATP 酶活性显著降低。而当体系中存在污染物时，菌体细胞受到诱导，相关的作用酶被激活，*S. maltophilia* 利用有机物 BaP 作为碳源，促进细胞新陈代谢，使 ATP 酶的活性提高。从图 5-25 结果看出，与营养盐(CK1)及无机盐(CK2)培养体系中细胞相比，*S. maltophilia* 降解/吸附 BaP 和 Cu^{2+} 影响了细胞 Na^+、K^+、Ca^{2+} 和 Mg^{2+} 的转运和代谢。尤其当溶液中只有单一 BaP 时，显著提高了菌体细胞中 Na^+/K^+-ATP_{ase} 和 Ca^{2+}-ATP_{ase} 酶的活性。相反，当污染物中含有 Cu^{2+} 时，同单一 BaP 降解体系中菌体相比，*S. maltophilia* 细胞的 Ca^{2+}-ATP_{ase} 活性受到明显抑制，这说明菌体吸附去除溶液中 Cu^{2+} 会影响体系中 Ca^{2+} 的代谢，这是由于 Cu^{2+} 在微生物细胞中转运途径与 Ca^{2+} 类似(Mata et al.，2008)，溶液中 Cu^{2+} 首先被吸附到菌体表面，再通过占用细胞膜上的 Ca^{2+} 通道进入细胞内，从而阻碍了细胞 Ca^{2+} 的代谢。Mg 是生物体必需的营养矿物元素，细胞中 Mg^{2+} 能激活多种生物酶活性，多以活性 Mg^{2+}-ATP_{ase} 形式存在。Ye 等(2013)研究发现，*S. maltophilia* 降解/吸附 BaP 和 Cu^{2+} 时，细胞 Mg^{2+} 代谢会受到影响。这是由于菌体要去除污染物必须启动细胞内相关的功能蛋白和降解酶，而 Mg^{2+} 是关键的酶激活剂，因此在修复体系中由于污染物的诱导，*S. maltophilia* 细胞的 Mg^{2+}-ATP_{ase} 活性提高。

5.3.6　菌体微观形态观察

1. TEM 结果

图 5-26(a)是在牛肉膏培养液中振荡培养 36 h 的菌体；图 5-26(b)是 MSM 中生长的细胞，作为对照组；图 5-26(c)和图 5-26(e)是对 1 mg · L^{-1} BaP 降解 2 d 和 5 d 后的菌体；图 5-26(d)和图 5-26(f)是降解/吸附 BaP(1 mg · L^{-1})-Cu^{2+}(10 mg · L^{-1})2 d 和 5 d 后的菌体。

与处理过污染物的菌体细胞相比，营养液体系和对照实验的细胞饱满，细胞壁结构完整，细胞质较均匀，核区明显。图 5-26(b)显示，在没有外加碳源和污染物存在情况下，菌体依然进行正常的细胞分裂，有的细胞还出现了多核期，从图中还可以看到菌体正常新陈代谢分泌了大量的絮状胞外物。

处理污染物 2 d 后，菌体细胞仍然完整，细胞壁和细胞膜紧贴，细胞质中出现团聚物，部分菌体细胞出现荚膜。从图 5-26(c)～5-26(f)还发现了细胞壁空壳结构，证明处理污染物后，菌体质膜透性发生改变，破裂并出现了“孔洞”，导致细胞质及其内含物外流，但是细胞壁依然维持细胞的形状而没有完全裂解。该实验结果进一步验证了 5.3.5 小节中提到的污染物对 *S. maltophilia* 细胞膜的作用机制是形成“孔洞”。随着处理时间的延长，体系中细胞空壳增多，菌体细胞壁有较明显的皱褶，特别是复合污染体系中的菌体细胞，存在一定程度的质壁分离，到了第 5 d[图 5-26(f)]，细胞严重变形，周质空间变大，细胞质外泄严重，而且原核分解并逐渐消失。此时菌体细胞对 Cu^{2+} 的吸附能力开始下降，随着时间延长，Cu^{2+} 的去除率快速降低(见 5.3.4 小节)，说明长时间的相互作用，污染物对微生物细胞产生毒害，使菌体细胞活性降低，并逐渐丧失对重金属的吸附能力。

S. maltophilia 降解污染物及自身代谢的过程中会分泌一些有机物及酶液，并在细胞的外围形成一层保护荚膜，这样就可以使细胞在不良的环境中依然维持完整的结构，同时又可以为菌体储存必要的营养。当污染物进入菌体细胞中，一般芳烃类物质会在体内形成烃聚物，而重金属会同细胞质中的某些蛋白结合，例如，Cu^{2+} 可以和金属巯蛋白发生螯合作用(Wortelboer et al.，2008)，这样就使菌体细胞质出现团聚，同时也减少游离态的 Cu^{2+} 对细胞的毒性。未进到细胞中的金属离子，会同菌体细胞壁上的活性基团结合，形成铜的螯合物，这样相当于局部硬化了细胞壁，使得 *S. maltophilia* 在污染物的作用下，即使细胞膜的通透性发生改变，出现“孔洞”，导致细胞质外泄，依然可以维持完整的细胞壁外形。

2. SEM-EDS(能谱扫描仪)结果

分别收集在 BaP-Cu^{2+} 复合污染和单一 Cu^{2+} 污染修复体系中反应 2 d 后的菌

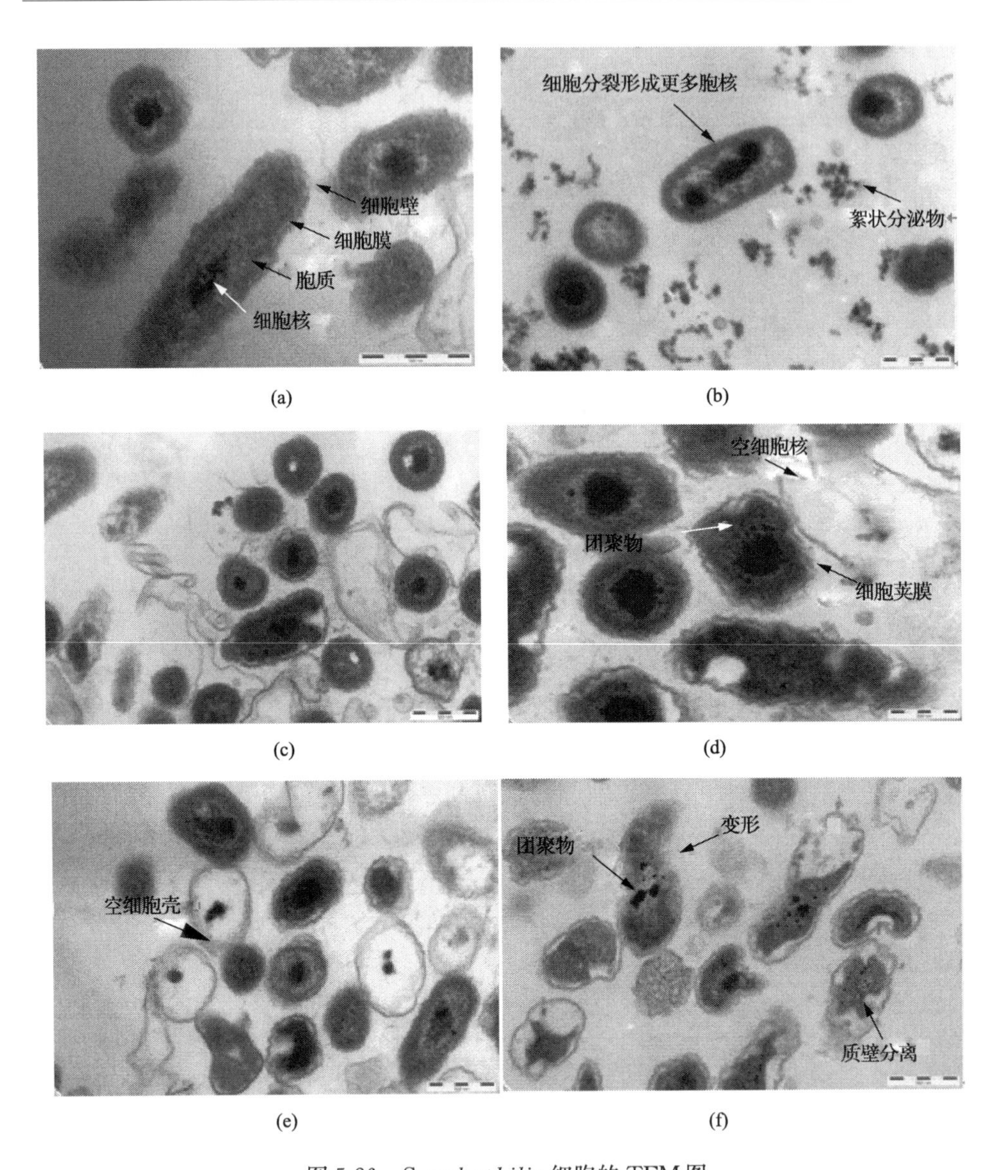

图 5-26　*S. maltophilia* 细胞的 TEM 图

(a) 营养细胞;(b) 对照细胞;(c) 降解 1mg · L^{-1} BaP 2d 的细胞;(d) 降解/吸附 1mg · L^{-1} BaP-10mg · L^{-1} Cu^{2+} 2d 的细胞;(e) 降解 1mg · L^{-1} BaP 5d 的细胞;(f) 降解/吸附 1mg · L^{-1} BaP-10mg · L^{-1} Cu^{2+} 5d 的细胞

体,利用扫描电镜及能谱分析考察重金属 Cu^{2+} 在 *S. maltophilia* 细胞微界面的相互作用,实验结果如图 5-27 所示。从图上可以看出,由于污染物的作用,菌体细胞不再饱满,表面出现褶皱,尤其是只有单一 Cu^{2+} 的污染体系中,菌体细胞受影响程度更明显。实验结果发现,当溶液中同时含有 BaP 和 Cu^{2+} 时,观察到体系中含有多孔隙的球形聚合体，而且在其表面黏附缠绕着多个菌体细胞。另外，在只有单一重金属 Cu^{2+} 的污染修复体系中可以看到，一些菌体细胞的表面编织着一层网状的物质，并从菌体细胞的一端逐渐把整个菌体包裹起来。利用能谱仪对这些多孔物质进一步分析，结果显示，在电镜下看到的 BaP 和 Cu^{2+} 复合污染物体系中的多孔球状聚合体主要是铜和氧的化合物，而单一 Cu^{2+} 存在的体系中 *S. maltophilia* 细胞表面黏附的网状物质主要成分是 Cu。

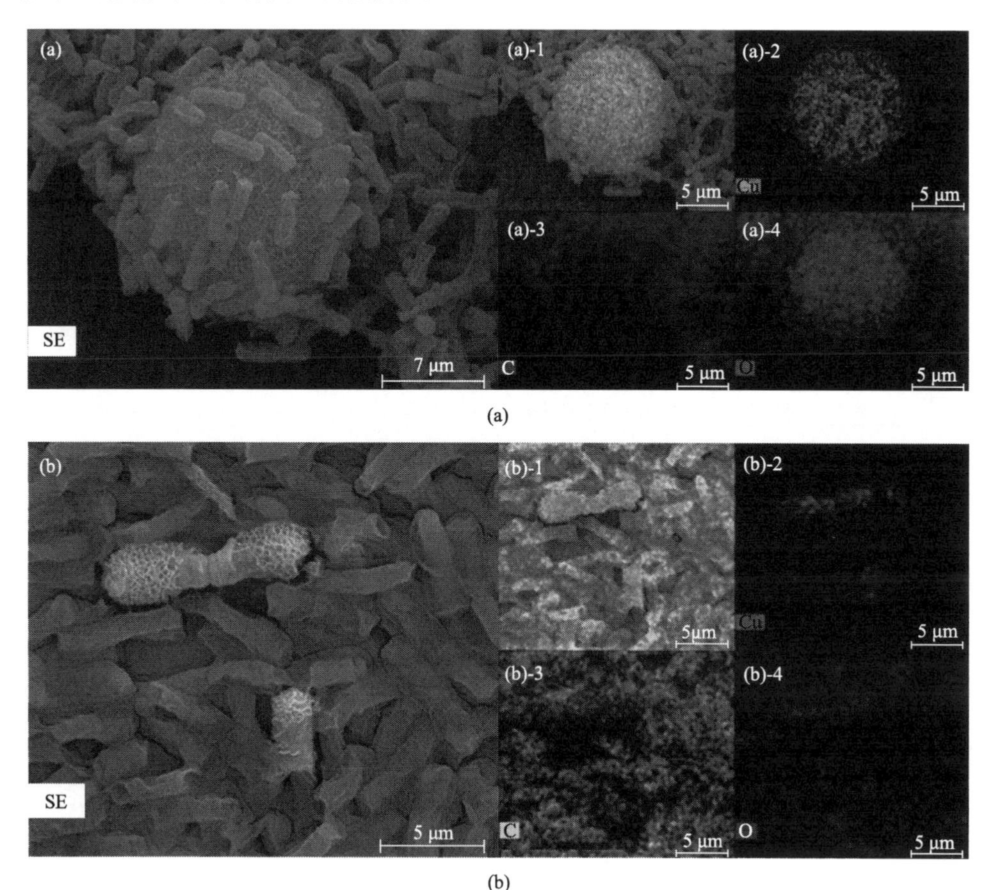

(a)

(b)

图 5-27　*S. maltophilia* 细胞的 SEM-EDS 观察分析

(a) BaP-Cu^{2+} 复合污染体系；(b) Cu^{2+} 单一污染体系

然而，与复合污染修复机制不同，当溶液中只存在重金属时，Cu^{2+} 首先被 *S. maltophilia* 吸附并在细胞表面聚集，与细胞壁上的羧基、磷酰基等有效位点进行配位络合。SEM-EDS 的显微观察分析结果表明，被吸附的 Cu^{2+} 在菌体细胞表面沉淀，形成了多孔网状的晶体。

综合本课题组实验及前面研究结果发现，不同的污染修复体系中 *S. maltophilia* 和重金属 Cu^{2+} 的相互作用机制明显不同。SEM-EDS 分析图片显示，当溶液中同时存在 BaP 时，反应的前 2 d *S. maltophilia* 对重金属 Cu^{2+} 的吸附去除主要是通过胞外沉淀。这是因为在反应第 1 d，溶液中 BaP 就被快速地去除并转移到菌体细胞上，之后逐渐被微生物分解(Chen et al.，2014)，生成的代谢产物部分被菌体利用，还有少量的碱性产物被分泌到胞外，使得体系溶液的 pH 升高，而这些碱性小分子物质能与溶液中残余的 Cu^{2+} 结合形成铜氧化合物的团聚体(Yuan et al.，2014)。另外，微生物在代谢过程中会产生大量的胞外分泌物，这些胞外聚合物可以通过吸附、卷扫、化学结合等方式捕获水体中的重金属离子，形成重金属沉淀物(Kang et al，2014)。Merroun 等(2011)利用 TEM 和 X 射线吸收光谱(XAS)研究 1 株 *Bacillus sphaericus* JG-7B 和 1 株 *Sphingomonas* sp. S15-S1 在酸性环境中对铀生物矿化的机制，发现若只依靠 *Bacillus sphaericus* JG-7B 单一菌株处理，溶液中的 U^{6+} 最终在菌体的细胞壁上沉淀；如果两种微生物共同作用，在菌体细胞的表面和内部均检测到 U^{6+}，且通过分析证实，在微生物细胞表面沉淀的铀主要是由细胞上的变钙铀云母族而形成的磷酸铀矿物盐。而 Liu 等(2001)也通过 TEM 和 EDS 的联用观察分析发现，菌株 *Shewanella putrefaciens* CN32 在其生长的延迟期可以通过胞外表面沉淀将溶液中的 Fe 除去。在本课题组实验研究中，当 BaP 和 Cu^{2+} 以复合污染物共存，*S. maltophilia* 通过分泌胞外聚合物以及 BaP 的代谢产物，吸附溶液中的 Cu^{2+} 并形成大颗粒的铜氧化合物，并最终随着微生物菌体而被沉淀除去。

5.3.7 Cu^{2+} 对 BaP 降解产物的影响

利用 GC-MS 对 *S. maltophilia* 降解 BaP 过程的中间代谢产物进行定性分析，萃取样的质谱图显示，*S. maltophilia* 降解 BaP 过程中生成了多种中间产物。与空白样对照，样品的质谱图在 m/z 为 110、120、144.5、146、148、163 和 178.05 等处出现了新的峰，根据 GC-MS 的谱库搜索鉴定，不管是单一还是复合污染体系，均检测到一些相同的产物，主要是连接甲氧基和含氧杂环的苯系物、萘酸、萘酚及酚类物质，其中萘酸、萘酚和酚类物质是 PAHs 降解中较常见的中间产物(Zhong et al.，2011)，具体如图 5-28 所示。

已有研究表明，PAHs 的微生物降解过程，一般是通过加氧酶(细菌为双加氧酶，真菌为单加氧酶)催化作用使苯环烃基化和开环裂解，最后生成邻苯二甲酸或水杨酸，并通过邻苯二甲酸途径或水杨酸途径彻底降解。根据笔者课题组实验的结果和生物催化反应特点对 *S. maltophilia* 降解 BaP 的可能途径进行推测(图 5-29)，图 5-29 中显示的物质均是 BaP 开环反应的中间产物。根据 BaP 的结构特点以及

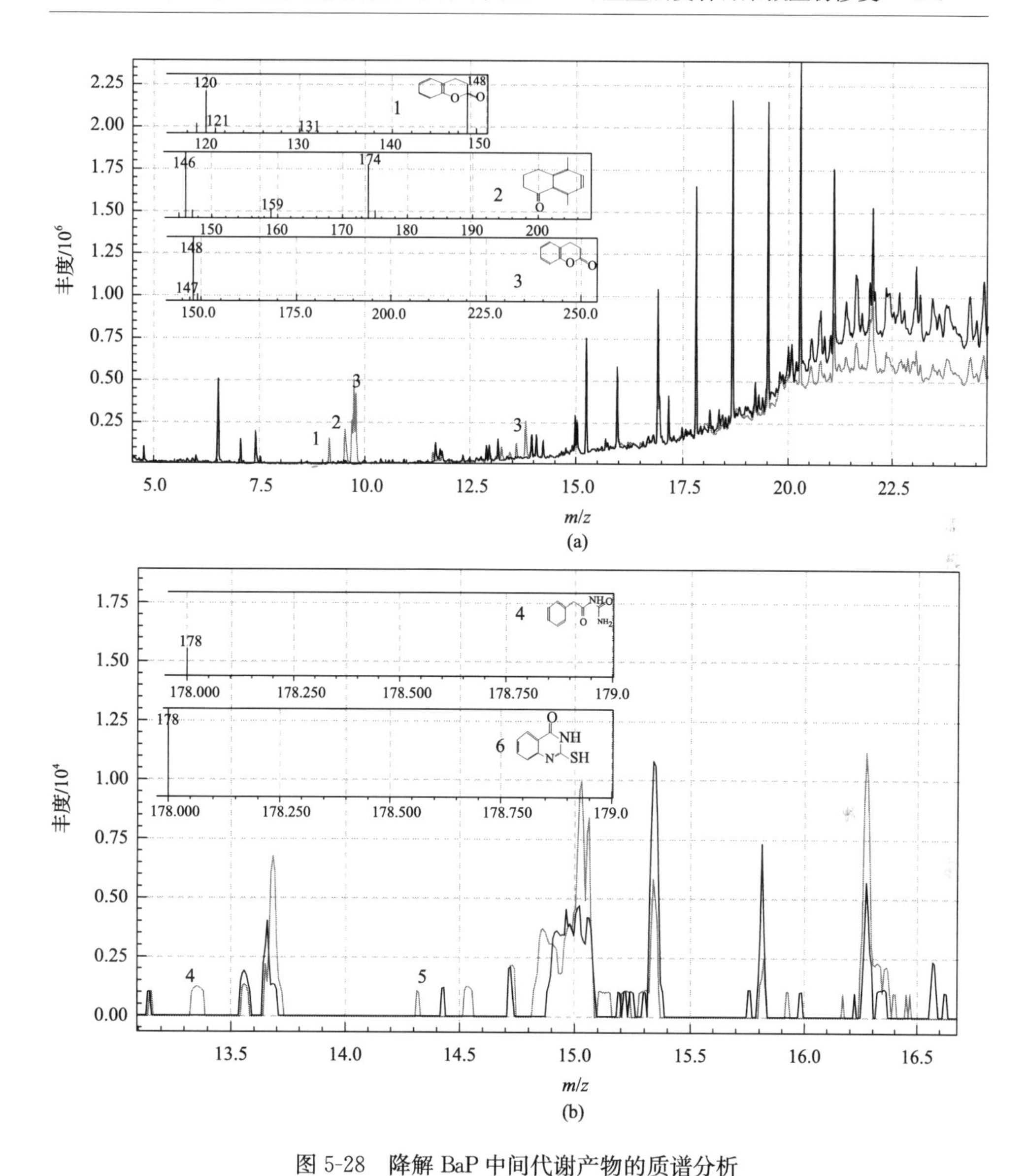

图 5-28 降解 BaP 中间代谢产物的质谱分析

(a) 单一污染体系;(b) 复合污染体系;1 为 2-乙基甲酸苯酯;2 为 5,8-二甲基-1-萘酮;3 为苯并二氧吡喃-2-酮;4. *N*-,甲烷-2-苯丙酮酰胺;5. 2-硫醇-4(3 氧)-间二氮杂萘。

检测到的中间产物可以知道,BaP 在 *S. maltophilia* 双加氧酶的作用下,优先进攻 BaP 的"湾"区和"K"区,并且不止在单个苯环上加氧,而是几个相连苯环同时氧化开环,生成连有甲氧基和含氧杂环的苯系物,例如,6-乙酰-1,4-苯-二氧杂环乙烷、2-丙烯酸,3-(2-甲氧基苯)、1,2-二甲氧基-4-(2-丙烯)-苯和 6,7-二羟基香豆素(七叶素)。这些物质进一步发生脱羧、氧化反应,进而生成了更容易被细菌代谢利用的间苯二酚。

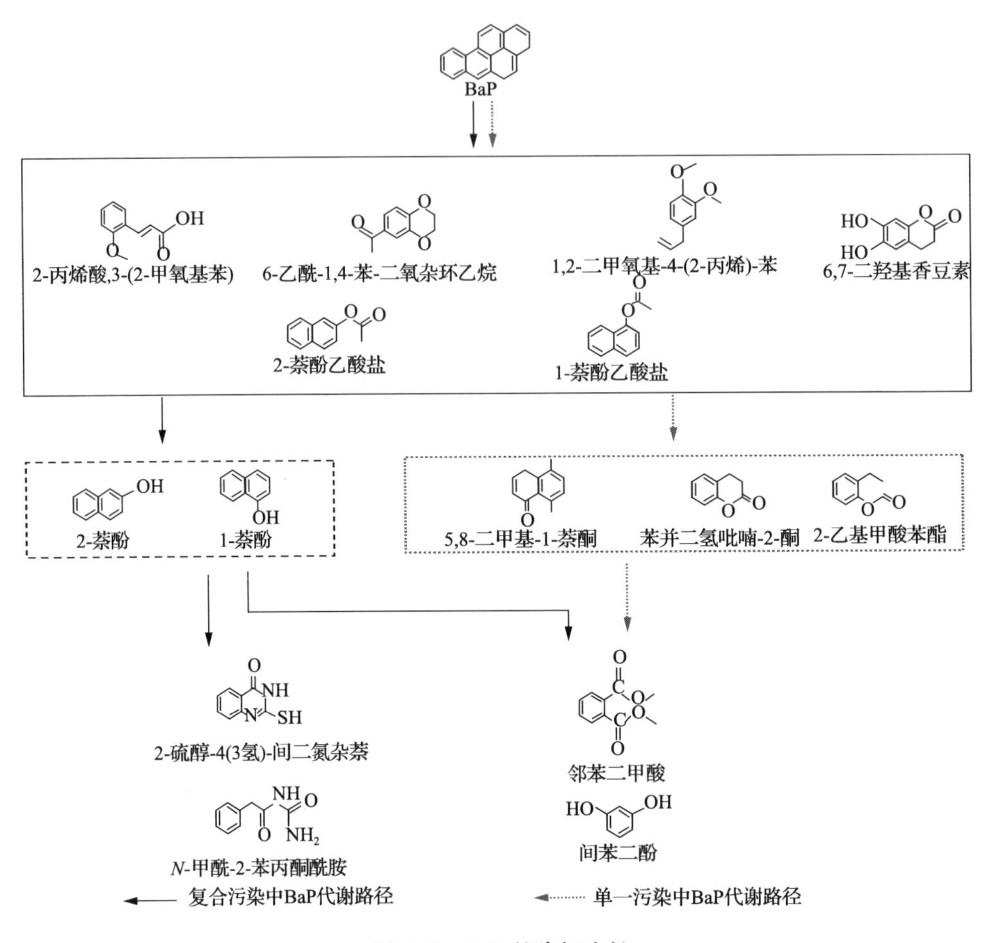

图 5-29 BaP 的降解途径

另外,根据质谱图,还检测到 1-萘酚乙酸盐和 2-萘酚乙酸盐。复合污染体系中,萘酸盐经过分解反应生成 1-萘酚及 2-萘酚,最后开环生成邻苯二甲酸。但是当体系中只有 BaP 单一污染时,萘酚乙酸盐发生氧化反应,生成了苯酸及酮类化合物。此外,在含有复合污染的体系中还检测到少量含氮和含氨化合物,如 2-硫醇-4(3 氢)-间二氮杂萘和 *N*-甲酰-2-苯丙酮酰胺,这说明 *S. maltophilia* 在污染物的诱导下,特别是重金属 Cu^{2+} 的作用下产生了新的降解酶,这种酶的作用机理类似加氧酶,通过在苯环上加氮或氨基来使 PAHs 开环裂解。

目前人们对简单 PAHs 的微生物代谢途径已基本了解,其降解过程中的代谢反应和关键酶都已经清楚。而对于 4 环和 4 环以上 PAHs 降解机理的研究还有限。有文献报道,较复杂的 PAHs 降解往往有多条代谢途径,不同的微生物将产生不同的降解酶,代谢生成不同的中间产物。Dean-Ross 等(2002)检测 *Mycobacterium sp.* PYR-1 降解蒽和菲产生的中间代谢产物,在蒽的培养液中获得一种新的环裂解产物[3-(2-羧基乙烯基)-萘-2-羧酸],并推导出一条新的 *Mycobacterium* sp. PYR-1 降解蒽的途径。另外,在 *Mycobacterium* sp. PYR-l 降解菲的研究中,Dean-Ross 等(2002)得到三条代谢途径,其中一条是常规的邻苯二甲酸途径,另外两条都是新的代谢途径。

综合本研究结果及相关的参考文献,可以证明 5 环结构的 BaP 被降解,生成了一些一环或两环的物质。尤其当体系中同时存在 BaP 和 Cu^{2+} 时,由于 Cu^{2+} 的诱导,*S. maltophilia* 产生新的 BaP 降解酶,生成一些新的化合物,因此,单一污染体系中,BaP 主要是按常规的邻苯二甲酸途径进行开环降解,而在复合污染体系中 *S. maltophilia* 降解 BaP 存在不只一条代谢途径,其中包括一条常规的邻苯二甲酸途径和一条新的途径。

S. maltophilia 能够有效地降解/吸附 BaP-Cu 复合污染物。在 MSM 体系中,*S. maltophilia* 可以直接利用 BaP 作为碳源和能源促进生长,Cu^{2+} 的存在有助于其利用 BaP。当培养基中含有 BaP 和 Cu^{2+} 时,*S. maltophilia* 会在 48 h 后出现二次生长,细胞浓度增大。初始 pH 为 6～7、30℃和外加碳源葡萄糖、蔗糖有利于菌体生长。*S. maltophilia* 对 BaP 和 Cu^{2+} 的去除随时间的延长呈上升趋势。体系溶液中 BaP 和 Cu^{2+} 的浓度从 4 h 开始快速减少,同时菌体细胞内污染物含量逐渐增加,48 h 之后趋于稳定。到第 5 d 胞内 BaP 浓度为 0.28 mg · g^{-1},而菌体细胞内外 Cu^{2+} 浓度最终维持在 2.99～3.50 mg · g^{-1}。2 mg · L^{-1} 和 10 mg · L^{-1} Cu^{2+} 对菌降解 BaP 有一定的促进作用。*S. maltophilia* 具有较高的 CSH,有利于同 BaP 接触,但随作用时间推移,污染物会降低菌体的 CSH。*S. maltophilia* 细胞膜的通透性因为污染物的种类和浓度发生改变。相对较高浓度的 Cu^{2+} (10 mg · L^{-1})会使菌体细胞膜通透性持续上升,而 BaP 改变质膜通透性的同时使细胞膜破裂并出现“孔洞”,因此单一 BaP 提高膜通透性但不会随时间而变化。当 BaP 和 Cu^{2+} 复合时,菌体细胞膜通透性随时间增大到一定程度后保持稳定。虽然 *S. maltophilia* 细胞膜通透性改变导致细胞质及其内含物外流,但细胞壁依然维持细胞的形状而没有完全裂解。复合污染物对 *S. maltophilia* 细胞特性的影响更明显,且作用时间越长,细胞损伤越严重。处理了复合污染物的菌体到第 5 d 细胞严重变形,CSH 降低,周质空间变大,细胞质外泄严重,而且原核分解并逐渐消失,细胞活性降低,并逐渐丧失对重金属的吸附以及降解 BaP 的能力。单一污染体系中,BaP 主要是按常规的邻苯二甲酸途径进行开环降解,而复合污染中 BaP 的降解除了一条常规的邻苯二甲酸途径还包括一条新的途径。*S. maltophilia* 降解 BaP 时,先使 BaP 开环裂解,生成水杨酸、邻苯二甲酸等一些简单的、更容易被微生物利用的中间物质,当有 Cu^{2+} 存在时,还生成了少量的含氮和含氨的新化合物。

5.4　白腐菌对水/沉积物体系十溴联苯醚/重金属复合污染的修复

水-沉积物界面是微量有机和无机污染物的物理、化学和生物转化等过程的重要载体和场所。POPs和重金属之间存在一定的相互作用，影响其在水-沉积物-生物微界面上的迁移转化。有机污染物对重金属的影响主要是通过配位作用、氧化还原作用改变水体中重金属的形态，从而改变重金属在水体中的环境化学行为。曾凡凡等(2009)深入研究了环境中菲的存在对镉在沉积物和土壤中的吸附影响，发现菲可与镉竞争沉积物颗粒之间的微孔和缝隙，并且菲分子与颗粒的结合掩蔽了颗粒物表面的部分极性基团，从而影响沉积物对镉的吸附过程。同样，重金属的存在也会影响有机污染物在沉积物表面的吸附行为。POPs和重金属还通过影响微生物的细胞膜及酶蛋白的分泌等影响其在微生物界面的迁移转化。Shi等(2013a)探究重金属Cd^{2+}对铜绿假单胞菌转化BDE-209影响的实验表明，Cd^{2+}主要通过影响细胞膜通透性、表面疏水性及胞内酶的活性，从而在一定浓度下促进或者抑制细菌对BDE-209的转化。鉴于PBDEs的毒性及低溶解性，对水/沉积物间PBDEs的去除技术及机理进行研究，从而降低其不可预测的长期风险显得十分重要，而水/沉积物中PBDEs的迁移转化及生物降解则是相关技术的前提。本节以对有机物有广谱降解作用的白腐菌(黄孢原毛平革菌，*P. chrysosporium*)为实验菌株，针对电子垃圾拆解地PBDEs的污染现状，利用微生物对水体PBDEs污染进行生物修复，考察重金属对PBDEs生物降解的影响，同时系统研究重金属对水/沉积物体系中PBDEs迁移的影响，深入探讨其影响机制，以期为PBDEs污染的生物修复提供理论基础。

5.4.1　研究现状

目前，已有学者开展有机污染物在沉积物中的吸附研究，刘贝贝等(2011)对PAHs在沉积物上的吸附行为进行了研究，并对其影响因素进行考察，推导出其吸附性能与污染物的性质及温度、pH等因素有关。许晓伟和黄岁樑(2011)对海河沉积物对菲的吸附行为进行考察，指出其吸附符合Freundlich等温吸附方程，有机质是影响其吸附/解吸的主要因素。但关于沉积物吸附PBDEs的研究较少。

5.4.2　材料

白腐真菌(黄孢原毛平革菌)是1株从电子垃圾拆解区土壤中筛选出的对BDE-209/重金属具有较好降解/转化作用的菌株，由笔者课题组保存。

5.4.3　白腐菌对水中 BDE-209 的降解特性

1. 降解条件的优化

(1) 菌体投加方式。

通过实验确定菌体的投加方式。由图 5-30(a)可知，以菌体方式投加的样品中 BDE-209(1 mg · L^{-1})的降解率较高(61.49%)，以孢子液方式投加的样品中 BDE-209 降解率为 50.46%。因此，在投加方式上，选用菌体方式投加进行后续试验。

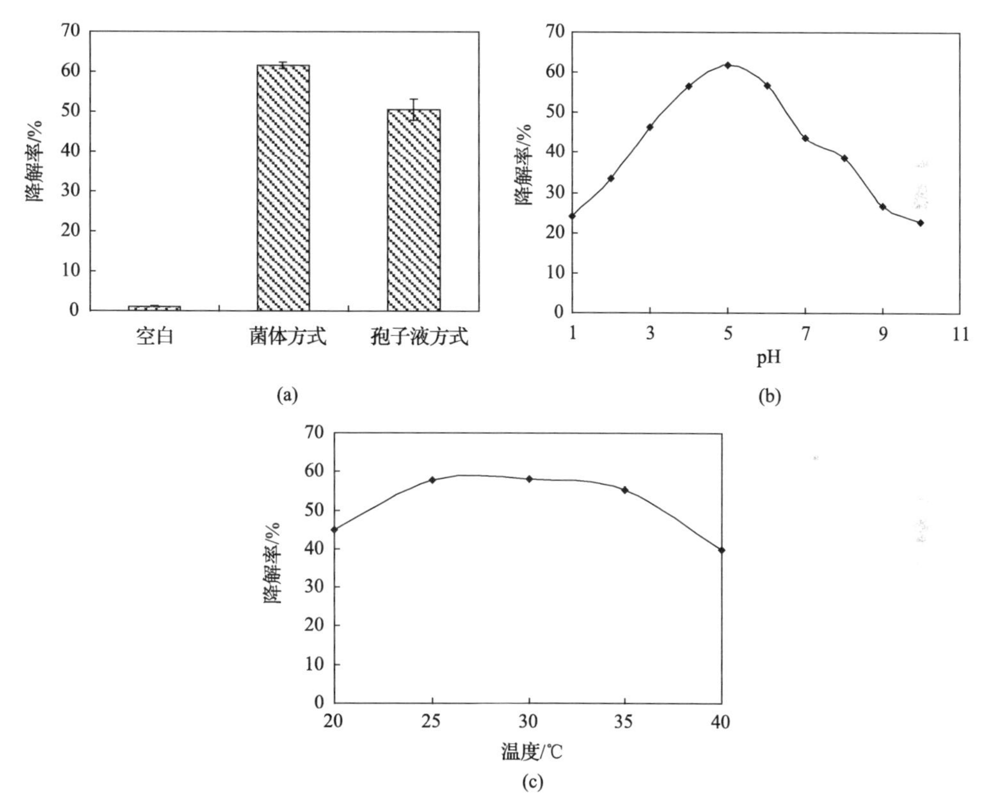

图 5-30　不同条件对白腐菌降解 BDE-209 的影响

(a) 投加方式;(b) pH;(c) 温度

(2) 温度、pH 对白腐菌降解 BDE-209 的影响。

温度、pH 会对微生物的生命活动产生显著影响，进而可能影响其对有机污染物的降解性能。由图 5-30(b)、图 5-30(c)可知，白腐菌降解 BDE-209 最适温度及 pH 范围为:25～35℃;pH 4～6。在实验范围内，pH 的影响较大，且最适 pH 呈酸性，研究表明(Baldrian ,2003)，白腐菌的最适生长 pH 为 5～7，这与本研究相似。白腐菌对温度的适应能力较强，在实验温度范围内，温度对降解率的影响较小，

25～35℃范围内降解率均较高，高于35℃后，高温抑制了菌体生长及酶的活性，从而导致降解率下降。

2. 菌体、胞内酶、胞外酶对BDE-209降解

菌体、胞内酶、胞外酶作用下BDE-209的降解情况如图5-31所示。白腐菌菌体、胞内酶、胞外酶均可降解BDE-209，降解作用为菌体＞胞外酶＞胞内酶。胞内酶降解作用较弱，7d后降解率仅为22.32％，胞外酶与菌体的降解作用较强，且相差不大，分别为54.14％、60.17％。由此可以判断白腐菌对BDE-209的降解主要由胞外酶完成。

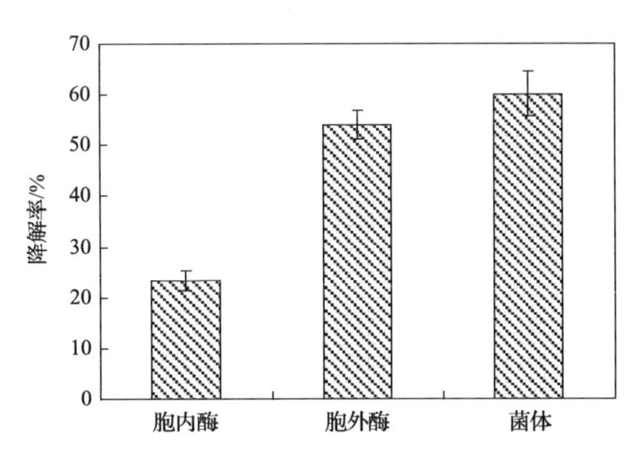

图5-31　菌体/胞外酶/胞内酶对BDE-209的降解

3. 胞外酶降解BDE-209的条件优化

(1) 培养时间。

实验考察了不同培养时间下白腐菌所产胞外酶的降解性能，结果如图5-32(a)所示。培养时间较短时(0～2 d)胞外酶活性较弱，降解率较低(＜10％)，培养时间＞3 d后，胞外酶活性显著上升，培养6～7 d时达到最大，因此，提取培养6 d后的胞外酶进行后续实验。

(2) 温度。

酶对底物的降解需要一定的温度条件，一定范围内酶活可随温度的升高而增加。因绝大多数酶为蛋白质，低温可对其活性产生抑制，而高温可致使其变性失活，从而导致降解作用下降。因此，酶具有发挥其降解作用的最适温度。由图5-32(b)可知，白腐菌胞外酶降解BDE-209的最适温度为30℃，20～30℃时降解率随温度升高而增加，高于40℃后酶蛋白的变性失活导致降解率急剧下降。

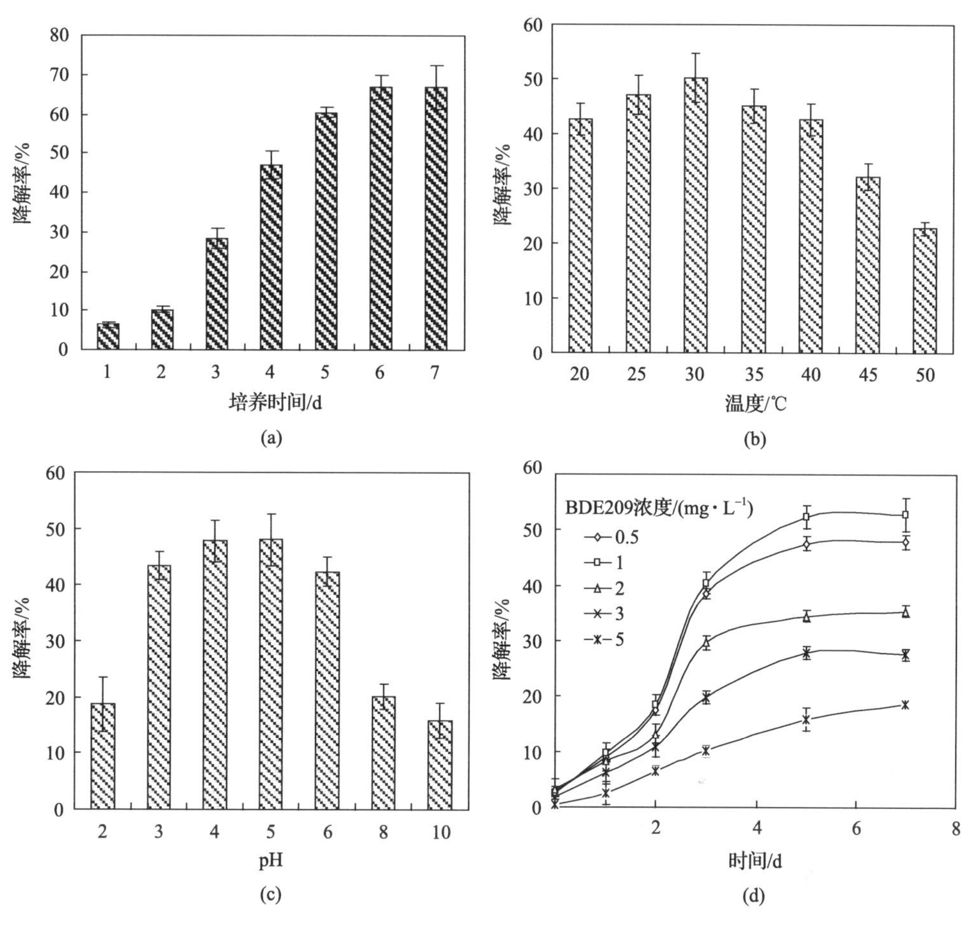

图 5-32　白腐菌胞外酶降解 BDE-209 条件优化

(a) 培养时间;(b) 温度;(c) pH;(d) BDE-209 浓度

(3) pH。

pH 是酶促反应的重要影响因素。酶在其最适的 pH 范围内可高效发挥降解作用,超出此范围就可能导致酶的变性失活。这是因为 pH 可影响酶分子,特别是活性中心上必需基团的解离程度和催化基团中质子供体或质子受体所需的离子化状态,也可影响底物和辅酶的解离程度,从而影响酶与底物的结合。由图 5-32(c)可知,偏酸性条件有利于白腐菌胞外酶对 BDE-209 的降解,最适 pH 为 4～5,pH$<$3 及 pH$>$6 时降解作用较差。有研究报道白腐菌在降解活动阶段,其最佳 pH 维持在 4～6(苑宝玲等,2009),与本实验相似。

(4) 底物浓度。

由图 5-32(d)可知,当 BDE-209 浓度为 0.5～1 mg · L^{-1}时降解率随浓度的增

加而增加，1 mg·L^{-1}时其降解率达到最大，继续增大至 2 mg·L^{-1}时降解率显著下降，这是底物对酶促反应的饱和现象所致。值得注意的是，0～2 d 其降解作用较弱，可能是由于 BDE-209 加入体系后呈较大颗粒的漂浮物，其与胞外酶的接触面积较小，而经过一段时间的分配作用后 BDE-209 较为均匀地分散于胞外粗酶液中，大大增加了与胞外酶的接触面积，降解作用增强。

5.4.4 重金属对白腐菌降解 BDE-209 的影响

1. 重金属对白腐菌生长及 BDE-209 降解的影响

在最适降解条件下考察重金属对白腐菌生物量及降解 BDE-209 的影响，实验结果如图 5-33 所示。低浓度的重金属对白腐菌生长均有促进作用。1 mg·L^{-1} Cu、Cd、Pb 作用下菌丝体干重分别为 0.0492 g、0.0527 g、0.0517 g，均大于空白时的菌丝体质量(0.039 g)，促进作用表现为 Cd>Pb>Cu。Cu 为菌体生长的必需元素，适量添加可促进菌体生长。而 Cd、Pb 促进原因可考虑为低剂量的有毒物的“毒物兴奋效应”，即由生物体对有毒物质的过度反应所致。研究表明，低剂量有毒物对细胞分裂与增殖有促进作用(Giddabasappa et al.，2011)。而随着 3 种重金属浓度的增加，其对菌体生长表现为抑制作用并逐渐增强，其中 Cd 的抑制作用最明显，Pb 次之，Cu 最不明显。

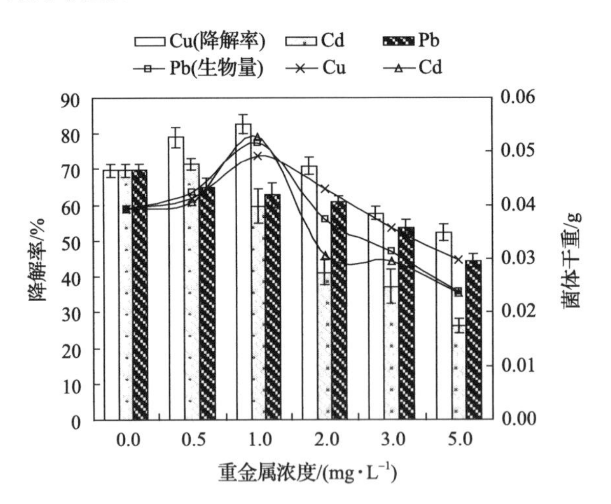

图 5-33　重金属对白腐菌生物量及其降解 BDE-209 的影响

白腐菌是一种高效的 BDE-209 降解菌。未添加重金属时降解率高达 69.7%。以不同种类及浓度重金属为因素，对其存在下白腐菌对 BDE-209 的降解进行单因素方差分析，结果表明各重金属的存在均对 BDE-209 的降解产生显著影响($P<0.05$)。Cu 浓度为 1 mg·L^{-1}时，表现为促进降解的作用，此时降解率达 84.4%。

Cd浓度为0.5 mg·L^{-1}时，也有微弱促进，降解率为73.4%。而对于重金属Pb，降解率呈下降趋势。总体来说，随着3种重金属浓度的进一步增加，降解率均表现为下降趋势。

二者对比可发现，Cu存在时，生物量与降解率存在较好的正相关，Cu作为生长必需元素，一定浓度可促进菌体生长，也可作为相关酶的辅助因子而发挥作用；而Cd及Pb为1 mg·L^{-1}时虽然白腐菌生物量表现为增加，但BDE-209降解率有所下降，说明这两种重金属存在时白腐菌对BDE-209的降解与菌体本身生长并不完全呈正相关，虽然菌体生长并未受到太大的影响，但相关酶的活性可能受到了抑制，因此降解作用减弱。研究表明，某些真菌具有自我保护系统，其分泌物可与重金属结合，从而降低重金属对菌体的毒害作用(Gohre and Paszkowski, 2006)。Baldrian认为，黄孢原毛平革菌的胞外分泌物可螯合重金属。这与本研究的实验结果有相似之处(Baldrian ,2003)。

2. 重金属对白腐菌降解BDE-209动力学的影响

为进一步考察重金属对白腐菌降解BDE-209过程的影响，进行降解动力学实验研究。由图5-34可知，白腐菌降解BDE-209具有明显的延迟期，2 d后BDE-209进入了一个快速降解阶段，6～7 d趋于平稳。由图5-34(b)可知，前3 d各浓度Cd的存在对BDE-209降解速率影响不大，3 d后降解速率出现明显差异，其中5 mg·L^{-1} Cd表现出明显抑制降解的作用，降解速率趋于0，BDE-209残留量基本未变；而Cd浓度为2 mg·L^{-1}和3 mg·L^{-1}时于第4 d开始BDE-209残留量趋于稳定。图5-34(a)与图5-34(c)表现出相似的规律，3 d后表现出较明显的降解速率差异，其中重金属浓度为3 mg·L^{-1}、5 mg·L^{-1}时降解速率较小，4 d后BDE-209残留量变化不大；其他浓度于5 d后降解速率开始降低，6～7 d BDE-209残留量趋于稳定。对于降解反应前期的延迟期，由于本实验添加了供菌体生长的葡萄糖，因此前期菌体主要消耗易于利用的葡萄糖而非BDE-209用于自身繁殖，从而导致了延迟期的产生。培养液0～2 d时葡萄糖浓度的急剧下降与生物量的快速上升(图5-35)也证明了这一点。

在排除降解延迟期(0～2 d)的影响下，对降解过程用以下一级动力学方程进行分析：

$$\ln c = a + kt$$

$$k = \frac{1}{t}\ln\frac{a}{a-x}$$

式中，c为BDE-209浓度；t为降解时间；k为一级反应速率常数；a为$t=0$时反应物浓度；以x表示t时刻已去除的反应物浓度，则尚未反应的反应物浓度为$a-x$。由动力学拟合结果(表5-1)可知，白腐菌降解BDE-209能较好符合一级反应动力

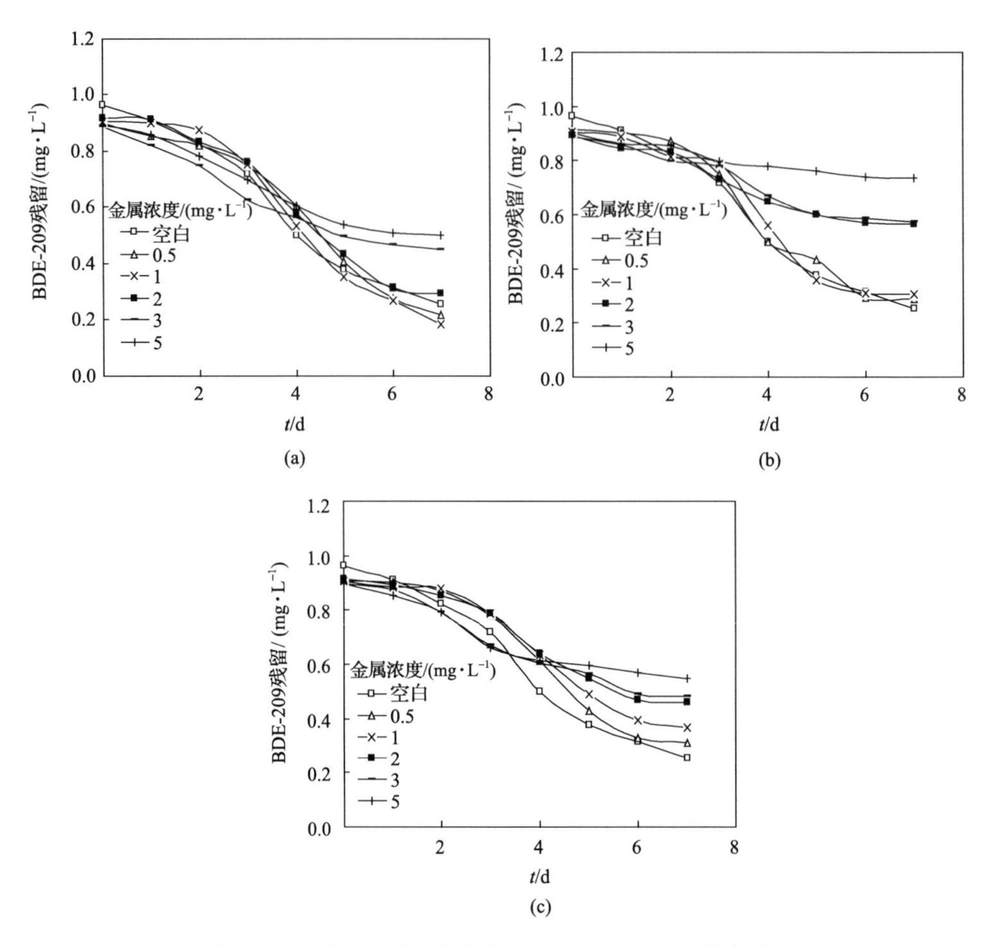

图 5-34 不同重金属对白腐菌降解 BDE-209 动力学的影响

(a) Cu;(b) Cd;(c) Pb

学,R 值为 0.9863。Cu 存在条件下,随着其浓度的增加,降解速率常数 k 表现为先增加后减少;1 mg·L^{-1}时 k 值达到最大,为 0.3212,较空白时(k=0.2453)有较明显提高,这与前述 1 mg·L^{-1} Cu 可较明显促进白腐菌降解 BDE-209 的实验结果相吻合。Cd 存在条件下,随着其浓度的增加,k 值逐渐减小,当浓度为 0.5 mg·L^{-1}时,k 值最大(k=0.2617),相比空白(k=0.2453)有微弱提高,表明 0.5 mg·L^{-1} Cd 对白腐菌降解 BDE-209 有微弱促进作用。Pb 存在条件下,k 值逐渐减小,当浓度为 0.5 mg·L^{-1}时,k 值最大(k=0.2312),但较空白时(k=0.2453)有所减少,表明不同浓度的 Pb 均可对白腐菌降解 BDE-209 产生抑制作用。而随着 3 种重金属浓度的进一步提高,k 值均呈减小趋势,表明重金属对降解的抑制作用随着重金属浓度的增加而增大。通过不同重金属间 k 值的比较可知,低浓度(≤1 mg·L^{-1})时,

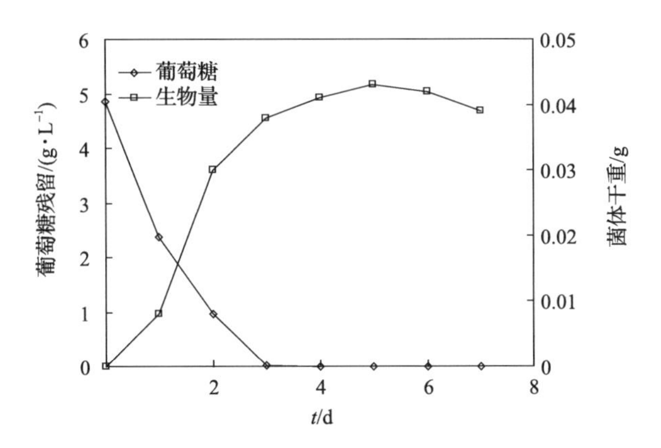

图5-35 降解体系葡萄糖浓度及生物量的变化

Cu对白腐菌降解BDE-209的促进作用最明显。而高浓度(>1 mg · L^{-1})时各重金属对白腐菌降解BDE-209均表现为抑制作用,其中Cd的抑制作用最强,5 mg · L^{-1}时速率常数为k=0.0282,较空白时(k=0.2453)明显减小,Pb次之,Cu的抑制作用最弱。

表5-1 降解动力学计算值

重金属种类	浓度/(mg · L^{-1})	拟合公式	速率常数k/(d^{-1})	R
空白		$\ln c=-0.2453t-0.1699$	0.2453	0.9863
Cu	0.5	$\ln c=-0.2853t-0.0676$	0.2853	0.9842
	1	$\ln c=-0.3212t-0.0413$	0.3212	0.9944
	2	$\ln c=-0.2324t-0.1221$	0.2324	0.9848
	3	$\ln c=-0.1017t-0.346$	0.1017	0.9730
	5	$\ln c=-0.0948t-0.2782$	0.0948	0.9670
Cd	0.5	$\ln c=-0.2617t-0.089$	0.2617	0.9759
	1	$\ln c=-0.2336t-0.1497$	0.2336	0.9578
	2	$\ln c=-0.0781t-0.2337$	0.0781	0.9550
	3	$\ln c=-0.0741t-0.228$	0.0741	0.9558
	5	$\ln c=-0.0282t-0.1818$	0.0282	0.9615
Pb	0.5	$\ln c=-0.2312t-0.088$	0.2312	0.9836
	1	$\ln c=-0.1921t-0.0974$	0.1921	0.9894
	2	$\ln c=-0.1371t-0.1545$	0.1371	0.9830
	3	$\ln c=-0.0998t-0.2765$	0.0998	0.9815
	5	$\ln c=-0.0664t-0.3039$	0.0664	0.9311

3. 重金属对白腐菌胞外酶降解 BDE-209 的影响

(1) 重金属对胞外酶降解 BDE-209 的影响。

本实验考察重金属存在下白腐菌胞外酶对 BDE-209 的降解性能。由图 5-36 可知,无重金属存在的条件下,胞外酶对 BDE-209 的降解率为 63.7%,菌体降解性能差异不大,白腐菌对 BDE-209 降解主要依靠胞外酶进行。低浓度的 Cd(0.5 mg · L^{-1})及 Cu(1 mg · L^{-1})可促进胞外酶的活性,从而促进了 BDE-209 的降解,而 Pb 的存在一直表现为对胞外酶活性的抑制,导致降解率持续降低。研究表明,适当添加 Cu 和 Cd 可使白腐菌所产漆酶的活性增加,而 Ag、Hg 和 Pb 的加入降低了漆酶的活性(Baldrian ,2003)。Cu 为生物必需元素,也是多种酶的激活剂,适量添加可促进相关酶的活性。低剂量的 Cd^{2+} 可能部分代替 Zn^{2+} 功能,介导多个转录因子结合到基因的调控区域上,并且还作为转录和复制过程中的关键酶的辅助因子发挥作用(金彩霞等,2010),研究表明,低浓度的 Cd 可促进相关酶的活性(Zhang et al. ,2009)。对比图 5-36 和图 5-33 可知,胞外酶降解与白腐菌降解表现出一定的相似性。运用统计分析软件 SPSS 17.0 对二者数据进行距离相关分析,结果见表 5-2。结果表明,白腐菌降解与胞外酶降解 BDE-209 有较好的相关性,

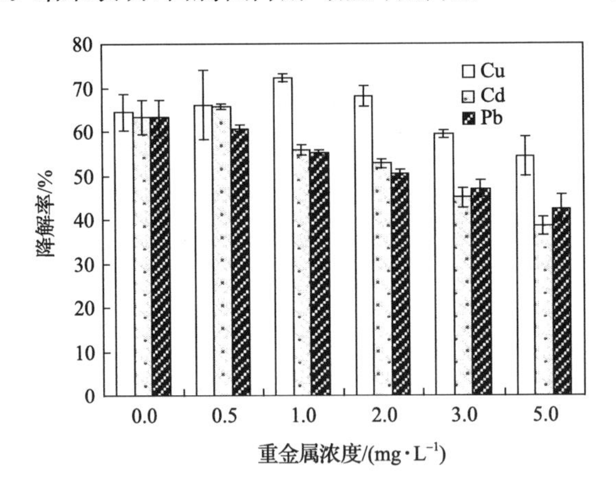

图 5-36 重金属对白腐菌胞外酶降解 BDE-209 的影响

表 5-2 SPSS 17.0 距离相关分析结果

重金属种类	*R*	结论
Cu	0.939	这是相似矩阵
Cd	0.960	这是相似矩阵
Pb	0.923	这是相似矩阵

3 种重金属存在条件下的相关分析 R 值均大于 0.9。因此可以认为重金属主要通过影响胞外酶的方式影响 BDE-209 的降解。

这一实验结果能更好地解释 Cd 及 Pb 存在时降解率与生物量趋势不符的情况。由于胞外酶是起降解作用的主要部分，当 Cd 及 Pb 浓度为 1 mg · L^{-1}时，胞外酶的活性受到了不同程度的抑制，因此降解作用受到抑制。而由于胞外酶与重金属的结合可为菌体脱毒，因此菌体生长并未受到明显影响。

本实验结果也进一步解释了降解延迟期的产生，由前可知 0～2 d 时体系养分充足，菌体利用葡萄糖用于自身快速繁殖；此时胞外酶降解性能较弱，而胞外酶是起降解作用的主要部分，因而导致了延迟期的产生。研究表明，白腐菌对木质素的降解发生在次生代谢阶段，只有在营养缺失的情况下有关降解的酶才会产生（江凌等，2007）。

(2) 胞外酶对重金属的吸附作用。

为了进一步探讨重金属影响 BDE-209 降解的机制，考察了白腐菌胞外酶对各重金属的吸附作用。

由图 5-37 可知，胞外酶对重金属有吸附作用，且随着重金属浓度的增加，其吸附量呈上升趋势。由于重金属与酶结合可能改变酶的性质，且前面实验已经证实白腐菌对 BDE-209 的降解主要由胞外酶完成，因此，重金属对 BDE-209 的降解有直接影响。对比可发现，低浓度（≤1 mg · L^{-1}）时，胞外酶对各重金属吸附量差异不大，但由于各重金属的毒性不同，从而产生图 5-36 所示的降解率差异。由图 5-36 可知，高浓度（>1 mg · L^{-1}）时 Cd 对降解率影响最大，Pb 次之，Cu 最小。由图 5-37 可知，Cd 浓度高时胞外酶对其吸附最为明显，因此酶活性的抑制作用最强，从而对降解的抑制也最强，Pb 次之，Cu 的吸附作用最小。

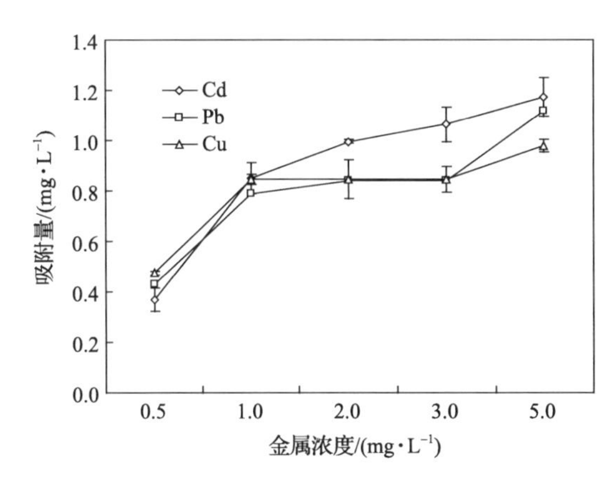

图 5-37　白腐菌胞外酶对重金属的吸附作用

5.4.5　重金属对 BDE-209 在水/沉积物界面分配的影响

1. 重金属对沉积物吸附 BDE-209 的影响

图 5-38 为不同种类重金属对沉积物吸附 0.104 μmol・L^{-1} BDE-209 的影响。3 种重金属的加入对沉积物吸附 BDE-209 皆产生明显促进作用($P<0.05$),但促进作用大小不同。对于重金属 Cd 来说,2 mg・L^{-1}时即表现出较为明显的促进吸附的作用,此时上清液 BDE-209 残留量为 0.00921 μmol・L^{-1},明显低于空白样品(0.01107 μmol・L^{-1}),且促进作用随着 Cd 浓度的增加而增强,10 mg・L^{-1}时促进作用最为明显,BDE-209 残留量为 0.00711 μmol・L^{-1}。Pb 促进作用比 Cd 更强, Cu 的作用最弱。总之,沉积物遭重金属污染后,其对 BDE-209 的吸附作用增强,可能进一步降低了 BDE-209 的可利用性,增加污染物去除的难度。

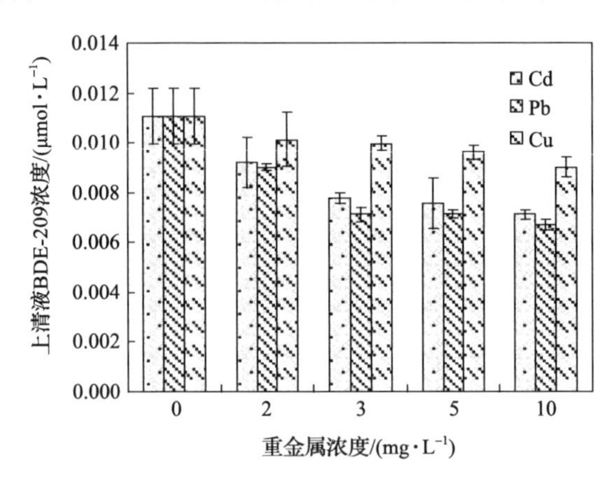

图 5-38　重金属对沉积物吸附 BDE-209 的影响

2. 重金属存在下沉积物对 BDE-209 的吸附过程

下面研究重金属存在下沉积物对不同浓度 BDE-209(浓度分别为 0.104 μmol・L^{-1}、0.208 μmol・L^{-1}、0.312 μmol・L^{-1}、0.52 μmol・L^{-1}、1.04 μmol・L^{-1})的吸附过程。由图 5-39 可知,在实验设定的范围内,随着重金属浓度的提高,其促进作用提高。其中 10 mg・L^{-1}重金属促进作用最为明显。对比可发现,不同种类的重金属表现出的促进作用不同,其中 Cd、Pb 的促进作用较强,Cu 的促进作用较弱。对数据进行 Freundlich 等温吸附模型拟合,公式如下:

$$C_S = K_F[C_W]^{n_F}$$

式中, C_S 和 C_W 分别为有机物在固相和液相的平衡浓度,单位分别为μmol・g^{-1}和 μmol・L^{-1}。对等式两边同时取对数可得

$$\lg C_S = n_F \lg C_W + \lg K_F$$

式中，K_F 和 n_F 分别为 Freundlich 吸附系数和非线性指数。

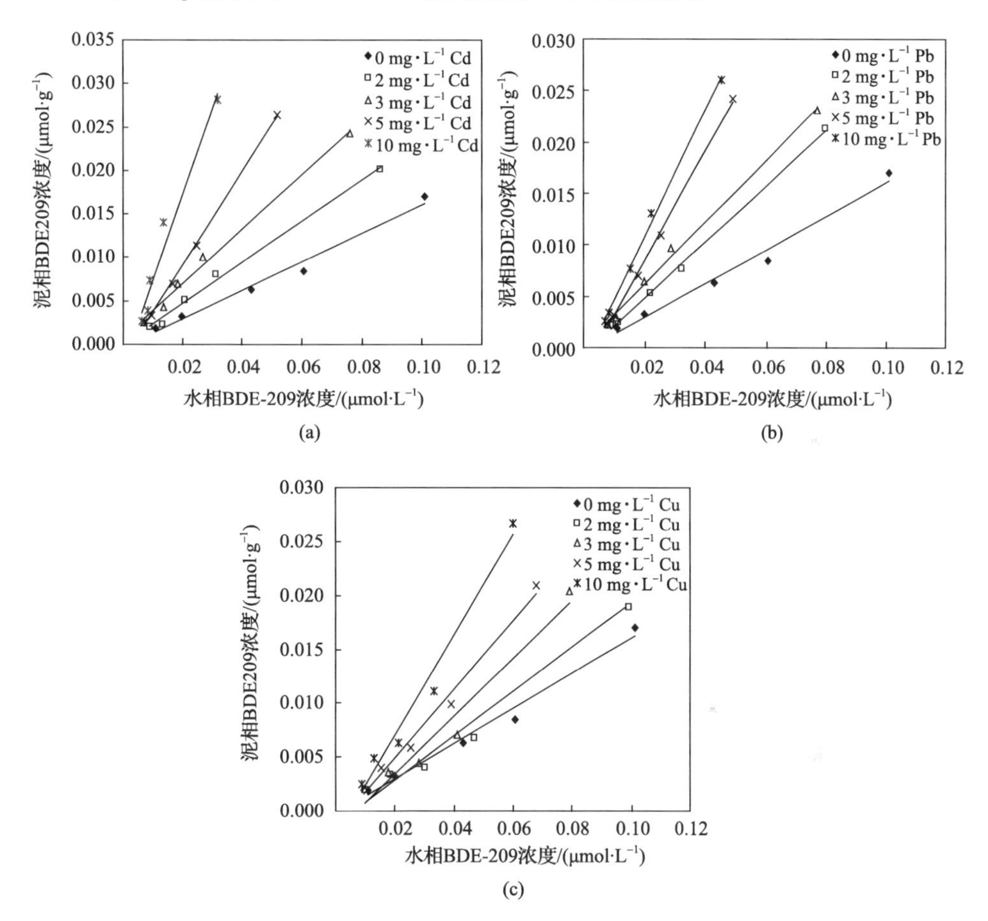

图 5-39　重金属存在下沉积物对 BDE-209 的吸附

(a) Cd；(b) Pb；(c) Cu

由模型拟合结果(表 5-3)可知，沉积物对 BDE-209 的吸附较好地符合 Freundlich 等温吸附模型，R_F^2值为 0.9908。Cu 存在条件下，随着其浓度的增加，吸附系数 K_F表现为逐渐增大，表明沉积物对 BDE-209 的吸附作用增强。Cd、Pb 存在条件下有类似的结果。重金属的加入可以促进沉积物对 BDE-209 的吸附，且在实验范围内随着金属浓度的增加，其促进作用增强。这与前述结果吻合。对比可以发现，相同浓度下不同金属的促进作用大小不相同，当金属浓度为 10 mg · L^{-1}时，其促进作用为 Pb>Cd>Cu (K_F分别为 1.198、1.11、0.657)，其他浓度时也有相似的结果，表现为 Pb 促进沉积物对 BDE-209 的吸附最明显，Cd 次之，Cu 最不明显。

表 5-3 Freundlich 吸附模型拟合参数

重金属	$C_{0,RL}$[a] /(mg·L^{-1})	Freundlich				Linear		
		K_F	n_F	R_F^2	公式	K_L	R_L^2	公式
Cd	0	0.136	0.9554	0.9908	$y=0.9557x-0.8653$	0.1646	0.9840	$y=0.1646x-0.0002$
	2	0.309	1.0865	0.9781	$y=1.0865x-0.5093$	0.2376	0.9941	$y=0.2376x-0.0001$
	3	0.323	0.9776	0.99	$y=0.9776x-0.4998$	0.3142	0.9937	$y=0.3124x+0.0007$
	5	0.937	1.2011	0.9984	$y=1.2011x-0.0281$	0.5392	0.9990	$y=0.5392x-0.00017$
	10	1.11	1.1745	0.9725	$y=1.1745x+0.045$	0.6230	0.9952	$y=0.623x-0.0009$
Pb	0	0.136	0.9554	0.9908	$y=0.9554x-0.8653$	0.1646	0.9840	$y=0.1646x-0.0002$
	2	0.319	1.0764	0.9975	$y=1.0764x-0.4967$	0.2742	0.9984	$y=0.2742x-0.0007$
	3	0.358	1.0422	0.9936	$y=1.0422x-0.4464$	0.3009	0.9959	$y=0.3009x+0.0002$
	5	1.079	1.2542	0.9838	$y=1.2542x+0.033$	0.5326	0.9979	$y=0.5326x-0.0021$
	10	1.198	0.9953	0.99	$y=1.1999x+0.078$	0.6366	0.9939	$y=0.6366x-0.0013$
Cu	0	0.136	0.9554	0.9908	$y=0.9554x-0.8653$	0.1646	0.9840	$y=0.1646x-0.0002$
	2	0.158	0.9823	0.9564	$y=0.982x-0.7994$	0.2045	0.9703	$y=0.2045x-0.0012$
	3	0.258	1.0736	0.9605	$y=1.0734x-0.5916$	0.2682	0.9615	$y=0.2682x-0.0019$
	5	0.381	1.1071	0.9913	$y=1.1077x-0.4187$	0.3182	0.9864	$y=0.3182x-0.0014$
	10	0.657	1.1692	0.9766	$y=1.169x-0.1842$	0.4656	0.9772	$y=0.4656x-0.0024$

a. $C_{0,RL}$为重金属浓度。

表 5-3 表明,分配作用为 BDE-209 在水/沉积物体系迁移的主要机制。通过对比 3 种重金属 Cd、Pb、Cu 存在条件下,BDE-209 在水/沉积物体系中的吸附行为及趋势,可以看出,不同重金属对 BDE-209 在水/底泥间分配的效应相似。BDE-209 的沉积物/水相分配系数随重金属浓度变化关系如图 5-40 所示。其中 K_d(分配系数,即 K_L)值由表 5-3 拟合结果得出,K_{oc}定义为有机碳标化的分配系数,$K_{oc}=\frac{K_d}{f_{oc}}$。由图 5-40 可知,重金属加入后分配系数 K_d、K_{oc}显著增加,表明重金属可显著促进沉积物对 BDE-209 的吸附,同时对比可发现,Pb、Cd 存在情况下分配系数 K_d、K_{oc}增加幅度较大,且 Pb>Cd,而 Cu 存在下分配系数 K_d、K_{oc}增加较小,进一步证明了重金属的添加可促进沉积物对 BDE-209 的吸附,且促进作用为Pb>Cd>Cu。

3. 重金属对体系 DOC 及有机质含量的影响

已有研究表明,沉积物/土壤对疏水性有机物(HOC)的吸附与沉积物/土壤中有机质及溶解性有机碳(DOC)有关(Luo et al.,2010;Gao et al.,2007),因此测定

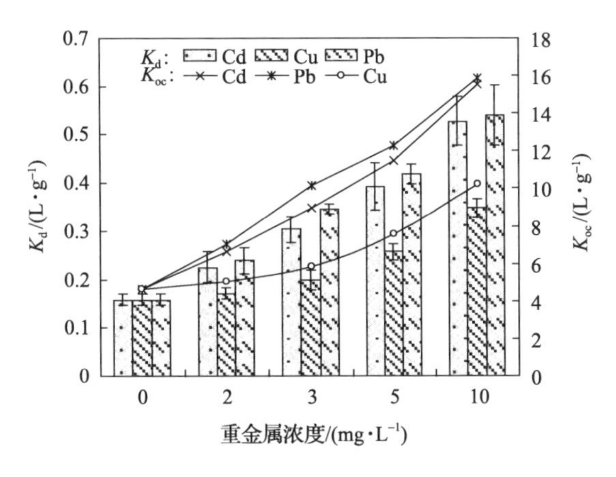

图 5-40 K_d、K_{oc}随重金属浓度的变化

了不同浓度重金属存在条件下，沉积物有机质及DOC含量的变化。上清液DOC含量以上清液中TOC含量来表征。由图5-41可知，重金属加入后，体系上清液DOC浓度呈现不同程度的下降，且下降程度为Pb>Cd>Cu，同时沉积物有机质含量呈现了不同程度的上升，且上升程度为Pb>Cd>Cu，表明重金属加入后，可抑制沉积物中DOC向水相溶解而更多地保留于沉积物中。研究表明，重金属可与有机物发生络合等反应，从而使其溶解性降低(Morillo et al.,2006)。

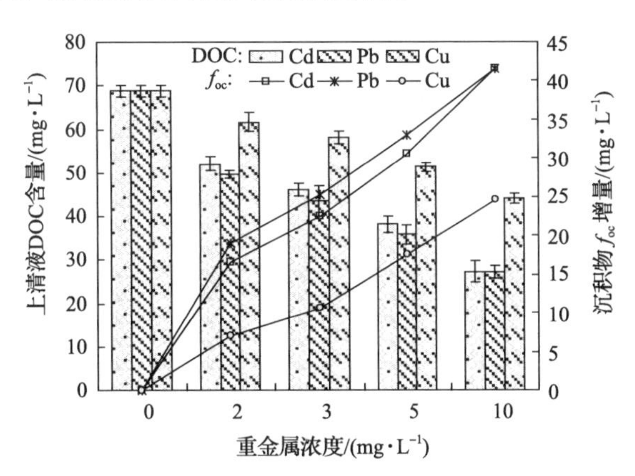

图 5-41 体系上清液DOC及底泥有机质变化

f_{oc}为有机碳含量

分配理论显示，分配系数与有机质含量成正比。为进一步估算DOC对BDE-209的吸附性能，假设沉积物增加的有机物(即DOC)与沉积物非溶解性有机质对BDE-209具有相同的吸附性能，则

$$K_d'=\frac{(f_{oc}+Q_{DOC})K_d}{f_{oc}},\ \Delta K_d=K_d'-K_d=\frac{(f_{oc}+Q_{DOC})K_d}{f_{oc}}-K_d=\frac{Q_{DOC}K_d}{f_{oc}}$$

式中，K_d'为重金属加入后 BDE-209 的分配系数；Q_{DOC}为增加的有机碳含量；ΔK_d为分配系数变化值的计算值。

现将 ΔK_d及 $\Delta K_d'$(分配系数变化值实测值)的比值列于表 5-4。沉积物增加的有机质含量较少，仅为本身的 0.41%～2.45%，但 DOC 对 BDE-209 的吸附能力远远超过沉积物中非溶解性有机质，$\Delta K_d'/\Delta K_d>9.16$，最高可达 30.33，表明 DOC 对 BDE-209 的吸附能力为沉积物中非溶解性有机质的 9.16～30.33 倍。虽然重金属加入后，沉积物增加的有机质含量较少(<2.5%)，但由于增加的物质(DOC)对 BDE-209 具有强烈的吸附作用，因此，显著促进了沉积物对 BDE-209 的吸附。

表 5-4 重金属存在下沉积物吸附 BDE-209 的相关系数

重金属	浓度/($mg\cdot L^{-1}$)	Q_{DOC}/($mg\cdot kg^{-1}$)	(Q_{DOC}/f_{oc})/%	$\Delta K_d'/\Delta K_d$
Cd	0	0	0	
	2	333.1	0.98	30.33
	3	450.6	1.32	26.24
	5	611.6	1.80	9.56
	10	831.3	2.44	9.16
Pb	0	0	0	
	2	382.6	1.12	29.89
	3	506.3	1.49	14.43
	5	659.4	1.94	11.45
	10	832.6	2.45	10.54
Cu	0	0	0	
	2	140.4	0.41	17.82
	3	213.4	0.63	22.51
	5	350.2	1.03	21.96
	10	492.2	1.45	17.83

4. 体系上清液中 DOC 的观察

(1) 体系上清液中 DOC 核磁共振实验。

重金属加入后可抑制沉积物中 DOC 向水体释放。为进一步研究重金属促进沉积物吸附 BDE-209 的原因，对上清液部分进行核磁共振实验。由图 5-42 可知，重金属加入后 DOC 的核磁共振谱图均发生变化，其中 Pb 样品的峰强度相比空白显著减小，Cd 次之，Cu 样品与 CK 相差不大。这表明重金属加入后可抑制 DOC

向水体释放,从而导致上清液 DOC 含量减少。上清液中 DOC 主要成分为脂类物质(0.5～2.8 ppm)、糖、氨基酸及甲基类物质(3～4.0 ppm),重金属加入后,DOC 显著减少,其中 Pb 样品中减少得最明显,Cd 次之,Cu 最不明显。BDE-209 为高亲脂性物质(He et al.,2012; Zeng et al.,2011),而 DOC 中脂类含量较多,因此 DOC 可对 BDE-209 产生明显的吸附。重金属的加入可抑制 DOC 向水体释放而更多地保留于沉积物中,因此,可促进沉积物对 BDE-209 的吸附。

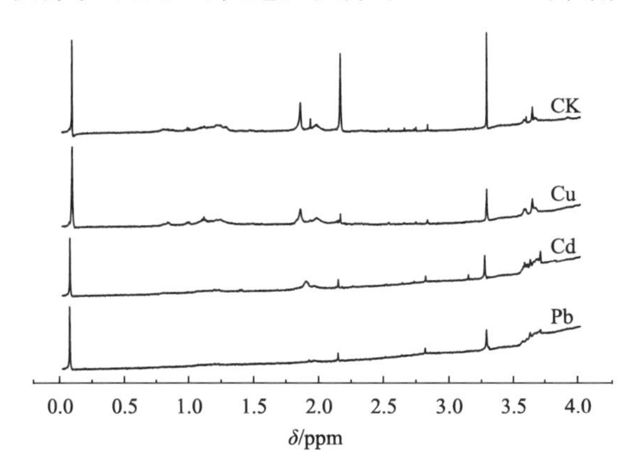

图 5-42　上清液 DOC 的核磁共振谱图

(2) 上清液 DOC 的扫描电镜观察。

为进一步研究重金属影响沉积物吸附 BDE-209 的原因,进行 DOC 的扫描电镜实验。由图 5-43(a)可知,DOC 为颗粒状物质,易聚集形成颗粒较大的物质。重金属加入后此类较大颗粒物质显著减少,其中 Pb 样品[图 5-43(b)]减少最为明显,Cd 样品[图 5-43(c)]次之,Cu 样品[图 5-43(d)]最不明显,表明重金属可能易与大颗粒 DOC 结合,从而使其更多地保留于沉积物中。Cu 的加入可显著减少体系上清液大颗粒 DOC,而对小颗粒 DOC 的影响不大,上清液中仍残留较多小颗粒 DOC;Cd、Pb 样品也有类似的现象。Cu、Cd 加入后明显促进了沉积物对 BDE-209 的吸附,表明大颗粒 DOC 对 BDE-209 的吸附作用更明显。DOC 吸附 BDE-209 的扫描电镜图(图 5-44)也证明了这一点。

对比图 5-43(a)、图 5-43(d)可知,重金属加入后 DOC 的团聚性能发生变化,图 5-43(a)中 DOC 以团聚形成的大颗粒物质存在,而图 5-43(d)中有较多的小分子物质,表明 DOC 的聚集性能下降。

(3) 体系上清液 DOC 的高效分子排阻色谱(HPSEC)测定实验。

由扫描电镜图可知,DOC 易团聚形成较大颗粒物质,重金属加入后此类大颗粒物质减少最明显,表明重金属可能易与大颗粒 DOC 结合。所以利用排阻色谱分析 DOC 的分子尺寸,以探明分子尺寸与吸附 BDE-209 能力的关系。HPSEC 可根据所测物质的分子颗粒大小进行排布,相对分子质量越大,出峰时间越短。由

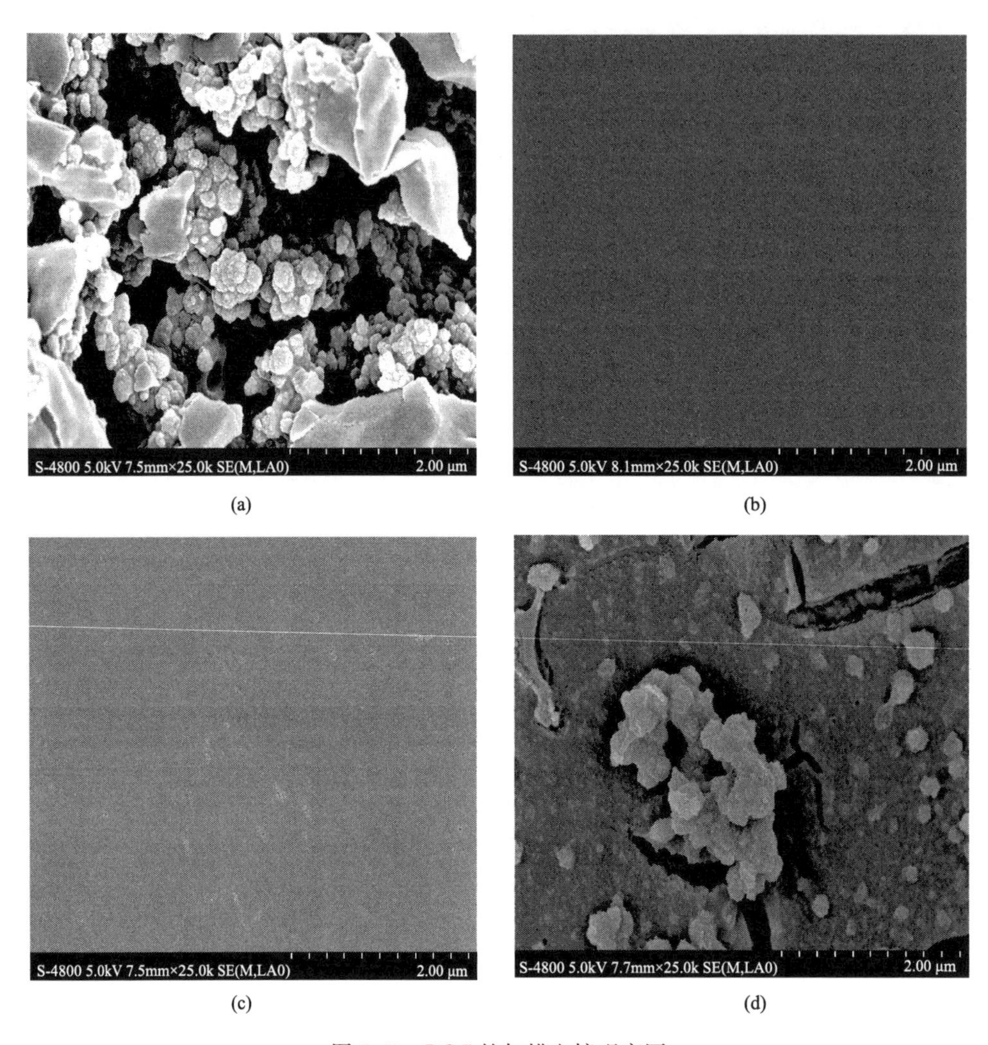

图 5-43 DOC 的扫描电镜观察图

(a) CK;(b) Pb;(c) Cd;(d) Cu

图 5-45 可知,大分子 DOC(出峰时间为 40～46 min)由于重金属的加入而显著减少,其中 Pb 样品减少最明显,Cd 次之,Cu 最不明显。这与扫描电镜所得结论完全一致,表明重金属易与大分子 DOC(团聚物)结合,降低其溶解性能,从而更多地残留于沉积物中。而对小分子物质(出峰时间为 46～52 min)的影响各重金属表现出不同的规律,对于 Cu、Cd 而言,其相比空白样品变化不大,而 Pb 样品中此类小分子物质减少明显;对比扫描电镜图可知,Pb 样品[图 5-43(b)]中 DOC 极少,电镜下很难发现;而 Cu、Cd 样品[图 5-43(c)、图 5-43(d)]中,虽然大分子团聚物明显减少,但仍有较多小分子 DOC 存在。这与本结论完全吻合。

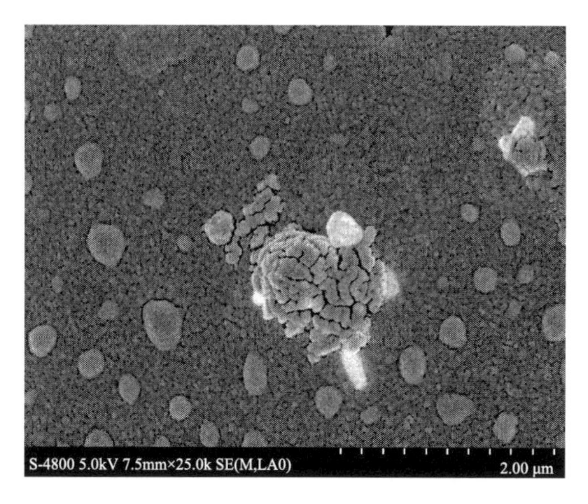

图 5-44 DOC 吸附 BDE-209 的扫描电镜图

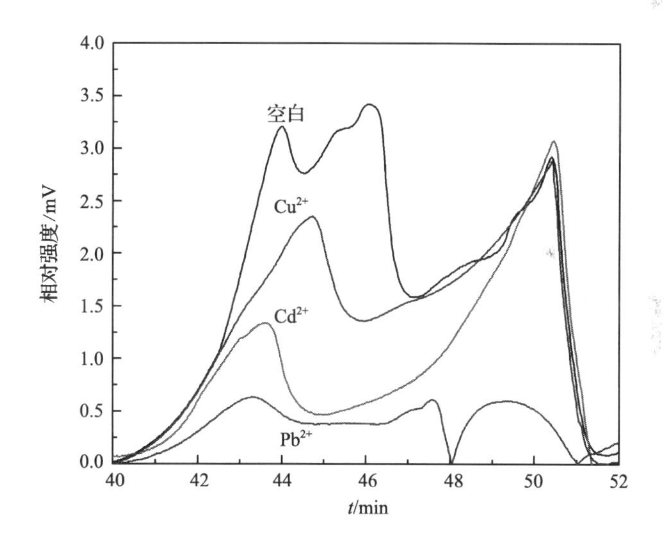

图 5-45 DOC 的分子排阻色谱测定结果

(4) 体系上清液 Zeta 电位测定。

颗粒物的絮凝性能可由 Zeta 电位来表征，Zeta 电位是对颗粒之间相互排斥或吸引力强度的度量，是表征胶体稳定性的重要指标。如果颗粒带很多负的或正的电荷，就说明 Zeta 电位的绝对值很高，它们会相互排斥，从而增加整个体系的稳定性；反之，则整个体系不稳定而易发生团聚现象(Wilson et al.，2001)。

体系上清液 Zeta 电位测定结果如图 5-46 所示。重金属加入后体系 Zeta 电位绝对值相比空白有所减小，且随着重金属离子浓度的增大，Zeta 电位绝对值减小，即在重金属离子的作用下体系的稳定性有所降低，从而导致沉积物对 DOC 的团聚性能增强。对比可发现，重金属削弱水/沉积物的稳定性表现为 Pb＞Cd＞Cu，这与 DOC 分子排阻色谱显示的结果是一致的。重金属加入后可与沉积物中 DOC 结合，从而导致其更多地保留于沉积物中，进而促进了沉积物对 BDE-209 的吸附；另外，重金属加入后也可以与游离于上清液的 DOC 尤其是大分子 DOC 结合，导致溶解性 DOC 更易聚集成团，形成大颗粒物质，由于体系稳定性降低，聚集成团的 DOC 易吸附沉积物，进而也促进了沉积物对 BDE-209 的吸附。这两种作用共同导致重金属促进沉积物吸附 BDE-209。

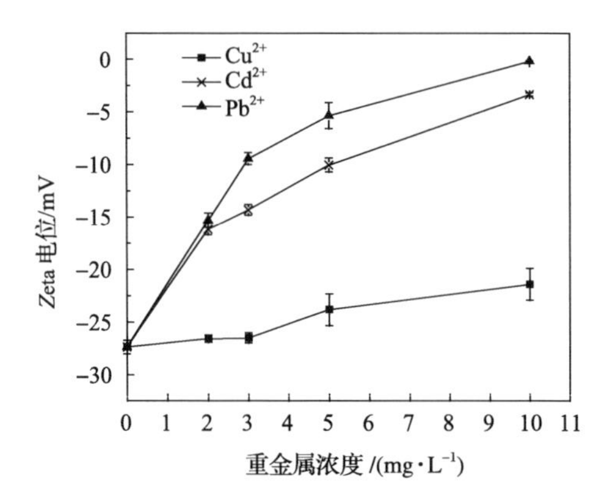

图 5-46　吸附体系上清液 Zeta 电位测定值

5.4.6　重金属对白腐菌降解水/沉积物体系中 BDE-209 的影响

由图 5-47 可知，重金属加入后可对白腐菌降解水/沉积物体系 BDE-209 产生一定影响。Cu 加入后，降解作用随其浓度的增加而增加，5 mg·L^{-1}时达到最高，为 78.48%，显著高于空白样品(71%)，表明适当浓度的 Cu 可以促进白腐菌降解 BDE-209。低浓度(≤2 mg·L^{-1})的 Cd 对白腐菌降解 BDE-209 影响不大，继续增大浓度可抑制白腐菌的降解作用。Pb 存在时也有类似的现象。Cu 为生物必需元素，适当添加可促进微生物的生命活动，进而提高其降解率。Cd、Pb 具有生物毒性，其存在可抑制菌体生长及酶的活性，进而抑制降解率。对比图 5-33 可知，水/沉积物体系中重金属的影响作用减弱很多，主要是由于沉积物对重金属具有吸附作用，重金属被吸附后难以直接作用于微生物，从而使其抑制/促进降解作用减弱。

白腐菌(*P. chrysosporium*)对 BDE-209 具有较好的降解效果，最佳投菌方式为菌体投加，降解率可达 61.49%，高于孢子液投加方式(50.46%)。白腐菌降解 BDE-209 的最佳条件为：温度为 30℃，pH 为 5，BDE-209 浓度为 1 mg·L^{-1}，葡萄糖浓度为 10 g·L^{-1}。白腐菌对 BDE-209 的降解较好地符合一级反应动力学，低浓度 Cu(1 mg·L^{-1})、Cd(0.5 mg·L^{-1})可促进白腐菌对 BDE-209 的降解，其中 1 mg·L^{-1} Cu 表现出最明显的促进作用，降解率为 84.4%，较空白提高 14.7%，

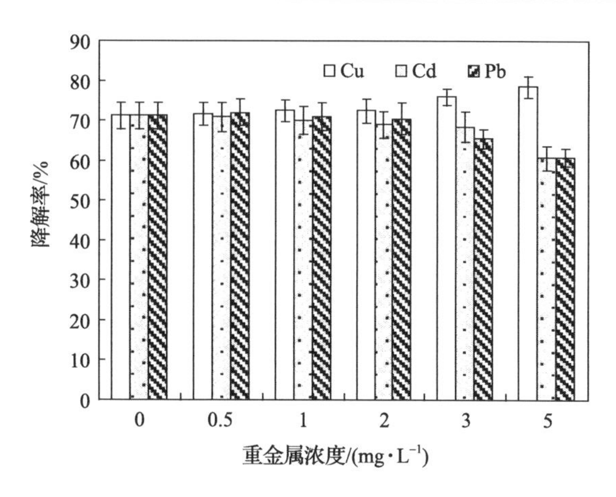

图5-47　重金属对白腐菌降解水/沉积物体系BDE-209的影响

速率常数k=0.3212;高浓度(>1mg·L^{-1})的重金属对白腐菌降解BDE-209皆表现为抑制作用,抑制作用为Cd>Pb>Cu,其中5mg·L^{-1} Cd抑制作用最明显,降解率为26.3%,速率常数k=0.0282。白腐菌胞内酶对BDE-209的降解作用较弱,降解率为22.32%;胞外酶与菌体的降解作用较强,且相差不大,降解率分别为54.14%、60.17%;白腐菌对BDE-209的降解主要由胞外酶完成。重金属对白腐菌胞外酶降解BDE-209的影响与重金属对白腐菌菌体降解BDE-209的影响相似,通过相关性分析及胞外酶对重金属的吸附可知,重金属主要通过影响胞外酶的方式影响白腐菌对BDE-209的降解。重金属Cu、Cd、Pb可促进沉积物对BDE-209的吸附,且促进作用为Pb>Cd>Cu。实验所选沉积物对BDE-209的吸附符合Freundlich吸附模型(R=0.9908),在实验设定的范围内,重金属促进沉积物对BDE-209的吸附作用随重金属浓度的增加而增强。重金属的促进作用与沉积物中DOC有关,重金属加入后可与DOC结合,抑制其向水体释放而更多地保留于沉积物中。DOC的核磁共振谱图显示,DOC主要为脂类等物质,BDE-209的高亲脂性使其极易被DOC吸附,从而促进沉积物对BDE-209的吸附。扫描电镜及HPSEC测定结果表明,DOC为颗粒状物质且易聚集形成较大颗粒。重金属更易与大颗粒DOC分子结合从而使其更多地保留于沉积物中,对小分子DOC的影响相比较弱,而大分子DOC吸附BDE-209的能力更强,因此,促进了沉积物对BDE-209的吸附。体系上清液Zeta电位测定表明,重金属的加入降低了体系的稳定性,导致小分子DOC易聚集形成大颗粒物质而吸附于沉积物表面,进而也促进沉积物对BDE-209的吸附。低浓度时(<2mg·L^{-1}),3种重金属对白腐菌降解BDE-209的影响作用较弱,浓度继续升高至2mg·L^{-1}以后,Cu表现为促进降解作用,Cd、Pb表现为抑制降解作用,且随金属浓度增大而增强。

第6章　电子垃圾拆解区土壤中典型POPs/重金属复合污染植物修复

6.1　土壤POPs/重金属复合污染概况

电子垃圾的拆解引起的环境污染和生态风险已经成为全球关注的热点问题。中国作为世界新兴的电子垃圾拆解中心，其拆解区土壤受到了持久性有机污染物和重金属的严重污染，生态环境受到潜在的威胁。广东省贵屿拆解场地周围土壤中卤代有机污染物浓度为1917～15200 $ng \cdot g^{-1}$，平均5270 $ng \cdot g^{-1}$，并且土壤中Cd、Cr、Cu、Pb、Zn等均超过国家二级标准，其中Cd污染最严重(林文杰等，2011)。土壤中的POPs和重金属通过土壤-植物系统向植物体内富集转化，从而对人类健康造成极大的威胁。综合文献调研发现，电子垃圾拆解区土壤已经受到POPs/重金属复合污染领衔的严重污染危害。

植物修复通过利用植物提取吸收、分解转化的方式去除土壤、沉积物、污泥等环境中的污染物，具有成本低、环境治理与美化等多重功能。植物修复的主要方式包括：植物提取、植物挥发、植物降解、植物过滤、植物稳定、根系生物降解等。对于重金属污染的土壤，一般采用超富集植物将土壤中重金属提取出来，再转移积累到地上部分，从而达到去除目的。对于有机污染物污染的土壤，目前研究主要集中在农药、多环芳烃等污染土壤的植物修复，如丁克强等(2002)的研究表明，黑麦草的种植可增强土壤中菲的修复，修复60 d后5 $mg \cdot kg^{-1}$、50 $mg \cdot kg^{-1}$、500 $mg \cdot kg^{-1}$菲处理浓度下实验组降解率分别达到93.1%、95.6%、94.7%。利用黑麦草、三叶草、玉米等植物混种去除土壤中的芘和菲，结果发现，玉米和黑麦草间种可以使土壤中的芘和菲去除率分别达到95.81%和98.22%(Xu et al.，2006)。电子垃圾拆解区污染土壤中重金属和有机污染物通常同时存在，经过一系列吸附解吸、络合离解、氧化还原等化学交互作用，土壤中重金属和有机物形成性质更复杂的重金属-有机络合物等，从而形成复合污染。随着研究的不断深入，有学者开始利用植物修复复合污染的土壤，如邢维芹等(2008)研究黑麦草对铅和苯并[α]芘复合污染土壤的修复作用，结果显示，Pb对黑麦草的生长和生物量产生了显著的抑制作用，在一定浓度范围内黑麦草能吸收土壤中Pb与苯并[α]芘，并对污染物有一定的修复效果。本章总结了笔者课题组近10年围绕电子垃圾拆解区土壤POPs/重金属复合污染的植物修复研究成果，主要包括植物对复合污染物的降解/转化性能，植物在复合污染物胁迫下的生长及其生理响应，植物对复合污染物的降解/转化机制及微生物共存作用下植物对POPs/重金属土壤复合污染的修复机理。

6.2 杂交狼尾草对土壤中十溴联苯醚/锌复合污染的修复

电子垃圾的长期露天堆放和非法拆卸，导致其中大量的污染物进入土壤环境。相比大气和水环境污染，土壤环境污染具有长期性、隐蔽性和不可逆性等特点。电子垃圾中的重金属和PAHs、PBDEs等难生物降解的污染物进入农田土壤后，不仅对作物产量和品质具有不良效应，还会通过食物链对人类健康构成重大危害。Yang等(2008)的研究显示，我国浙江温岭电子垃圾拆卸地土壤中BDE-209含量为3288.06 $ng \cdot g^{-1}$，是最主要的PBDEs之一。广东电子垃圾拆解地清远和贵屿地区，表层土壤中PBDEs的总含量分别高达2909 $ng \cdot g^{-1}$和3230 $ng \cdot g^{-1}$，其中BDE-209占了77.0%～85.8%。Luo等(2011)对广东省某些露天电子垃圾焚烧区的土壤进行了研究，结果表明土壤中重金属Zn含量较高，平均值高达1160 $mg \cdot kg^{-1}$。因此，电子垃圾造成的土壤BDE-209/Zn复合污染不容忽视，寻求一种有效的修复方法具有重要的现实意义。

6.2.1 研究现状

植物修复通过植物提取吸收、转化分解等方式去除土壤中的污染物。电子垃圾拆解区土壤中Zn和BDE-209污染通常会同时存在，经过一系列络合解离、氧化还原、吸附解析等化学交互作用，进而形成更难处理的复合污染。近些年，已有学者开展了植物修复土壤中复合污染的研究。Wang K等(2012)利用东南景天修复重金属Cd和PAHs(菲和芘)复合污染土壤，结果证明东南景天能从含有菲或芘的土壤中高效提取重金属Cd，但PAHs的去除率随着土壤中重金属Cd浓度升高而降低，说明重金属Cd对PAHs的去除有一定的抑制作用。目前很多研究仍集中在重金属和PAHs等有机物复合污染的植物修复上，重金属和PBDEs复合污染的植物修复研究还比较少。杂交狼尾草(*Pennisetum americanum*)是美洲狼尾草和象草的杂交种，是笔者课题组筛选的1株对BDE-209具有较好修复作用的植物。本节分别以Zn和BDE-209作为重金属和PBDEs代表物，选取杂交狼尾草为修复植物，考察了杂交狼尾草在Zn和BDE-209复合污染下对污染物的修复效果及机理，还探讨了接种BDE-209降解菌短短芽孢杆菌对修复的强化作用和机理，以期为电子垃圾拆解地重金属-PBDEs复合污染土壤的植物修复提供一定的科学依据和理论指导。

6.2.2 盆栽设计

实验在温室中进行，设定日温(28±2)℃，夜温(24±2)℃，光照时长 14 h · d^{-1}，光照强度 5000～6500 lx，空气湿度在 70%左右。土壤污染物浓度设定见表 6-1。

表 6-1 不同处理中 BDE-209 和 Zn 的初始浓度

处理编号	设定 BDE-209 含量 /(mg · kg^{-1})	实测 BDE-209 含量 /(mg · kg^{-1})	设定 Zn 添加量 /(mg · kg^{-1})	实测 Zn 含量 /(mg · kg^{-1})
B0Zn0	0	0	0	149.94±1.24
B0Zn1	0	0	100	246.37±0.78
B0Zn2	0	0	300	442.25±2.16
B1Zn0	5	5.28±0.41	0	149.94±1.24
B1Zn1	5	5.28±0.41	100	246.37±0.78
B1Zn2	5	5.28±0.41	300	442.25±2.16
B2Zn0	10	8.42±0.34	0	149.94±1.24
B2Zn1	10	8.42±0.34	100	246.37±0.78
B2Zn2	10	8.42±0.34	300	442.25±2.16
B3Zn0	25	21.30±0.11	0	149.94±1.24
B3Zn1	25	21.30±0.11	100	246.37±0.78
B3Zn2	25	21.30±0.11	300	442.25±2.16

上述老化后的土壤需按每千克土壤加入 100 mg P(KH_2PO_4)、300 mg N (NH_4NO_3)和 200 mg K(K_2SO_4)作为基底肥，所用试剂为分析纯。每盆装入 600 g 土壤，用无污染的适量土均匀覆盖表层 0.5～1.0 cm，作为一个缓冲带来减少土壤中 BDE-209 的挥发和光降解。加入双蒸水使土壤含水量保持在 60%～70%，平衡 2 周后移入长势大致相同的植物幼苗，每盆种植 5 株。盆栽过程中，每 2 d 随机改变盆的方向。每个处理设置 3 个平行实验，以不种植物作为对照，盆栽时间为 60 d。

6.2.3 污染物对杂交狼尾草生长的影响

1. 根长和茎长

植物通过根系从土壤中摄取营养物质，同时有机污染物和重金属等有害物质也会被吸收、富集，从而对植物的生长产生一定的影响。植物种植 60 d 后，不同处理条件下杂交狼尾草根长、茎长的变化情况如图 6-1 所示。

单一 BDE-209 污染时(Zn0)，随着土壤中 BDE-209 浓度的升高，杂交狼尾草的根长、茎长均显著增加。与对照组相比，B1Zn0、B2Zn0、B3Zn0 处理中根长分别

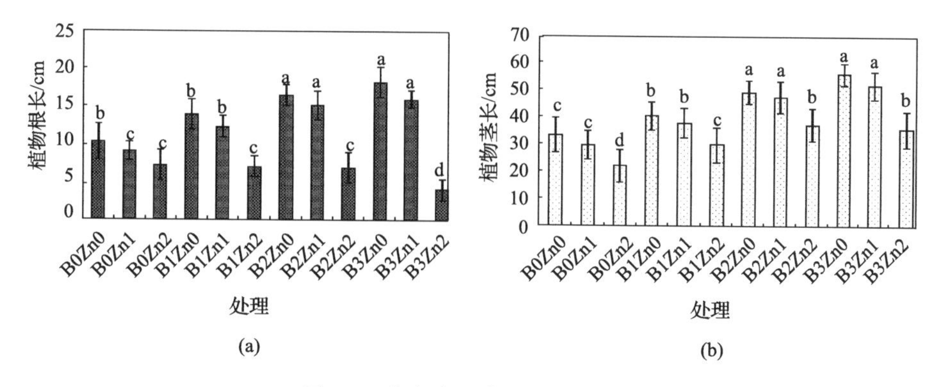

图 6-1　杂交狼尾草生长变化情况

(a) 根长；(b) 茎长；不同字母表示处理间有显著差异($P<0.05$)，下同

增加了 34.54%、59.70%、76.49%，茎长分别增加了 20.72%、46.72%、66.52%。说明 BDE-209 在一定程度上对杂交狼尾草的根和茎的生长有明显的促进作用，且杂交狼尾草对土壤中 BDE-209 污染具有一定的耐受能力。单一 Zn 污染(B0)和 BDE-209/Zn 复合污染条件下，添加重金属 Zn 后，杂交狼尾草的根长、茎长均小于单一 BDE-209 污染时的长度，如 B1Zn1、B1Zn2 处理中杂交狼尾草的根长、茎长均分别小于 B1Zn0 处理，根长和茎长分别减少了 11.31%、49.02%和 6.27%、25.92%。这说明土壤中重金属 Zn 对杂交狼尾草的根、茎的生长有一定的抑制作用，随着土壤外源 Zn 浓度的升高，抑制作用增强；Zn 对杂交狼尾草根部的毒害作用强于茎部，可能是因为杂交狼尾草的根系较发达，根系从一开始就完全暴露于重金属污染条件下，相比茎部，根系对 Zn 污染的反应更敏感，其生长受到的影响相对较大。因而重金属抑制根伸长作用大小的实验结果可以用来预测环境中重金属对植物的毒性作用大小。当 Zn 污染处于同一污染水平时(除 Zn2)，杂交狼尾草根长、茎长仍随 BDE-209 浓度的升高而增大，这说明 BDE-209 能在一定程度上缓解 Zn 污染对杂交狼尾草的毒害作用。

2. 生物量

植物生物量也是植物生长状况的重要指标之一。杂交狼尾草地上、地下部分干重的变化情况如图 6-2 所示。Zn 浓度、BDE-209 浓度及这两者的联合作用均对植物地上、地下部分干重有极显著影响($P<0.001$)。

单一 BDE-209 污染情况下(Zn0)，随着 BDE-209 浓度的增加，B1Zn0、B2Zn0、B3Zn0 处理中杂交狼尾草地上、地下部分生物量与 B0Zn0 相比均显著增加，地上部分分别增加 99.00%、163.90%、287.94%，地下部分分别增加 37.11%、62.96%、68.22%。这些说明杂交狼尾草对 BDE-209 污染具有较强的耐受性，并随着浓度的增高出现显著的促进作用。单一 Zn 和 BDE-209/Zn 复合污染情况下，在 Zn1 处

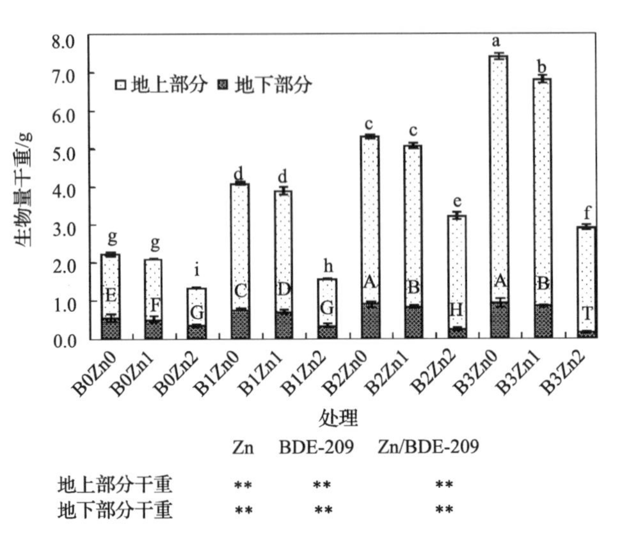

图 6-2 杂交狼尾草生物量的变化(干重)

** 表示在 $P<0.01$ 水平上有显著差异

理中,随着 BDE-209 浓度升高,地上、地下部分生物量均增加;而在 Zn2 处理时,B0Zn2、B1Zn2、B2Zn2、B3Zn2 分别与 B0Zn0、B1Zn0、B2Zn0、B3Zn0 相比,地上、地下部分生物量均极显著减少($P<0.001$),地上部分分别减少 40.18%、62.90%、32.45%、57.54%,地下部分分别减少 39.15%、56.12%、73.14%、83.76%。Zn 对杂交狼尾草生长的抑制作用随其含量的增大而逐渐增强。Zn 作为植物生长必需的元素,在植物体内的生化过程相当活跃,但作为重金属元素,加之在植物代谢过程中易转移,当其浓度超过一定范围时,对植物细胞产生毒害作用。低、中浓度 BDE-209/Zn 共存时,促进了杂交狼尾草的生长,BDE-209 缓解了 Zn 对杂交狼尾草的毒害作用。植物修复有机物和重金属复合污染土壤过程中,有机物和重金属对植物可表现协同、拮抗等作用,Rengel 等(2011)的研究也表明添加菲、芘可缓解 Cd 对灯心草的毒害作用。

6.2.4 污染物胁迫下杂交狼尾草的生理响应

1. 叶绿素

叶片褪绿是植物受污染物毒害后出现的普遍现象,叶绿素含量高低可反映光合作用水平,叶绿素含量低,植物光合作用减弱,抑制植物生长,导致植物生长缓慢,长势不良;反之叶绿素含量高,则光合作用增强(Jamil et al.,2014)。因此选用这一指标可说明土壤污染对植物生长的影响。

如图 6-3 所示,单一 BDE-209 污染下杂交狼尾草叶绿素含量随着土壤中

BDE-209 含量不断增大而逐渐降低，其中 B1Zn0 处理杂交狼尾草叶片中叶绿素含量与 B0Zn0 无显著差异，B2Zn0、B3Zn0 叶绿素含量比 B0Zn0 处理显著减少了 13.54%、26.67%。单一 Zn 污染和复合污染条件下，杂交狼尾草叶绿素含量也表现为不断下降的趋势；随着土壤中 BDE-209 含量不断增大，Zn1 处理中杂交狼尾草叶绿素含量与 Zn0 处理中无显著差异，而在 Zn2 处理时，B0Zn2、B1Zn2、B2Zn2、B3Zn2 处理中叶绿素含量分别比 B0Zn0、B1Zn0、B2Zn0、B3Zn0 处理显著减少 10.84%、13.70%、16.16%、21.02%。这表明低浓度 Zn 对叶片的毒害作用较小，土壤中共存的高浓度 BDE-209/Zn 对杂交狼尾草叶绿素含量产生了更大毒害作用，B3Zn2 处理中叶绿素含量比对照组 B0Zn0 减少了 42.08%。曾有研究发现 β-碳酸酐酶是植物光合作用的辅酶之一，它是一种含 Zn 的酶，在水稻处于分蘖期时添加适量的 Zn 可增加叶绿素含量，从而促进光合作用（Qiao et al.，2014）。植物体内还有一些氧化酶中含有 Zn，通过酶促生理活动参与植物新陈代谢过程，因而少量 Zn 可促进植物生长，但 Zn 过量时会抑制含 Zn 酶的活性，影响植株生长，导致矿质营养不平衡及叶绿素含量下降。

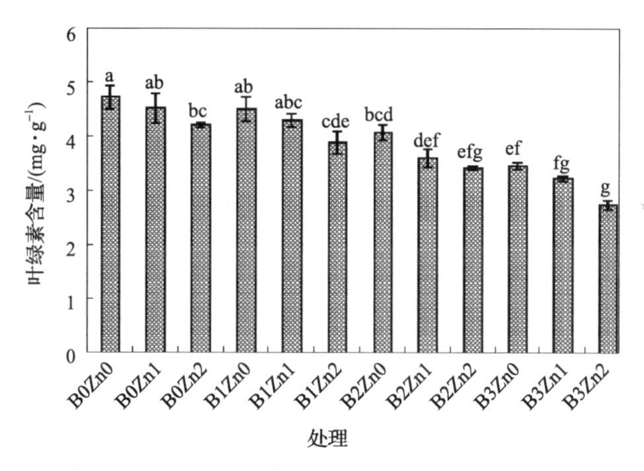

图 6-3　不同处理对杂交狼尾草叶绿素含量的影响

2. 丙二醛

丙二醛（MDA）是植物抵抗逆境条件下膜质过氧化的产物，它是一种高活性的脂质过氧化产物，能交联脂类、糖类、核酸及蛋白质，破坏膜的结构，导致细胞质膜受损伤。因此，MDA 含量往往能反映植物细胞膜过氧化程度及植物对逆境条件反应的强弱。

杂交狼尾草叶片中 MDA 含量变化如图 6-4 所示，单一 BDE-209 污染时，MDA 含量随着 BDE-209 的浓度升高而增大。在单一 Zn 污染和 BDE-209/Zn 复合污染条件下，随着土壤中污染物含量增多，杂交狼尾草中 MDA 含量也呈现上升趋势，如 B1Zn1、B1Zn2 处理中 MDA 含量比 B1Zn0 处理增加了 37.33%、69.39%；其中 B3Zn2 处理中 MDA 含量是对照组 B0Zn0 中的 3.12 倍。这表明杂交狼尾草均受到了土壤中 BDE-209、Zn 污染的胁迫，膜脂质过氧化水平提高，细胞膜组成发生变化，结构遭到破坏，膜系统的稳定性下降，植物组织和细胞均受到了一定的伤害。这种 MDA 含量随着污染物浓度的升高而增加的现象与植物抗逆机理有关（Shutzendübel et al.，2001）。

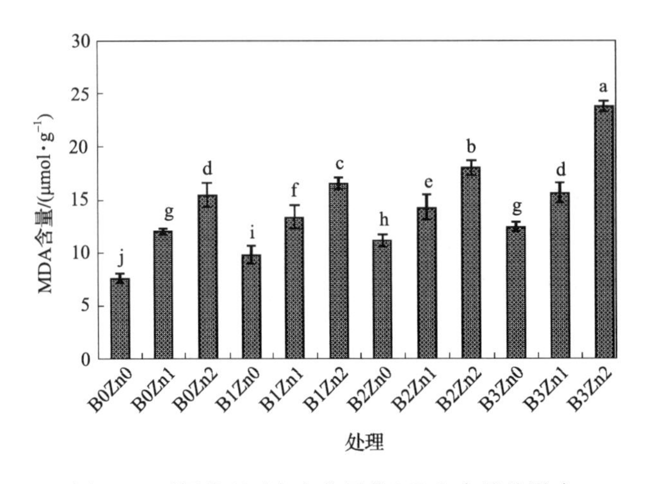

图 6-4　不同处理对杂交狼尾草 MDA 含量的影响

3. 可溶性蛋白质

植物中可溶性蛋白质的含量与其抗逆性的形成有关，许多可溶性蛋白质是植物体中某些酶的重要组成部分，可参与植物多种生理生化代谢过程，与植物的生长发育、成熟衰老、抗病性、抗逆性密切相关。如图 6-5 所示，在单一 Zn 污染时，杂交狼尾草叶片中可溶性蛋白质含量随 Zn 含量增大而增加，且 B0Zn1、B0Zn2 处理中可溶性蛋白质含量比 B0Zn0 处理分别显著增加了 19.22%、21.43%。这种随着 Zn 浓度的升高可溶性蛋白质含量增加的现象也与植物抗逆机理有关，与前面 MDA 实验得出的结论一致。在单一 BDE-209 和 BDE-209/Zn 复合污染条件下，随着土壤中污染物含量的增加，杂交狼尾草叶片中可溶性蛋白质含量大致呈现下降趋势，且各处理中可溶性蛋白质含量与 B0Zn0 处理相比均显著减少。植物在受污染物毒害的逆境条件下，为了抵御这种胁迫作用，植物自身会提高蛋白质的合成以增强自身抵御不良环境的能力；但当对植物造成的危害超过了其调节能力时，植物中可溶性蛋白质的含量会降低。

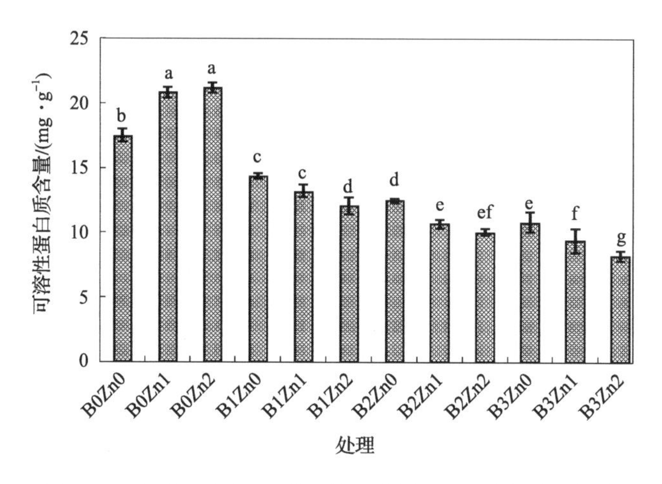

图 6-5　不同处理对杂交狼尾草可溶性蛋白质含量的影响

4. 抗氧化酶

在污染物胁迫下植物体可产生大量活性氧自由基(Smeets et al.,2005)。SOD、CAT 是植物体内重要的酶促防御系统组成部分,能在逆境胁迫过程中,清除生物体内过量的活性氧和 H_2O_2,从而使生物在一定程度上忍耐、减缓或抵抗逆境胁迫。在污染物胁迫下,这两种酶活性变化情况如图 6-6 所示。

单一 BDE-209 和 BDE-209/Zn 复合污染条件下,随着 BDE-209 浓度增大,杂交狼尾草中 CAT 活性呈现先上升后下降趋势,其中在 B2Zn0 处理时达到最大值,比对照组 B0Zn0 显著增加 69.41%。单一 Zn 污染和 BDE-209/Zn 复合污染条件下,杂交狼尾草中 CAT 活性随着 Zn 含量增加而逐渐降低,如 B2Zn1、B2Zn2 处理中 CAT 活性分别比 B2Zn0 降低了 9.55%、22.13%;而杂交狼尾草叶片中 SOD 活性随污染物浓度升高均呈现下降趋势,其中 B3Zn2 处理中 SOD 活性比 B0Zn0 处理减少了 69.31%。

污染物胁迫条件下植物体内活性氧清除系统对植物细胞的保护作用是有一定限度的,超过限度则会呈现下降趋势。因此,杂交狼尾草中 CAT 活性随 BDE-209 浓度增大而升高的阶段,是由于植物的抗逆机制发挥了作用,而在高浓度 BDE-209 污染条件下,SOD、CAT 活性均受到明显的抑制作用。Zn 的加入对 SOD、CAT 活性造成了显著影响,使植物体内活性氧的产生和清除失衡,并有利于活性氧的产生,这将导致植物的生理代谢紊乱,加速植物的衰老和死亡。

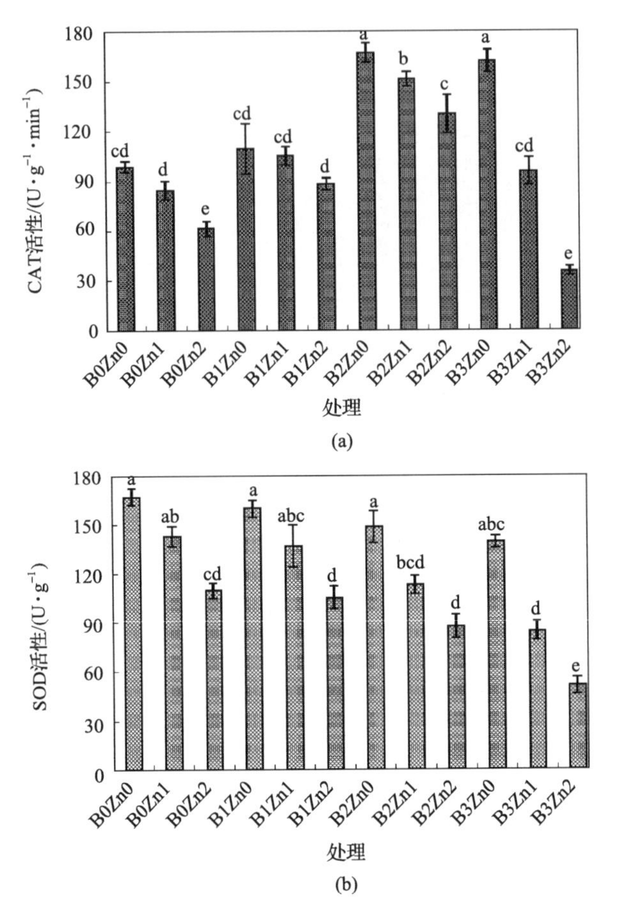

图 6-6　不同处理对杂交狼尾草抗氧化酶活性的影响

(a) CAT 活性;(b) SOD 活性

6.2.5　污染物在杂交狼尾草中的分布

1. Zn

如图 6-7 所示,盆栽实验进行 60 d 后,由方差分析可知,土壤中 Zn 浓度、土壤中 Zn 和 BDE-209 交互作用均对杂交狼尾草地上、地下部分 Zn 含量有极显著影响($P<0.001$),土壤中 BDE-209 浓度对杂交狼尾草地下部分 Zn 含量有极显著影响($P<0.001$),但对地上部分 Zn 含量只有显著影响($P<0.05$)。各处理与对照组 B0Zn0 相比,添加外源 Zn 后,杂交狼尾草中地上、地下部分 Zn 含量均提高,这说明杂交狼尾草对各处理条件下土壤中 Zn 均有一定的吸收作用。

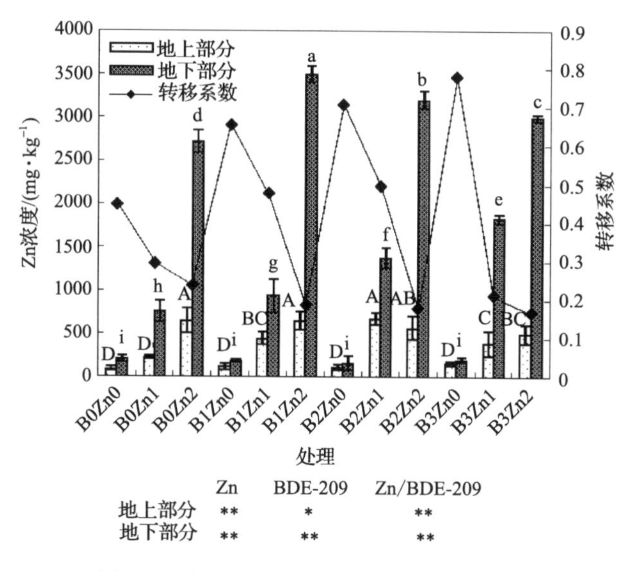

图 6-7 杂交狼尾草体内不同部位 Zn 含量

**、*分别表示在 $P<0.01$、$P<0.05$ 水平上有显著差异

单一 BDE-209 污染情况下(Zn0),随着土壤中 BDE-209 浓度的增大,B1Zn0、B2Zn0、B3Zn0 处理中杂交狼尾草地上、地下部分 Zn 含量与 B0Zn0 处理相比均无显著性差异。采用转移系数(转移系数=植物地上部分污染物含量/植物地下部分污染物含量)表示植物对重金属的转运能力,转移系数随着土壤中 BDE-209 浓度的增大而呈现上升趋势。

单一 Zn 和 BDE-209/Zn 复合污染条件下,当土壤中 BDE-209 浓度处于同一污染水平时,随着土壤中 Zn 含量增大,杂交狼尾草地下部分重金属含量显著增多,如 B1Zn1、B1Zn2 处理中地下部分 Zn 含量分别是 B1Zn0 处理中的 5.06 倍、18.81 倍,地上部分 Zn 含量分别是 B1Zn0 处理中的 3.68 倍、5.39 倍;然而转移系数随着土壤中外加 Zn 含量的增大呈现下降趋势,说明土壤中 Zn 能促进杂交狼尾草对 Zn 的蓄积,但会抑制杂交狼尾草对 Zn 的转运能力。当土壤中 Zn 含量处于同一水平时,随着土壤中 BDE-209 浓度增大, Zn1 处理中杂交狼尾草中地上、地下部分 Zn 含量逐渐增多(除 B3Zn1 地上部分 Zn 含量下降以外),转移系数先上升后下降;但在 Zn2 处理中,杂交狼尾草地上、地下部分 Zn 含量呈现先增多后降低的趋势,转移系数却随之下降,其中 B1Zn2 处理中地上及地下部分 Zn 含量均达到峰值,相比 B0Zn2 处理增加了 28.69%。这些说明低、中浓度 BDE-209 共存时,在一定程度上可促进杂交狼尾草对 Zn 的蓄积和转运,高浓度污染则会有抑制作用。一些研究也表明重金属和有机污染物的交互作用能影响植物对重金属的吸收和积累,芘和 Zn 共存时就能促进印度芥菜对 Zn 吸收(Batty and Anslow,2008)。

2. BDE-209

经过 60 d 修复实验后，杂交狼尾草地上、地下部分吸收 BDE-209 的变化情况如图 6-8 所示。BDE-209 在植物体内的蓄积主要通过植物根系从土壤中吸收和植物叶片从空气中吸收，而 B0Zn0 处理中杂交狼尾草地上、地下部分均未检测出 BDE-209，这说明植物叶片从空气中吸收的 BDE-209 可能没有或很微量（可忽略），植物体内 BDE-209 的积累主要是通过植物根系从土壤中摄取。这可能是因为 BDE-209 的低挥发性，以及盆栽表层的缓冲带也减少了 BDE-209 的挥发。因此，杂交狼尾草地上部分 BDE-209 的积累量可以反映 BDE-209 从地下部分向地上部分的转运情况，采用转移系数表示 BDE-209 由地下部分向地上部分的转运能力。通过方差分析，土壤 Zn 浓度对杂交狼尾草地上部分 BDE-209 积累有显著性影响（$P<0.05$），而对地下部分 BDE-209 积累有极显著影响（$P<0.01$）；土壤中 BDE-209 浓度对地上、地下部分 BDE-209 积累均有极显著性影响（$P<0.01$）；土壤中 Zn 和 BDE-209 的交互作用对地下部分 BDE-209 积累有显著性影响（$P<0.05$），但对地上部分 BDE-209 积累影响不显著（$P>0.05$）。

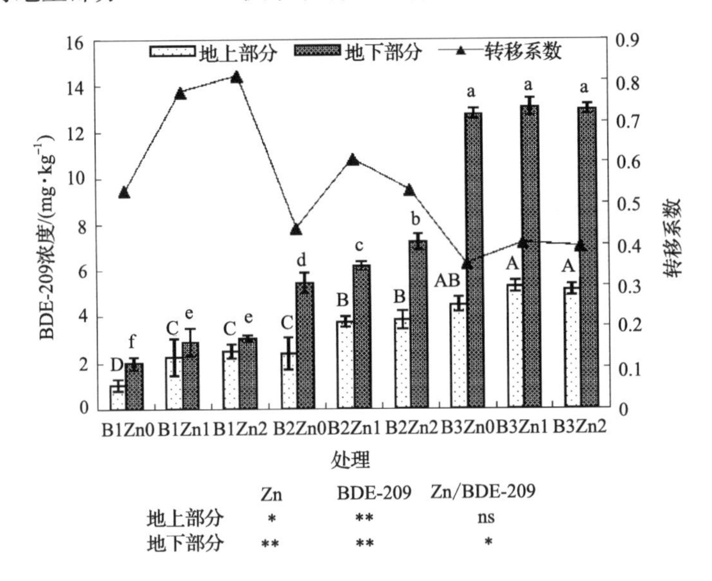

图 6-8　杂交狼尾草体内不同部位 BDE-209 含量

**、* 分别表示在 $P<0.01$、$P<0.05$ 水平上有显著差异；ns 表示没有显著性差异

Zn0 处理中随着土壤中 BDE-209 浓度的增大，地上、地下部分 BDE-209 的积累量均显著增大，B1Zn0、B2Zn0、B3Zn0 处理的转移系数分别为 0.53、0.44、0.35。BDE-209/Zn 复合污染条件下，当土壤中 Zn 含量一定时（Zn1 或 Zn2），地上、地下部分 BDE-209 的积累量随着土壤中 BDE-209 浓度的增大均显著增多，其中

B1Zn1、B2Zn1、B3Zn1处理的转移系数分别为0.77、0.61、0.40,B1Zn2、B2Zn2、B3Zn2处理的转移系数分别为0.81、0.53、0.39。结果表明,随着土壤中BDE-209浓度增加,杂交狼尾草对BDE-209吸收作用增强,这与6.2.3小节中所述杂交狼尾草对BDE-209污染表现出较强的耐受性相符。BDE-209在杂交狼尾草体内的转移系数随着土壤中BDE-209浓度的增大而减小,地下部分积累量显著大于地上部分,表明杂交狼尾草对BDE-209的吸收积累主要集中在根部,且随着土壤中BDE-209浓度增大,BDE-209向地上部分运输能力逐渐减弱。当土壤中BDE-209处于同一污染水平时,地上、地下部分BDE-209的积累量随土壤Zn含量增大而增多(B3除外),且在Zn1处理时,地上、地下部分BDE-209转移系数均显著高于Zn0处理。这说明Zn对杂交狼尾草吸收土壤中BDE-209有一定促进作用,共存的低、中浓度BDE-209/Zn可促进杂交狼尾草对BDE-209的蓄积和转运,这可能是因为植物体内的一些氧化酶中含有Zn,通过酶促生理活动参与植物新陈代谢过程,因而一定量Zn的存在可促进植物生长代谢,从而促进植物对BDE-209吸收和转运,但Zn过量时可抑制含Zn酶的活性,影响植株代谢活动,进而影响BDE-209的吸收和转运。

6.2.6　短短芽孢杆菌和杂交狼尾草对土壤中BDE-209/Zn复合污染的联合修复

微生物(细菌、真菌)-植物联合修复是土壤生物修复技术研究的新内容,据报道,土壤中植物-微生物相互作用是影响卤代有机污染物转化的关键因素之一(Leigh et al.,2006; Vonderheide et al.,2006)。添加微生物是强化植物修复土壤污染物的有效措施,其主要原理是利用植物与微生物的协同作用共同转化去除污染物。在植物-微生物体系中,不仅有植物修复的作用,同时植物为微生物提供生存环境,通过释放根际分泌物促进微生物生长代谢,加快微生物的生长,强化微生物修复作用;同时微生物能转化污染物,降低污染物的毒性,提高植物的耐受性。通过添加微生物来强化植物修复,是具有良好发展前景的土壤重金属和PAHs修复措施之一。目前,国内外已有许多学者利用植物-微生物联合作用对土壤中PCBs进行修复,均获得了较好的修复效果(Xu et al.,2010; Huesemann et al.,2009),但关于PBDEs联合修复方面的报道还较少(Wang et al.,2011)。本研究采用盆栽实验,探讨接种外源菌(短短芽孢杆菌)前后杂交狼尾草对土壤中Zn、BDE-209单一及复合污染的修复效果,以及土壤酶活性,土壤微生物生物量碳的变化情况和土壤中微生物利用碳源的特征差异。

1. 盆栽实验设计

供试验土壤中BDE-209的浓度设定为0 mg · kg^{-1}、5 mg · kg^{-1}和25 mg · kg^{-1},添加的Zn浓度设定为100 mg · kg^{-1},土壤污染物浓度具体设定见表6-2。

表 6-2　土壤中 BDE-209 和 Zn 的初始浓度的设定值和实测值

处理编号	T1	T2	T3	T4	T5	T6
设定土壤中 Zn 添加量/($mg\cdot kg^{-1}$)	0	100	0	100	0	100
实测土壤中 Zn 含量/($mg\cdot kg^{-1}$)	149.94	248.55	149.94	248.55	149.94	248.55
设定土壤中 BDE-209 含量/($mg\cdot kg^{-1}$)	0	0	5	5	25	25
实测土壤中 BDE-209 含量/($mg\cdot kg^{-1}$)	0	0	4.74	5.37	24.70	26.18

每个浓度设定 4 个处理：①B0 为不种植杂交狼尾草，不接种 *B. brevis*；②B1 为不种植杂交狼尾草，接种 *B. brevis*；③B2 为种植杂交狼尾草，不接种 *B. brevis*；④B3 为种植杂交狼尾草，接种 *B. brevis*。待植物种植一周后，每盆添入 30 mL 菌悬液，使土壤接种菌的生物量为 50 $mg\cdot kg^{-1}$。每个处理设置 3 个平行实验，植物种植 60 d 后盆栽结束。

2. 接种 *B. brevis* 对杂交狼尾草体内污染物的影响

(1) Zn。

Zn 是植物生长所需的营养元素，如图 6-9 所示，不同处理中植物地上、地下部分均对土壤中 Zn 具有吸收。图 6-9(a)是不同浓度下未接种和接种 *B. brevis* 处理后杂交狼尾草地上部分 Zn 含量变化情况，在无添加 Zn 的处理中，T1、T3、T5 未接种和接种处理中地上部分 Zn 含量与对照组 T1 处理中无明显差异，说明添加单一 BDE-209 对杂交狼尾草地上部分吸收富集 Zn 没有显著影响。添加 Zn 后，T2、T4、T6 未接种和接种处理中地上部分 Zn 含量均显著高于 T1 处理，可见土壤中一定浓度的 Zn 能促进植物地上部分蓄积 Zn；其中 T2、T4、T6 未接种处理中地上部分 Zn 含量分别比 T1 处理中增加了 112.08%、356.47%、299.18%，接种处理中增加了 117.92%、374.77%、269.92%，说明土壤中低浓度 BDE-209 与 Zn 共存时对

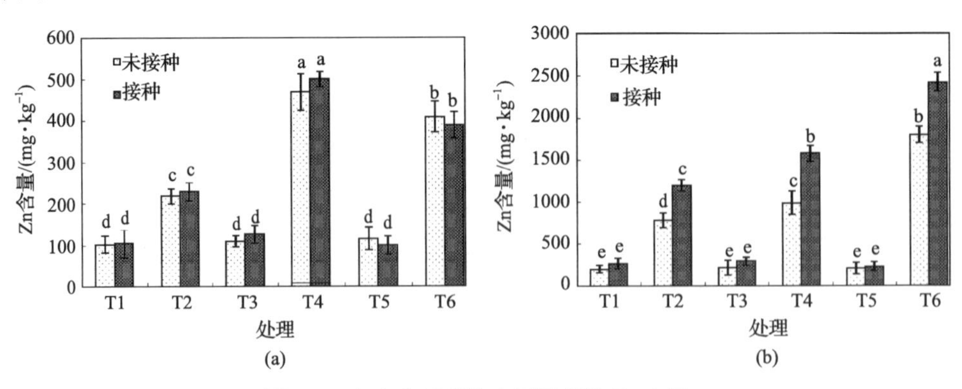

图 6-9　杂交狼尾草体内不同部位 Zn 含量

(a) 地上部分；(b) 地下部分；字母不同表示处理间有显著差异($P<0.05$)，下同

植物地上部分积累 Zn 有促进作用，高浓度 BDE-209 有一定抑制作用。T1～T4 未接种处理中 Zn 含量比接种处理中略低，T5、T6 处理则略高，但 T1～T6 未接种与接种处理中 Zn 含量均无明显影响，表明接种 *B. brevis* 对杂交狼尾草地上部分蓄积 Zn 的促进作用不显著。

未接种和接种处理后杂交狼尾草地下部分 Zn 含量变化如图 6-9(b)所示，T1、T3、T5 处理地下部分中 Zn 含量变化趋势与地上部分相同。添加 Zn 后，T2、T4、T6 未接种与接种处理中地下部分 Zn 含量随着土壤中 BDE-209 浓度的增加也逐渐升高，T2、T4、T6 未接种处理中地下部分 Zn 含量分别是 T1 处理的 3.86、4.88、8.89 倍，接种处理中是 T1 处理的 4.40、5.83、8.93 倍；接种 *B. brevis* 后，T2、T4、T6 处理地下部分 Zn 含量分别比未接种处理显著性增加了 52.76%、60.15%、34.63%。

杂交狼尾草体内 Zn 的富集转移系数见表 6-3，其中富集系数采用植物地下部分的富集系数。T1、T3、T5 未接种和接种处理中转移系数、富集系数均无显著性差异；添加 Zn 后，T2、T4、T6 未接种处理中转移系数分别为 T1 的 0.55、0.92、0.45 倍，富集系数分别为 T1 的 2.33、2.94、5.36 倍；T2、T4、T6 接种处理中转移系数分别为 T1 处理的 0.49、0.82、0.41 倍，富集系数分别为 T1 的 2.65、3.51、5.39 倍。这些说明土壤中一定浓度的 Zn 对杂交狼尾草体内 Zn 的向上迁移能力有一定抑制作用，低浓度 BDE-209 能缓解该抑制作用；土壤中添加一定浓度的 Zn 明显促进了杂交狼尾草地下部分蓄积 Zn，且当土壤中 BDE-209 和 Zn 共存时，地下部分蓄积 Zn 的能力在一定程度上随 BDE-209 浓度的增大而增强。未接种和接种处理中转移系数分别为 0.23～0.51、0.16～0.43，富集系数分别为 1.35～7.24、1.55～9.75，说明接种 *B. brevis* 能促进杂交狼尾草地下部分对 Zn 的大量吸收，地下部分 Zn 积累量增加，对植物根部的毒害作用增强，植物正常的生命代谢活动也受到了一定影响，从而抑制 Zn 由地下部分向地上部分的转移。黄晶等(2012)研究 8 种不同丛枝菌根真菌(AMF)对紫花苜蓿吸收土壤中 Cd、Zn 的影响，结果也发现经 AMF 处理的紫花苜蓿根部 Cd、Zn 积累量明显增加，Cd、Zn 由根部向地上部的运移也减弱了。

表 6-3　杂交狼尾草体内 Zn 的富集转移系数

处理	转移系数		富集系数	
	未接种	接种	未接种	接种
T1	0.51	0.39	1.35	1.81
T2	0.28	0.19	3.14	4.80
T3	0.51	0.43	1.44	1.98
T4	0.47	0.32	3.97	6.36
T5	0.55	0.43	1.39	1.55
T6	0.23	0.16	7.24	9.75

(2) BDE-209。

杂交狼尾草地上、地下部分 BDE-209 含量变化情况如图 6-10 所示，各处理中杂交狼尾草地下部分吸收的 BDE-209 含量显著高于地上部分，表明植物地上部分 BDE-209 的积累是通过植物根部吸收及植物体内的转移。单一 BDE-209 污染条件下(T3、T5)接种 *B. brevis* 处理中杂交狼尾草地上、地下部分吸收 BDE-209 含量略大于未接种处理，但差异均不显著。接种和未接种处理中杂交狼尾草地上、地下部分 BDE-209 含量均随土壤中 BDE-209 浓度的增大而升高，T5 未接种和接种处理中地上部分 BDE-209 含量比 T3 分别增大了 230.30%、226.28%，地下部分分别增大了 147.06%、128.87%；添加 Zn 后，也具有同样的趋势，T6 未接种和接种处理中杂交狼尾草地上、地下部分 BDE-209 含量均高于 T4 处理，可见土壤中一定浓度 BDE-209 能促进杂交狼尾草吸收富集 BDE-209，这点在 6.2.5 小节中提到过，添加一定浓度的 Zn 也可促进杂交狼尾草对土壤中 BDE-209 的吸收富集，T4、T6 未接种和接种处理中地上部分 BDE-209 含量均分别显著高于 T3、T5 处理。BDE-209/Zn 复合污染条件下，T4 未接种处理地上、地下部分中 BDE-209 含量和接种处理中差异不显著，T6 未接种处理地下部分含量也与接种处理无显著差异，但是 T6 未接种处理地上部分 BDE-209 含量比接种处理中显著增大了 13.70%。

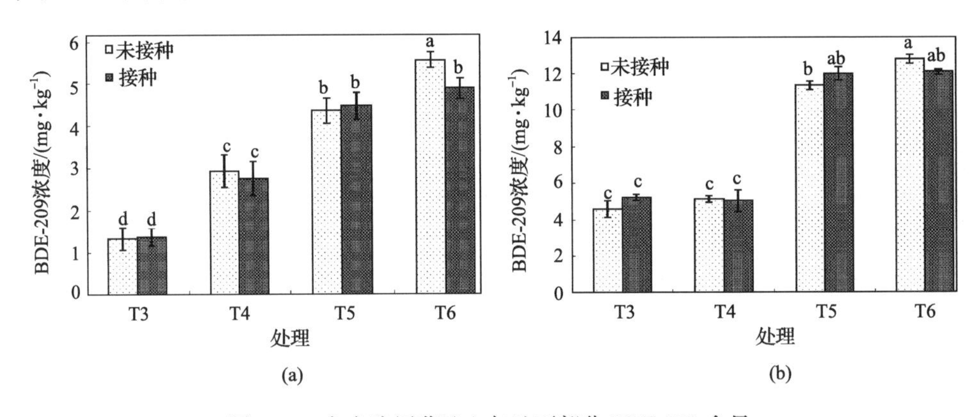

图 6-10 杂交狼尾草地上与地下部分 BDE-209 含量

(a) 地上部分；(b) 地下部分

T3、T4、T5、T6 未接种处理中杂交狼尾草体内转移系数分别是 0.29、0.57、0.38、0.44，接种处理中转移系数分别为 0.26、0.55、0.37、0.40，显然两种处理相比无显著性差异。添加 Zn 后，T4、T6 未接种处理中转移系数分别是 T3、T5 处理的 1.97 倍、1.16 倍，接种处理中转移系数分别是 T3、T5 的 2.12 倍、1.08 倍，这可能是与植物体代谢相关的含 Zn 辅酶起到的作用，说明土壤中一定浓度 Zn 可促进 BDE-209 在杂交狼尾草体内转移。

3. 接种 *B. brevis* 对土壤中 BDE-209 去除的影响

不同处理条件下土壤中 BDE-209 残留量和去除率见表 6-4，单一 BDE-209 污染情况下(T3、T5 处理)，高浓度 BDE-209(T5)污染土壤的去除率均小于低浓度(T3 处理)，说明土壤中高浓度 BDE-209 在一定程度上抑制 BDE-209 的去除。T3、T5 处理条件 B0、B1、B2、B3 处理中 BDE-209 的残留量逐渐减少，去除率逐渐增大，在种植物和接种菌(B3)处理中达最大，分别为 50.14%、45.95%。BDE-209/Zn 复合污染条件下(T4、T6 处理)，变化趋势大致与 T3、T5 处理相同，B0、B1、B2、B3 处理中 BDE-209 的残留量逐渐减少，去除率呈现增大趋势；T4、T6 各处理中的去除率比 T3、T5 处理中小，仅在 T4 处理条件下只种植物(B2)处理中的去除率高于 T3，可见一定浓度的 Zn 可促进杂交狼尾草对土壤中 BDE-209 的去除，6.2.5 小节中也证明了这一点。T3～T6 处理条件下，B1 处理中 BDE-209 去除率比 B0 处理增加了 0.44%～2.45%，B3 处理中去除率比 B0 增加了 32.46%～41.65%。

表 6-4　不同处理下土壤中 BDE-209 残留量及去除率

处理	土壤中 BDE-209 残留量/(mg · kg^{-1})				去除率/%			
	B0	B1	B2	B3	B0	B1	B2	B3
T3	4.34	4.24	2.83	2.36	8.54	10.44	40.39	50.14
T4	4.98	4.96	3.06	2.75	7.20	7.64	43.02	48.85
T5	23.16	22.56	16.68	13.35	6.23	8.68	32.45	45.95
T6	24.66	24.39	18.40	16.16	5.80	6.82	29.72	38.26

综上可知，种植杂交狼尾草和接种 *B. brevis* 均能促进土壤中 BDE-209 的去除，且杂交狼尾草-微生物联合作用下去除率最高；土壤中 Zn 与低浓度 BDE-209 共存时对杂交狼尾草去除 BDE-209 有促进作用，高浓度 BDE-209 对植物和微生物的去除效果均起到抑制作用。

4. 不同处理条件下土壤酶活性的变化

(1) 土壤过氧化氢酶活性。

CAT 是土壤中分布较广的一种氧化还原酶，它能够分解过氧化氢，在一定程度上保护生物体免受活性氧类物质的侵害。土壤中的 CAT 活性还与土壤微生物生物活动和呼吸强度有关，能在一定程度上反映土壤中微生物活性和肥力状况。土壤中 CAT 活性如图 6-11 所示，T2～T6 各处理中土壤 CAT 活性均低于 T1 处理，说明土壤中 BDE-209 和 Zn 污染均对土壤中 CAT 活性有一定抑制作用。T3、T5 处理污染条件下，B2 处理中土壤 CAT 活性相比 T1 处理污染条件下 B2 处理中显著减少，B0、B1、B3 处理差异性不显著。添加 Zn 后，T2 处理污染条件下 B0～

B3 处理中土壤 CAT 活性分别比 T1 处理中显著降低了 30.28%、29.47%、12.84%、11.48%，T4、T6 处理条件下各处理中土壤 CAT 活性与 T1 处理无显著性差异(除 B2 外)。这说明 Zn 污染对土壤 CAT 活性具有较强的抑制作用，而 BDE-209 能在一定程度上缓解该抑制作用。T1～T6 处理条件下均有 B0<B1<B2<B3，且 B2、B3 处理中土壤 CAT 活性相比 B0 处理分别显著性增加了 32.72%～69.44%，45.00%～84.10%，可见种植杂交狼尾草和接种 *B. brevis* 均能促进土壤 CAT 活性，且杂交狼尾草-*B. brevis* 联合作用对土壤 CAT 活性的促进作用更明显。

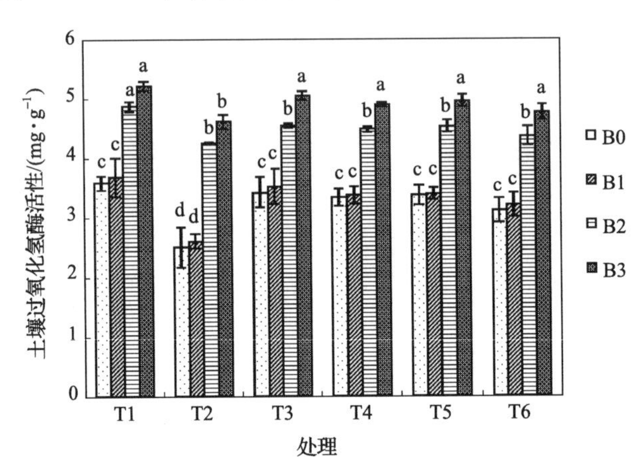

图 6-11　不同处理条件下土壤 CAT 活性

(2) 土壤脲酶活性。

土壤脲酶是土壤中的一种水解酶，与有机物质的矿化过程有直接关系，且对维持土壤生态系统的养分和各种元素的循环有重要作用。脲酶存在于大多数细菌、真菌及高等植物中，它可以促进有机分子中肽键的水解。土壤脲酶的活性与微生物数量、全氮及有机物质的含量呈正相关，常用来表征土壤中氮素的状况。

不同处理条件下土壤脲酶活性的变化如图 6-12 所示，只添加 BDE-209 后，T3 污染条件下 B0～B3 处理中土壤脲酶活性与对照组 T1 处理中无显著差异，T5 处理污染条件下 B0、B1 处理中土壤脲酶活性与 T1 处理中差异性也不显著，但 B2、B3 处理比 T1 处理中明显降低了 11.84%、15.35%；添加 Zn 后，T2、T4、T6 处理污染条件下土壤脲酶活性分别比 T1 处理中降低了 15.77%～23.16%、12.71%～18.97%、15.30%～21.67%。这说明土壤中 BDE-209 和 Zn 均对土壤中土壤脲酶活性有抑制作用，且 Zn 的抑制作用更强，而 BDE-209/Zn 复合污染条件下一定浓度的 BDE-209 可以缓解 Zn 的毒害作用，这与土壤 CAT 活性实验中所得结论相同。在不同污染条件下也具有相同规律，土壤脲酶活性的大小规律有 B0<B1<B2<B3，其中 B1 处理中土壤脲酶活性与 B0 差异性不显著，B2、B3 处理中土壤脲酶活性显著性高于 B0 处理，可见仅接种 *B. brevis* 对土壤脲酶活性的影响不显著，

但种植杂交狼尾草能显著提高土壤脲酶活性,植物-微生物联合作用进一步强化处理效果,这说明种植植物对改善土壤肥力有很好的促进作用。

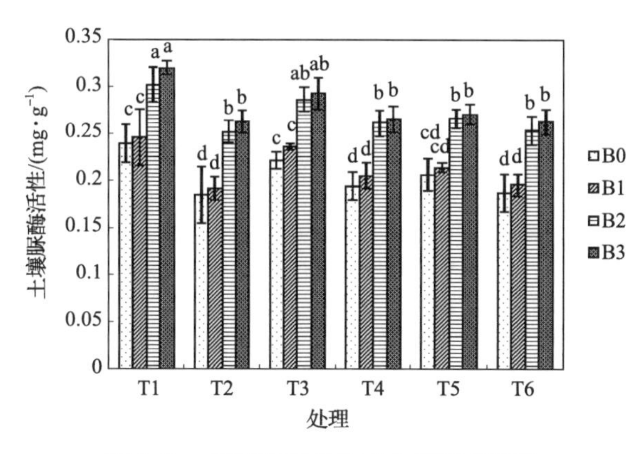

图6-12 不同处理条件下土壤脲酶活性

5. 杂交狼尾草和 *B. brevis* 联合作用对污染土壤中微生物代谢强度的影响

本研究选取土壤样品分别为:①无添加污染T1;②单一Zn污染T2;③单一添加BDE-209污染T5;④复合污染T6。

微生物在利用碳源过程中产生的自由电子,能降解还原四唑叠茂染料并显色,每孔颜色的深浅可以反映微生物对碳源的利用程度及代谢能力(田雅楠和王红旗,2011)。同时颜色平均变化率(average well color development,AWCD)对土壤环境胁迫的反映比较敏感,还可用作土壤微生物活性的有效指标。各处理的AWCD变化曲线如图6-13所示。随着培养时间的延长,各污染条件下微生物利用碳源量均呈现逐渐增加的趋势,在观测周期内的AWCD持续升高。

如图6-13(a)所示,无添加污染T1处理条件下,前24 h的各处理中AWCD值均很小,可能是土壤样品中还残余可利用碳源且微生物还处于调整期,故此时微生物对底物碳源利用较少;24 h后微生物开始大量利用ECO微平板中的碳源,不同处理间AWCD变化曲线具有显著性差异,呈现B3>B2>B1>B0趋势,且B3、B2处理中AWCD变化速率均显著高于B0、B1处理。这说明种植杂交狼尾草能提高土壤微生物的活性,接种 *B. brevis* 后,杂交狼尾草和外源微生物联合对提高土壤微生物活性具有增强作用。

添加Zn后AWCD变化曲线如图6-13(b)所示,在单一Zn污染T2处理条件下,各处理中AWCD值在前36 h无明显变化,36 h后随着培养时间的延长开始升高,这说明土壤微生物前期对ECO微平板上的碳源利用较少,培养36 h后才开始大幅度利用底物碳源。各处理间AWCD的变化速率也具有同样规律:B3>B2>B1>B0处理,其中B2、B3处理中AWCD变化速率显著性高于对照组B0处理,说

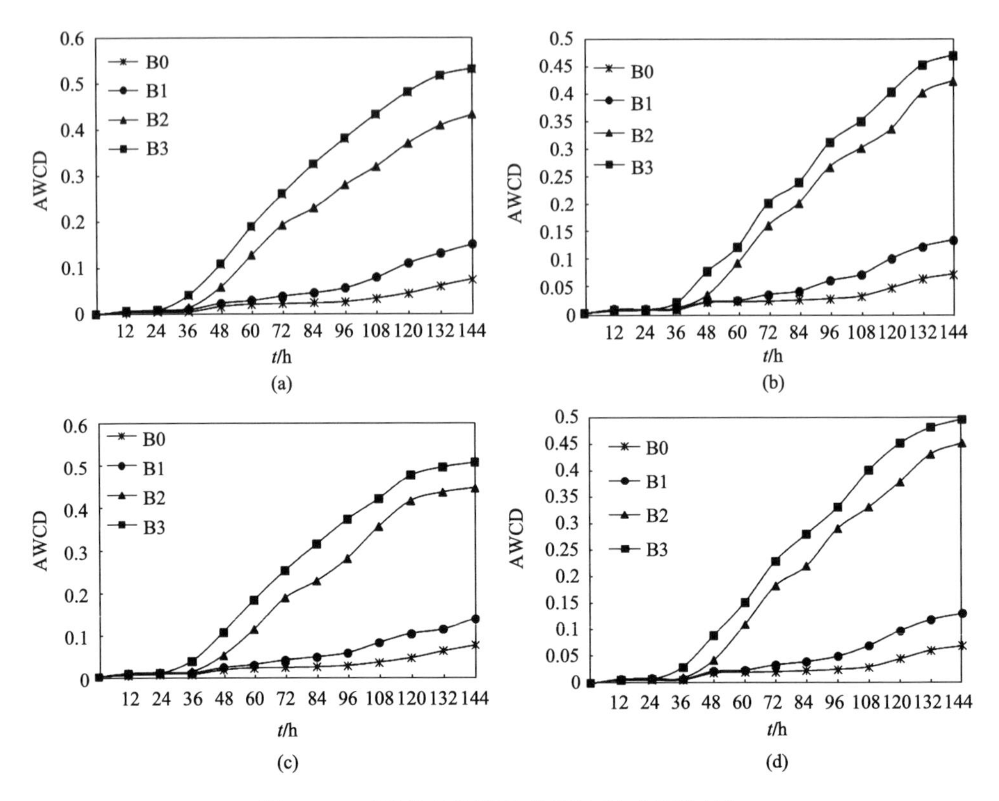

图 6-13　不同处理条件下 AWCD 随时间的变化

(a) 无添加污染 T1；(b) 单一 Zn 污染 T2；(c) 单一 BDE-209 污染 T5；(d) 复合污染 T6

明杂交狼尾草的根系活动对土壤微生物活性有促进作用；B3、B1 处理中 AWCD 变化曲线分别与 B2、B0 处理无显著性差异，可能是因为土壤中 Zn 污染对土壤微生物有一定毒害作用，接种 *B. brevis* 后的促进作用表现不太明显。与无添加污染 T1 相比，T2 污染条件各处理中 AWCD 变化曲线均低于 T1，可见 T2 污染条件下土壤微生物的整体活性比 T1 处理低些，表明土壤 Zn 对土壤微生物的活性和微生物对底物碳源的利用能力均有一定的抑制作用。

单一添加 BDE-209 污染 T5 处理条件下，AWCD 变化曲线如图 6-13(c)所示。添加高浓度 BDE-209 后，T5 污染条件各处理中 AWCD 变化曲线均低于 T1 处理，表明高浓度 BDE-209 抑制土壤微生物活性，减弱了土壤微生物整体的代谢能力。与 T1 处理类似，前 24 h 各处理中 AWCD 变化曲线无明显升高趋势，24 h 后开始升高，此时土壤微生物开始利用底物碳源进行代谢繁殖，且利用碳源的效果差异显著，各处理 AWCD 变化速率大小为：B3＞B2＞B1＞B0 处理。

图 6-13(d)是复合污染 T6 条件下 AWCD 变化曲线。T6 污染各处理中 AWCD 变化曲线均低于对照组 T1、T5 处理，但比 T2 处理高，说明土壤中高浓度

BDE-209与Zn共存时在一定程度上抑制了土壤微生物对碳源的利用效果，而土壤中一定浓度的BDE-209能缓解Zn对土壤微生物造成的胁迫，提高Zn污染体系中土壤微生物的活性及对碳源的利用能力。随着培养时间的延长，24 h后各处理中微生物开始大量利用底物碳源，由于各处理利用效果的差异，AWCD变化速率大小为：B3>B2>B1>B0。这说明复合污染条件下杂交狼尾草的根系活动能显著促进土壤微生物对碳源的利用及代谢，杂交狼尾草和微生物共存情况下能强化该作用，进一步提高土壤微生物整体的活性。

各污染条件下土壤微生物对碳源的利用效果和代谢能力，以及土壤微生物量碳含量均有规律：B3>B2>B1>B0，这说明种植杂交狼尾草对土壤微生物群落的生物刺激作用，使得植物和微生物联合代谢成为去除土壤中BDE-209的主要贡献因素。

6.2.7　BDE-209降解产物

本小节所述实验的材料为6.2.6小节中T3、T4处理污染条件中的植物样品和T3、T4处理污染条件B0、B1、B2、B3处理中的土壤样品。

1. 植物体中的BDE-209降解产物

本次实验测定的低溴代PBDEs(三到九溴)单体有：3-BDEs(表示三溴代物，余下依次类推)包括BDE-17、BDE-28；4-BDEs包括BDE-71、BDE-47和BDE-66；5-BDEs包括BDE-85、BDE-99和BDE-100；6-BDEs包括BDE-138、BDE-153和BDE-154；7-BDEs包括BDE-183和BDE-190；8-BDEs包括BDE-196、BDE-197、BDE-202和BDE-203；9-BDEs包括BDE-206、BDE-207和BDE-208。杂交狼尾草体内低溴代PBDEs含量见表6-5，在所测定的20种PBDEs同系物中，杂交狼尾草地上部分低溴代PBDEs同系物种类明显多于地下部分，地上部分除BDE-190、BDE-202未检出，其余18种同系物均检测到了，但地下部分低溴代PBDEs总含量明显高于地上部分。

添加Zn后，T4处理污染条件下B2、B3处理中地上部分低溴代PBDEs同系物种类相比T3处理中减少了，总含量分别减低了18.25%、41.42%；地下部分低溴代PBDEs同系物种类相比T3处理中也减少了，总含量分别减低了30.22%、40.36%。接种*B. brevis*后T3处理污染条件下，B3处理相比B2处理中地上部分低溴代PBDEs同系物种类没有变化，但总含量升高了58.24%，而B3处理中地下部分低溴代PBDEs同系物种类比B2处理中增多了，总含量也升高了19.71%；T4污染条件下，B3处理中地上、地下部分低溴代PBDEs同系物种类相比B2增多了，总含量也分别升高了13.39%、2.31%。可见土壤中一定浓度的Zn会对土壤微生物活性和代谢造成胁迫，进而抑制BDE-209生物降解，导致植物从土壤中可吸收的低溴代 PBDEs 种类和数量均减少。接种外源菌可增加植物中低溴的总含量，尤其是地上部分，但是有文献说明这不能确定外源菌的作用是强化植物体内的脱溴过程还是提高了低溴的转移系数(Wang et al.，2011)，或者是促进了土壤中 BDE-209 的降解，植物从土壤中吸收低溴代 PBDEs 同系物，也可能是三种因素共同作用的结果。以上说明杂交狼尾草-*B. brevis* 联合作用能强化杂交狼尾草对 BDE-209 的吸收和降解。

表 6-5 杂交狼尾草体内低溴代 PBDEs 含量 (单位：$ng \cdot g^{-1}$)

PBDEs	地上部分				地下部分			
	T3B2	T3B3	T4B2	T4B3	T3B2	T3B3	T4B2	T4B3
BDE-17	1.33±0.12	1.42±0.02	1.06±0.01	1.11±0.01	2.71±0.02	3.55±0.11	nd	nd
BDE-28	1.76±0.13	4.02±0.17	2.04±0.19	2.26±0.14	10.44±0.21	13.35±0.35	8.34±0.34	9.89±0.29
BDE-71	1.37±0.10	2.32±0.09	nd	1.10±0.12	4.74±0.24	4.84±0.78	1.45±0.11	3.09±0.28
BDE-47	2.57±0.16	2.64±0.27	1.18±0.08	2.03±0.14	11.08±0.28	12.65±0.68	6.34±0.93	7.89±0.58
BDE-66	40.58±3.10	62.23±3.56	19.02±1.85	21.53±2.62	44.05±3.01	67.24±3.01	29.45±2.04	32.12±1.98
BDE-100	0.32±0.08	1.20±0.01	nd	0.45±0.01	nd	3.40±0.15	nd	nd
BDE-99	2.03±0.19	3.26±0.16	nd	nd	11.88±1.50	28.64±1.13	4.34±0.13	9.32±0.38
BDE-85	0.17±0.01	2.30±0.17	nd	nd	nd	nd	nd	nd
BDE-154	0.20±0.01	10.3±1.23	nd	nd	nd	nd	nd	nd
BDE-153	1.45±0.01	1.86±0.05	7.42±0.26	8.78±0.67	3.29±0.15	4.63±0.17	nd	nd
BDE-138	11.15±1.10	15.21±0.14	8.12±0.26	9.45±0.43	nd	nd	nd	nd
BDE-183	31.29±2.13	46.92±1.98	25.98±1.19	27.23±1.38	17.68±1.56	28.99±1.95	15.01±1.20	16.56±1.56
BDE-190	nd	nd	nd	nd	16.12±1.24	54.34±2.89	nd	6.57
BDE-202	nd	nd	nd	nd	44.10±2.16	36.96±2.53	29.89±1.27	28.00±1.73
BDE-197	1.34±0.15	3.45±0.10	3.12±0.13	4.56±0.19	30.19±1.20	28.19±1.08	25.56±1.37	24.23±1.48
BDE-203	0.37±0.01	0.91±0.01	1.88±0.01	2.34±0.02	22.03±0.10	20.18±1.03	15.09±1.32	14.78±0.99
BDE-196	0.69±0.01	1.03±0.01	nd	nd	33.68±1.90	30.68±1.48	24.12±1.39	23.34±1.83
BDE-208	5.18±0.21	8.34±0.32	7.25±0.48	9.80±0.29	23.55±1.61	36.83±1.86	16.78±1.20	16.23±1.13
BDE-207	12.90±2.13	18.37±1.92	14.52±1.27	15.56±1.49	117.67±4.91	107.47±5.02	98.45±3.75	90.14±3.58
BDE-206	11.98±1.78	14.69±1.10	11.98±0.12	11.23±0.17	96.37±3.24	104.13±5.00	66.78±2.01	67.34±2.62
∑PBDEs	126.68±4.15	200.46±9.21	103.56±4.78	117.42±5.63	489.58±14.05	586.06±26.29	341.6±19.27	349.50±20.01

注：T3B2、T3B3 分别表示 T3 处理浓度下未接种 *B. brevis*(B2)、接种 *B. brevis*(B3)处理；T4B2、T4B3 分别表示 T4 处理浓度下未接种 *B. brevis*(B2)、接种 *B. brevis*(B3)处理；nd 表示未检测到，下同。

2. 土壤中 BDE-209 降解产物

收获植物后，对 20 种土壤中低溴代 PBDEs 同系物进行检测，T3、T4 处理污染条件下 4 种处理中低溴代 PBDEs 单体含量见表 6-6。

表 6-6　不同处理时土壤中低溴代 PBDEs 含量　（单位：ng · g^{-1}）

PBDEs	T3				T4			
	B0	B1	B2	B3	B0	B1	B2	B3
BDE-17	0.11±0.01	0.14±0.01	9.26±0.21	10.08±0.22	0.06±0.003	0.07±0.01	7.08±0.14	8.07±0.16
BDE-28	2.07±0.12	3.33±0.14	6.18±0.12	7.39±0.13	0.63±0.01	1.60±0.04	4.09±0.11	6.50±0.13
BDE-71	0.22±0.01	0.34±0.01	5.73±0.11	10.23±0.20	0.03±0.002	0.26±0.01	3.25±0.10	8.16±0.16
BDE-47	nd	0.42±0.01	2.26±0.09	4.67±0.11	nd	0.07±0.01	1.11±0.03	2.09±0.04
BDE-66	0.062±0.00	1.17±0.05	7.61±0.14	9.67±0.21	0.02±0.001	0.16±0.01	5.67±0.12	8.52±0.17
BDE-100	nd	nd	4.39±0.10	7.03±0.14	nd	0.06±0.004	3.10±0.10	4.32±0.11
BDE-99	nd	nd	6.82±0.13	8.23±0.17	nd	nd	nd	nd
BDE-85	nd	0.78±0.03	17.36±0.42	20.12±0.80	nd	nd	nd	nd
BDE-154	0.21±0.01	0.65±0.01	5.17±0.12	7.14±0.15	0.11±0.01	0.13±0.01	3.18±0.10	4.11±0.11
BDE-153	0.33±0.01	0.34±0.01	20.20±0.80	29.20±0.93	0.12±0.01	0.21±0.01	10.10±0.21	15.12±0.25
BDE-138	0.96±0.04	1.08±0.05	2.56±0.08	10.90±0.28	0.80±0.04	0.90±0.04	nd	1.17±0.06
BDE-183	nd	1.47±0.06	3.38±0.12	11.91±0.39	nd	1.30±0.03	1.25±0.05	5.80±0.13
BDE-190	nd	nd	nd	5.62±0.13	nd	nd	nd	nd
BDE-202	1.59±0.05	1.76±0.07	10.59±0.26	11.29±0.40	1.40±0.05	1.57±0.06	6.84±0.14	7.88±0.15
BDE-197	2.19±0.08	4.31±0.11	21.76±0.91	20.20±0.82	1.67±0.06	1.91+0.09	14.79±0.51	14.97±0.55
BDE-203	0.90±0.01	2.11±0.06	15.09±0.63	15.50±0.61	0.77±0.03	0.97±0.04	10.42±0.21	11.04±0.33
BDE-196	2.37±0.07	7.49±0.16	31.86±1.31	31.54±1.30	1.86±0.06	2.96±0.09	22.58±0.89	21.88±0.81
BDE-208	23.02±0.81	24±0.90	45.88±1.72	39.55±1.50	14.89±0.58	14.15±0.55	34.84±1.39	34.15±1.36
BDE-207	30.78±1.21	28.61±1.09	127.86±5.23	117.66±5.10	20.11±0.81	19.67±0.80	106.34±4.88	95.86±4.61
BDE-206	35.41±1.42	30.23±1.35	167.52±6.81	147.74±6.06	24.34±1.01	23.11±0.99	139.22±5.89	130.77±5.01
∑PBDEs	100.22±4.85	108.22±5.01	511.45±24.64	525.66±21.01	66.79±2.68	69.11±2.76	373.86±14.11	380.42±14.43

T3、T4 污染条件下种植杂交狼尾草（B2、B3）处理中低溴代 PBDEs 同系物比未种植杂交狼尾草（B0、B1）处理种类增多，总含量也显著升高，其中只种植物（B2）处理中总含量分别是 B0 的 5.10 倍和 5.60 倍。T3 污染条件下 B2、B3 处理中分别检测到 19、20 种同系物，B0、B1 处理分别只检测到 14、17 种同系物；添加 Zn 后的 T4 污染条件下，B0、B1 处理中分别检测到的同系物种类与 T3 处理一样，但 B2、B3 处理中同系物种类显著比 T3 处理少；B0、B1、B2、B3 处理中低溴代 PBDEs 同系物总含量分别比 T3 中降低了 33.36%、36.14%、26.90%、27.63%，其中 B0、B1 处理比 B2、B3 处理降低得较多。T3、T4 污染条件下接种 *B. brevis*（B1、B3）相比未接种（B0、B2）处理中低溴代 PBDEs 种类和总含量均分别增多，尤其是 B3 处

理中低溴代 PBDEs 总含量分别是 B0 处理中的 5.24 倍和 5.70 倍；B1、B3 处理中 9-BDEs 包括 BDE-206、BDE-207、BDE-208，含量大多分别低于 B0、B2，而 3-BDEs～8-BDEs 中各单体含量大致分别高于 B0、B2。由此说明土壤中 Zn 在一定程度上抑制 BDE-209 的脱溴降解，种植杂交狼尾草对土壤中 BDE-209 的降解有一定促进作用，且能缓解 Zn 对土壤微生物的毒害作用；接种 *B. brevis* 能强化土壤中 PBDEs 进一步脱溴降解。

3. 植物-土壤系统中 BDE-209 的降解行为

如图 6-14 所示，不同溴原子取代的 BDE 化合物所占比例存在较大差异。杂交狼尾草地上部分 T3 处理污染中 B2、B3 处理中含量较多的主要组分大致相同，含量最多都是 4-BDEs，分别占 35.15%、33.52%，7-BDEs 所占比例次之，分别占 24.70%、23.40%，9-BDEs 和 6-BDEs 所占比例也较多，分别为 23.72%、20.65% 和 10.11%、13.65%；T4 处理污染中 B2、B3 处理中含量较多的主要组分也大致相同，其中 9-BDEs 含量最多，分别为 32.59%、31.16%，接下来依次是 7-BDEs、4-BDEs、6-BDEs；地上部分在 T3、T4 污染条件下 8-BDEs、3-BDEs、5-BDEs 所占比例都很少，分别平均只有 1.89%～5.88%、2.44%～2.99%、0%～3.37%。植物地上部分 BDE-66 为所测得的 4-BDEs 的主要成分，平均占 4-BDEs 的 87.32%～94.18%，由于未检测到 BDE-190，BDE-183 含量为所测得的 7-BDEs。植物地下部分在 T3、T4 污染中 B2、B3 处理条件下含量较多的都是 9-BDEs，平均占 42.39%～53.28%，其次是 8-BDEs＞4-BDEs＞7-BDEs，所占比例较少的是 3-BDEs、5-

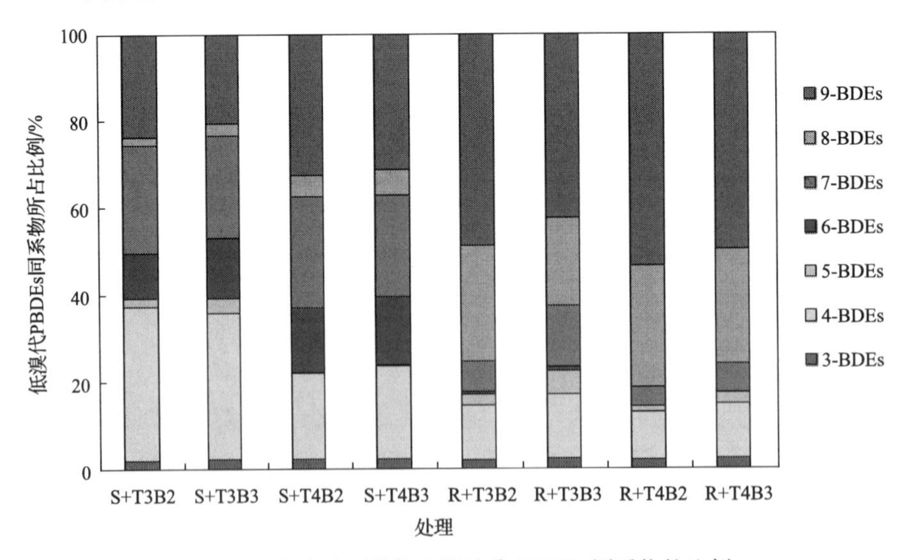

图 6-14　杂交狼尾草体内低溴代 PBDEs 同系物的比例

S、R 分别表示地上部分、地下部分

BDEs、6-BDEs，分别平均只有2.44%～2.88%、1.27%～5.47%、0～0.80%。可见植物地上部分低溴代PBDEs中占主要比例的是4-BDEs～7-BDEs，地下部分占主要比例的是8-BDEs、9-BDEs，这暗示植物中可能进一步进行了PBDEs的脱溴降解，或者植物更容易吸收较低溴代PBDEs（Huang et al.，2010），还可能是由于较低溴代PBDEs相比8-BDEs、9-BDEs更容易在植物体内转移。同时，PBDEs同系物中毒性较强的4-BDEs、7-BDEs在植物地上部分占很大比例，虽然土壤中很多非生物和生物因素可降低PBDEs暴露于人类的潜在可能性，但是植物可以通过吸收、转移蓄积PBDEs到地上部分，以及增强PBDEs在土壤中的生物可利用性等方式提高PBDEs暴露于人类的危险性（Mueller et al.，2006）。同样，在土壤中富含PBDEs的区域如电子垃圾拆解区，采用植物修复技术或植物-微生物联合修复技术，将土壤中毒性较强的PBDEs同系物提取到地面，收获植物后通过进一步后续处理，可降低PBDEs暴露后威胁人类健康的风险。

各处理下土壤中低溴代PBDEs同系物所占的比例如图6-15所示。未种植杂交狼尾草时，T3B0、T4B0和T3B1、T4B1处理中都是9-BDEs（包括BDE-206、BDE-207和BDE-208）所占比例最多，3-BDEs～7-BDEs分别仅占3.95%、2.63%和8.97%、6.89%。种植杂交狼尾草后，3-BDEs～7-BDEs所占比例均增多了，但9-BDEs所占比例仍是最大。植物地上、地下部分也都含有较多的9-BDEs，这说明BDE-209更容易脱去一个溴原子形成9-BDEs。土壤中较高溴代PBDEs（8-BDEs、9-BDEs）所占比例显著高于较低溴代PBDEs（3-BDEs～7-BDEs），这是因为高溴代PBDEs在土壤中具有更高的分配系数，并且与土壤中的有机质结合紧密，它们更易被土壤束缚，因此不易被土壤微生物降解（Vonderheide et al.，2006）。

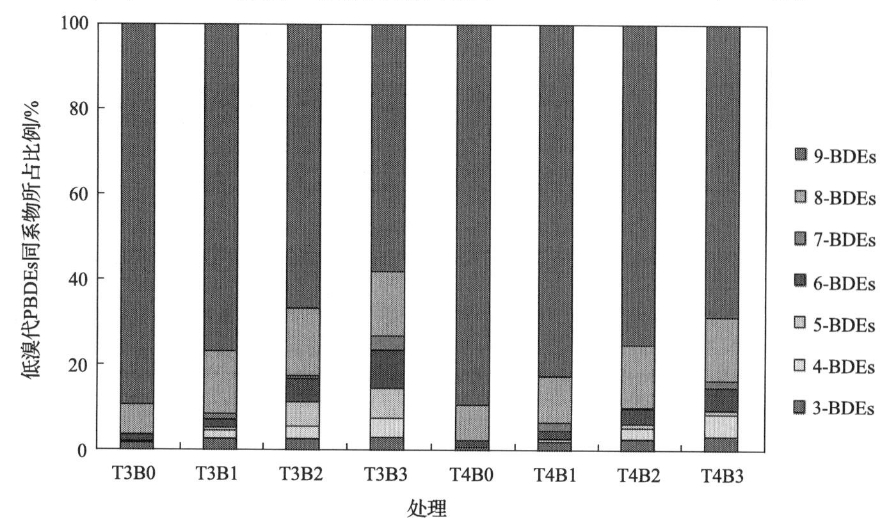

图6-15　土壤中低溴代PBDEs同系物的比例

对比图 6-14、图 6-15 可发现，植物组织中低溴种类高于土壤，且植物中低溴同系物的分布规律与土壤中也不同，植物中 3-BDEs～7-BDEs 所占比例较多。这些发现说明在土壤中 BDE-209 脱溴降解，在植物中较低溴代 PBDEs 进一步脱溴降解。土壤中添加 Zn 后，植物和土壤中较低溴代 PBDEs(3-BDEs～7-BDEs)所占比例均减少，显然土壤中一定浓度 Zn 抑制 PBDEs 同系物在植物-土壤系统中的降解；接种 *B. brevis* 后，土壤和植物中较低溴代 PBDEs(3-BDEs～7-BDEs)含量均高于未接种处理，可见杂交狼尾草-*B. brevis* 联合作用对 PBDEs 同系物在植物-土壤系统中的进一步脱溴降解有促进作用。

土壤中 PBDEs 在植物-土壤系统中不仅可以进行脱溴降解，还可以发生氧化代谢，如羟基化、甲氧基化。目前，很多研究报道，通过土培或水培暴露实验，在植物体中检测到了 OH-PBDEs 和 MeO-PBDEs(Sun et al.，2013；Wang S et al.，2012)，也有直接采集电子垃圾拆解地的植物和土壤样品进行分析，也均检测到了 OH-PBDEs 和 MeO-PBDEs(Wang et al.，2014)。但是 OH-PBDEs、MeO-PBDEs 等化合物的起源还不是很清楚，之前大家一致认为邻位取代的 OH-PBDEs 和 MeO-PBDEs 是在海洋生态系统中自然形成的(Wan Y et al.，2009)，而间位和对位取代的相关化合物是 PBDEs 生物转化形成的(Wan et al.，2010)；然而 Wang 等(2014)在广东省清远电子垃圾拆解地的植物和土壤样品中检测到的 MeO-PBDEs 和 OH-PBDEs 均以邻位取代的代谢产物为主，间位和对位取代的也被检测到了。本实验通过盆栽实验研究 BDE-209 在植物-土壤系统中的代谢特征，对于植物和土壤样品中是否也存在 OH-PBDEs 和 MeO-PBDEs 还有待进一步研究证明。

杂交狼尾草对土壤中 BDE-209/Zn 复合污染具有较好的修复作用，土壤中一定浓度的 BDE-209 和低、中浓度 BDE-209/Zn 共存时能促进杂交狼尾草生长，高浓度 Zn 对杂交狼尾草生长有抑制作用。单一和复合污染均对杂交狼尾草造成了一定毒害作用，污染物进入植物体后，杂交狼尾草体内除 MDA 含量上升外，叶绿素含量、可溶性蛋白质含量、SOD 活性及 CAT 活性最后都呈现下降趋势，均超过了植物自我保护作用的阈值，且 BDE-209/Zn 复合污染对植物伤害作用更大。杂交狼尾草地下部分对污染物的蓄积能力大于地上部分，低、中浓度 BDE-209/Zn 共存时对杂交狼尾草地上、地下部分积累污染物均有促进作用，后者同时能促进污染物在植物体内的转运能力，杂交狼尾草地下部分对 Zn 的富集系数最大可达 7.78。各处理条件下 BDE-209 去除效果为根际去除率>非根际去除率>无植物去除率，杂交狼尾草对 BDE-209 的去除率最大可达 60.73%。接种 *B. brevis* 后，杂交狼尾草地下部分对土壤中 Zn 的吸收和富集能力显著增强，对 BDE-209 的积累及转移没有显著影响。*B. brevis* 能强化杂交狼尾草对土壤中 BDE-209/Zn 复合污染的修复。植物吸收和积累作用及接种外源菌都对土壤中 BDE-209 有一定的去除效果，但杂交狼尾草-土著微生物联合代谢是主要因素，其贡献率最大可达 35.82%。种植杂交狼尾草和接种 *B. brevis* 都能增强土壤微生物的活性和对碳源的利用效果及代谢能力，且杂交狼尾草-微生物联合作用能显著强化该促进作用。土壤和植物组织样品中均检测到低溴代 PBDEs(3-BDEs～9-BDEs)同系物，植物体中低溴种类高于土壤，说明 BDE-209 在植物-土壤系统中发生了脱溴降解代谢，且植物体中有低溴代 PBDEs 的进一步脱溴降解过程。土壤中 Zn 污染抑制 PBDEs 在植物-土壤系统中的降解，接种 *B. brevis* 后，杂交狼尾草-微生物联合作用对 PBDEs 进一步的脱溴降解过程有显著的促进作用。

6.3　紫花苜蓿对土壤中芘/镉复合污染的修复

6.3.1　研究现状

广东贵屿、浙江台州等典型区域土壤重金属污染问题较为严重，电子垃圾的手工拆解是造成土壤重金属污染的首要原因。土壤重金属超标时，会对土壤肥力、植物有效性、土壤微生物活性、土壤酶活性等产生影响，并通过食物链直接危害人类健康。其中镉是生物毒性极强的重金属元素之一，研究发现许多食用植物如玉米等对土壤中的镉具有较强的富集能力，是镉及其化合物通过食物链进入人体的重要途径(宇克莉等，2010)。镉进入人体后对肾脏、肝脏、骨骼等都有较大的损害(戴树桂，2006)，因此镉作为土壤重金属污染代表物受到广泛关注。PAHs 是持久性有机污染物之一，在电子垃圾拆解过程中，主要由其中含有的有机物不完全燃烧产生(Xu et al.，2009)。PAHs 具有难降解性及“三致性”，进入环境后，由于其自身的憎水性及低溶解度，最终进入土壤，进而通过食物链进入生物体内(Bozlaker et al.，2008)，引发多种癌症疾病。电子垃圾拆解区土壤中 PAHs/重金属复合污染已十分明显，研究复合污染生物修复技术对改善土壤生态环境和人类健康安全具有重要的意义。

6.3.2　盆栽设计

外源重金属镉以 $Cd(NO_3)_2$ 溶液形式添加入土壤中，浓度设定为 $20\ mg \cdot kg^{-1}$，待水分蒸发完全后，磨碎加入芘。试验用芘溶于丙酮，加入到部分供试土壤中，搅拌均匀。待丙酮完全挥发后，再与大量土壤混合，搅拌均匀，供试土壤中芘的浓度设定为 $0\ mg \cdot kg^{-1}$、$10\ mg \cdot kg^{-1}$、$20\ mg \cdot kg^{-1}$、$50\ mg \cdot kg^{-1}$、$100\ mg \cdot kg^{-1}$、$300\ mg \cdot kg^{-1}$，分别代表无、低、中、高浓度。每盆装入土壤 1.5 kg(表 6-7)。

在上述实验过程中，污染物加入土壤后，同时向土壤中加入 0.1 g 尿素和 0.2 g 磷酸二铵作基肥。加入灭菌蒸馏水使含水量为田间持水量的 60%～70%，平衡 14 d 后移植入紫花苜蓿，生长 1 周后间苗，每盆保留 10 株苗。每个处理设 3 个平行实验，60 d 盆栽结束。

表 6-7 不同土样中镉、芘起始浓度的设定值和实测值 (单位：mg·kg^{-1})

处理编号	土壤中镉含量		土壤中芘含量	
	设定值	实测值	设定值	实测值
T0	0	nd	0	nd
TC	20	19.56±1.32	0	nd
T1	20	20.73±1.85	10	11.32±1.05
T2	20	20.22±1.76	20	23.43±1.97
T3	20	21.35±1.64	50	56.03±5.57
T4	20	19.22±1.13	100	106.95±9.78
T5	20	19.78±1.49	300	304.97±26.33

6.3.3 污染物对紫花苜蓿生长的影响

1. 生物量

土壤中重金属、PAHs 污染对植物的生长产生了抑制作用，且随着土壤中污染物初始浓度的提高，该抑制作用增强(占新华等，2006)。图 6-16 反映了芘/镉复合污染条件下紫花苜蓿地上、地下部分干重的变化。芘/镉复合污染条件下，紫花苜蓿地上部分平均生物量是 1.57 g/棵，地下部分平均生物量为 0.21 g/棵，显著小于单芘污染时紫花苜蓿地上部分及地下部分生物量($P<0.05$)。因此可知，芘/镉复合污染比单芘污染对植物生长产生了更强的抑制作用。TC、T1、T2 处理间紫花苜蓿地上部分生物量并无显著性差异($P>0.05$)，其平均值为 1.87 g/棵；地下部分也无显著性差异($P>0.05$)，其平均值为 0.25 g/棵；但均显著小于 T0 处理时地

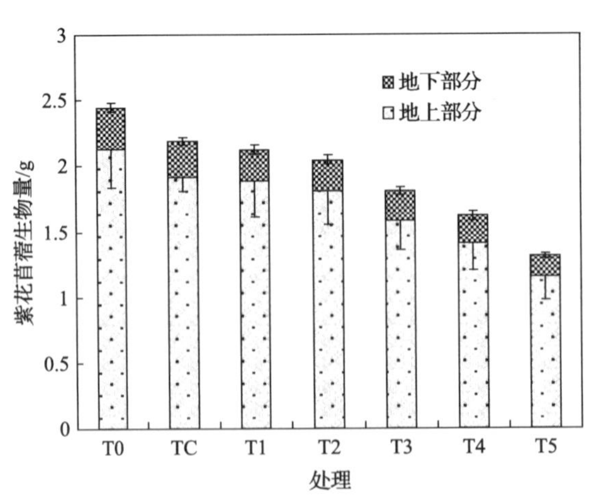

图 6-16 紫花苜蓿生物量的变化(干重)

上部分及地下部分生物量($P<0.05$),其中地上部分减少了约 12.27%,地下部分减少了约 20.86%。随着土壤中外源芘总量增加,T3、T4、T5 紫花苜蓿地上部分生物量与 T0 相比显著性减少($P<0.01$),分别减少 25.84%、34.12%、45.91%;T3、T4、T5 地下部分生物量也显著性减少($P<0.05$),分别减少 27.78%、32.53%、50.98%。这说明当土壤中芘含量大于 50 mg · kg^{-1} 时,芘/镉复合污染抑制了紫花苜蓿的生长,随着土壤中外源芘含量增大,该毒害作用逐渐增强。许超和夏北成(2007)的研究表明,土壤镉和芘复合污染显著降低了玉米地上部分和地下部分的生物量,且对地下部分影响更显著。

2. 生长高度

植物生长高度是植物生长发育状况的一个重要指标。土壤中存在芘/镉复合污染时,紫花苜蓿地上部分平均高度为 17.87 cm,地下部分为 5.57 cm,显著小于单芘污染时紫花苜蓿地上及地下部分高度($P<0.01$)。因此可知,芘/镉复合污染对植物生长产生了更强的抑制作用。芘/镉复合污染条件下,TC、T1、T2 处理间紫花苜蓿地上及地下部分生物高度无显著性差异($P>0.05$),其平均值分别为 23.84 cm 和 7.68 cm;TC、T1、T2 处理地上及地下部分高度均显著小于 T0 处理($P<0.01$),其中地上部分平均减少了 7.50%,地下部分平均减少了 14.28%。随着土壤中芘总量增加,T3、T4、T5 处理中紫花苜蓿地上部分高度与 T0 处理相比显著性减少($P<0.01$),减少量分别为 36.92%、41.06%、58.13%;T3、T4、T5 处理地下部分高度与 T0 处理相比也显著性减少($P_3<0.05$、$P_4<0.01$、$P_5<0.01$),分别减少 36.74%、56.64%、62.03%。这说明当土壤中存在镉时,芘含量大于 50 mg · kg^{-1} 时对紫花苜蓿根部抑制作用强于地上部分,且随着土壤中外源芘含量不断增大,其毒害作用逐步增强,但未发生落叶等毒害,表明紫花苜蓿对土壤芘/镉复合污染具有一定的耐受能力,选用紫花苜蓿进行土壤中芘/镉复合污染修复是合适的(图 6-17)。

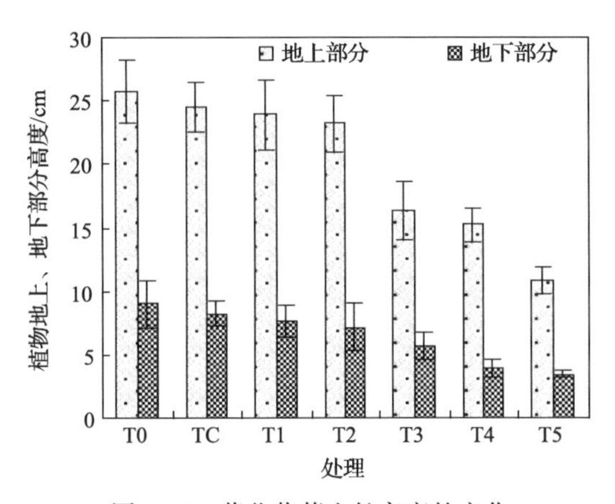

图 6-17 紫花苜蓿生长高度的变化

6.3.4 污染物胁迫下紫花苜蓿的生理响应

1. 叶绿素

复合污染条件下 TC、T1 处理间紫花苜蓿叶片叶绿素含量无显著性差异($P>0.05$);但与 T0 处理相比显著减少($P<0.01$)。随着土壤中外源芘含量不断增大，紫花苜蓿叶片叶绿素含量逐渐降低。T2、T3、T4、T5 处理紫花苜蓿叶片叶绿素含量与 T1 处理相比显著减少了 10.69%、29.35%、49.37%、60.90%($P_2<0.05$,$P_3<0.05$,$P_4<0.01$,$P_5<0.01$)。复合污染条件下，紫花苜蓿叶片叶绿素含量与 T0 处理相比减少量显著大于单芘条件，同时大于单镉污染条件下 20 mg · kg^{-1}处理，表明在本实验中土壤中芘/镉复合污染对紫花苜蓿叶绿素含量产生更大毒害作用(图 6-18)。

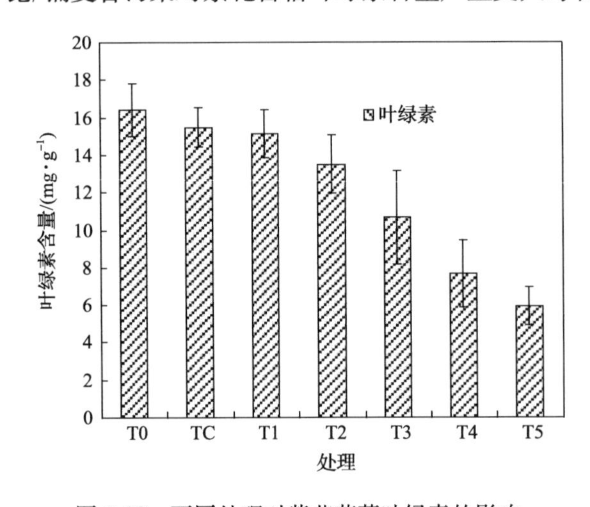

图 6-18　不同处理对紫花苜蓿叶绿素的影响

2. 植物过氧化物酶

芘/镉复合污染条件下，TC 处理与 T0 处理相比，叶片及根系部分过氧化物酶(POD)活性均显著增大($P<0.01$)，其中叶片增大 4.45%，根系增大 8.58%(图 6-19)。随着土壤中芘含量增大，T1～T5 处理叶片中 POD 活性呈先增大后减小趋势。T1～T4 处理与 TC 处理相比均显著增大($P_1<0.05$,$P_2<0.05$,$P_3<0.01$,$P_4<0.01$)，分别增加了 1.42%、1.71%、9.82%、3.66%。T5 处理与 TC 处理相比显著减少 6.60%($P<0.01$)。这表明污染物进入植物体内后，叶片产生了大量的 POD 以抵抗毒害，但当镉为 20 mg · kg^{-1}、芘含量为 300 mg · kg^{-1}时，叶片的抗氧化酶系统受到破坏。处理60 d 后，各处理根部 POD 活性均显著高于叶片($P<0.01$)，其原因是根部是植物直接与土壤中污染物接触的器官，对污染物胁迫

作用更敏感。随着土壤中芘含量增大，紫花苜蓿根部 POD 活性先增大后减少。与 TC 处理相比，T1～T4 处理根部 POD 活性分别显著增大了 1.71%、12.34%、15.15%、4.34%（$P<0.01$）。T5 处理根部 POD 活性比 T0 处理减少了 6.26%。这表明紫花苜蓿根系自我保护机制比叶片更强，但是该保护作用存在阈值，芘/镉复合污染条件下 T4、T5 处理中，叶片或者根系的 POD 活性均有一定的下降趋势，可能是 POD 保护机制遭到一定程度的破坏。

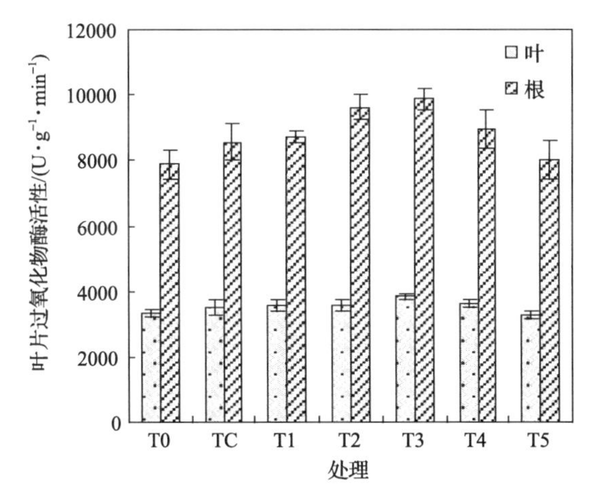

图 6-19　不同处理对紫花苜蓿 POD 的影响

3. 植物多酚氧化酶

多酚氧化酶（PPO）与植物的生长、抗病性、光合作用有关。图 6-20 反映了不同污染物胁迫下紫花苜蓿 PPO 的活性变化。芘/镉复合污染条件下，当土壤中镉含量为 20 mg · kg^{-1}、芘含量为 0～300 mg · kg^{-1}时，TC 处理与 T0 处理相比，叶片及根系部分 PPO 活性均显著增大（$P<0.01$），其中叶片增大 6.32%，根系增大 3.93%。随着土壤中芘含量增大，T1～T5 处理叶片中 PPO 活性呈先增大后减小趋势。T1～T5 处理与 TC 处理相比均呈显著增大（$P_1<0.05$，$P_2<0.05$，$P_3<0.01$，$P_4<0.01$，$P_5<0.01$），分别增大了 23.60%、34.72%、72.45%、48.92%、3.26%。结果表明，土壤中芘的加入促进了叶片产生大量的 PPO 以抵抗芘胁迫作用，但是该保护作用存在阈值。当土壤中芘含量为 100～300 mg · kg^{-1}时，叶片的过氧化物酶保护机制遭到一定程度的抑制，但其酶活性仍高于空白对照。处理 60 d 后，各处理根部 PPO 活性均显著高于叶片（$P<0.01$），与 TC 处理相比，T1～T4 处理根部 PPO 活性分别显著增大了 4.26%、9.03%、32.54%、11.37%（$P<0.01$）。T5 处理根部 PPO 活性比 T0 处理减少了 9.66%。这表明紫花苜蓿根系自我保护机制比叶片更强，但当土壤中芘含量为 300 mg · kg^{-1}时，叶片的过氧化物酶遭到一定程度的破坏。两种酶活性变化表明，由于不同污染物的致毒途径不

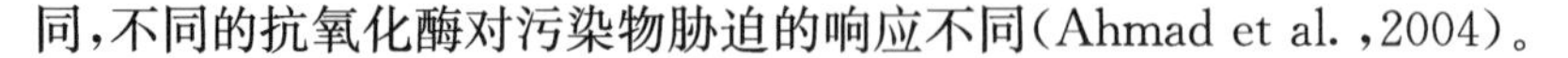
同，不同的抗氧化酶对污染物胁迫的响应不同（Ahmad et al.，2004）。

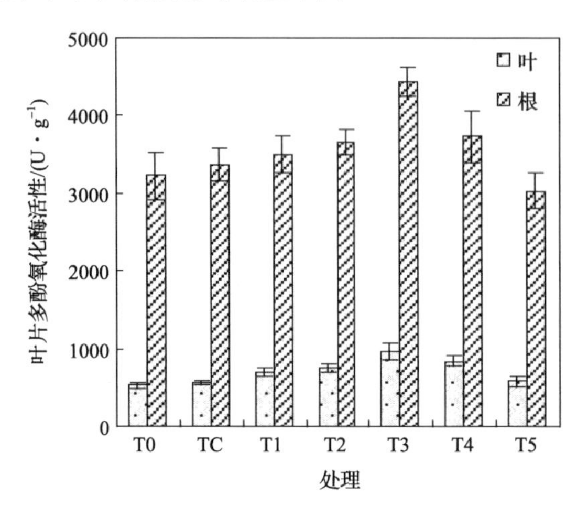

图 6-20　不同处理对紫花苜蓿 PPO 的影响

6.3.5　污染物在紫花苜蓿中的分布

1. 镉在紫花苜蓿中的积累

许多研究表明，在重金属-PAHs 复合污染条件下，植物对土壤中重金属均有一定的吸收积累作用（杨传杰等，2009）。复合污染条件下，当土壤中镉含量为 20 mg·kg^{-1}时，TC 处理中地上部分镉含量为 5.03 mg·kg^{-1}（图 6-21）。当土壤中存在10 mg·kg^{-1} 芘时，T1 处理紫花苜蓿地上部分镉比 TC 处理显著增大 3.97%（$P<0.05$）。当土壤中芘含量逐渐增加时，T2～T5 处理中紫花苜蓿地上部分镉比 TC 处理显著减少 1.50%、2.63%、6.59%、16.88%（$P_2<0.05$、$P_3<0.05$、$P_4<0.01$、$P_5<0.01$）。在土壤中外源芘含量为 0～300 mg·kg^{-1}时，紫花苜蓿对土壤中镉富集系数在 0.22～0.26，且随着土壤中外源芘含量增大而减少。复合污染条件下紫花苜蓿地下部分镉含量与土壤中外源芘含量相关系数 $R=0.9626$，表明土壤中芘含量增大是紫花苜蓿对土壤中镉吸收量逐渐减少的直接原因。地下部分镉含量变化与地上部分规律相似，T1 处理紫花苜蓿地上部分镉比 TC 处理显著增大 1.25%（$P<0.05$）。当土壤中芘含量逐渐增加时，T2～T5 处理中紫花苜蓿地上部分镉比 TC 显著减少 1.97%、2.50%、4.27%、10.60%（$P_2<0.05$、$P_3<0.01$、$P_4<0.01$、$P_5<0.01$）。其原因可能是在芘/镉复合污染条件下，紫花苜蓿根系的毒害作用导致细胞通透性增大。在土壤中外源芘含量为 0～300 mg·kg^{-1}时，紫花苜蓿对土壤中镉转移系数随着土壤中外源芘含量增大而减少，其范围为 0.52～0.55，而单芘污染条件下，土壤中镉含量为 20 mg·kg^{-1}时紫花苜蓿对镉转

移系数为 0.56，与复合污染条件相比并无显著性差异($P>0.05$)。

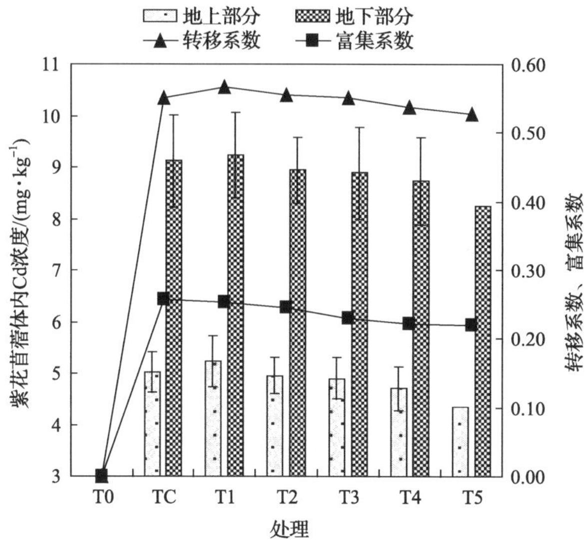

图 6-21　镉在紫花苜蓿体内的含量

2. 芘在紫花苜蓿中的积累

由图 6-22 可知，60 d 后，空白处理 T0 中的紫花苜蓿地上及地下部分均检测出少量的芘，而实验土壤检测不含有芘，推断芘可能来源于同一温室中的芘因挥发出来而附着于植物上。复合污染条件下 T0 处理与 TC 处理地上及地下部分所含芘并无显著性差异。其中地上部分、地下部分平均含芘量均为 0.01 mg · kg^{-1}。当

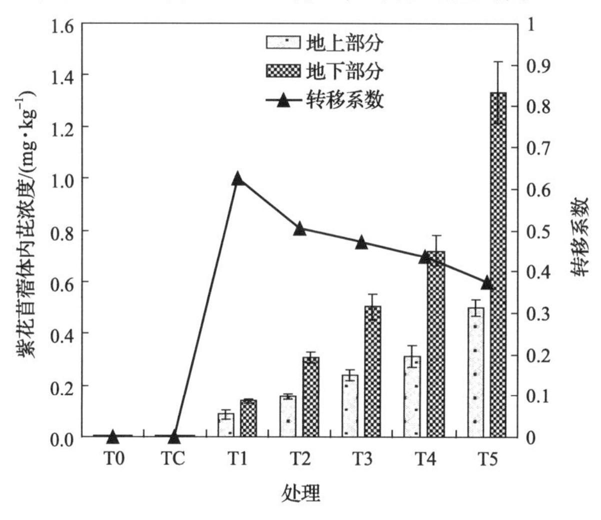

图 6-22　芘在紫花苜蓿体内的含量

镉存在，土壤中芘含量为 0～300 mg·kg^{-1}时，紫花苜蓿地上与地下部分平均芘含量分别为 0.21 和 0.50 mg·kg^{-1}。镉在一定程度上抑制了紫花苜蓿对土壤中芘的吸收及转移。复合污染下，T2、T3、T4、T5 处理分别比 T1 处理增加了 79.57%、176.86%、262.57%、480.14%，其富集系数与单芘污染的相比，具有显著性差异（$P<0.01$）。由此可见，本实验中镉对紫花苜蓿对土壤中芘吸收能力有一定的促进作用。复合污染条件下紫花苜蓿地下部分芘含量与土壤中外源芘含量相关系数为 0.9906，各浓度下紫花苜蓿地下部分的芘含量均显著高于地上部分，表明在镉存在情况下，土壤中芘含量增大是紫花苜蓿地下部分芘含量增大的直接原因。

6.3.6 微生物强化紫花苜蓿对土壤中芘/镉的去除

1. 研究现状

植物-微生物联合修复技术是土壤污染生物修复强化措施中有良好发展前景的方法之一。目前国内外关于该技术联合修复土壤重金属的研究主要集中在对土壤中特性菌的筛选方面（Pongrac et al.，2009；Kamaludeen and Ramasamy，2008），有关外源微生物对土壤中重金属形态及土壤微生物多样性的影响均有研究，但将其综合分析的研究较少。许多学者利用紫花苜蓿-微生物联合作用对土壤中多氯联苯及石油烃污染物进行修复，获得了较好的修复效果（Haritash and Kaushik，2009；Lu and Zhu，2009），但关于紫花苜蓿-微生物联合修复土壤 PAHs 的报道较少。本研究以多年生牧草植物紫花苜蓿为修复植物，采用盆栽实验的方法，考察 3 种耐受微生物对紫花苜蓿体内镉、芘的积累影响及土壤中芘的去除作用，以期为微生物强化植物修复土壤重金属、PAHs 污染的应用提供实验依据。

2. 盆栽实验设计

外源重金属 Cd 以 $Cd(NO_3)_2$ 溶液形式添加入土壤中，浓度设定为 20 mg·kg^{-1}，待水分蒸发完全后，磨碎加入芘。试验用芘溶于丙酮，加入到部分供试验土壤中，搅拌均匀。待丙酮完全挥发后，再与大量土壤混合，搅拌均匀，供试验土壤中芘的浓度设定为 0 mg·kg^{-1}、10 mg·kg^{-1}、50 mg·kg^{-1}、100 mg·kg^{-1}，分别代表无、低、中、高浓度，每盆装入土壤 600 g（表 6-8）。共设如下 6 个处理：①空白，无外加镉、芘，种植紫花苜蓿；②control，外加镉、芘，不种植紫花苜蓿；③B0，外加镉、芘，种植紫花苜蓿；④B1，外加镉、芘，种植紫花苜蓿，接种氧化节杆菌；⑤B2，外加镉、芘，种植紫花苜蓿，接种耳葡萄球菌；⑥B3，外加镉、芘，种植紫花苜蓿，接种嗜麦芽窄食单胞菌。每千克土壤接种外源微生物生物量均为 50 mg。

表 6-8　不同土样中镉、芘起始浓度的设定值与实测值

处理	T0	TC	T1	T2	T3
设定土壤中 Cd 含量/(mg · kg^{-1})	0	20	20	20	20
实际土壤中 Cd 含量/(mg · kg^{-1})	0	23.56±1.98	22.73±2.06	23.22±3.77	22.35±1.66
设定土壤中芘含量/(mg · kg^{-1})	0	0	10	50	100
实测土壤中芘含量/(mg · kg^{-1})	0	0	14.62±1.42	58.96±4.78	111.44±10.45

以上实验污染物加入土壤后，加入灭菌蒸馏水使含水量为田间持水量的 60%～70%，同时加入 0.1 g 尿素和 0.2 g 磷酸二铵作基肥，平衡 14 d 后移植入紫花苜蓿，生长 1 周后间苗，每盆保留 10 株苗。

3. 微生物对紫花苜蓿吸收镉、芘的影响

复合污染条件下，接种 3 种菌株对紫花苜蓿吸收积累土壤中镉的能力有一定的促进作用。随着土壤中外加芘浓度增大，接种菌株的 B1、B2、B3 处理中紫花苜蓿地上部分镉积累量与单种植紫花苜蓿处理 B0 处理相比有显著差异($P_1<0.01$，$P_2<0.05$，$P_3<0.01$)，TC～T3 分别较 B0 处理提高：B1，12.87%～21.77%；B2，5.01%～8.87%；B3，22.05%～35.48%(表 6-9)。这表明 3 种菌株均能促进紫花苜蓿体内镉向地上部分转移，其转移能力大小为嗜麦芽窄食单胞菌＞氧化节杆菌＞耳葡萄球菌。有研究表明，向污染土壤中添加某些特定外源菌，植物地上组织镉浓度有一定程度增加(Cheng and Wong，2008；Sheng et al.，2008)，这与本研究结果相似。

随着土壤中外加芘浓度的增大，单芘污染条件下 B0 处理中紫花苜蓿地上、地下部分芘的积累量均显著增大($P<0.05$)，地下部分芘的积累量显著大于地上部分($P<0.01$)，其转移系数(地上部分芘积累量/地下部分芘积累量)分别为 0.45、0.36 和 0.35；生物浓缩系数分别为：地下部分 9.80～3.17，地上部分 4.46～1.12。复合污染条件下 B0 处理中紫花苜蓿地上、地下部分芘的积累量均显著增大($P<0.05$)，地下部分芘的积累量显著大于地上部分($P<0.01$)，其转移系数分别为 0.45、0.37 和 0.36。结果表明，紫花苜蓿对土壤中芘有一定的吸收积累的作用。芘在紫花苜蓿体内的转移系数以及紫花苜蓿对芘的生物浓缩系数均随着土壤中污染物浓度的增大而减小，且紫花苜蓿体内不同部位对芘生物浓缩系数不同，地下部分显著大于地上部分，表明紫花苜蓿对土壤芘吸收积累主要集中在根部，且随着土壤中芘浓度增大，芘向地上部分运输能力逐渐减弱。3 种菌株的加入对紫花苜蓿吸收积累土壤中芘的能力均有一定的促进作用。

表 6-9　复合污染条件下芘、镉在紫花苜蓿体内的含量(干重)

处理		CK			B0			B1			B2			B3		
		镉含量/(mg·kg^{-1})	芘含量/(mg·kg^{-1})	生物量/g	镉含量/(mg·kg^{-1})	芘含量/(mg·kg^{-1})	生物量/g	镉含量/(mg·kg^{-1})	芘含量/(mg·kg^{-1})	生物量/g	镉含量/(mg·kg^{-1})	芘含量/(mg·kg^{-1})	生物量/g	镉含量/(mg·kg^{-1})	芘含量/(mg·kg^{-1})	生物量/g
地上部分	TC	nd	nd	1.67±0.12	4.96±0.41a	nd	1.47±0.01	5.64±0.32b	nd	1.61±0.10	5.25±0.36c	nd	1.54±0.11	6.10±0.32d	nd	1.59±0.11
	T1	nd	nd	nd	4.62±0.41a	0.04±0.01A	1.43±0.01	5.41±0.27b	0.06±0.01B	1.57±0.12	4.93±0.41c	0.05±0.01C	1.51±0.09	5.81±0.41d	0.05±0.01D	1.56±0.09
	T2	nd	nd	nd	4.21±0.32a	0.08±0.01A	1.40±0.01	4.89±0.41b	0.19±0.02B	1.54±0.09	4.56±0.38c	0.14±0.02C	1.47±0.12	5.47±0.36d	0.19±0.02D	1.52±0.09
	T3	nd	nd	nd	3.72±0.23a	0.09±0.01A	1.31±0.01	4.53±0.24b	0.24±0.01B	1.50±0.08	4.05±0.44c	0.19±0.02C	1.42±0.08	5.04±0.51d	0.24±0.02D	1.47±0.06
地下部分	TC	nd	nd	0.25±0.02	14.01±0.97a	nd	0.26±0.02	15.04±0.42b	nd	0.32±0.03	14.26±0.21c	nd	0.27±0.03	15.72±0.98d	nd	0.31±0.02
	T1	nd	nd	nd	13.44±0.99a	0.08±0.01A	0.24±0.01	14.71±0.98b	0.12±0.01B	0.30±0.02	13.85±1.09c	0.11±0.01C	0.24±0.02	15.12±1.24d	0.12±0.01D	0.28±0.02
	T2	nd	nd	nd	12.65±0.92a	0.21±0.02A	0.21±0.01	14.22±1.21b	0.49±0.03B	0.27±0.03	12.96±1.13c	0.36±0.03C	0.21±0.01	14.39±1.21d	0.48±0.03D	0.25±0.01
	T3	nd	nd	nd	11.39±0.87a	0.24±0.02A	0.19±0.02	13.49±1.19b	0.62±0.06B	0.22±0.01	11.71±0.09c	0.49±0.05C	0.19±0.02	13.53±1.34d	0.62±0.05D	0.21±0.01

在微生物的影响下，植物向地上部分转移的芘量虽然有所增加，但根系吸收积累的芘量也相应增大，因此转移系数并没有表现出明显的差异性。由此可见，3种菌株对紫花苜蓿根部吸收土壤中的芘均有一定的促进作用，其促进作用大小为嗜麦芽窄食单胞菌≈氧化节杆菌＞耳葡萄球菌。但随着土壤中芘含量的增大，菌株的促进作用有所减弱，表明高浓度芘污染对菌株及紫花苜蓿联合作用有一定抑制。

4. 微生物对紫花苜蓿去除土壤中芘的影响

由表6-10可知，45 d后，单芘污染及复合污染条件下根际、非根际土壤中可提取态芘浓度随着土壤中外加芘浓度的增加而逐渐增大，表明各处理条件下根际、非根际土壤中芘去除率随着土壤中芘浓度增大而减小，T2与T3处理浓度下各处理中芘平均去除率显著小于T1处理($P<0.01$)。且单芘污染条件下各处理非根际土壤中芘浓度平均比根际土壤高8.95%($P<0.01$)，复合处理污染条件下高3.59%($P<0.05$)。当土壤中芘添加浓度一定时，两种污染条件下不同处理根际、非根际土壤中芘去除效果差异显著($P<0.01$)，单芘处理污染条件下根际土壤中B0、B1、B2、B3处理中芘去除率均比control显著增大($P<0.01$)，平均增大26.45%、62.11%、55.75%、60.63%，非根际土壤中B0、B1、B2、B3处理中芘去除率均显著大于control($P<0.01$)，平均增大24.82%、59.52%、49.62%、57.77%。复合污染处理条件下根际土壤中B0、B1、B2、B3处理中芘去除率均比control显著增大($P<0.01$)，平均增大17.75%、34.76%、27.24%、30.90%。非根际土壤中B0、B1、B2、B3处理中芘去除率均显著大于control($P<0.01$)，平均增大16.03%、32.82%、24.91%、29.27%。这说明紫花苜蓿的种植对根际、非根际土壤中的芘有一定的去除作用，而3种菌株的加入对芘的去除有一定的促进作用，其作用大小为氧化节杆菌＞嗜麦芽窄食单胞菌＞耳葡萄球菌。

由此可知，利用紫花苜蓿-微生物联合作用修复土壤中芘污染是可行的。B1、B2、B3处理中根际土壤与非根际土壤中芘含量均有一定程度的减少，但土壤中仍残余一定量的芘。Cheng和Wong(2008)的研究表明，土壤中残余结合态的PAHs并不是纯粹的PAHs物质，主要是由土壤有机质及PAHs代谢物交互作用形成的。

紫花苜蓿具有修复土壤芘/镉复合污染的潜力，其修复效果取决于植物生长状况、植物根系与根际微生物的交互作用。紫花苜蓿修复芘/镉复合污染土壤时，不仅对土壤中镉进行吸收积累转化，还同时对芘进行吸收积累降解，并可通过改善土壤酶活性来提高PAHs修复效果，在此过程中，紫花苜蓿对复合污染的生理生化响应比对单一污染的响应更敏感。氧化节杆菌、耳葡萄球菌和嗜麦芽窄食单胞菌

表 6-10　复合污染处理条件下土壤中芘的残留量(干重)

土壤芘初始浓度处理		土壤芘残留量/(mg · kg^{-1})					
		CK	control	B0	B1	B2	B3
根际土壤	T0	nd	nd	nd	nd	nd	nd
	T1		12.21±1.02a	8.93±0.87b	5.94±0.45c	7.52±0.66d	6.92±0.56e
	T2		51.68±4.98a	40.78±3.67b	33.79±2.44c	37.02±2.56d	34.97±3.08e
	T3		102.19±8.45a	91.59±7.98b	73.45±7.04c	79.11±6.45d	75.92±5.91e
非根际土壤	T0	nd	nd	nd	nd	nd	nd
	T1		12.35±1.22a	9.58±0.98b	6.28±0.35c	7.90±0.66d	7.12±0.37e
	T2		51.99±2.56a	41.30±4.78b	35.43±2.75c	39.56±3.07d	36.39±2.98e
	T3		102.97±9.05a	93.52±8.70b	76.36±6.45c	81.25±7.54d	79.39±7.98e

3种菌株的加入对修复效果具有明显的促进作用，紫花苜蓿-微生物联合作用与生物代谢是土壤中镉形态转化及芘去除的主要因素。3种菌株均能显著提高根际和非根际土壤中可交换态Cd的含量（6%～10%），从而强化了植物对Cd的吸收。同时该联合作用是芘去除的主要因素（修复贡献率为5%～20%），增强了土壤中脱氢酶、多酚氧化酶的活性及增强了土壤中微生物整体活性及群落多样性等。

参考文献

蔡佳亮，黄艺，郑维爽. 2008. 生物吸附剂对废水重金属污染物的吸附过程和影响因子研究进展[J]. 农业环境科学学报，27(4)：1297-1305.

蔡顺香，何盈，兰忠明，等. 2009. 小白菜叶内叶绿素和抗氧化系统对芘胁迫的动态响应[J]. 农业环境科学学报，28(3)：460-465.

曹心德，魏晓欣，代革联，等. 2011. 土壤重金属复合污染及其化学钝化修复技术研究进展[J]. 环境工程学报，5(7)：1441-1453.

陈京晶，张国平，李海霞，等. 2015. 电化学氢化物发生法处理含锑废水及对锑的回收[J]. 环境科学，36(4)：1338-1344.

陈烁娜，尹华，叶锦韶，等. 2012. 嗜麦芽窄食单胞菌处理苯并[α]芘-铜复合污染过程中细胞表面特性的变化[J]. 化工学报，63(5)：1592-1598.

陈同斌，韦朝阳. 2002. 砷超富集植物蜈蚣草及其对砷的富集特征[J]. 科学通报，47(3)：207-210.

陈同斌，阎秀兰，廖晓勇，等. 2005. 蜈蚣草中砷的亚细胞分布与区隔化作用[J]. 科学通报，50(24)：2739-2744.

陈亚刚，陈雪梅，张玉刚，等. 2009. 微生物抗重金属的生理机制[J]. 生物技术通报，10：60-65.

程东祥，张玉川，马小凡，等. 2009. 长春市土壤重金属化学形态与土壤微生物群落结构的关系[J]. 生态环境学报，18(4)：1279-1285.

程立娟，周启星. 2014. 野生观赏植物长药八宝对石油烃污染土壤的修复研究[J]. 环境科学学报，34(4)：980-986.

串丽敏，赵同科，郑怀国，等. 2014. 土壤重金属污染修复技术研究进展[J]. 环境科学与技术，37(120)：213-222.

丛鑫，薛南冬，梁刚，等. 2008. 有机氯农药污染场地表层土壤有机-矿质复合体中污染物的分布[J]. 环境科学，29(9)：2586-5291.

戴树桂. 2006. 环境化学[M]. 北京：高等教育出版社：396-399.

邓金川，吴启堂，龙新宪，等. 2005. 几种有机添加剂对遏蓝菜和东南景天吸收提取 Zn 的效应[J]. 生态学报，25(10)：2562-2568.

丁浩然，王磊，龙涛，等. 2015. 活化过硫酸钠氧化土壤对挥发性有机污染物吸附特性的影响[J]. 土壤学报，52(2)：336-344.

丁克强，骆永明，刘世亮，等. 2002. 黑麦草对菲污染土壤修复的初步研究[J]. 土壤，4(34)：233-236.

段学军，黄春晓. 2008. 重金属镉对水田土壤微生物基因多样性的影响[J]. 应用与环境生物学报，14(4)：510-513.

费伟，陈火英，曹忠，等. 2005. 盐胁迫对番茄幼苗生理特性的影响[J]. 上海交通大学学报，23(1)：5-9.

傅海燕，许鹏程，柴天，等. 2013. 3 种载体固定化菌藻共生系统脱氮除磷效果的对比[J]. 环境工程学报，7(9)：3256-3262.

傅建捷，王亚骅，周麟佳，等. 2011. 我国典型电子垃圾拆解地持久性有毒化学污染物污染现状[J]. 化学进展，23(8)：1755-1768.

高国龙，蒋建国，李梦露. 2012. 有机物污染土壤热脱附技术研究与应用[J]. 环境工程，30(1)：128-131.

高园园，周启星. 2013. 纳米零价铁在污染土壤修复中的应用与展望[J]. 农业环境科学学报，32(3)：418-425.

韩桂琪,王彬,徐卫红,等. 2012. 重金属Cd、Zn、Cu和Pb复合污染对土壤生物活性的影响[J]. 中国生态农业学报,20(9):1236-1242.

黄晶,凌婉婷,孙艳娣,等. 2012. 丛枝菌根真菌对紫花苜蓿吸收土壤中镉和锌的影响[J]. 农业环境科学学报,31(1):99-105.

黄铭洪. 2003. 环境污染与生态恢复[M]. 北京:科学出版社.

江凌,吴海珍,韦朝海,等. 2007. 白腐菌降解木质素酶系的特征及其应用[J]. 化工进展,26(2):198-204.

金彩霞,刘军军,鲍林林,等. 2010. 磺胺间甲氧嘧啶-镉复合污染对作物种子发芽的影响[J]. 中国环境科学,30(6):839-844.

李长芳,胡勇有,黄国富. 2012. 纳米Pd/Fe催化甲醇/水中2,2′,4,4′-四溴联苯醚(BDE-47)还原脱溴[J]. 环境科学学报,32(10):2353-2359.

李红艳,李亚新,李尚明,等. 2008. 离子交换技术在重金属工业废水处理中的应用[J]. 水处理技术,34(2):12-20.

李英明,江桂斌,王亚骅,等. 2008. 电子垃圾拆解地大气中二噁英、多氯联苯、多溴联苯醚的污染水平及相分配规律[J]. 科学通报,1(2):165-171.

李玉双,胡晓钧,孙铁珩,等. 2011. 污染土壤淋洗修复技术研究进展[J]. 生态学杂志,30(3):596-602.

李钰婷,张亚雷,代朝猛,等. 2012. 纳米零价铁颗粒去除水中重金属的研究进展[J]. 环境化学,31(9):1349-1354.

梁金利,蔡焕兴,段雪梅,等. 2012. 有机酸土柱淋洗法修复重金属污染土壤[J]. 环境工程学报,6(9):3339-3343.

梁俊美,雷泽湘,陈中义. 2008. 水浮莲对铜污染水体的修复试验[J]. 仲恺农业技术学院学报,21(1):29-33.

廖敏,马爱丽,谢晓梅. 2011. 缺陷假单胞菌M5R14粗酶液降解拟除虫菊酯类农药特性初探[J]. 环境科学,32(6):1793-1798.

林文杰,吴荣华,郑泽纯,等. 2011. 贵屿电子垃圾处理对河流底泥及土壤重金属污染[J]. 生态环境学报,20(1):160-163.

刘贝贝,陈丽,张勇. 2011. 典型多环芳烃在红树林沉积物上的吸附特性及影响因素[J]. 环境化学,30(2):2032-2039.

刘戈宇,柴团耀,孙涛. 2010. 超富集植物遏蓝菜对重金属吸收、运输和累积的机制[J]. 生物工程学报,26(5):561-568.

刘玲,吴龙华,李娜,等. 2009. 种植密度对镉锌污染土壤伴矿景天植物修复效率的影响[J]. 环境科学,30(11):3422-3426.

刘世亮,骆永明,丁克强,等. 2007. 黑麦草对苯并[a]芘污染土壤的根际修复及其酶学机理研究[J]. 农业环境科学学报,26(2):526-532.

罗玮. 2012. 难降解污染物微生物共代谢作用研究进展[J]. 土壤通报,43(6):1515-1521.

罗孝俊,陈社军,余梅,等. 2008. 多环芳烃在珠江口表层水体中的分布与分配[J]. 环境科学,29(9):2385-2391.

罗永清,赵学勇,李美霞. 2012. 植物根系分泌物生态效应及其影响因素研究综述[J]. 应用生态学报,23(12):3496-3504.

吕俊,尹华,叶锦韶,等. 2013. 杂交狼尾草对土壤锌/十溴联苯醚复合污染的生理响应及修复[J]. 农业环境科学学报,32(12):2369-2376.

马建伟,王慧,罗启仕,等. 2007. 利用电动技术强化有机污染土壤原位修复研究[J]. 环境工程学报,1(7):119-124.

马迅,殷艳飞,王浩雅,等. 2014. 超声波协同 Fenton 氧化法去除造纸法再造烟叶废水 COD[J]. 环境工程学报,8(11):4752-4756.

毛亮,靳治国,高扬,等. 2011. 微生物对龙葵的生理活性和吸收重金属的影响[J]. 农业环境科学学报,30(1):29-36.

聂麦茜,吴蔓莉,王晓昌,等. 2006. 一株黄杆菌及其粗酶液对芘降解的动力学特征研究[J]. 环境科学学报,26(2):181-185.

聂小琴,刘建国,曾宪委,等. 2013. 六氯苯污染土壤的固化稳定化[J]. 清华大学学报(自然科学版),53(1):84-89.

彭辉,陈智林,尹华,等. 2012. 黑麦草在修复铜-芘复合污染水体过程中对污染物的富集效应[J]. 环境化学,31(1):57-63.

彭胜巍,周启星. 2008. 持久性有机污染土壤的植物修复及其机理研究进展[J]. 生态学杂志,27(3):469-475.

强婧,尹华,彭辉,等. 2009. 蒽降解菌烟曲霉 A10 的分离及降解性能研究[J]. 环境科学,30(5):1298-1305.

仇荣亮,仇浩,雷梅,等. 2009. 矿山及周边地区多重金属污染土壤修复研究进展[J]. 农业环境科学学报,28(6):1085-1091.

阮久莉,王勐,毛亮,等. 2012. 白腐菌锰过氧化物酶对 2,2′,4,4′-四溴联苯醚的降解[J]. 环境科学与技术,35(1):20-24.

沈国清,陆贻通,周培. 2005. 土壤环境中重金属和多环芳烃复合污染研究进展[J]. 上海交通大学学报(农业科学版),23(1):102-106.

施晓东,常学秀. 2003. 重金属污染土壤的微生物响应[J]. 生态环境,12(4):498-499.

孙成芬,马丽,盛连喜,等. 2009. 土壤萘污染对玉米苗期生长和生理的影响[J]. 农业环境科学学报,28(3):443-448.

孙晓铧,黄益宗,钟敏,等. 2013. 沸石、磷矿粉和石灰对土壤铅锌化学形态和生物可给性的影响[J]. 环境化学,32(9):1693-1699.

田雅楠,王红旗. 2011. Biolog 法在环境微生物功能多样性研究中的应用[J]. 环境科学与技术,34(3):50-57.

王奥,吴福忠,杨万勤,等. 2011. Cd 对欧美杂交杨生长紫色土和冲积土微生物多样性的影响[J]. 环境科学,32(7):2138-2143.

王贝贝,朱湖地,胡丽,等. 2013. 硝基酚、六氯酚污染土壤的微波修复[J]. 环境化学,32(8):1560-1565.

王芳芳,尹华,龙焰,等. 2011. 表面活性剂对苏云金芽孢杆菌 J-1 降解 BDE-209 的影响[J]. 环境科学学报,31(4):738-744.

王建龙,陈灿. 2010. 生物吸附法去除重金属离子的研究进展[J]. 环境科学学报,30(4):673-701.

王俊芳,师彬,陈建峰,等. 2010. O_3/H_2O_2高级氧化技术在处理难降解有机废水中的应用进展[J]. 化工进展,29(6):1138-1142.

王美娥,周启星. 2006. 重金属 Cd、Cu 对小麦(*Triticum aestivum*)幼苗生理生化过程的影响及其毒性机理研究[J]. 环境科学学报,26(12):2033-2038.

王谦,成水平. 2010. 大型水生植物修复重金属污染水体研究进展[J]. 环境科学与技术,33(5):96-102.

王学东,马义兵,华珞,等. 2008. 铜对大麦(*Hordeum vulgare*)的急性毒性预测模型[J]. 环境科学学报,28(8):1704-1712.

王意锟,郝秀珍,周东美,等. 2011. 改良剂施用对重金属污染土壤溶液化学性质及豇豆生理特性的影响研究[J]. 土壤,43(1):89-94.

王悠,姜爽,赵晓玮,等. 2010. 2 种有机污染物对鲈鱼生化标志物系统的影响及作用评价[J]. 环境科学,31(3):801-807.

魏树和，周启星，王新. 2005. 超富集植物龙葵及其对镉的富集特征[J]. 环境科学，26(3)：167-171.

吴健，沈根祥，黄沈发. 2005. 挥发性有机物污染土壤工程修复技术研究进展[J]. 土壤通报，36(3)：430-435.

夏星辉，余晖，陈立. 2005. 黄河水体颗粒物对几种多环芳烃生物降解过程的影响[J]. 环境科学学报，23(9)：1226-1231.

谢景千，雷梅，陈同斌，等. 2010. 蜈蚣草对污染土壤中 As、Pb、Zn、Cu 的原位去除效果[J]. 环境科学学报，30(1)：165-171.

谢文平，王少冰，朱新平，等. 2012. 珠江下游河段沉积物中重金属含量及污染评价[J]. 环境科学，33(6)：1808-1815.

邢维芹，骆永明，吴龙华，等. 2008. 铅和苯并芘混合污染酸性土壤上黑麦草生长及对污染物的吸取作用[J]. 土壤学报，45(3)：485-490.

熊士昌，尹华，何宝燕，等. 2012. 白腐菌对十溴联苯醚的酶促降解研究[J]. 环境化学，31(5)：615-619.

徐姗楠，温珊珊，吴望星，等. 2008. 真江篱(*Gracilaria verrucosa*)对网箱养殖海区的生态修复及生态养殖匹配模式[J]. 生态学报，28(4)：1466-1475.

许超，夏北成. 2007. 玉米根系形态对土壤 Cd 和芘复合污染的响应[J]. 生态环境，16(3)：771-774.

许晓伟，黄岁樑. 2011. 海河沉积物对菲的吸附解吸行为研究[J]. 环境科学学报，31(3)：114-122.

杨传杰，魏树和，周启星，等. 2009. 外源氨基酸对龙葵修复 Cd-PAHs 污染土壤的强化作用[J]. 生态学杂志，28(9)：1829-1834.

杨峰，尹华，彭辉，等. 2007. 酵母融合菌对铬离子的吸附特性研究[J]. 环境化学，26(3)：318-322.

杨红飞，甄泉，严密，等. 2007. 砂姜黑土中重金属 Cu、Cd、Zn 形态分布于土壤酶活性研究[J]. 土壤通报，38(1)：111-115.

杨宏，钟洁，纪娟，等. 2008. Mn(Ⅱ)氧化细菌的微生物学研究进展[J]. 应用于环境生物学报，14(1)：143-146.

杨茜，吴曼莉，聂麦茜，等. 2015. 石油污染土壤的生物修复技术及微生物生态效应[J]. 环境科学，36(5)：1856-1863.

杨艳，凌婉婷，高彦征，等. 2010. 几种多环芳烃的植物吸收作用及其对根系分泌物的影响[J]. 环境科学学报，30(3)：593-599.

杨卓，李术娜，李博文，等. 2009. 接种微生物对土壤中 Cd、Pb、Zn 生物有效性的影响[J]. 土壤学报，46(4)：670-675.

尹华，卢显妍，彭辉，等. 2005. 复合诱变原生质体选育重金属去除菌[J]. 环境科学，26(4)：146-151.

余志，黄代宽. 2013. 重金属污染土壤修复治理技术概述[J]. 环保科技，(4)：46-48.

宇克莉，邹婧，邹金华. 2010. 镉胁迫对玉米幼苗抗氧化酶系统及矿质元素吸收的影响[J]. 农业环境科学学报，29(6)：1050-1056.

袁祖丽，马新明，韩锦峰，等. 2005. 镉污染对烟草叶片超微结构及部分元素含量的影响[J]. 生态学报，25(11)：2919-2928.

苑宝玲，陈彩云，李云琴，等. 2009. 假单胞菌胞内酶粗提液对藻毒素 MCLR 的降解[J]. 环境化学，28(6)：854-858.

曾凡凡，曾光明，牛秋雅，等. 2009. 菲对湘江沉积物吸附镉的影响[J]. 环境科学研究，22(11)：1294-1298.

曾跃春，高彦征，凌婉婷，等. 2009. 土壤中有机污染物的形态及植物可利用性[J]. 土壤通报，40(6)：1479-1484.

占新华，周立祥，万寅婧，等. 2006. 水溶性有机物对植物吸收菲的影响及其机制研究[J]. 环境科学，27(9)：1884-1888.

张长波,罗启仕,付融冰. 2009. 固化剂对土壤中重金属的稳定作用及其在河岸固化护坡中的应用研究[J]. 农业环境科学学报,28(10):2050-2056.

张静,刘平,刘春,等. 2015. 华北平原耕作土壤特性对基因工程菌迁移的影响[J]. 环境科学,36(12):4676-4681.

张军,束文圣. 2006. 植物对重金属镉的耐受机制[J]. 植物生理与分子生物学学报,32(1):1-8.

张小凯,何丽芝,陆扣萍,等. 2013. 生物质炭修复重金属及有机物污染土壤的研究进展[J]. 土壤,45(6):970-977.

张晓琳,梁芳,李英,等. 2016. 水杨酸对多氯联苯污染土壤的修复和微生物群落结构的影响[J]. 环境科学学报,36(2):599-605.

张雪,刘维涛,梁丽琛,等. 2016. 多氯联苯(PCBs)污染土壤的生物修复[J]. 农业环境科学学报,35(1):1-11.

张玉刚,龙新宪,陈雪梅,等. 2008. 微生物处理重金属废水的研究进展[J]. 环境科学与技术,31(6):58-63.

张玉秀,于飞,张媛雅,等. 2008. 植物对重金属镉的吸收转运和累积机制[J]. 中国生态农业学报,16(5):1317-1321.

张瑜斌,章洁香,孙省利. 2012. 海水富营养化对海洋细菌影响的研究进展[J]. 生态学报,32(10):3225-3232.

赵丹,孙春燕,陈春城,等. 2009. 新型污染物多溴联苯醚和氰尿酸的光化学降解[J]. 化学进展,21(2):400-405.

郑彤,杜兆林,贺玉强,等. 2013. 水体重金属污染处理方法现状分析与应急处置策略[J]. 中国给水排水,29(6):18-21.

周际海,袁颖红,朱志保,等. 2015. 土壤有机污染物生物修复技术研究进展[J]. 生态环境学报,24(2):343-351.

周乐,盛下放. 2006. 芘降解菌株的筛选及降解条件的研究[J]. 农业环境科学学报,25(6):1504-1507.

周启星,魏树和,王新,等. 2004. 农田杂草的重金属超积累特性研究[J]. 中国环境科学,24(1):105-109.

周启星. 2006. 土壤环境污染化学与化学修复研究最新进展[J]. 环境化学,25(3):257-265.

朱永官. 2003. 土壤-植物系统中的微界面过程及其生态环境效应[J]. 环境科学学报,23(2):205-210.

朱淮武. 2005. 有机分子结构波谱解析[M]. 北京:化学工业出版社,10-11.

邹定辉,夏建荣. 2011. 大型海藻的营养盐代谢及其与近海岸海域营养化的关系[J]. 生态学杂志,30(3):589-595.

Abraham W R, Nogales B, Golyshin P N, et al. 2002. Polychlorinated biphenyl-degrading microbial communities in soils and sediments[J]. Curr Opin Microbiol, 5(3):246-253.

Aksu Z, Dönmez G. 2003. A comparative study on the biosorption characteristics of some yeasts for Remazol Blue reactive dye[J]. Chemosphere, 50(8):1075-1083.

Ali H, Khan E, Sajad M A, et al. 2013. Phytoremediation of heavy metals-concept and applications[J]. Chemosphere, 91(7):869-881.

Ambrosoli R, Petruzzelli L, Minati J L, et al. 2005. Anaerobic PAH degradation in soil by a mixed bacterial consortium under denitrifyingconditions[J]. Chemosphere, 60(9):1231-1236.

An T C, Chen J X, Li G Y, et al. 2008. Characterization and the photocatalytic activity of TiO_2 immobilized hydrophobic montmorillonite photocatalysts: Degradation of decabromodiphenyl ether (BDE-209) [J]. Catalysis Today, 139(1-2):69-76.

Bai J, Yang X H, Du R Y, et al. 2014. Biosorption mechanisms involved in immobilization of soil Pb by *Bacillus subtilis* DBM in a multi-metal-contaminated soil [J]. Journal of Environmental Science, 26 (10): 2056-2064.

Baldrian P. 2003. Interactions of heavy metals with white-rot fungi[J]. Enzyme and Microbial Technology, 32(1):78-91.

Batty L C, Anslow M. 2008. Effect of a polycyclic aromatic hydrocarbon on the phytoremediation of zinc by two plant species (*Brassica juncea* and *Festuca arundinacea*)[J]. International Journal of Phytoremediation, 10(3):236-251.

Bayramoglu G, Arica M Y. 2007. Biosorption of benzidine based textile dyes "Direct Blue 1 and Direct Red 128" using native and heat-treated biomass of *Trametes versicolor*. Journal of Hazardous Materials, 143(1-2):135-143.

Boominathan R, Doran P M. 2003. Organic acid complexation, heavy metal distribution and the effect of ATPase inhibition in hairy roots of hyperaccumulator plant species[J]. Journal of Biotechnology, 101(2): 131-146.

Bozlaker A, Muezzinoglu A, Odabasi M. 2008. Atmospheric concentrations, dry deposition and air-soil exchange of polycyclic aromatic hydrocarbons(PAHs)in an industrial region in Turkey[J]. Journal of Hazardous Materials, 153(3):1093-1102.

Bulgariu D, Bulgariu L. 2012. Equilibrium and kinetics studies of heavy metal ions biosorption on green algae waste biomass[J]. Bioresource Technology, 103(1):489-493.

Chan L C, Rayford B P, Kevin R S, et al. 2013. Electrical stimulation of microbial PCB degradation in sediment [J]. Water Research, 47(2):141-152.

Chen A, Dietrich K N, Huo X, et al. 2011. Developmental neurotoxicants in e-waste: an emerging health concern[J]. Environmental Health Perspective, 119(4):431-438.

Chen B L, Wang Y S, Hu D F. 2010. Biosorption and biodegradation of polycyclic aromatic hydrocarbons in aqueous solutions by a consortium of white-rot fungi[J]. Journal of Hazardous Materials, 179:845-851.

Chen D H, Bi X H, Zhao J P, et al. 2009. Pollution characterization and diurnal variation of PBDEs in the atmosphere of an e-waste dismantling region[J]. Environmental Pollution, 157(3):1051-1057.

Chen S N, Yin H, Tang S Y, et al. 2016. Metabolic biotransformation of copper-benzo[α]pyrene combined pollution on the cellular interface of *Stenotrophomonas maltophilia*[J]. Bioresource Technology, 204:26-31.

Chen S N, Yin H, Ye J S, et al. 2012. Change of cell surface features of *Stenotrophomonas maltophilia* in treating benzo[α]pyrene-copper combined pollution[J]. Ciesc Journal, 65(5):1592-1598.

Chen S N, Yin H, Ye J S, et al. 2014. Influence of co-existed benzo[α]pyrene and copper on the cellular characteristics of *Stenotrophomonas maltophilia* during biodegradation and transformation[J]. Bioresource Technology, 158:181-187.

Chen S Y, Lin J G. 2001. Effect of substrate concentration on bioleaching of metal-contaminated sediment[J]. Journal of Hazardous Materials, 82(1):77-89.

Chen Y, Wang C X, Wang Z J, et al. 2004. Assessment of the contamination and genotoxicity of irrigated with wastewater[J]. Plant and Soil, 261(1-2):189-196.

Cheng K Y, Wong J W C. 2008. Fate of 14C-pyrene in soil-plant system amended with pig manure compost and Tween 80: A growth chamber study[J]. Bioresource Technology, 99(17):8406-8412.

Cheraghi M, Lorestani B, Khorasani N, et al. 2011. Findings on the phytoextraction and phytostabilization of soils contaminated with heavy metals[J]. Biological Trace Element Research, 144(1-3):1133-1141.

Choo T P, Lee C K, Low K S, et al. 2006. Accumulation of chromium(VI) from aqueous solutions using water lilies (*Nymphaea spontanea*)[J]. Chemosphere, 62(6):961-967.

Daware V, Kesavan S, Patil R, et al. 2012. Effects of arsenite stress on growth and proteome of Klebsiella pneumonia[J]. Journal of Biotechnology, 158: 8-16.

Dean-Ross D, Moody J, Cerniglia C E. 2002. Utilization of mixtures of polycyclic aromatic hydrocarbons by bacteria isolated from contaminated sediment[J]. FEMS Microbiology Ecology, 41(1): 1-7.

Deng S B, Ting Y P. 2005. Characterization of PEI-modified biomass and biosorption of Cu(Ⅱ), Pb(Ⅱ) and Ni(Ⅱ)[J]. Water Research, 39(10): 2167-2177.

Dhiman S S, Selvaraj C, Li J L, et al. 2016. Phytoremediation of metal-contaminated soils by the hyperaccumulator canola (*Brassica napus* L.) and the use of its biomass for ethanol production[J]. Fuel, 183(1): 107-114.

Dinh N T, Vu D T, Muligan D, et al. 2015. Accumulation and distribution of zinc in the leaves and roots of the hyperaccumulator *Noccaea caerulescens*[J]. Environmental and Experimental Botany, 110: 85-95.

Dubovskiy I M, Grizanova E V, Ershova N S, et al. 2011. The effects of dietary nickel on the detoxification enzymes, innate immunity and resistance to the fungus *Beauveria bassiana* in the larvae of the greater wax moth *Galleria mellonella*[J]. Chemosphere, 85(1): 92-96.

Ellis B, Harold P, Kronberg H. 1991. Bioremediation of a creosote contaminated site [J]. Environmental Technology, 12(5): 447-459.

Ertugay N, Bayhan Y K. 2010. The removal of copper (Ⅱ) ion by using mushroom biomass (*Agaricus bisporus*) and kinetic modeling[J]. Desalination, 255(1-3): 137-142.

Field J A, Sierra-Alvarez R. 2008. Microbial transformation and degradation of polychlorinated biphenyls[J]. Environmental Pollution, 155(1): 1-12.

Fosso-Kankeu E, Mulaba-Bafubiandi A F, Mambab B B, et al. 2010. A comprehensive study of physical and physiological parameters that affect biosorption of metal pollutants from aqueous solutions[J]. Physics and Chemistry of the Earth, 35: 672-678.

Furukawa K, Fujihara H. 2008. Microbial degradation of polychlorinated biphenyls: biochemical and molecular features[J]. Journal of Bioscience and Bioengineering , 105(5): 433-449.

Gao J, Ye J S, Ma J W, et al. 2014. Biosorption and biodegradation of triphenyltin by *Stenotrophomonas maltophilia* and their influence on cellular metabolism[J]. Journal of Hazardous Materials, 276: 112-119.

Gao Y, Xiong W, Ling W, et al. 2007. Impact of exotic and inherent dissolved organic matter on sorption of phenanthrene by soils[J]. Journal of Hazardous Materials, 140(1-2): 138-144.

Gerecke A C, Hartmann P C, Heeb N V, et al. 2005. Anaerobic degradation of decabromodiphenyl ether[J]. EnvironmentalScience & Technology, 39(4): 1078-1083.

Giddabasappa A, Hamilton W R, Chaney S, et al. 2011. Low-level gestational lead exposure increases retinal progenitor cell proliferation and rod photoreceptor and bipolar cell neurogenesis in mice[J]. Environmental Health Perspectives, 119(1): 71-77.

Gohre V, Paszkowski U. 2006. Contribution of the arbuscular mycorrhizal symbiosis to heavy metal phytoremediation[J]. Planta, 223(6): 1115-1122.

Goksungur Y, Uren S, Guvenc U. 2005. Biosorption of cadmium and lead ions by ethanol treated waste baker′s yeast biomass[J]. Bioresource Technology, 96(1): 103-109.

Guo Y, Huang C J, Zhang H, et al. 2009. Heavy metal contamination from electronic waste recycling at Guiyu, southeastern China[J]. Journal of Environmental Quality, 38(4): 1617-1626.

Hagmann D F, Goodey N M, Mathieu C, et al. 2015. Effect of metal contamination on microbial enzymatic activity in soil[J]. Soil Biology & Biochemistry, 91: 291-297.

Hameed S, Rasool S, Azooz M M, et al. 2016. Heavy metal stress: Plant responses and signaling[J]. Plant Metal Interaction, 24: 557-583.

Han X, Wong Y S. 2007. Biosorption and bioreduction of Cr(Ⅵ) by a microalgal isolate, *Chlorella miniata* [J]. Journal of Hazardous Materials, 146(1-2): 65-72.

Haritash A K, Kaushik C P. 2009. Biodegradation aspects of polycyclic aromatic hydrocarbons (PAHs): A review[J]. Journal of Hazardous Materials, 169(1-3): 1-15.

He J S, Chen J P. 2014. A comprehensive review on biosorption of heavy metals by algal biomass: Materails, performances, chemistry, and modeling simulation tools[J]. Bioresource Technology, 160: 67-78.

He M J, Luo X J, Chen M Y, et al. 2012. Bioaccumulation of polybrominated diphenyl ethers and decabromodiphenyl ethane in fish from a river system in a highly industrialized area, south China[J]. The Science of the Total Environment, 419: 109-115.

Hojae S H I M, Wei M, Aijun L, et al. 2009. Bioremoval of mixture of benzene, toluene, ethylbenzene, and xylenes/total petroleum hydrocarbons/trichloroethylene from contaminated water[J]. Journal of Environmental Science, 21(6): 758-763.

Hong H B, Nam I H, Kim Y M, et al. 2007. Effect of heavy metals on the biodegradation of dibenzofuran in liquid medium[J]. Journal of Hazardous Materials, 140(1-2): 145-148.

Hsieh J L, Chen C Y, Chiu M H, et al. 2009. Expressing a bacterial mercuric ion binding protein in plant for phytoremediation of heavy metals[J]. Journal of Hazardous Materials, 161(2-3): 920-925.

Huang H L, Zhang S Z, Christie P. 2011. Plant uptake and dissipation of PBDEs in the soils of electronic waste recycling sites[J]. Environmental Pollution, 159(1): 238-243.

Huang H L, Zhang S Z, Christie P, et al. 2010. Behavior of decabromodiphenyl ether (BDE-209) in the soil-plant system: Uptake, translocation, and metabolism in plants and dissipation in soil[J]. Environmental Science & Technology, 44(2): 663-667.

Huesemann M H, Hausmann T S, Fortman T J, et al. 2009. *In situ* phytoremediation of PAH and PCB contaminated marine sediments with eelgrass (*Zostera marina*) [J]. Ecological Engineering, 35(10): 1395-1404.

Hyks J, Nesterov I, Mogensen E, et al. 2011. Leaching from waste incineration bottom ashes treated in a rotary kiln[J]. Waste Management and Research, 29(10): 995-1007.

Jain M, Garg V K, Kadirvelu K. 2009. Chromium(VI) removal from aqueous system using *Helianthus annuus* (sunflower) stem waste[J]. Journal of Hazardous Materials, 162(1): 365-372.

Jamil M, Zeb S, Anees M, et al. 2014. Role of *Bacillus licheniformis* in phytoremediation of nickel contaminated soil cultivated with rice[J]. International Journal of Phytoremediation, 16(6): 554-571.

Je J Y, Kim S K. 2006. Chitosan derivatives killed bacteria by disrupting the outer and inner membrane[J]. Journal of Agricultural and Food Chemistry, 54(18): 6629-6633.

Jules G E, Pratap S, Ramesh A, et al. 2012. In utero exposure to benzo(a)pyrene predisposes offspring to cardiovascular dysfunction in later-life[J]. Toxicology, 295(1-3): 56-67.

Jung J, Jeong H Y, Kim H J, et al. 2016. Complete genome sequence of *Bacillus oceanisediminis* 2691, a reservoir of heavy-metal resistance genes[J]. Marine Genomics, 6: 472-475.

Juwarkar A A, Nair A, Dubey K V, et al. 2007. Biosurfactant technology for remediation of cadmium and lead contaminated soils[J]. Chemosphere, 68(10): 1996-2002.

Kaimi E, Mukaidani T, Miyoshi S, et al. 2006. Ryegrass enhancement of biodegradation in diesel-contaminated soil[J]. Environmental and Experimental Botany, 55(1-2): 110-119.

Kamaludeen S P B, Ramasamy K. 2008. Rhizoremediation of metals: Harnessing microbial communities[J]. Indian Journal of Microbiology, 48(1): 80-88.

Kang F X, Alvarez P J, Zhu D Q. 2014. Microbial extracellular polymeric substances reduce Ag^+ to silver nanoparticles and antagonize bactericidal activity[J]. Environmental Science & Technology, 48(1): 316-322.

Kavamura V N, Esposito E. 2010. Biotechnological strategies applied to the decotamination of soils polluted with heavy metals[J]. Biotechnology Advances, 28(1): 61-69.

Kim M, Le H, McInerney M J, et al. 2013. Dentification and characterization of re-citrate synthase in syntrophus aciditrophicus[J]. Journal of Bacteriology, 195(8), 1689-1696.

Lee L, He J. 2010. Reductive debromination of polybrominated diphenyl ethers by anaerobic bacteria from soils and sediments[J]. Applied and Environmental Microbiology, 76(3): 794-798.

Leigh M B, Prouzova P, Mackova M, et al. 2006. Polychlorinated biphenyl(PCB)-degrading bacteria associated with the trees in a PCB-contaminated site[J]. Applied and Environmental Microbiology, 72(4): 2331-2342.

Leung A O W, Cai Z W, Wong M H, et al. 2006. Environmental contamination from electronic waste recycling at Guiyu, Southeast China[J]. Journal of Material Cycles and Waste Management, 8(1): 21-33.

Leung A O W, Luksemburg W J, Wong A S, et al. 2007. Spatial distribution of polybrominated diphenyl ethers and polychlorinated dibenzo-*p*-dioxins and dibenzofurans in soil and combusted residue at Guiyu, an electronic waste recycling site in Southeast China[J]. Environmental Science and Technology, 41(8): 2730-2737.

Li H, Yu L, Sheng G, et al. 2007a. Severe PCDD/F and PBDD/F pollution in air around an electronic waste dismantling area in China[J]. Environmental Science and Technology, 41(16): 5641-5646.

Li A, Tai C, Zhao Z, et al. 2007b. Debromination of decabrominated diphenyl ether by resin-bound iron nanoparticls[J]. Environmental Science & Technology, 41(19): 6841-6846.

Li H F, Lin Y B, Guan W M, et al. 2010. Biosorption of Zn(Ⅱ) by live and dead cells of Streptomyces ciscaucasicus strain[J]. Journal of Hazardous Materials, 179(3): 151-159.

Li Y, Wang H Q, Hua F, et al. 2014. Transmembrane transport of fluoranthene by *Rhodococcus* sp. BAP-1 and optimization of uptake process[J]. Bioresource Technology, 155: 213-219.

Liao L P, Chen S N, Peng H, et al. 2015. Biosorption and biodegradation of pyrene by *Brevibacillus brevis* and cellular response to pyrene treatment[J]. Ecotoxicology and Environmental Safety, 115: 166-173.

Liu C G, Zachara J M, Gorby Y A, et al. 2001. Microbial reduction of Fe(III) and sorption/precipitation of Fe(Ⅱ) on *Shewanella putrefaciens* strain CN32[J]. Environmental Science & Technology, 35(7), 1385-1393.

Liu G, Shen J. 2004. Effects of culture and medium conditions on hydrogen production from starch using anaerobic bacteria[J]. Journal of Bioscience and Bioengineering, 98(4): 251-256.

Liu J X. 2005. The physiological and ecological change of maize seedling under cadmium stress[J]. Journal of Ecology, 24(3): 265-268.

Lu L, Zhu L Z. 2009. Reducing plant uptake of PAHs by cationic surfactant-enhanced soil retention[J]. Environmental Pollution, 157(6): 1794-1799.

Luo L, Zhang S, Christie P. 2010. New insights into the influence of heavy metals on phenanthrene sorption in soils [J]. Environmental Science & Technology, 44(20): 7846-7851.

Luan T G, Keith S H, Zhong Y, et al. 2006. Study of metabolites from the degradation of polycyclic aromatic hydrocarbons (PAHs) by bacterial consortium enriched from mangrove sediments[J]. Chemosphere, 65(11):2289-2296.

Luksemburg W J, Mitzel R S, Peterson R G, et al. 2002. Polychlorinated dibenzodioxins and dibenzofurans (PCDDs/PCDFs) and polybrominated diphenylether (PBDE) levels in environmental and human hair samples around an electronic waste processing site in Guiyu, Guangdong Province, China[J]. Spanish Council for Scientific Research Laboratory for Dioxins, 55:11-16.

Luo C L, Liu C P, Wang Y, et al. 2011. Heavy metal contamination in soils and vegetables near an e-waste processing site, south China[J]. Journal of Hazardous Materials, 186(1):481-490.

Luo Q, Cai Z W, Wong M H. 2007. Polybrominated diphenyl ethers in fish and sediment from river polluted by electronic waste[J]. Science of the Total Environment, 383(1-3):115-127.

Ma Y, Prasad M N V, Rajkumar M, et al. 2011. Plant growth promoting rhizobacteria and endophytes accelerate phytoremediation of metalliferous soils[J]. Biotechnology Advances, 29(2):248-258.

Ma Y, Olivera R S, Nai F J, et al. 2015. The hyperaccumulator *Sedum plumbizincicola* harbors metal-resistant endophytic bacteria that improve its phytoextraction capacity in multi-metal contaminated soil[J]. Journal of Environmental Management, 156:62-69.

Mahar A, Wang P, Ali A, et al. 2016. Challenges and opportunities in the phytoremediation of heavy metals contamnated soils: A review[J]. Ecotoxicology and Environmental Safty, 126:111-121.

Maier R M, Gentry T J. 2015. Microorganisms and organic pollutants//Environmental Microbiology[M]. 3rd ed:377-413.

Mata Y N, Blazpuez M L, Ballester A et al . 2008. Characterization of the biosorption of cadmium, lead and copper with the brown alga *Fucus vesiculosus*[J]. Journal of Hazardous Materials, 158(2-3):316-323.

Merroun M L, Nedelkova M, Ojeda J J, et al. 2011. Bio-precipitation of uranium by two bacterial isolates recovered from extreme environments as estimated by potentiometric titration, TEM and X-ray absorption spectroscopic analyses[J]. Journal of Hazardous Materials, 197:1-10.

Morillo J A, Aguilera M, Ramos-Cormenzana A, et al. 2006. Production of a metal-binding exopolysaccharide by *Paenibacillus jamilae* using two-phase olive-mill waste as fermentation substrate[J]. Current Microbiology, 53(3):189-193.

Mueller K E, Mueller-Spitz S R, Henry H F, et al. 2006. Fate of pentabrominated diphenyl ethers in soil: Abiotic sorption, plant uptake, and the impact of interspecific plant interactions[J]. Environmental Science & Technology, 40(21):6662-6667.

Ni H G, Zeng E Y. 2009. Law enforcement and global collaboration are the keys to containing e-waste tsunami in China[J]. EnvironmentalScience and Technology, 43(11):3991-3994.

Nzila A. 2013. Update on the cometabolism of organic pollutants by bacteria[J]. Environmental Pollution, 178:474-482.

Ogunseitan O A, Schoenung J M, Saphores J D M, et al. 2009. The electronics revolution: From e-wonderland to e-wasteland[J]. Science, 326(5953):670-671.

Omahony T, Guibal E, Tobin J. 2002. Reactive dye biosorption by *Rhizopus arrhizus* biomass[J]. Enzyme and Microbial Technology, 31(4):456-463.

Pagnout C, Rast C, Veber A M, et al. 2006. Ecotoxicological assessment of PAHs and their dead-end metabolites after degradation by *Mycobacterium* sp. strain SNP11[J]. Ecotoxicology and Environmental Safety,

65(2):151-158.

Pongrac P, Sonjak S, Vogel-Mikus K, et al. 2009. Roots of metal hyperaccumulating population of *Thlaspi praecox* (*Brassicaceae*) harbour arbuscular mycorrhizal and other fungi under experimental conditions[J]. International Journal of Phytoremediation, 11(4): 347-359.

Qiao X, He Y, Wang Z M, et al. 2014. Effect of foliar spray of zinc on chloroplast beta-carbonic anhydrase expression and enzyme activity in rice (*Oryza sativa* L.) leaves[J]. Acta Physiologiae Plantarum, 36(2): 263-272.

Rajkumar M, Sandhya S, Prasad M N V, et al. 2012. Perspective of plant-associated microbes in heavy metal phytoremediation[J]. Biotechnology Advances, 30(6): 1562-1574.

Rengel Z, Zhang Z H, Meney K, et al. 2011. Polynuclear aromatic hydrocarbons (PAHs) mediate cadmium toxicity to an emergent wetland species[J]. Journal of Hazardous Materials, 189(1-2): 119-126.

Robert M, Schroder P, Sandermann H. 1997. Ex-situ process of treating PAH-contaminated soil with *Phanerochaetechrysosporium* [J]. Environmental Science and Technology, 31(9): 2626-2633.

Romero-Puertas M C, Rodnguez-Serrano M, Corpas F J, et al. 2004, Cadmium-induced subcellular accumulation of O_2 and H_2O_2 in pea leaves[J]. Plant, Cell & Environment, 27(9): 1122-1134.

Schalk I J, Hannauer M, Braud A. 2011. New roles for bacterial siderophores in metal transport and tolerance [J]. Environmental Microbiology, 13(11): 2844-2854.

Schmidt A, Haferburg G, Schmidt A, et al. 2009. Heavy metal resistance to the extreme: Streptomyces strains from a former uranium mining area[J]. Chemie der Erde-Geochemistry, 69: 35-44.

Schneider J, Grosser T, Jayasimhulu K, et al. 1996. Degradation of pyrene, benzo[α]anthracene and benzo[α] pyrene by *Mycobacterium sp*. Strain RJGII-135, isolated from a former coal gasification site[J]. Applied and Environmental Microbiology, 62(3): 13-19.

Schutzendubel A, Polle A. 2002. Lant responses to abiotic stress: Heavy metal induced oxidative stress and protection by *Mycorrhization*[J]. Journal of Experimental Botany, 53(372): 1351-1365.

Sheng X F, He L Y, Wang Q Y, et al. 2008. Effects of inoculation of biosurfactant-producing *Bacillus* sp. J119 on plant growth and cadmium uptake in a cadmium-amended soil[J]. Journal of Hazardous Materials, 155 (1-2): 17-22.

Shi G Y, Yin H, Ye J S, et al. 2013a. Aerobic biotransformation of decabromodiphenyl ether (PBDE-209) by *Pseudomonas aeruginosa*[J]. Chemosphere, 93(8): 1487-1493.

Shi G Y, Yin H, Ye J S, et al. 2013b. Effect of cadmium ion on biodegradation of decabromodiphenyl ether (BDE-209) by *Psedomonas aeruginosa*[J]. Journal of Hazardous Materials, 263: 711-717.

Shi Y H, Wang C K. 2009. Photolytic degradation of polybromodiphenyl ethers under UV-lamp and solar irradiations[J]. Journal of Hazardous Materials, 165(1-3): 34-38.

Shutzendübel A, Schwanz P, Teichmann T, et al. 2001. Cadmium induced changes in antioxidative systems, hydrogen peroxide conten, and differentiation in Scots pine roots[J]. Plant Physiology, 127(3): 887-898.

Singh S N, Kumari B, Upadhyay S K, et al. 2013. Bacterial degradation of pyrene in minimal salt medium mediated catechol dioxygenases: Enzyme purification and molecular size determination[J]. Bioresource Technology, 133: 293-300.

Singh S, Eapen S, D'Souza S F. 2006. Cadmium accumulation and its influence on lipid peroxidation and antioxidative system in an aquatic plant, *Bacopa monnieri* L. [J]. Chemosphere, 62(2): 233-246.

Sivaci A, Elmas E, Gumus F, et al. 2008. Removal of cadmium by *Myriophyllum heterophyllum* Michx. and

Potamogeton crispus L. and its effect on pigments and total phenolic compounds[J]. Archives of Environmental Contamination and Toxicology, 54(4): 612-618.

Smeets K, Cuypers A, Lambrechts A, et al. 2005. Induction of oxidative stress and antioxidative mechanisms in *Phaseolus vulgaris* after Cd application[J]. Plant Physiology and Biochemistry, 43(5): 437-444.

Song H X, Liu Y G, Xu W H, et al. 2009. Simultaneous Cr(VI) reduction and phenol degradation in pure cultures of *Pseudomonas aeruginosa* CCTCC AB91095[J]. Bioresource Technology, 100: 5079-5084.

Stephensen E, Svavarsson J, Sturve J, et al. 2000. Biochemical indicators of pollution exposure in shorthorn sculpin (*Myoxocephalus scorpius*), caught in four harbours on the southwest coast of Iceland[J]. Aquat Toxicol, 48(4): 431-442.

Sun J T, Liu J Y, Yu M, et al. 2013. In vivo metabolism of 2,20,4,40-tretabromodiphenyl ether (BDE-47) in young whole pumpkin plant[J]. Environmental Science & Technology, 47(8): 3701-3707.

Suzuki N, Koizumi N, Sano H. 2001. Screening of cadmium-responsive genes in *Arabidopsis thaliana* [J]. Plant, Cell and Environment, 24(11): 1177-1188.

Tabachnikov O, Shoham Y. 2013. Functional characterization of the galactan utilization system of *Geobacillus stearothermophilus*[J]. FEBS Journal, 280(3): 950-964.

Tamarit J, Hoogh A D, Obis E, et al. 2012. Analysis of oxidative stress-induced proteincarbonylation using fluorescent hydrazides[J]. Journal of Proteomics, 75(12): 3778-3788.

Tampio M, Loikkanen J, Myllynen P, et al. 2008. Benzo(α)pyrene increases phosphorylation of p53 at serine 392 in relation to p53 induction and cell death in MCF-7 cells[J]. Toxicology Letters, 178(3): 152-159.

Tang P, Liu J K, Chou S M, et al. 2008. A proteomic analysis of *Klebsiella oxytoca* after exposure to succinonitrile[J]. Process Biochemistry, 43: 753-757.

Tang S Y, Bai J Q, Yin H, et al. 2014. Tea saponin enhanced biodegradation of decabromodiphenyl ether by *Brevibacillus brevis*[J]. Chemosphere, 114: 256-261.

Tang S Y, Yin H, Chen S N, et al. 2016a. Aerobica degradation of BDE-209 by *Enterococcus casseliflavus*: Isolation, identification and cell changes during degradation process[J]. Journal of Hazardous Materials, 308: 335-342.

Tang X, Shen C, Shi D, et al. 2010. Heavy metal and persistent organic compound contamination in soil from Wenling: An emerging e-waste recycling city in Taizhou area, China[J]. Journal of Hazardous Material, 173(1-3): 653-660.

Teng Y, Luo Y M, Sun X H, et al. 2010. Influence of arbuscular mycorrhiza and rhizobium on phytoremediation by Alfalfa of an agricultural soil contaminated with weathered PCBs: A field study[J]. International Journal of Phytoremediation, 12(5): 516-533.

Tiwari S, Singh S N, Garg S K. 2012. Stimulated phytoextraction of metals from fly ash by microbial interventions[J]. Environmental Technology, 33(21): 2405-2413.

Tokarz J A, Ahn M Y, Leng J, et al. 2008. Reductive debromination of polybrominated diphenyl ethers in anaerobic sediment and a biomimetic system[J]. Environmental Science & Technology, 42(4): 1157-1164.

Ullah A, Heng S, Munis M F H, et al. 2015. Phytoremediation of heavy metals assisted by plant growth promoting (PGP) bacteria : A review[J]. Environmental and Experimental Botany, 117 : 28-40.

Vasiluk L, Pinto L J, Tsang W S, et al. 2008. The uptake and metabolism of benzo[α]pyrene from a sample food substrate in an in vitro model of digestion[J]. Food and Chemical Toxicology, 46(2): 610-618.

Vasilyeva G K, Strijakova E R. 2007. Bioremediation of soils and sediments contaminated by polychlorinated biphenyls[J]. Microbiology, 76(6): 639-653.

Vigliotta G, Matrella S, Cicatelli A, et al. 2016. Effects of heavy metals and chelants on phytoremediation capacity and on rhizobacterial communities of maize[J]. Journal of Environmental Management, 179: 93-102.

Vila J, Lopez Z, Sabate J, et al. 2001. Identification of a novel metabolite in the degradation of pyrene by *Mycobacterium* sp. strain AP1: Actions of the isolateon two- and three-ring polycyclic aromatic hydrocarbons [J]. Applied and Environmental Microbiology, 67(12): 5497-5505.

Vinod V T P, Sashidhar R B, Sreedhar B. 2010. Biosorption of nickel and total chromium from aqueous solution by gum kondagogu (*Cochlospermum gossypium*): a carbohydrate biopolymer[J]. Journal of Hazardous Materials, 178(1-3): 851-860.

Vonderheide A P, Mueller-Spitz S R, Meija J, et al. 2006. Rapid breakdown of brominated flame retardants by soil microorganisms[J]. Jounal of Analytic Atomic Spectrometry, 21(11): 1232-1239.

Wagner G J, Wang E, Shepherd W R. 2004. New approaches for studying and exploiting an old protuberance, the plant trichome[J]. Annals of Botany, 93(1): 3-11.

WanY, Liu F Y, Wiseman S, et al. 2010. Interconversion of hydroxylated and methoxylatedpolybrominated diphenyl ethers in Japanese medaka[J]. Environmental Science & Technology, 44(22): 8729-8735.

Wan J, Yuan S, Mak K, et al. 2009. Enhanced washing of HCB contaminated soils by methyl-beta-cyclodxtrin combined with ethanol[J]. Chemosphere, 75(6): 759-764.

Wan Y, Wiseman S, Chang H, et al. 2009. Origin of hydroxylated brominated diphenyl ethers: Natural compounds or man-made flame retardants[J]. Environmental Science & Technology, 43(19): 7536-7542.

Wang D, Cai Z, Jiang G, et al. 2005. Determination of polybrominated diphenyl ethers in soil and sediment from an electronic waste recycling facility[J]. Chemosphere, 60(6): 810-816.

Wang F, Leung A O W, Wu S C. 2009. Chemical and ecotoxicological analyses of sediments and elutriates of contaminated rivers due to e-waste recycling activities using a diverse battery of bioassays[J]. Environmental Pollution, 157(7): 2082-2090.

Wang J, Chen S J, Nie X, et al. 2012. Photolytic degradation of decabromodiphenyl ethane (DBDPE) [J]. Chemosphere, 89: 844-849.

Wang K, Zhu Z Q, Huang H G, et al. 2012. Interactive effects of Cd and PAHs on contaminants removal from co-contaminated soil planted with hyperaccumulator plant *Sedum alfredii* [J]. Journal of Soils and Sediments, 12: 556-564.

Wang S, Zhang S Z, Huang H L, et al. 2011. Behavior of decabromodiphenyl ether (BDE-209) in soil: Effects of rhizosphere and mycorrhizal colonization of ryegrass roots [J]. Environmental Pollution, 159 (3): 749-753.

Wang S, Zhang S Z, Huang H L, et al. 2012. Debrominated, hydroxylated and methoxylated metabolism in maize(*Zea mays* L.) exposed to lesser polybrominated diphenyl ethers (PBDEs) [J]. Chemosphere, 89(11): 1295-1301.

Wang S, Zhang S Z, Huang H L, et al. 2014. Characterization of polybrominated diphenyl ethers (PBDEs) and hydroxylated and methoxylated PBDEs in soils and plants from an e-waste area, China[J]. Environmental Pollution, 184: 405-413.

Wang W, Zhang X, Wang D. 2002. Adsorption of p-chlorophenol by biofilm components[J]. Water Research, 36(3): 551-560.

Wang X J, Xia S Q, Chen L, et al. 2006. Biosorption of cadmium(Ⅱ) and lead(Ⅱ) ions from aqueous solutions onto dried activated sludge[J]. Journal of Environmental Sciences, 18(5): 840-844.

Wang Y P, Shi J Y, Lin Q, et al. 2007. Heavy metal availiability and impact on activity of soil microorganisms along a Cu/Zn Contamination gradient[J]. Journal of Environmental Science, 19(7): 848-853.

Wang Y Y, Hammes F, De Roy K, et al. 2010. Past, present and future applications of flow cytometry in aquatic microbiology[J]. Trends in Biotechnology, 28(8): 416-424.

Wang Z, Hessler C M, Xue Z, et al. 2012. The role of extracellular polymeric substances on the sorption of natural organic matter[J]. Water Research, 46(4): 1052-1060.

Wilen B M, Jin B, Lant P. 2003. The influence of key chemical constituents in activated sludge on surface and flocculating properties[J]. Water Research, 37(9): 2127-2139.

Wilson W W, Wade M M, Holman S C, et al. 2001. Status of methods for assessing bacterial cell surface charge properties based on zeta potential measurements[J]. Journal of Microbiological Methods, 43(3): 153-164.

Wong M H, Wu S C, Deng W J, et al. 2007. Export of toxic chemicals-a review of the case of uncontrolled electronic-waste recycling[J]. Environmental Pollution, 149(2): 131-140.

Woodyer R, Van Der Donk W A, Zhao H M. 2006. Optimizing a biocatalyst for improved NAD(P)H regeneration: Directed evolution of phosphite dehydrogenase[J]. Combinatorial Chemistry and High Throughput Screening, 9(4): 237-245.

Wortelboer H M, Balvers M G J, Usta M, et al. 2008. Glutathione-dependent interaction of heavy metal compounds with multidrug resistance proteins MRP1 and MRP2[J]. Environmental Toxicology and Pharmacology, 26(1): 102-108.

Wu Y R, He T T, Zhong M Q, et al. 2009. Isolation of marine benzo[α]pyrene-degrading *Ochrobactrum* sp. BAP5 and proteins characterization[J]. Journal of Environmental Sciences, 21: 1446-1451.

Wöjcik M, Vangronsveld J, Tukiendorf A, et al. 2005. Cadmium tolerance in *Thlaspi caerulescens*: Growth parameters, metal accumulation and phytochelatin synthesis in response to cadmium[J]. Environmental and Experimental Botany, 53(2): 151-161.

Xu H, Liu Y. 2008. Mechanisms of Cd^{2+}, Cu^{2+} and Ni^{2+} biosorption by aerobic granules[J]. Separation and Purification Technology, 58 (3): 400-411.

Xu L, Teng Y, Li Z G, et al. 2010. Enhanced removal of polychlorinated biphenyls from alfalfa rhizosphere soil in a field study: The impact of a rhizobial inoculums[J]. Science of the Total Environment, 408(5): 1007-1013.

Xu S Y, Chen Y X, Lin K F, et al. 2009. Removal of pyrene from contaminated soils by white clover[J]. Pedosphere, 19(2): 265-272.

Xu S Y, Chen Y X, Wu W X, et al. 2006. Enhanced dissipation of phenanthrene and pyrene in spiked soilsby combined plants cultivation[J]. Science of the Total Environment, 363(1-3): 206-215.

Yan G Y, Viraraghavan T. 2003. Heavy-metal removal from aqueous solution by fungus *Mucor rouxii*[J]. Water Research, 37(18): 4486-4496.

Yang C J, Zhou Q X, Wei S H, et al. 2011. Chemical-assisted phytoremediation of Cd-PAHs contaminated soils using *Solanum nigrum* L. [J]. International Journal of Phytoremediation, 1(8): 818-833.

Yang Z Z, Zhao X R, Zhao Q, et al. 2008. Polybrominated diphenyl ethers in leaves and soil from typical electronic waste polluted area in South China[J]. Bulletin of Environmental Contamination and Toxicology, 80(4): 340-344.

Yao Z T, Li J H, Xie H H, et al. 2012. Review on remediation technologies of soil contaminated by heavy metals[J]. Procedia Environmental Science, 16: 722-729.

Ye J S, Yin H, Mai B X, et al. 2010. Biosorption of chromium from aqueous solution and electroplating wastewater using mixture of *Candida lipolytica* and dewatered sewage sludge[J]. Bioresource Technology, 101(11): 3893-3902.

Ye J S, Yin H, Qiang J, et al. 2011. Biodegradation of anthracene by *Aspergillus fumigatus*[J]. Journal of Hazardous Materials, 185(1): 174-181.

Ye J S, Yin H, Xie D P, et al. 2013. Copper biosorption and ions release by *Stenotrophomonas maltophilia* in the presence of benzo[a]pyrene[J]. Chemical Engineering Journal, 219: 1-9.

Yen J H, Liao W C, Chen W C, et al. 2009. Interaction of polybrominated diphenyl ethers (PBDEs) with anaerobic mixed bacterial cultures isolated from river sediment[J]. Journal of Hazardous Materials, 165(1-3): 518-524.

Yin D G, Peng H, Yin H, et al. 2015. Effect of Pb^{2+}, Cd^{2+}, Cu^{2+} and dissolved organic carbon (DOC) on the distribution and partition of decabromodiphenyl ether (BDE-209) in a water-sediment system[J]. RSC advances, 5(127): 105259-105265.

Yin H, Qiang J, JiaY, et al. 2009. Characteristics of biosurfactant produced by *Pseudomonas aeruginosa* S6 isolated from oil-containing wastewater[J]. Process Biochemistry, 44(3): 302-308.

Yu X Z, Gao Y, Wu S C, et al. 2006. Distribution of polycyclic aromatic hydrocarbons in soils at Guiyu area of China, affected by recycling of electronic waste using primitive technologies[J]. Chemosphere, 65(9): 1500-1509.

Yuan D Q, Wang Y L, Feng J. 2014. Contribution of stratified extracellular polymeric substances to the gel-like and fractal structures of activated sludge[J]. Water Research, 56: 56-65.

Yue Z B, Li Q, Li C C, et al. 2015. Component analysis and heavy metal adsorption ability of extracellular polymeric substances (EPS) from sulfate reducing bacteria[J]. Bioresource Technology, 194: 399-402.

Zang S Y, Li P J, Li W X, et al. 2007. Degradation mechanisms of benzo[a]pyrene and its accumulated metabolites by biodegradation combined with chemical oxidation[J]. Chemosphere, 7(6): 1368-1374.

Zeng Y H, Luo X J, Sun Y Y, et al. 2011. Concentration and emission fluxes of halogenated flame retardants in sewage from sewage outlet in Dongjiang River[J]. Huanjing Kexue, 32(10): 2891-2895.

Zhang C, Jia L, Wang S H, et al. 2010. Biodegradation of beta-cypermethrin by two *Serratia* spp. with different cell surface hydrophobicity[J]. Bioresource Technology, 101(10): 3423-3429.

Zhang C, Nie S, Liang J, et al. 2016. Effect of heavy metals and soil physicochemical properties on wetland soil mircrobial biomass and bacterial community structure[J]. Science of Total Environment, 557-558(1): 785-790.

Zhang G P, Fukami M, Sekimoto H. 2000. Genotypic differences in effects of cadmium on growth and nutrient compositions in wheat[J]. Journal of Plant Nutrition, 9(45): 1337-1350.

Zhang X C, Lin L, Chen M, et al. 2012. A nonpathogenic *Fusarium oxysporum* strain enhances phytoextraction of heavy metals by the hyperaccumulator *Sedum alfredii* Hance[J]. Journal of Hazardous Materials, 229(1): 361-370.

Zhang X L, Luo X J, Yu L H, et al. 2011. Bioaccumulation of several brominated flame retardants and dechlorane plus in waterbirds from an e-waste recycling region in South China: associated with trophic level and diet sources[J]. Environmental Science&Technology, 46(3): 583-624.

Zhang Y, Shen G, Yu Y, et al. 2009. The hormetic effect of cadmium on the activity of antioxidant enzymes in the earthworm *Eisenia fetida*[J]. Environmental Pollution, 157(11): 3064-3068 .

Zhang Z Y, Zhang F S. 2014. Selective recovery of palladium from waste printed circuit boards by anovel non-acid process[J]. Journal of Hazardous Materials, 279(1): 46-51.

Zhao L Y, Zhu C, Gao C X, et al. 2011. Phytoremediation of pentachlorophenol-contaminated sediments by acquatic macrophytes[J]. Environmental Earth Science, 64(2): 581-588.

Zheng J C, Feng H M, Lam M H W, et al. 2009. Removal of Cu(Ⅱ) in aqueous media by biosorption using water hyacinth roots as a biosorbent material[J]. Journal of Hazardous Materials, 171(1-3): 780-785.

Zhong Y, Luan T G, Lin L, et al. 2011. Production of metabolites in the biodegradation of phenanthrene, fluoranthene and pyrene by the mixed culture of *Mycobacterium* sp. and *Sphingomonas* sp. [J]. Bioresource Technology, 102(3): 2965-2972.

Zhong Y, Luan T, Zhou H W, et al. 2006. Metabolite production in degradation of pyrene alone or in a mixture with another polycyclic aromatic hydrocarbon by *Mycobacterium* sp. [J]. Environmental Toxicology and Chemistry, 25(11): 2853-2859.

Zhou J, Jiang W Y, Ding J, et al. 2007. Effect of Tween 80 and beta-cyclodextrin on degradation of decabromo-diphenyl ether (BDE-209) by White rot fungi[J]. Chemosphere, 70(2): 172-177.